2024-2025年版

三好康彦 著

YASUHIKO MIYOSHI

公害防止管理者試験 大気関係

攻略問題集

■ はしがき

本書は，2018（平成30）年から2023（令和5）年までの6年間の公害防止管理者試験　大気関係全問題を，出題内容別に分類，整理し，編集し直して解説を行ったものです．公害防止管理者試験を解説した書籍は数多く出版されていますが，本書のようにまとめたものは見当たらないようです．このようなまとめ方には次のような特徴があります．

① これまでの出題傾向が一目でわかり，今後の出題の予想が立てやすいこと．

② 重要なところは，繰り返し出題されているので，学習のポイントがわかること．

③ 似たような過去問題を繰り返し学習することによって，自然に重要事項が覚えられること．

なお，各問題の解説に，あえて問題の選択肢をそのまま記載していることが多くあります．その理由は，問題の選択肢自体が解説になっているためです．問題の選択肢を二度読むことで，確実な理解と記憶を狙ったものです．

さて，本書の使用方法は次のとおりです．

① 出題問題それ自体が「公害防止管理者等資格認定講習会用テキスト」をコンパクトにまとめたものであり，一種の解説としてみること．

② まったくの初心者がいきなり本書の問題を解こうと挑戦して，難しいと感じた場合は，問題をよく読み，解説を次に読み，問題と解説の内容を理解することから始めること（すなわち，無理に問題を解き，学習意欲をなくさないこと）．

③ 何度も繰り返して勉強をすること，1日に30分程度でよいから，毎日，問題と解説に目を通すこと．

なお，本書の巻末に索引を掲載してあり，試験によく出てくる用語やその定義などの検索ができるので，活用してほしいと思います．

また，各種法律の学習においては，解説に条文を明記しているので，その条文を少なくとも一度は読むことをお勧めします．各種法律の条文や環境白書の内容などはインターネットによって自由に閲覧できるので，それらが容易に閲覧できる学習環境をつくることが望まれます．法律になじみのない読者にとっては，最初戸惑うことがあるかもしれませんが，何度も眺めているうちになじみが出てきて，どの法律も同じような形式になっていることに気づき，親しみがわいてくるようになります．

ところで，公害防止管理者試験　大気関係の内容は，大気に関する知識や技術だけでなく，水質，騒音・振動，悪臭，廃棄物およびその他の分野の環境問題に対する知識も求めています．これは単に大気に関する環境問題だけでなく，環境問題全般について幅広い環境汚染防止技術や環境保全の知識を求めていることを示しています．読者の皆様が，この国家試験を勉強することによって，環境分野により広い視野が得られ，日常の仕事にそれらが広く活用されることを願ってやみません．

最後に，本書の読者から多くの合格者が誕生すれば，これに勝る喜びはありません．

2023年11月

著者しるす

主な法律名の略語一覧

環基法……環境基本法
水防法……水質汚濁防止法
水防令……水質汚濁防止法施行令
水防則……水質汚濁防止法施行規則
大防法……大気汚染防止法
大防令……大気汚染防止法施行令
大防則……大気汚染防止法施行規則
特公法……特定工場における
　　公害防止組織の整備に関する法律
特公令……特定工場における
　　公害防止組織の整備に関する法律施行令
特公則……特定工場における
　　公害防止組織の整備に関する法律施行規則

目　次

第1章　公害総論

第2章　大気概論

第3章　大気特論

第4章　ばいじん・粉じん特論

第5章　大気有害物質特論

■第6章　大規模大気特論

第1章

公害総論

1.1 環境基本法

問題1 【令和5年 問1】

環境基本法第2条の定義に関する記述中，下線を付した箇所のうち，誤っているものはどれか．

この法律において(1)「地球環境保全」とは，人の活動による地球全体の(2)気候変動又はオゾン層の破壊の進行，(3)海洋の汚染，(4)野生生物の種の減少その他の地球の全体又はその広範な部分の環境に影響を及ぼす(5)事態に係る環境の保全であって，人類の福祉に貢献するとともに国民の健康で文化的な生活の確保に寄与するものをいう．

解説 (1) 正しい．

(2) 誤り．正しくは「温暖化」である．環基法第2条（定義）第2項参照．

(3)～(5) 正しい．

▶答 (2)

問題2 【令和5年 問2】

環境基本法第3条の環境の恵沢の享受と継承等に関する記述中，下線部分（a～j）の用語の組合せのうち，誤っているものはどれか．

(a)環境の保全は，環境を健全で恵み豊かなものとして(b)確保することが人間の(c)健康で文化的な(d)生活に欠くことのできないものであること及び(e)生態系が(f)微妙な均衡を保つことによって成り立っており人類の存続の(g)基盤である(h)限りある環境が，人間の活動による(i)公害によって損なわれるおそれが生じてきていることにかんがみ，現在及び将来の(j)世代の人間が健全で恵み豊かな環境の恵沢を享受するとともに人類の存続の(g)基盤である環境が将来にわたって(b)確保されるように適切に行われなければならない．

(1) a, c

(2) b, i

(3) d, g

(4) e, h

(5) f, j

解説 (a) 正しい．

(b) 誤り．「維持」が正しい．

(c)～(h) 正しい．

(i) 誤り.「環境への負荷」が正しい.

(j) 正しい.

環基法第3条（環境の恵沢の享受と継承等）参照.

以上から（2）が正解.

▶答（2）

題3

【令和5年 問4】

環境基本法第16条に規定する環境基準に関する記述中，下線部分（a～j）の用語の組合せのうち，誤っているものはどれか.

1　政府は，(a)大気の汚染，水質の汚濁，土壌の汚染，騒音及び悪臭に係る(b)環境上の条件について，(c)それぞれ，人の健康を(d)保護し，及び生活環境を(e)保全する上で(f)維持されることが望ましい(g)基準を定めるものとする.

2　前項の(g)基準が，二以上の類型を設け，かつ，(c)それぞれの類型を当てはめる地域又は水域を(h)指定すべきものとして定められる場合には，その地域又は水域の(h)指定に関する(i)指示は，次の各号に掲げる地域又は水域の(j)区分に応じ，当該各号に定める者が行うものとする.（以下，略）

（1）a, i

（2）b, j

（3）c, h

（4）d, g

（5）e, f

解説　(a) 誤り.「悪臭」が誤りで，悪臭の環境基準は定められていない.

(b)～(h) 正しい.

(i) 誤り.「事務」が正しい.

(j) 正しい.

環基法第16条（環境基準）第1項および第2項参照.

以上から（1）が正解.

▶答（1）

題4

【令和4年 問1】

環境基本法の基本理念に関する記述中，下線を付した箇所のうち，誤っているものはどれか.

環境の保全は，(1)社会経済活動その他の活動による環境への負荷をできる限り低減することその他の環境の保全に関する行動が(2)すべての者の公平な役割分担の下に(3)有機的かつ総合的に行われるようになることによって，健全で恵み豊かな環境を維持しつつ，環境への負荷の少ない(4)健全な経済の発展を図りながら持続的に発展することができる社会が構築されることを旨とし，及び科学的知見の充実の下に環境の保全上の支障が(5)未然に防がれることを旨として，行われなければならない．

解説 (1)，(2) 正しい．環基法第4条（環境への負荷の少ない持続的発展が可能な社会の構築等）参照．

(3) 誤り．正しくは「自主的かつ積極的」である．環基法第4条（環境への負荷の少ない持続的発展が可能な社会の構築等）参照．

(4)，(5) 正しい．環基法第4条（環境への負荷の少ない持続的発展が可能な社会の構築等）参照．

▶ 答 (3)

問題5 【令和4年 問2】

環境基本法に規定する環境基準に関する記述中，下線を付した箇所のうち，正しいものはどれか．

(1)国は，大気の汚染，水質の汚濁，土壌の汚染及び騒音に係る環境上の条件について，それぞれ，人の健康を保護し，及び生活環境を保全する上で(2)確保されることが望ましい基準を定めるものとする．

2 前項の基準が，二以上の類型を設け，かつ，それぞれの類型を当てはめる地域又は水域を指定すべきものとして定められる場合には，その地域又は水域の指定に関する事務は，次の各号に掲げる地域又は水域の区分に応じ，当該各号に定める者が行うものとする．

一 二以上の都道府県の区域にわたる地域又は水域であって政令で定めるもの (1)国

二 前号に掲げる地域又は水域以外の地域又は水域 次のイ又はロに掲げる地域又は水域の区分に応じ，当該イ又はロに定める者

イ 騒音に係る基準（航空機の騒音に係る基準及び新幹線鉄道の列車の騒音に係る基準を除く．）の類型を当てはめる地域であって市に属するもの (3)その地域が属する都道府県の知事

ロ イに掲げる地域以外の地域又は水域 (4)その地域又は水域が属する市の長

3 第一項の基準については，(5)常に適切な科学的判断が加えられ，必要な改定がなされなければならない．

4 （略）

解説 (1) 誤り．正しくは「政府」である．環基法第16条（環境基準）第1項参照．

(2) 誤り．正しくは「維持されることが望ましい基準」である．環基法第16条（環境基準）第1項参照．

(3) 誤り．正しくは「その地域が属する市の長」である．環基法第16条（環境基準）第

2項第二号イ参照.

(4) 誤り．正しくは「その地域又は水域が属する都道府県の知事」である．環基法第16条（環境基準）第2項第二号ロ参照.

(5) 正しい．環基法第16条（環境基準）第3項参照.　▶答 (5)

題6　【令和4年 問3】

環境基本法の基本理念に関する記述中，(ア)～(エ)の［　　］の中に挿入すべき語句の組合せとして，正しいものはどれか．

環境の保全は，環境を健全で恵み豊かなものとして維持することが人間の健康で文化的な生活に欠くことのできないものであること及び［(ア)］が微妙な均衡を保つことによって成り立っており人類の存続の［(イ)］である限りある環境が，人間の活動による環境への［(ウ)］によって損なわれるおそれが生じてきていることにかんがみ，現在及び将来の世代の人間が健全で恵み豊かな環境の［(エ)］を享受するとともに人類の存続の［(イ)］である環境が将来にわたって維持されるように適切に行われなければならない．

	(ア)	(イ)	(ウ)	(エ)
(1)	自然環境	基本	負荷	恩恵
(2)	生態系	基盤	負荷	恵沢
(3)	自然環境	基盤	影響	恩恵
(4)	生態系	基本	負荷	恩恵
(5)	自然環境	基本	影響	恵沢

解説 (ア)「生態系」である．環基法第3条（環境の恵沢の享受と継承等）参照.

(イ)「基盤」である．環基法第3条（環境の恵沢の享受と継承等）参照.

(ロ)「負荷」である．環基法第3条（環境の恵沢の享受と継承等）参照.

(ハ)「恵沢」である．環基法第3条（環境の恵沢の享受と継承等）参照.

以上から (2) が正解.　▶答 (2)

問題7　【令和3年 問1】

環境基本法第二章に定める環境の保全に関する基本的施策に関する記述中，(ア)～(エ)の［　　］の中に挿入すべき語句（a～f）の組合せとして，正しいものはどれか．

この章に定める環境の保全に関する［(ア)］及び実施は，基本理念にのっとり，次に掲げる事項の確保を旨として，各種の施策相互の有機的な連携を図りつつ総合的かつ計画的に行わなければならない．

一　人の健康が保護され，及び生活環境が保全され，並びに自然環境が適正に保全されるよう，大気，水，土壌その他の環境の （イ） が良好な状態に保持されること．

二　生態系の （ウ） ，野生生物の種の保存その他の生物の （ウ） が図られるとともに，森林，農地，水辺地等における多様な自然環境が地域の自然的社会的条件に応じて体系的に保全されること．

三　人と自然との （エ） が保たれること．

a：施策の策定　　b：措置　　c：自然的構成要素
d：多様性の確保　　e：調和　　f：豊かな触れ合い

	（ア）	（イ）	（ウ）	（エ）
(1)	a	d	f	e
(2)	d	c	e	f
(3)	a	b	d	e
(4)	b	c	f	d
(5)	a	c	d	f

解説　（ア）a：施策の策定である．環基法第14条参照．
（イ）c：自然的構成要素である．
（ウ）d：多様性の確保である．
（エ）f：豊かな触れ合いである．
以上から（5）が正解．

▶答（5）

問題8　【令和3年 問2】

環境基本法に規定する事業者の責務に関する記述中，（ア）～（オ）の □ の中に挿入すべき語句（a～h）の組合せとして，正しいものはどれか．

1　事業者は，基本理念にのっとり，その （ア） を行うに当たっては，これに伴って生ずる （イ） の処理その他の公害を防止し，又は （ウ） するために必要な措置を講ずる責務を有する．

2　事業者は，基本理念にのっとり， （エ） するため，物の製造，加工又は販売その他の （ア） を行うに当たって，その （ア） に係る製品その他の物が （オ） となった場合にその適正な処理が図られることとなるように必要な措置を講ずる責務を有する．

a：事業活動　　e：環境の保全上の支障を防止
b：ばい煙，汚水，廃棄物等　　f：環境の保全上の負荷の低減
c：廃棄物　　g：原材料

d：事業活動製品　　　　　　　　h：自然環境を適正に保全

	（ア）	（イ）	（ウ）	（エ）	（オ）
(1)	a	c	h	f	g
(2)	f	c	e	h	g
(3)	a	b	h	e	c
(4)	f	b	e	h	c
(5)	a	d	f	e	b

（ア）a：事業活動である．環基法第8条（事業者の責務）第1項参照．
（イ）b：ばい煙，汚水，廃棄物等である．環基法第8条（事業者の責務）第1項参照．
（ウ）h：自然環境を適正に保全である．環基法第8条（事業者の責務）第1項参照．
（エ）e：環境の保全上の支障を防止である．環基法第8条（事業者の責務）第2項参照．
（オ）c：廃棄物である．環基法第8条（事業者の責務）第2項参照．

以上から（3）が正解．　　▶答（3）

問題9　【令和3年 問3】

環境基本法に規定する環境基準に関する記述中，下線部分（a～j）の用語の組合せとして，誤りを含むものはどれか．

1 (a)政府は，大気の汚染，水質の汚濁，土壌の汚染及び騒音に係る(b)環境上の条件について，それぞれ，人の健康を保護し，及び生活環境を保全する上で(c)維持されることが(d)望ましい基準を定めるものとする．

2 前項の基準が，二以上の類型を設け，かつ，それぞれの類型を当てはめる地域又は水域を指定すべきものとして定められる場合には，その地域又は水域の指定に関する事務は，次の各号に掲げる地域又は水域の区分に応じ，当該各号に定める者が行うものとする．

一　二以上の都道府県の区域にわたる地域又は水域であって(e)政令で定めるもの　(f)当該地域又は水域が属する都道府県の知事

二　前号に掲げる地域又は水域以外の地域又は水域　次のイ又はロに掲げる地域又は水域の区分に応じ，当該イ又はロに定める者

イ (g)騒音に係る基準（航空機の騒音に係る基準及び新幹線鉄道の列車の騒音に係る基準を除く．）の類型を当てはめる地域であって市に属するもの　(h)その地域が属する市の長

ロ　イに掲げる地域以外の地域又は水域　(i)その地域又は水域が属する都道府県の知事

3 第1項の基準については，(j)常に適切な科学的判断が加えられ，必要な改定がな

されなければならない.

(1) a, c

(2) b, d

(3) e, f

(4) g, i

(5) h, j

解説 (a)～(e) 正しい.

(f) 誤り. 正しくは「政府」である. 環基法第16条（環境基準）参照.

(g)～(j) 正しい.

以上から (3) が正解.

▶答 (3)

問題10 【令和2年 問1】

環境基本法に規定する定義に関する記述中, 下線を付した箇所のうち, 誤っているものはどれか.

この法律において(1)「環境への負荷」とは, (2)環境の保全上の支障のうち, 事業活動(3)その他の人の活動に伴って生ずる相当範囲にわたる大気の汚染, (4)水質の汚濁（水質以外の水の状態又は水底の底質が悪化することを含む. 第二十一条第一項第一号において同じ.）, 土壌の汚染, 騒音, 振動, (5)地盤の沈下（鉱物の掘採のための土地の掘削によるものを除く. 以下同じ.）及び悪臭によって, 人の健康又は生活環境（人の生活に密接な関係のある財産並びに人の生活に密接な関係のある動植物及びその生育環境を含む. 以下同じ.）に係る被害が生ずることをいう.

解説 (1) 誤り.「環境への負荷」が誤りで, 正しくは「公害」である. 環基法第2条（定義）第3項参照.

(2)～(5) 正しい.

▶答 (1)

問題11 【令和2年 問2】

環境基本法に規定する環境の保全に関する記述中, 下線を付した箇所のうち, 誤っているものはどれか.

環境の保全は, (1)社会経済活動その他の活動による環境への負荷をできる限り低減することその他の環境の保全に関する行動が(2)官民の公平な役割分担の下に(3)自主的かつ積極的に行われるようになることによって, 健全で恵み豊かな環境を維持しつつ, 環境への負荷の少ない健全な経済の発展を図りながら(4)持続的に発展することができる社会が構築されることを旨とし, 及び科学的知見の充実の下に環境の保全上の支障が(5)未然に防がれることを旨として，行われなければならない.

解説 (1) 正しい.

(2) 誤り.「官民」が誤りで，正しくは「すべての者」である．環基法第4条（環境への負荷の少ない持続的発展が可能な社会の構築等）参照.

(3)～(5) 正しい.

▶答 (2)

問題12 【令和2年 問4】

環境基準に関する記述中，(ア)～(オ)の[　　]の中に挿入すべき語句（a～e）の組合せとして，正しいものはどれか.

環境基準には[(ア)]に係る基準と[(イ)]に係る基準とがある．両基準が設定されているのは[(ウ)]に係る基準のみである．その[(ア)]に関する環境基準は，[(エ)]をもって定められている．一方，[(イ)]に係る環境基準は，[(オ)]等に応じて設定される構造になっている.

a 水質汚濁　　d 地域の状況，水域の利用目的
b 全国一律の数値　　e 生活環境の保全
c 人の健康の保護

	(ア)	(イ)	(ウ)	(エ)	(オ)
(1)	a	e	c	d	b
(2)	a	c	e	b	d
(3)	c	e	a	b	d
(4)	c	e	b	d	a
(5)	e	c	a	d	b

解説 (ア) c：人の健康の保護

(イ) e：生活環境の保全

(ウ) a：水質汚濁

(エ) b：全国一律の数値

(オ) d：地域の状況，水域の利用目的

以上から (3) が正解.

▶答 (3)

問題13 【令和元年 問1】

環境基本法に規定する目的に関する記述中，(ア)～(カ)の[　　]の中に挿入すべき語句（a～f）の組合せとして，正しいものはどれか.

この法律は，環境の保全について，[(ア)]を定め，並びに国，地方公共団体，事

業者及び国民の責務を明らかにするとともに，環境の保全に関する施策の［（イ）］を定めることにより，環境の保全に関する施策を［（ウ）］に推進し，もって現在及び将来の国民の［（エ）］な［（オ）］に寄与するとともに［（カ）］に貢献することを目的とする．

a：総合的かつ計画的　　d：生活の確保
b：人類の福祉　　e：健康で文化的
c：基本理念　　f：基本となる事項

	（ア）	（イ）	（ウ）	（エ）	（オ）	（カ）
(1)	c	f	e	a	d	b
(2)	f	c	a	e	b	d
(3)	c	f	a	e	d	b
(4)	f	c	e	a	d	b
(5)	c	f	a	e	b	d

解説　（ア）c：基本理念
（イ）f：基本となる事項
（ウ）a：総合的かつ計画的
（エ）e：健康で文化的
（オ）d：生活の確保
（カ）b：人類の福祉

環基法第1条（目的）参照．
以上から（3）が正解．

▶答（3）

問題14

【令和元年 問2】

環境基本法に規定する事業者の責務に関する記述中，（ア）～（オ）の［　］の中に挿入すべき語句（a～g）の組合せとして，正しいものはどれか．

1　事業者は，基本理念にのっとり，その事業活動を行うに当たっては，これに伴って生ずる［（ア）］の処理その他の公害を防止し，又は［（イ）］するために必要な措置を講ずる責務を有する．

2　事業者は，基本理念にのっとり，［（ウ）］するため，物の製造，加工又は販売その他の事業活動を行うに当たって，その［（エ）］その他の物が［（オ）］となった場合にその適正な処理が図られることとなるように必要な措置を講ずる責務を有する．

a：自然環境を適正に保全　　e：環境の保全上の支障を防止
b：ばい煙，汚水，廃棄物等　　f：環境の保全上の負荷を低減
c：廃棄物　　g：原材料
d：事業活動に係る製品

	(ア)	(イ)	(ウ)	(エ)	(オ)
(1)	b	e	f	g	d
(2)	b	a	e	d	c
(3)	c	e	f	g	b
(4)	c	a	e	d	b
(5)	b	a	f	g	c

解説 (ア) b：ばい煙，汚水，廃棄物等
(イ) a：自然環境を適正に保全
(ウ) e：環境の保全上の支障を防止
(エ) d：事業活動に係る製品
(オ) c：廃棄物

環基法第8条（事業者の責務）第1項および第2項参照.

以上から（2）が正解.

▶答（2）

問題15 【令和元年 問3】

環境基本法に規定する環境影響評価に関する記述中，（ア）及び（イ）の [　　] の中に挿入すべき語句の組合せとして，正しいものはどれか.

国は，土地の形状の変更，[（ア）] その他これらに類する事業を行う事業者が，その事業の実施に当たりあらかじめその事業に係る環境への影響について [（イ）] 調査，予測又は評価を行い，その結果に基づき，その事業に係る環境の保全について適正に配慮することを推進するため，必要な措置を講ずるものとする.

	(ア)	(イ)
(1)	形質の変更	自ら適正に
(2)	工作物の新設	適正な配慮に基づく
(3)	形質の変更	事前配慮に基づく
(4)	工作物の新設	自ら適正に
(5)	工作物の増改築	法の手続きに基づく

解説 (ア)「工作物の新設」である.
(イ)「自ら適正に」である.

環基法第20条（環境影響評価の推進）参照.

以上から（4）が正解.

▶答（4）

問題16 【令和元年 問4】

環境基本法に規定する環境基準に関する記述中，下線部分（a～e）の用語のうち，正しいものの組合せはどれか．

1 政府は，大気の汚染，水質の汚濁，土壌の汚染及び騒音に係る環境上の条件について，それぞれ，人の健康を保護し，及び生活環境を保全する上で維持されることが(a)望ましい基準を定めるものとする．

2 前項の基準が，二以上の類型を設け，かつ，それぞれの類型を当てはめる地域又は水域を指定すべきものとして定められる場合には，その地域又は水域の指定に関する事務は，次の各号に掲げる(b)地域又は水域の区分に応じ，当該各号に定める者が行うものとする．

一 二以上の都道府県の区域にわたる地域又は水域であって政令で定めるもの (c)都道府県の知事

二 前号に掲げる地域又は水域以外の地域又は水域　次のイ又はロに掲げる地域又は水域の区分に応じ，当該イ又はロに定める者

イ 騒音に係る基準（航空機の騒音に係る基準及び新幹線鉄道の列車の騒音に係る基準を除く．）の類型を当てはめる地域であって市に属するもの　その地域が属する市の長

ロ イに掲げる地域以外の地域又は水域　その地域又は水域が属する(d)政令市の長

3 第一項の基準については，常に適切な科学的判断が加えられ，必要な改定がなされなければならない．

4 政府は，この章に定める施策であって公害の防止に関係するもの（以下「公害の防止に関する施策」という．）を(e)総合的かつ有効適切に講ずることにより，第一項の基準が確保されるように努めなければならない．

(1) a, c, e
(2) a, b, e
(3) b, c, d
(4) b, d, e
(5) c, d, e

解説 (a) 正しい．

(b) 正しい．

(c) 誤り．正しくは「政府」である．

(d) 誤り．正しくは「都道府県の知事」である．

(e) 正しい.

環基法第16条（環境基準）第1項～第4項参照.

以上から（2）が正解.

▶答（2）

題17 【平成30年 問1】

環境基本法に関する記述中，（ア）～（オ）の［　　］の中に挿入すべき語句（a～i）の組合せとして，正しいものはどれか.

1 政府は，［（ア）］に関する施策の総合的かつ計画的な推進を図るため，［（ア）］に関する基本的な計画（以下「［（イ）］」という.）を定めなければならない.

2 ［（イ）］は，次に掲げる事項について定めるものとする.

一 ［（ア）］に関する総合的かつ長期的な施策の大綱

二 前号に掲げるもののほか，［（ア）］に関する施策を総合的かつ計画的に推進するために必要な事項

3 ［（ウ）］は，［（エ）］の意見を聴いて，［（イ）］の案を作成し，［（オ）］を求めなければならない.

4 ［（ウ）］は，前項の規定による［（オ）］があったときは，遅滞なく，［（イ）］を公表しなければならない.

5 前二項の規定は，［（イ）］の変更について準用する.

a：公害の防止　　b：公害防止計画　　c：環境の保全

d：都道府県知事　　e：中央環境審議会　　f：閣議の決定

g：環境基本計画　　h：環境大臣　　i：内閣の同意

	（ア）	（イ）	（ウ）	（エ）	（オ）
(1)	a	b	h	d	i
(2)	a	b	d	h	i
(3)	c	g	d	h	f
(4)	c	g	h	e	f
(5)	c	d	h	e	i

解説 （ア）c：環境の保全である.

（イ）g：環境基本計画である.

（ウ）h：環境大臣である.

（エ）e：中央環境審議会である.

（オ）f：閣議の決定である.

環基法第15条参照.

以上から（4）が正解.

▶答（4）

問題18 【平成30年 問3】

環境基本法に規定する環境基準に関する記述中，下線部分（a～j）の用語の組合せのうち，誤りを含むものはどれか．

1 (a)政府は，大気の汚染，水質の汚濁，(b)土壌の汚染及び騒音に係る環境上の条件について，それぞれ，人の健康を保護し，及び生活環境を保全する上で(c)維持されることが望ましい基準を定めるものとする．

2 前項の基準が，二以上の類型を設け，かつ，それぞれの類型を当てはめる地域又は水域を指定すべきものとして定められる場合には，その地域又は水域の指定に関する事務は，次の各号に掲げる地域又は水域の区分に応じ，当該各号に定める者が行うものとする．

一 二以上の都道府県の区域にわたる地域又は水域であって(d)政令で定めるもの (a)政府

二 前号に掲げる地域又は水域以外の地域又は水域 次のイ又はロに掲げる地域又は水域の区分に応じ，当該イ又はロに定める者

イ 騒音に係る基準（航空機の騒音に係る基準及び新幹線鉄道の列車の騒音に係る基準を除く．）の類型を当てはめる地域であって(e)市に属するもの その地域が属する(f)都道府県の知事

ロ イに掲げる地域以外の地域又は水域 その地域又は水域が属する(g)市の長

3 第1項の基準については，(h)常に適切な科学的判断が加えられ，必要な改定がなされなければならない．

4 (a)政府は，この章に定める施策であって(i)公害の防止に関係するものを(j)総合的かつ有効適切に講ずることにより，第1項の基準が確保されるように努めなければならない．

(1) a, e

(2) b, j

(3) c, h

(4) d, i

(5) f, g

解説 (a)～(e) 正しい．

(f) 誤り．正しくは「市の長」である．

(g) 誤り．正しくは「都道府県の知事」である．

環基法第16条（環境基準）参照．

以上から（5）が正解．

▶答（5）

1.2 特定工場における公害防止組織の整備に関する法律の概要

問題1　【令和5年 問5】

特定工場における公害防止組織の整備に関する法律に関する記述として，誤っているものはどれか．

(1) 特定事業者は，公害防止統括者を選任したときは，その日から30日以内に，その旨を当該特定工場の所在地を管轄する都道府県知事に届け出なければならない．

(2) 都道府県知事の特定事業者に対する解任命令により解任された公害防止統括者はその解任の日から3年を経過しないと公害防止統括者になることができない．

(3) 特定事業者は，公害防止主任管理者を選任したときは，その日から30日以内に，その旨を当該特定工場の所在地を管轄する都道府県知事に届け出なければならない．

(4) 常時使用する従業員の数が20人以下の特定事業者は，公害防止統括者を選任する必要がない．

(5) 特定事業者は，公害防止管理者を選任したときは，その日から30日以内に，その旨を当該特定工場の所在地を管轄する都道府県知事に届け出なければならない．

解説 (1) 正しい．特公法第3条（公害防止統括者の選任）第3項参照．

(2) 誤り．誤りは「3年」で，正しくは「2年」である．特公法第7条（公害防止管理者等の資格）第2項参照．

(3) 正しい．特公法第5条（公害防止主任管理者の選任）第3項参照．

(4) 正しい．特公法第3条（公害防止統括者の選任）第1項ただし書および特公令第6条（小規模事業者）参照．

(5) 正しい．特公法第4条（公害防止管理者の選任）第3項参照．

▶答 (2)

問題2　【令和4年 問5】

特定工場における公害防止組織の整備に関する法律に関する記述として，誤っているものはどれか．

(1) 特定事業者が都道府県知事から命じられた公害防止統括者の解任命令に違反したときは20万円以下の罰金に処せられる．

(2) 特定工場を設置している特定事業者は，当該特定工場に係る公害防止業務につき公害防止統括者を選任しなければならないが，常時使用する従業員の数が20人以下の小規模事業者はこの限りではない．

(3) 都道府県知事から特定事業者に対する解任命令により解任された公害防止管理

者は解任の日から2年を経過しない間は公害防止管理者になることができない.

(4) 特定事業者は公害防止統括者を選任したときは，その日から30日以内にその旨を届け出なければならない.

(5) 特定事業者は公害防止主任管理者を解任したときは，その日から30日以内にその旨を届け出なければならない.

解説 (1) 誤り.「20万円以下」が誤りで，正しくは「50万円以下」である．特公法第16条（罰則）第二号参照.

(2) 正しい．特公法第3条（公害防止統括者の選任）本文ただし書および特公令第6条（小規模事業者）参照.

(3) 正しい．特公法第7条（公害防止管理者等の資格）第2項参照.

(4) 正しい．特公法第3条（公害防止統括者の選任）第3項参照.

(5) 正しい．特公法第3条（公害防止統括者の選任）第3項参照.

▶答 (1)

問題3 【令和3年 問5】

特定工場における公害防止組織の整備に関する法律に関する記述として，誤っているものはどれか.

(1) 特定事業者は，公害防止統括者を選任した日から30日以内に，その旨を当該特定工場の所在地を管轄する都道府県知事（又は政令で定める市の長）に届け出なければならない.

(2) 特定事業者は，公害防止管理者を選任した日から30日以内に，その旨を当該特定工場の所在地を管轄する都道府県知事（又は政令で定める市の長）に届け出なければならない.

(3) 特定事業者が公害防止統括者を選任しなかったときは，50万円以下の罰金に処せられる.

(4) 特定事業者が公害防止管理者を選任しなかったときは，30万円以下の罰金に処せられる.

(5) 特定事業者は，公害防止主任管理者を選任した日から30日以内に，その旨を当該特定工場の所在地を管轄する都道府県知事（又は政令で定める市の長）に届け出なければならない.

解説 (1) 正しい．特公法第3条（公害防止統括者の選任）第3項参照.

(2) 正しい．特公法第4条（公害防止管理者を選任）第3項で準用する同法第3条（公害防止統括者の選任）第3項参照.

(3) 正しい．特公法第16条（罰則）第一号参照.

(4) 誤り．特定事業者が公害防止管理者を選任しなかったときは，50万円以下の罰金に処せられる．特公法第16条（罰則）第一号参照．

(5) 正しい．特公法第5条（公害防止主任管理者の選任）第3項で準用する同法第3条（公害防止統括者の選任）第3項参照．

▶答 (4)

問題4 【令和2年 問5】

特定工場における公害防止組織の整備に関する法律の目的に関する記述中，(ア)，(イ) の［　　］の中に挿入すべき語句の組合せとして，正しいものはどれか．

この法律は，［(ア)］の制度を設けることにより，特定工場における公害防止組織の整備を図り，もって［(イ)］に資することを目的とする．

	(ア)	(イ)
(1)	公害防止管理者等	公害の防止
(2)	公害防止主任管理者等	環境の保全
(3)	公害防止統括者等	公害の防止
(4)	公害防止管理者等	環境の保全
(5)	公害防止主任管理者等	公害の防止

解説 (ア)「公害防止統括者等」である．

(イ)「公害の防止」である．

特公法第1条（目的）参照．

以上から (3) が正しい．

▶答 (3)

問題5 【令和元年 問5】

特定工場における公害防止組織の整備に関する法律に規定する記述として，誤っているものはどれか．

(1) 特定事業者は，公害防止統括者を選任したときは，その日から30日以内に，その旨を当該特定工場の所在地を管轄する都道府県知事に届け出なければならない．

(2) 特定事業者は，公害防止主任管理者を選任したときは，その日から30日以内に，その旨を当該特定工場の所在地を管轄する都道府県知事に届け出なければならない．

(3) 特定事業者は，公害防止主任管理者を選任すべき事由が発生した日から30日以内に，公害防止主任管理者を選任しなければならない．

(4) 常時使用する従業員の数が20人以下の特定事業者は，公害防止統括者を選任する必要がない．

(5) 特定事業者は，公害防止管理者を選任したときは，その日から30日以内に，その旨を当該特定工場の所在地を管轄する都道府県知事に届け出なければならない.

解説 (1) 正しい. 特公法第3条（公害防止統括者の選任）第3項参照.

(2) 正しい. 特公法第5条（公害防止主任管理者の選任）第3項で準用する特公法第3条（公害防止統括者の選任）第3項参照.

(3) 誤り. 公害防止主任管理者を選任すべき事由が発生した日から60日以内に, 公害防止主任管理者を選任しなければならない. 特公則第8条（公害防止管理者の選任）第一号参照.

(4) 正しい. 特公令第6条（小規模事業者）参照.

(5) 正しい. 特公法第4条（公害防止管理者の資格）第3項で準用する特公法第3条（公害防止統括者の選任）第3項参照.

▶答 (3)

問題6 【平成30年 問4】

特定工場における公害防止組織の整備に関する法律に関する記述として, 誤っているものはどれか.

(1) 特定工場を設置している特定事業者は, 当該特定工場に係る公害防止に関する業務を統括管理する公害防止統括者を選任しなければならない. ただし, 常時使用する従業員の数が20人以下である特定事業者は, 公害防止統括者を選任する必要はない.

(2) 特定工場の従業員は, 公害防止統括者, 公害防止管理者及び公害防止主任管理者並びにこれらの代理者がその職務を行なううえで必要であると認めてする指示に従わなければならない.

(3) 特定事業者は, 公害防止統括者, 公害防止管理者又は公害防止主任管理者が旅行, 疾病その他の事故によってその職務を行なうことができない場合にその職務を行なう代理者を選任しなければならない.

(4) 届出をした特定事業者について相続又は合併があったときは, 相続人（相続人が2人以上ある場合において, その全員の同意により事業を承継すべき相続人を選定したときは, その者）又は合併後存続する法人若しくは合併により設立した法人が, 届出をした特定事業者の地位を承継する.

(5) 特定事業者は, 公害防止統括者を選任すべき事由が発生した日から60日以内に公害防止統括者を選任しなければならない.

解説 (1) 正しい. 特公法第3条（公害防止統括者の選任）第1項本文および特公令第6条（小規模事業者）参照.

(2) 正しい. 特公法第9条（公害防止統括者の義務等）第2項参照.

(3) 正しい．特公法第6条（代理者の選任）第1項参照．

(4) 正しい．特公法第6条の2（承継）第1項参照．

(5) 誤り．誤りは「60日」で，正しくは「30日」である．特公則第2条（公害防止統括者の選任）参照．

▶答（5）

問題7 【平成30年 問5】

特定工場における公害防止組織の整備に関する法律に規定する特定工場の対象業種でないものはどれか．

(1) 鉱業

(2) 製造業（物品の加工業を含む．）

(3) 電気供給業

(4) ガス供給業

(5) 熱供給業

解説 (1) 誤り．鉱業は特公法の対象業種ではない．鉱業に関する法令で同様な制度がすでに行われているからである．特公令第1条（対象業種）参照．

(2)～(5) 正しい．特公令第1条（対象業種）参照．

▶答（1）

1.3 環境関連法令

問題1 【令和5年 問3】

次の法律とその法律に規定されている用語の組合せとして，誤っているものはどれか．

(1) 環境基本法……………………………………環境の日

(2) 土壌汚染対策法………………………………形質変更時要措置区域

(3) 悪臭防止法……………………………………臭気指数

(4) 地球温暖化対策の推進に関する法律…………温室効果ガス算定排出量

(5) 気候変動適応法………………………………地域気候変動適応計画

解説 (1) 正しい．環基法では，環境の日（6月5日）を定めている．同法第10条（環境の日）参照．

(2) 誤り．土壌汚染対策法では，形質変更時要届出区域を定めている．「形質変更時要措置区域」は誤り．同法第11条（形質変更時要届出区域の指定等）第2項参照．

(3) 正しい．悪臭防止法では，臭気指数を定めている．同法第4条（規制基準）第2項第一号参照.

(4) 正しい．地球温暖化対策の推進に関する法律では，温室効果ガス算定排出量を定めている．同法第26条（温室効果ガス算定排出量の報告）第3項参照.

(5) 正しい．気候変動適応法では，地域気候変動適応計画を定めている．同法第12条（地域気候変動適応計画）参照.

▶答 (2)

問題2 【令和3年 問4】

次の法律とその法律の定義に規定されている用語の組合せとして，誤っているものはどれか.

	（法　律）	（用　語）
(1)	大気汚染防止法	揮発性有機化合物排出施設
(2)	悪臭防止法	臭気指数
(3)	騒音規制法	特定建設作業
(4)	水質汚濁防止法	指定地域特定施設
(5)	ダイオキシン類対策特別措置法	耐容一日摂取量適用事業場

解説 (1) 正しい．大防法第2条（定義）第5項に揮発性有機化合物排出施設が定義されている.

(2) 正しい．悪臭防止法第2条（定義）第2項に臭気指数が定義されている.

(3) 正しい．騒音規制法第2条（定義）第3項に特定建設作業が定義されている.

(4) 正しい．水防法第2条（定義）第3項に指定地域特定施設が定義されている.

(5) 誤り．ダイオキシン類対策特別措置法に耐容一日摂取量適用事業場は定義されていない．なお，耐容一日摂取量は同法第6条（耐容一日摂取量）第1項に定義されている.

▶答 (5)

問題3 【令和2年 問3】

次の法律とその法律に規定されている用語の組合せとして，誤っているものはどれか.

(1) 環境基本法……………………………………………公害防止計画
(2) 水質汚濁防止法………………………………………総量削減計画
(3) 循環型社会形成推進基本法…………………………地域循環共生圏推進計画
(4) 気候変動適応法………………………………………気候変動適応計画
(5) 地球温暖化対策の推進に関する法律………………地球温暖化対策計画

解説 (1) 正しい．環基法第4節「特定地域における公害の防止」（第17条および第18

条）参照.

(2) 正しい. 水防法第4条の3（総量削減計画）参照.

(3) 誤り.「地域循環共生圏」は，環基法に基づいて定められた第5次「環境基本計画」第4部第1章3（2）に規定されている. 循環型社会形成推進基本法には規定されていない.

(4) 正しい. 気候変動適応法第2章気候変動適応計画（第7条（気候変動適応計画の策定）第1項）参照.

(5) 正しい. 地球温暖化対策の推進に関する法律第2章地球温暖化対策計画（第8条（地球温暖化対策計画）第1項）参照.

▶答（3）

問題4 【平成30年 問2】

次の法律とその法律に用いられている用語の組合せとして，誤っているものはどれか.

	（法律）	（用語）
(1)	大気汚染防止法	特定粉じん排出等作業
(2)	水質汚濁防止法	水質臭気指数
(3)	土壌汚染対策法	形質変更時要届出区域
(4)	工業用水法	揚水機の吐出口の断面積
(5)	地球温暖化対策の推進に関する法律	温室効果ガス算定排出量

解説 (1) 正しい.「特定粉じん排出等作業」については，大防法第18条の15（特定粉じん排出等作業の実施の届出）参照.

(2) 誤り. 水の臭気は，水防法では規制しておらず，悪臭防止法で規制している.

悪臭防止法では，水質臭気指数という用語ではなく，「排出水の臭気指数」の用語が用いられている. 悪臭防止法第4条（規制基準）第2項第三号参照.

(3) 正しい.「形質変更時要届出区域」については，土壌汚染対策法第9条（土地の形質の変更の届出及び計画変更命令）参照.

(4) 正しい.「揚水機の吐出口の断面積」については，工業用水法第3条（許可）第1項参照.

(5) 正しい.「温室効果ガス算定排出量」については，地球温暖化対策の推進に関する法律第26条（温室効果ガス算定排出量の報告）参照.

▶答（2）

1.4 環境影響評価法

問題1 【令和4年 問4】

環境影響評価法に規定する目的に関する記述中，下線を付した箇所のうち，誤っているものはどれか．

この法律は，(1)土地の形状の変更，工作物の新設等の事業を行う事業者がその事業の実施に当たりあらかじめ環境影響評価を行うことが環境の保全上極めて重要であることにかんがみ，環境影響評価について(2)事業者等の責務を明らかにするとともに，(3)規模が大きく環境影響の程度が著しいものとなるおそれがある事業について環境影響評価が適切かつ円滑に行われるための手続その他所要の事項を定め，その手続等によって行われた(4)環境影響評価の結果をその事業に係る環境の保全のための措置その他のその事業の内容に関する決定に反映させるための措置をとること等により，その事業に係る環境の保全について適正な配慮がなされることを確保し，もって(5)現在及び将来の国民の健康で文化的な生活の確保に資することを目的とする．

解説 (1) 正しい．環境影響評価法第1条（目的）参照．

(2) 誤り．正しくは「国等の責務」である．環境影響評価法第1条（目的）参照．

(3)～(5) 正しい．環境影響評価法第1条（目的）参照．

▶答 (2)

問題2 【令和4年 問15】

環境影響評価法に基づく環境アセスメントを必ず実施する事業（第1種事業）として，誤っているものはどれか．

(1) 太陽電池発電所　出力2万kW以上

(2) 地熱発電所　出力1万kW以上

(3) 水力発電所　出力3万kW以上

(4) 火力発電所　出力15万kW以上

(5) 原子力発電所　すべて

解説 環境影響評価法に基づく環境アセスメントを必ず実施する事業の規模は，次のとおりである．

(1) 誤り．第1種事業の太陽電池発電所の規模は，出力4万kW以上である．環境影響評価法施行令別表第1第五号ル，および**表1.1**参照．

(2) 正しい．第1種事業の地熱発電所の規模は，出力1万kW以上である．環境影響評価法施行令別表第1第五号チ，および表1.1参照．

表 1.1　環境影響評価の対象事業

対象事業		第 1 種事業 (必ず環境アセスメントを行う事業)	第 2 種事業 (環境アセスメントが必要かどうかを個別に判断する事業)
1　道路			
	高速自動車国道	すべて	―
	首都高速道路など	4 車線以上のもの	―
	一般国道	4 車線以上・長さ 10 km 以上	4 車線以上・長さ 7.5 km ～ 10 km
	林道	幅員 6.5 m 以上・長さ 20 km 以上	幅員 6.5 m 以上・長さ 15 km ～ 20 km
2　河川			
	ダム，堰	湛水面積 100 ha 以上	湛水面積 75 ha ～ 100 ha
	放水路，湖沼開発	土地改変面積 100 ha 以上	土地改変面積 75 ha ～ 100 ha
3　鉄道			
	新幹線鉄道	すべて	―
	鉄道，軌道	長さ 10 km 以上	長さ 7.5 km ～ 10 km
4　飛行場		滑走路長 2,500 m 以上	滑走路長 1,875 m ～ 2,500 m
5　発電所			
	水力発電所	出力 3 万 kW 以上	出力 2.25 万 kW ～ 3 万 kW
	火力発電所	出力 15 万 kW 以上	出力 11.25 万 kW ～ 15 万 kW
	地熱発電所	出力 1 万 kW 以上	出力 7,500 kW ～ 1 万 kW
	原子力発電所	すべて	―
	太陽電池発電	出力 4 万 kW 以上	出力 3 万 kW ～ 4 万 kW
	風力発電所	出力 5 万 kW 以上	出力 3.75 万 kW ～ 5 万 kW
6　廃棄物最終処分場		面積 30 ha 以上	面積 25 ha ～ 30 ha
7　埋立て，干拓		面積 50 ha 超	面積 40 ha ～ 50 ha
8　土地区間整理事業		面積 100 ha 以上	面積 75 ha ～ 100 ha
9　新住宅市街地開発事業		面積 100 ha 以上	面積 75 ha ～ 100 ha
10　工業団地造成事業		面積 100 ha 以上	面積 75 ha ～ 100 ha
11　新都市基盤整備事業		面積 100 ha 以上	面積 75 ha ～ 100 ha
12　流通業務団地造成事業		面積 100 ha 以上	面積 75 ha ～ 100 ha
13　宅地の造成の事業（「宅地」には，住宅地，工場用地も含まれる）			
	住宅・都市基盤整備機構	面積 100 ha 以上	面積 75 ha ～ 100 ha
	地域振興整備公団	面積 100 ha 以上	面積 75 ha ～ 100 ha

(3) 正しい．第1種事業の水力発電所の規模は，出力3万kW以上である．環境影響評価法施行令別表第1第五号イ，および表1.1参照．

(4) 正しい．第1種事業の火力発電所の規模は，出力15万kW以上である．環境影響評価法施行令別表第1第五号ホ，および表1.1参照．

(5) 正しい．第1種事業の原子力発電所の場合は，すべての規模である．環境影響評価法施行令別表第1第五号リ，および表1.1参照．

▶答 (1)

問題3 【平成30年 問15】

環境影響評価法に基づく環境アセスメントの手続を必ず実施する事業（第1種事業）として，誤っているものはどれか．

(1) 一般国道（4車線以上）
(2) ダム，堰（湛水面積100 ha以上）
(3) 飛行場（滑走路長2,500 m以上）
(4) 新幹線鉄道（すべて）
(5) 火力発電所（出力15万kW以上）

解説 (1) 誤り．一般国道（4車線以上）については，10 km以上では，必ず環境アセスメントを行う第1種事業であるが，7.5 km以上10 km未満では，環境アセスメントが必要かどうかを個別に検討する事業である第2種事業である（表1.1参照）．

(2)～(5) 正しい（表1.1参照）．

▶答 (1)

1.5 最近の環境の現状

1.5.1 地球環境問題

● 1 地球温暖化・その他

問題1 【令和5年 問6】 

2020（令和2）年度の我が国における，CO_2以外の温室効果ガスをそのCO_2換算排出量（t-CO_2）の多い順に並べたとき，正しいものはどれか（環境省：令和4年版環境白書・循環型社会白書・生物多様性白書による）．

(1) CH_4 ＞ N_2O ＞ HFCs
(2) CH_4 ＞ HFCs ＞ N_2O
(3) N_2O ＞ CH_4 ＞ HFCs
(4) HFCs ＞ CH_4 ＞ N_2O

（5）N_2O ＞ HFCs ＞ CH_4

解説　2022（令和4）年版環境白書・循環型社会白書・生物多様性白書では，各物質のCO_2換算排出量を次のように記載している．

ハイドロフルオロカーボン（HFCs）	5,170万トン
メタン（CH_4）	2,840万トン
一酸化二窒素（N_2O）	2,000万トン

以上から（4）が正解．

▶答（4）

問題2

【令和4年 問7】

我が国の2019（令和元）年度における環境への排出量が，2013（平成25）年度の排出量よりも減少した温室効果ガスとして，誤っているものはどれか（環境省：令和3年版環境白書・循環型社会白書・生物多様性白書による）．

（1）二酸化炭素
（2）メタン
（3）一酸化二窒素
（4）六ふっ化硫黄
（5）ハイドロフルオロカーボン類

解説　（1）正しい．二酸化炭素（CO_2）について，2019（令和元）年度は2013（平成25）年度に対して15.9％減少した．

（2）正しい．メタン（CH_4）は，5.4％の減少である．
（3）正しい．一酸化二窒素（N_2O）は，7.5％の減少である．
（4）正しい．六ふっ化硫黄（SF_6）は，3.6％の減少である．
（5）誤り．ハイドロフルオロカーボン類（HFCs）は，54.8％の増加である．

▶答（5）

問題3

【令和3年 問6】

次に示す国際会議・議定書を，開催又は採択の古い順に左側から並べたとき，正しいものはどれか．

（ア）環境と開発に関する国際連合会議（UNCED）の開催
（イ）オゾン層保護に関するモントリオール議定書の採択
（ウ）気候変動に関する京都議定書の採択

（1）（ア）　（イ）　（ウ）
（2）（イ）　（ア）　（ウ）
（3）（イ）　（ウ）　（ア）

(4) (ウ)　　(ア)　　(イ)
(5) (ウ)　　(イ)　　(ア)

解説 (ア) 環境と開発に関する国際連合会議 (UNCED) の開催は，1992年，ブラジルのリオデジャネイロである．
(イ) オゾン層保護に関するモントリオール議定書は，1987年に採択され，1989年に発効された．
(ウ) 気候変動に関する京都議定書の採択は，1997年である．
以上から (2) が正解．

▶答 (2)

問題4 【令和2年 問7】

気候変動に関する政府間パネル (IPCC) の第5次評価報告書の内容に関する記述として，誤っているものはどれか．

(1) 陸域と海上を合わせた世界の平均地上気温は，1880年から2012年の期間に0.85°C上昇した．
(2) 世界の平均海面水位は，1901年から2010年の期間に0.53 m上昇した．
(3) 1971年から2010年の期間に，海洋表層 (0～700 m) で水温が上昇していることは，ほぼ確実である．
(4) 過去20年にわたり，グリーンランド及び南極の氷床の質量は減少しており，氷河はほぼ世界中で縮小し続けている．
(5) 北極域の海氷面積及び北半球の春季の積雪面積は減少し続けている．

解説 (1) 正しい．陸域と海上を合わせた世界の平均地上気温は，1880年から2012年の期間に0.85°C (0.65～1.06°C) 上昇した．
(2) 誤り．世界の平均海面水位は，1901年から2010年の期間に0.19 m (0.17～0.21 m) 上昇した．
(3) 正しい．1971年から2010年の期間に，海洋表層 (0～700 m) で水温が上昇していることは，ほぼ確実である．
(4) 正しい．過去20年にわたり，グリーンランドおよび南極の氷床の質量は減少しており，氷河はほぼ世界中で縮小し続けている．
(5) 正しい．北極域の海氷面積および北半球の春季の積雪面積は減少し続けている．

▶答 (2)

問題5 【令和元年 問7】

1997 (平成9) 年の気候変動枠組条約第3回締約国会議 (COP3) で合意された京都議定書において，排出削減の対象となった温室効果ガスとして，誤っているものは

どれか.

(1) パーフルオロカーボン

(2) ハイドロフルオロカーボン

(3) ハイドロクロロフルオロカーボン

(4) 一酸化二窒素

(5) 六ふっ化硫黄

解説 1997(平成9)年の気候変動枠組条約第3回締約国会議(COP3)で合意された京都議定書において,排出削減の対象となった温室効果ガスは,次の6つの化学物質である.パーフルオロカーボン,ハイドロフルオロカーボン,一酸化二窒素,六ふっ化硫黄,CO_2,メタン.

「ハイドロクロロフルオロカーボン」は排出削減の対象となっていない. ▶答(3)

問題6 【令和元年 問8】

IPCC第4次評価報告書において,地球温暖化に伴い起こると予測されている様々な影響に関する記述として,誤っているものはどれか.

(1) サンゴの白化の増加

(2) 熱波,洪水,干ばつによる罹(り)病率と死亡率の増加

(3) 数億人が水不足の深刻化に直面

(4) 湿潤熱帯地域と高緯度地域での水利用可能性の増加

(5) 低緯度地域における穀物生産性の向上

解説 (1)~(4) 正しい.

(5) 誤り.正しくは「低緯度地域における穀物生産性の低下」である.その他については,**表1.2**参照.

表1.2 地球温暖化に伴う様々な影響の予測

平均気温	21世紀末(2090~2099年)に20世紀末(1980~1999年)より1.1~6.4°C上昇
平均海面水位	21世紀末(2090~2099年)に20世紀末(1980~1999年)より0.18~0.59m上昇
水	数億人が水不足の深刻化に直面 湿潤熱帯地域と高緯度地域での水利用可能性の増加 中緯度地域と半乾燥低緯度地域での水利用可能性の減少および干ばつの増加
生態系	最大30%の種で絶滅リスクの増加→地球規模での重大な絶滅 サンゴの白化の増加→広範囲に及ぶサンゴの死滅 種の分布範囲の変化と森林火災リスクの増加 海洋の深層循環が弱まることによる生態系変化

表 1.2　地球温暖化に伴う様々な影響の予測（つづき）

食糧	低緯度地域における穀物生産性の低下 中高緯度地域におけるいくつかの穀物生産性の向上 小規模農家，自給的農業者・漁業者への複合的で局所的なマイナス影響
沿岸域	洪水と暴風雨による損害の増加 世界の沿岸湿地の約 30% 消失，毎年の洪水被害人口が追加的に数百万人増加
健康	いくつかの感染症媒介生物の分布変化 熱波，洪水，干ばつによる罹病率と死亡率の増加 栄養失調，下痢，呼吸器疾患，感染症による社会的負荷の増加

［IPCC 第四次評価報告書（2007）から環境省作成］

▶ 答（5）

問題 7　【平成 30 年 問 7】

地球温暖化対策の新たな国際枠組みに関する記述として，誤っているものはどれか．

（1）2015 年に開催された国連気候変動枠組条約第 21 回締約国会議（COP21）で，パリ協定が採択された．

（2）産業革命前からの世界の平均気温上昇を 2.5°C より低く保つことが，世界共通の長期目標として設定された．

（3）すべての締約国は，温室効果ガス削減目標・行動を 5 年ごとに提出・更新する．

（4）世界全体の実施状況を 5 年ごとに締約国会議で確認する（グローバル・ストックテイク）．

（5）COP21 に先立って我が国が提出した 2020 年以降の貢献案は，「2030 年度までに 2013 年度比で −26.0% とする」であった．

解説（1）正しい．

（2）誤り．「世界共通の長期目標として平均気温上昇を産業革命前と比較して 2°C より十分低く保つこと（1.5°C 以内に抑える努力を追求）が設定された．」が正しい．

（3）～（5）正しい．

▶ 答（2）

● 2　オゾン層破壊

問題 1　【令和 4 年 問 8】

成層圏オゾン層破壊の原因となる化合物（ハロカーボン類）のうち，大気中の濃度が最近まで増え続けてきたものはどれか．

CFC：クロロフルオロカーボン

Halon：ハロン

HCFC：ハイドロクロロフルオロカーボン

(1) CFC-12
(2) Halon-1211
(3) HCFC-22
(4) 1,1,1-トリクロロエタン
(5) 四塩化炭素

解説 (1) 減少．CFC-12は，CFC-11と同様に1996（平成8）年から消費と生産が先進国で全廃されたので，最近は減少している（**図1.1**参照）．

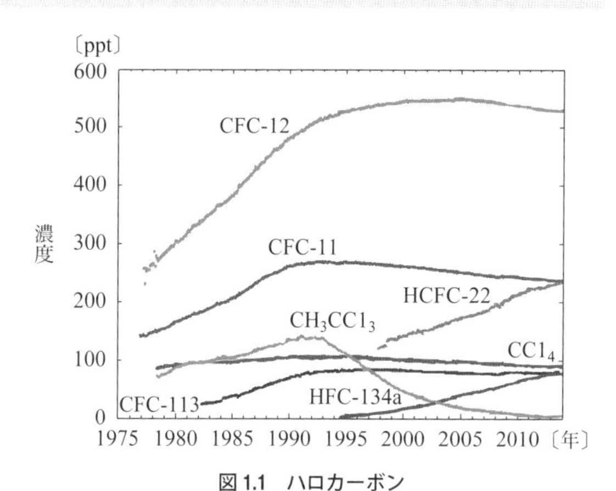

図1.1 ハロカーボン
（出典：気象庁「WMO温室効果ガス年報第12号（気象庁訳）」）

(2) 減少．Halon-1211は，分子式が$CBrClF_2$で分子の中にBrが結合したものである．消火剤に使用されていたが，1994年から生産が全廃された．

(3) 増加．HCFC-22は，分子中に水素原子が含まれ，地上の紫外線で比較的容易に分解するため，オゾン層の破壊は少ないとされて使用が増加した．現在では地球温暖化物質のため，削減が求められている（図1.1参照）．

(4) 減少．1,1,1-トリクロロエタン（CH_3CCl_3）は，生産・消費が原則として全廃されているので，1993年頃から急激に減少している（図1.1参照）．

(5) 減少．四塩化炭素（CCl_4）は，生産・消費が原則として全廃されているので次第に減少している（図1.1参照）．

▶答 (3)

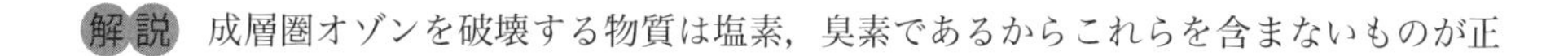

問題2 【令和3年 問7】

成層圏オゾン層を破壊する原因となる物質として，誤っているものはどれか．

(1) 六ふっ化硫黄
(2) 四塩化炭素
(3) 臭化メチル
(4) 1,1,1-トリクロロエタン
(5) クロロフルオロカーボン

解説 成層圏オゾンを破壊する物質は塩素，臭素であるからこれらを含まないものが正解となる．六ふっ化硫黄（SF_6）はこれらを含んでいない．なお，六ふっ化硫黄は地球温暖化物質であり，温暖化係数は22,800で極めて大きい．　▶答（1）

題3　【令和2年 問6】

成層圏オゾン層破壊問題に関する記述として，誤っているものはどれか．

(1) 成層圏では強い紫外線によって酸素分子から生成する酸素原子と酸素分子とが反応して，オゾンが生成する．

(2) クロロフルオロカーボン，ハロンなどが成層圏で分解して生成する塩素原子，臭素原子によって，オゾンが連鎖的に分解される．

(3) クロロフルオロカーボンの大気中濃度は，減少する傾向にある．

(4) 南極上空で発生するオゾンホールの最大面積は，2000年以降も統計的に有意な増加傾向を示している．

(5) 冷凍・冷蔵庫，カーエアコン等に使用されているクロロフルオロカーボンなどのフロン類の回収と破壊が進められている．

解説 (1) 正しい．成層圏では強い紫外線によって酸素分子（O_2）から生成する酸素原子（O）と酸素分子とが反応して，オゾン（O_3）が生成する．

O_2 ＋ 紫外線 → O ＋ O

$O_2 + O \rightarrow O_3$

(2) 正しい．クロロフルオロカーボン，ハロンなどが成層圏で分解して生成する塩素原子，臭素原子によって，オゾンが連鎖的に分解される．

$CFCl_3$(CFC-11) ＋ 紫外線 → Cl ＋ $CFCl_2$

$Cl + O_3 \rightarrow ClO + O_2$

$ClO + O \rightarrow Cl + O_2$

(3) 正しい．クロロフルオロカーボン（図中ではCFC-12，CFC-11）の大気中濃度は，減少する傾向にある（図1.1参照）．

(4) 誤り．南極上空で発生するオゾンホールの最大面積は，2000年以降も統計的に有意な減少傾向を示している．なお，図中の-78°C以下の領域面積は，オゾン層破壊を促進する極域成層圏雲の発達しやすいことを示す（**図1.2**参照）．

(5) 正しい．冷凍・冷蔵庫，カーエアコン等に使用されているクロロフルオロカーボンなどのフロン類の回収と破壊が進められている．

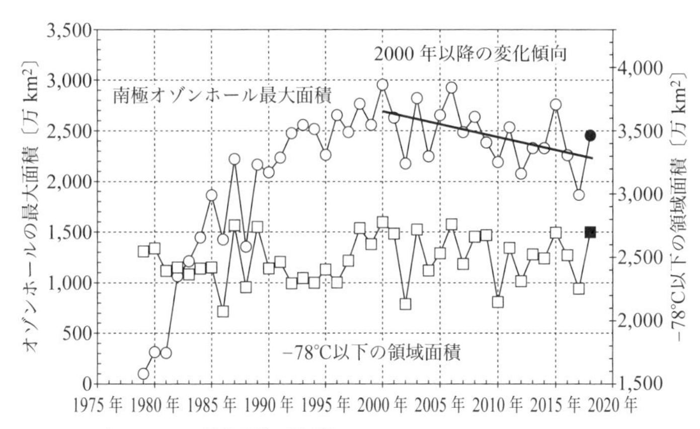

─○─ :オゾンホールの最大面積（左軸）
─□─ :南半球成層圏（50 hPa）における−78℃以下の領域面積の 8 月平均（右軸）
── :2000〜2018 年の変化傾向
南極オゾンホールの最大面積は，米国航空宇宙局（NASA）提供の衛星観測データを基に気象庁で作成.
−78℃以下の領域面積は，気象庁 55 年長期再解析（JRA-55）を基に作成.

図 1.2 南極オゾンホールの年最大面積と南半球成層圏（50 hPa）の−78℃以下の領域面積（8 月平均）の経年変化
（出典：気象庁「気候変動監視レポート 2018」）

▶答（4）

問題 4 【平成 30 年 問 6】

成層圏オゾン層の破壊の原因となる化学物質として，誤っているものはどれか.

(1) クロロフルオロカーボン

(2) ハイドロクロロフルオロカーボン

(3) 臭化メチル

(4) ホルムアルデヒド

(5) 四塩化炭素

解説 (1)〜(3) 正しい.

(4) 誤り. ホルムアルデヒドは，対流圏で分解し成層圏まで行かない. またオゾン層を破壊するハロゲン物質も含んでいない.

(5) 正しい.

▶答（4）

■ 1.5.2 我が国の環境問題

● 1 環境問題と原因物質

問題 1 【令和 4 年 問 6】 

公害・環境問題とその原因物質との組合せとして，誤っているものはどれか．

	（公害・環境問題）	（原因物質）
(1)	酸性雨	窒素酸化物
(2)	地下水汚染	トリクロロエチレン
(3)	四日市ぜん息	硫黄酸化物
(4)	イタイイタイ病	ひ素化合物
(5)	海洋汚染	マイクロプラスチック

解説 (1) 正しい．酸性雨には，窒素酸化物（NO_2，NO）が大きく関係している．

(2) 正しい．地下水汚染に，洗浄剤のトリクロロエチレンが関係していることがある（表 1.3 参照）．

表 1.3 2017～2019 年度の概況調査において地下水環境基準を超過した項目とその超過率

［環境省「平成 29 年度～令和元年度公共用水域水質測定結果」より抜粋］

	2019（令和元）年度				2018（平成 30）年度				2017（平成 29）年度			
	項目	調査井戸数	超過井戸数	超過率〔%〕	項目	調査井戸数	超過井戸数	超過率〔%〕	項目	調査井戸数	超過井戸数	超過率〔%〕
1	硝酸性窒素・亜硝酸性窒素	2,957	88	3.0	硝酸性窒素・亜硝酸性窒素	2,954	85	2.9	硝酸性窒素・亜硝酸性窒素	2,925	81	2.8
2	砒素	2,822	58	2.1	砒素	2,757	54	2.0	砒素	2,725	60	2.2
3	ふっ素	2,733	26	1.0	ふっ素	2,725	22	0.8	ふっ素	2,751	17	0.6
4	鉛	2,786	12	0.4	鉛	2,726	10	0.4	ほう素	2,603	7	0.3
5	テトラクロロエチレン	2,727	6	0.2	ほう素	2,570	9	0.4	トリクロロエチレン	2,816	5	0.2
6	ほう素	2,590	5	0.2	テトラクロロエチレン	2,762	6	0.2	クロロエチレン	2,433	4	0.2
7	トリクロロエチレン	2,734	4	0.1	トリクロロエチレン	2,767	3	0.1	鉛	2,689	4	0.1
8	四塩化炭素	2,567	3	0.1	クロロエチレン	2,390	1	0.0	テトラクロロエチレン	2,812	4	0.1

表 1.3　2017～2019 年度の概況調査において地下水環境基準を超過した項目とその超過率（つづき）

［環境省「平成 29 年度～令和元年度公共用水域水質測定結果」より抜粋］

	2019（令和元）年度				2018（平成 30）年度				2017（平成 29）年度			
	項目	調査井戸数	超過井戸数	超過率〔%〕	項目	調査井戸数	超過井戸数	超過率〔%〕	項目	調査井戸数	超過井戸数	超過率〔%〕
9	クロロエチレン	2,379	1	0.0	—	—	—	—	カドミウム	2,727	2	0.1
10	1,4-ジオキサン	2,400	1	0.0	—	—	—	—	総水銀	2,619	1	0.0
11	1,2-ジクロロエチレン	2,662	1	0.0	—	—	—	—	1,2-ジクロロエチレン	2,734	1	0.0
	全体	3,191	191	6.0	全体	3,206	181	5.6	全体	3,196	177	5.5

(3) 正しい．四日市ぜん息は，四大公害（水俣病，イタイイタイ病，新潟水俣病，四日市ぜん息）の 1 つであり，硫黄酸化物（SO_x）が主な原因であった．

(4) 誤り．イタイイタイ病は，富山県神通川流域で発生したカドミウム中毒事件である．更年期を過ぎた女性に発生する重金属中毒で，骨が折れイタイイタイと言って死亡する，悲惨な事件であった．ひ素化合物については，宮崎県土呂久地区における亜ひ酸製造工程が発生源となり，健康被害や環境問題が発生した．

(5) 正しい．海洋に放出されたプラスチックが，紫外線等により細かく分解され微小（5 mm 以下）となったものをマイクロプラスチックといい，地球レベルでその汚染がみられている．

▶答 (4)

問題 2　【令和元年 問 6】

過去に起きた大きな環境問題に関する記述として，誤っているものはどれか．

(1) 1968（昭和 43）年にイタイイタイ病の主原因は，鉱山排水に含まれていた鉛であると認められた．

(2) 1950 年代に熊本県水俣湾を中心に発生した水俣病は，工場排水に含まれていた有機水銀化合物によるものと認められた．

(3) 1980 年代に起きたトリクロロエチレンなど有機塩素化合物による地下水汚染を契機として，化学物質の審査及び製造等の規制に関する法律（化審法）が改正された．

(4) 1960 年代に問題になった四日市ぜん息は，大規模な石油化学コンビナートから排出された硫黄酸化物などによるものと認められた．

(5) 1968（昭和 43）年に起きたカネミ油症事件を契機として，ポリ塩化ビフェニル化合物の有毒性が問題となった．

解説　(1) 誤り．1968（昭和 43）年にイタイイタイ病の主原因は，亜鉛鉱山排水に含

まれていたカドミウムであると認められた．

(2) 正しい．1950年代に熊本県水俣湾を中心に発生した水俣病は，工場排水に含まれていた有機水銀化合物（メチル水銀）によるものと認められた．また，自然界に排出された無機水銀が有機水銀になることも原因であった．

(3) 正しい．1980年代に起きたトリクロロエチレンなど有機塩素化合物による地下水汚染を契機として，化学物質の審査及び製造等の規制に関する法律（化審法）が改正された．

(4) 正しい．1960年代に問題になった四日市ぜん息は，大規模な石油化学コンビナートから排出された硫黄酸化物などによるものと認められた．

(5) 正しい．1968（昭和43）年に起きたカネミ油症事件を契機として，ポリ塩化ビフェニル化合物（PCB）の有毒性が問題となった．

▶答（1）

● 2 大気汚染の現状および施策

問題1 【令和5年 問7】

粒子状物質（PM）の種類に関する記述として，誤っているものはどれか．

(1) ばいじんとは，燃料などの燃焼に伴って発生するものである．

(2) 粉じんとは，物の破砕や選別等に伴い発生，飛散するものである．

(3) 浮遊粒子状物質とは，大気中に浮遊しているPMで，粒径2.5 μm以下のものである．

(4) 一次粒子とは，工場やディーゼル自動車などの発生源から排出されるものである．

(5) 二次生成粒子とは，SO_2，NO_xやVOCなどから大気中で生成するものである．

解説 (1) 正しい．ばいじんとは，燃料などの燃焼に伴って発生するものである．大防法第2条（定義）第1項第二号参照．

(2) 正しい．粉じんとは，物の破砕や選別等に伴い発生，飛散するものである．大防法第2条（定義）第7項参照．

(3) 誤り．浮遊粒子状物質とは，大気中に浮遊しているPM（Particulate Matter）で，粒径10 μm以下のものである．なお，粒径2.5 μm以下のものは，微小粒子状物質である．「大気の汚染に係る環境基準について」別表の備考1および「微小粒子状物質による大気の汚染に係る環境基準について」第1（環境基準）第4項参照．

(4) 正しい．一次粒子とは，工場やディーゼル自動車などの発生源から排出されるものである．

(5) 正しい．二次生成粒子とは，SO_x，NO_xやVOC（Volatile Organic Compounds：揮発性有機化合物）などから大気中で生成するものである．例：硫酸アンモニア，塩化アンモニア，硝酸アンモニアなど．

▶答（3）

題2

【令和5年 問8】

揮発性有機化合物（VOC）に関する記述中，下線を付した箇所のうち，誤っているものはどれか．

VOCについては，(1)2000（平成12）年度の推定排出量を，2010（平成22）年度に(2)5割程度削減することを目標として，大気汚染防止法の改正が行われた．塗装，印刷，(3)接着などの大規模排出源への(4)排出濃度による規制に加えて，その他の事業所における(5)自主的取り組みの推進が主な改正点であった．

解説（1）正しい．

（2）誤り．正しくは「3割」である．なお，2010（平成2）年には，2000（平成12）年に対して約44%が削減された．また，2019（令和元）年には2000（平成12）年に対して59%の削減となっている．

（3）～（5）正しい．

▶答（2）

題3

【令和4年 問9】

光化学オキシダントに関する記述として，誤っているものはどれか（環境省：令和3年版環境白書・循環型社会白書・生物多様性白書による）．

（1）環境基準は，1時間値の1日平均値として0.06 ppm以下である．

（2）環境基準を達成した測定局の数は非常に少ない状況が続いている．

（3）200局以上の一般環境大気測定局において，昼間の1時間値の年間最高値が0.12 ppmを超えている．

（4）長期的な環境改善傾向は，8時間値の日最高値の年間99パーセンタイル値の3年平均値で評価されている．

（5）2020（令和2）年の光化学オキシダント注意報の発令延日数を月別にみると，8月が最も多かった．

解説（1）誤り．光化学オキシダントの環境基準は，1時間値が0.06 ppm以下である．

（2）正しい．環境基準を達成した測定局の数は，非常に少ない状況が続いている．2019（令和3）年度では，わずか2測定局数だけである（**図1.3**参照）．

（3）正しい．200局以上（2019（令和3）年度は528局）の一般環境大気測定局（ビルの屋上など自動車排ガスの影響を受けない測定局）において，昼間の1時間値の年間最高値が0.12 ppmを超えている（図1.3参照）．

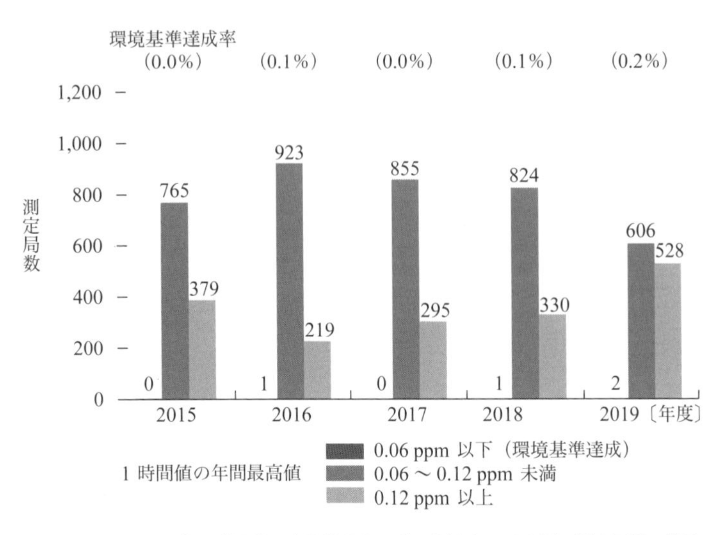

図 1.3　昼間の日最高 1 時間値の光化学オキシダント濃度レベル別の測定局数の推移（一般環境大気測定局）（2015 年度～ 2019 年度）

（出典：環境省「令和 3 年版環境白書・循環型社会白書・生物多様性白書」）

(4) 正しい．長期的な環境改善傾向は，8 時間値の日最高値の年間 99 パーセンタイル値（高い側の値の 1% を除いた残りの値）の 3 年平均値で評価されている．

(5) 正しい．2020（令和 2）年の光化学オキシダント注意報の発令延日数を月別にみると，紫外線の強い 8 月が最も多く 35 日（都道府県別に積算），次いで 6 月が 7 日であった．

▶答 (1)

問題 4　【令和 3 年 問 8】

有害大気汚染物質に関する記述中，下線を付した箇所のうち，誤っているものはどれか．

(1)23 の優先取組物質が指定されており，このうちの(2)ベンゼン，(3)トリクロロエチレン，(4)テトラクロロエチレン，及び，(5)水銀及びその化合物の 4 物質には，大気濃度について環境基準が定められている．

解説　23 の優先取組物質が指定されており，このうちのベンゼン，トリクロロエチレン，テトラクロロエチレン，および，ジクロロメタンの 4 物質には，大気濃度について環境基準が定められている．ベンゼン等による大気の汚染に係る環境基準について（平成 9 年 2 月 4 日環境庁告示第 4 号）参照．

以上から (5) が正解．

▶答 (5)

題5 【令和2年 問8】

光化学オキシダントに関する記述として，誤っているものはどれか．

(1) 光化学オキシダントとは，オゾン，パーオキシアセチルナイトレートなどの酸化性物質をいう．

(2) 光化学オキシダントは，窒素酸化物と非メタン炭化水素を含む揮発性有機化合物などがかかわる大気中の光化学反応で生成する．

(3) 光化学オキシダントの生成は，日射量のほか，風向・風速や大気安定度などの気象条件に依存している．

(4) 環境基準は，1時間値の1日平均値が0.06 ppm以下である．

(5) 環境基準が定められている大気汚染物質の中で，達成率が最も低い状態が続いている．

解説 (1) 正しい．光化学オキシダントとは，オゾン（O_3），パーオキシアセチルナイトレート（$CH_3COO_2NO_2$：PAN）などの酸化性物質をいう．濃度としては大部分をオゾンが占める．オゾンの生成反応は次のとおりである．

$$NO_2 + 紫外線 \rightarrow NO + O$$

$$O + O_2 \rightarrow O_3$$

$$NO + O_3 \rightarrow NO_2 + O_2$$

PANの生成メカニズムについては，**図1.4** 参照．

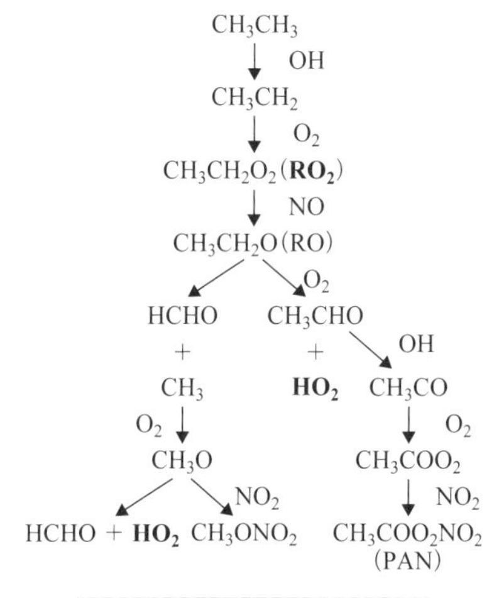

図1.4 OH，HO_2 を連鎖種とする炭化水素の大気中分解反応（光化学オキシダント生成のメカニズム）[13)]

(2) 正しい．光化学オキシダントは，窒素酸化物と非メタン炭化水素を含む揮発性有機化合物などがかかわる大気中の光化学反応で生成する．

(3) 正しい．光化学オキシダントの生成は，日射量のほか，風向・風速や大気安定度などの気象条件に依存している．

(4) 誤り．環境基準は，1時間値が0.06 ppm以下である．1日平均値ではない．

(5) 正しい．環境基準が定められている大気汚染物質の中で，達成率が最も低い状態が続いている．2017（平成29）年度の環境基準達成状況は，一般局0%，自排局0%であった．

なお，一般局とは自動車排ガスの影響を直接に受けない場所，自排局は自動車が多い道路の近傍の測定場所をいう．

▶答（4）

問題6 【令和2年 問9】

揮発性有機化合物（VOC）の排出規制対象となっている施設を，規模要件である排・送風能力の大きさの順に並べたとき，正しいものはどれか．

(1) 塗装施設（吹付塗装）＞グラビア印刷・乾燥施設＞化学製品製造・乾燥施設

(2) 塗装施設（吹付塗装）＞化学製品製造・乾燥施設＞グラビア印刷・乾燥施設

(3) 化学製品製造・乾燥施設＞グラビア印刷・乾燥施設＞塗装施設（吹付塗装）

(4) 化学製品製造・乾燥施設＞塗装施設（吹付塗装）＞グラビア印刷・乾燥施設

(5) グラビア印刷・乾燥施設＞塗装施設（吹付塗装）＞化学製品製造・乾燥施設

解説 各規制対象施設の1時間の排ガス量の基準は次のとおりである．

塗装施設（吹付塗装）	100,000 m^3/h
グラビア印刷・乾燥施設	27,000 m^3/h
化学製品製造・乾燥施設	3,000 m^3/h

以上から（1）が正解．

▶答（1）

問題7 【令和元年 問9】

揮発性有機化合物に関する記述として，誤っているものはどれか．

(1) 光化学オキシダントの原因物質の一つである．

(2) 大気中の非メタン炭化水素濃度について，環境基準が定められている．

(3) 排出規制と事業者の自主的取組を適切に組み合わせて排出抑制が行われている．

(4) 排出規制の対象施設では，排出口からの排出濃度による規制が行われている．

(5) 2010（平成22）年度の排出量の合計は，2000（平成12）年度に比べて約44%が削減されたと推定されている．

解説 (1) 正しい．揮発性有機化合物（VOC：Volatile Organic Compound）は，光化学オキシダントの原因物質の一つである．光化学オキシダントは，NO_xと非メタン炭化水素を含むVOCなどがかかわる大気中の光化学反応で生成するもので，オゾンが90%以上を占める．

(2) 誤り．大気中の非メタン炭化水素濃度については，極めて低濃度であり直接健康には影響を与えないので，環境基準が定められていない．

(3) 正しい．排出規制と事業者の自主的取組を適切に組み合わせて排出抑制が行われている．大防法第17条の3（施策等の実施の指針）参照．

(4) 正しい．排出規制の対象施設では，排出口からの排出濃度による規制が行われている．大防法第17条の4（排出基準）参照．

(5) 正しい．2010（平成22）年度の排出量の合計は，2000（平成12）年度に比べて約44%が削減されたと推定されている．

▶答 (2)

問題8 【令和元年 問10】

2016（平成28）年度において，一般環境大気測定局で測定された大気汚染物質濃度の年平均値を高い順に並べたとき，正しいものはどれか．

(1) $CO > NO_2 > SO_2$

(2) $CO > SO_2 > NO_2$

(3) $NO_2 > CO > SO_2$

(4) $NO_2 > SO_2 > CO$

(5) $SO_2 > NO_2 > CO$

解説 2016（平成28）年度において，一般環境大気測定局で測定された大気汚染物質濃度の年平均値は次のとおりである．

CO　0.3 ppm

NO_2　0.009 ppm

SO_2　0.002 ppm

以上から (1) が正解．

▶答 (1)

問題9 【平成30年 問8】

排出基準が定められていない大気汚染物質はどれか．

(1) ばいじん

(2) ふっ化水素

(3) ニッケル

(4) 揮発性有機化合物

(5) 水銀

解説 (1) 正しい．ばいじんは，ばい煙であるから大防法第3条（排出基準）第1項参照．

(2) 正しい．ふっ化水素は，ばい煙であるから大防法第3条（排出基準）第1項参照．

(3) 誤り．ニッケルの排出基準は定められていない．

(4) 正しい．揮発性有機化合物は，大防法第2章の2（第17条の4，大防則第15条の2別表第5の2）参照．

(5) 正しい．水銀は，大防法第2章の4（第18条の22，大防令第3条の5，大防則第5条の

2別表3の3）参照.　　▶答（3）

問題10　【平成30年 問9】

浮遊粒子状物質（SPM）に関する記述中，下線を付した箇所のうち，誤っているものはどれか.

大気中に浮遊している粒子状物質のうち，粒径(1)2.5 μm以下のものをSPMと定義し，健康への影響があることから(2)環境基準が設定されている．SPMの大気中濃度は近年(3)ほぼ横ばい傾向を示している．SPMには工場，ディーゼル自動車などの発生源から排出されるものに加えて，(4)VOCなどから大気中で生成する(5)二次生成粒子もある.

解説　(1) 誤り．「10 μm」が正しい．なお，2.5 μm以下は微小粒子状物質という．10 μm以下の浮遊粒子状物質と混同しないように注意すること.

(2)～(5) 正しい．なお，VOCとは，Volatile Organic Compoundの略で揮発性有機化合物をいい，これと反応する二次粒子物質としては，硝酸アンモニウムや硝酸ナトリウムなどがある.　　▶答（1）

● 3　水環境の現状

問題1　【令和5年 問9】

水質汚濁の現状に関する記述として，誤っているものはどれか（環境省：令和2年度公共用水域水質測定結果及び令和2年度地下水質測定結果（概況調査）による）.

(1) 公共用水域において，健康項目であるカドミウムなどの環境基準達成率は，生活環境項目であるBOD又はCODの環境基準達成率よりも高い.

(2) 河川，湖沼，海域のうち，健康項目の環境基準達成率が最も高いのは，河川である.

(3) ひ素の環境基準達成率は，地下水よりも公共用水域のほうが高い.

(4) 河川のBOD環境基準達成率は，湖沼のCOD環境基準達成率よりも高い.

(5) 1974（昭和49）年度～2020（令和2）年度までの間に，湖沼のCOD環境基準達成率が海域のCOD環境基準達成率より高くなったことは，一度もなかった.

解説　(1) 正しい．2020（令和2）年度の公共用水域において，健康項目であるカドミウムなどの環境基準達成率99.93%（＝100% － 非達成率＝100% －0.07%）は，BODまたはCODの環境基準達成率88.8%より高い（**表1.4**および**図1.5**参照）.

表 1.4　健康項目の環境基準達成状況（非達成率）（令和 2 年度）

（出典：環境省「令和 2 年度 公共用水質測定結果」）

	令和2年度									令和元年度		
	河川		湖沼		海域		全体			全体		
	a：超過地点数	b：調査地点数	a：超過地点数	b：調査地点数	a：超過地点数	b：調査地点数	a：超過地点数	b：調査地点数	a/b〔%〕	a：超過地点数	b：調査地点数	a/b〔%〕
カドミウム	3	3,027	0	265	0	781	3	4,073	0.07	4	4,053	0.10
全シアン	0	2,745	0	227	0	682	0	3,654	0	0	3,569	0
鉛	4	3,139	0	265	0	801	4	4,205	0.10	3	4,177	0.07
六価クロム	0	2,813	0	240	0	748	0	3,801	0	0	3,754	0
砒素	19	3,129	2	267	0	797	21	4,193	0.50	23	4,161	0.55
総水銀	0	2,896	0	249	0	791	0	3,936	0	0	3,885	0
アルキル水銀	0	509	0	59	0	162	0	730	0	0	684	0
PCB	0	1,727	0	129	0	414	0	2,270	0	0	2,172	0
ジクロロメタン	0	2,626	0	206	0	542	0	3,374	0	0	3,346	0
四塩化炭素	0	2,603	0	204	0	518	0	3,325	0	0	3,296	0
1,2-ジクロロエタン	1	2,635	0	206	0	541	1	3,382	0.03	1	3,326	0.03
1,1-ジクロロエチレン	0	2,624	0	205	0	540	0	3,369	0	0	3,335	0
シス-1,2-ジクロロエチレン	0	2,609	0	205	0	540	0	3,354	0	0	3,336	0
1,1,1-トリクロロエタン	0	2,625	0	211	0	548	0	3,384	0	0	3,377	0
1,1,2-トリクロロエタン	0	2,609	0	205	0	540	0	3,354	0	0	3,335	0
トリクロロエチレン	0	2,656	0	217	0	554	0	3,427	0	0	3,402	0
テトラクロロエチレン	0	2,659	0	217	0	554	0	3,430	0	0	3,405	0
1,3-ジクロロプロペン	0	2,610	0	212	0	509	0	3,331	0	0	3,326	0
チウラム	0	2,555	0	217	0	503	0	3,275	0	0	3,263	0

表 1.4　健康項目の環境基準達成状況（非達成率）（令和 2 年度）（つづき）

	令和 2 年度									令和元年度		
	河川		湖沼		海域		全体			全体		
	a：超過地点数	b：調査地点数	a：超過地点数	b：調査地点数	a：超過地点数	b：調査地点数	a：超過地点数	b：調査地点数	a/b〔%〕	a：超過地点数	b：調査地点数	a/b〔%〕
シマジン	0	2,555	0	216	0	490	0	3,261	0	0	3,259	0
チオベンカルブ	0	2,531	0	216	0	489	0	3,236	0	0	3,250	0
ベンゼン	0	2,592	0	207	0	548	0	3,347	0	0	3,314	0
セレン	0	2,610	0	209	0	549	0	3,368	0	0	3,351	0
硝酸性窒素および亜硝酸性窒素	2	3,093	0	380	0	773	2	4,246	0.05	2	4,205	0.05
ふっ素	16 (25)	2,612 2,621	1 (1)	228 228	0 (0)	0 (22)	17 (26)	2,840 2,871	0.60	15 (30)	2,725 (2,887)	0.55
ほう素	0 (71)	2,504 2,575	0 (4)	218 222	0 (0)	0 (17)	0 (75)	2,722 2,814	0	0 (94)	2,591 (2,828)	0
1,4-ジオキサン	0	2,525	0	214	0	587	0	3,326	0	0	3,288	0
合計	42 <45>	3,822	3 <3>	404	0 <0>	1,050	45 <48>	5,276	0.85	45 <48>	5,318	0.85

注：1）硝酸性窒素および亜硝酸性窒素，ふっ素，ほう素は，平成 11 年度から全国的に水質測定を開始している．
2）ふっ素およびほう素の環境基準は，海域には適用されない．これら 2 項目に係る海域の測定地点数は，（　）内に参考までに記載したが，環境基準の評価からは除外し，合計欄にも含まれない．
　また，河川および湖沼においても，海水の影響により環境基準を超過した地点を除いた地点数を記載しているが，下段（　）内には，これらを含めた地点数を参考までに記載した．
3）合計欄の上段には重複のない地点数を記載しているが，下段<　>内には，同一地点において複数の項目が環境基準を超えた場合でも，それぞれの項目において超過地点数を 1 として集計した，延べ地点数を記載した．なお，非達成率の計算には，複数の項目で超過した地点の重複分を差し引いた超過地点数 45 により算出した．

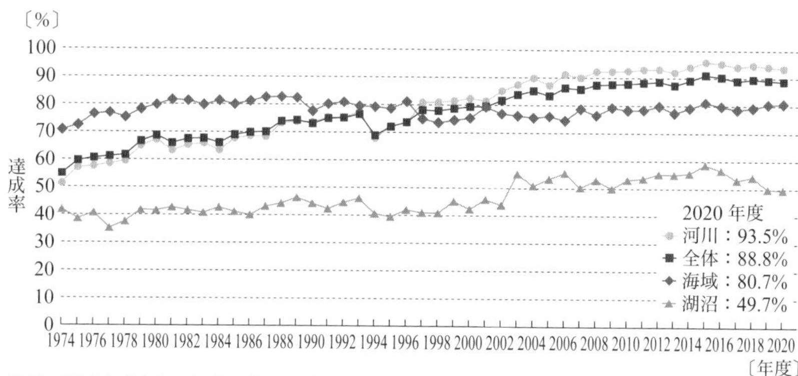

図 1.5　公共用水域の環境基準（BOD 又は COD）達成率の推移
（出典：環境省「令和 4 年版環境白書・循環型社会白書・生物多様性白書」）

(2) 誤り．河川，湖沼，海域のうち，健康項目の環境基準達成率が最も高いのは海域で，100% である（表 1.4 参照）．

(3) 正しい．ひ素の環境基準達成率は，地下水（**図 1.6** 参照）では超過率が 2.1% であるから達成率は 100% − 2.1% ＝ 97.9%，公共用水域では 99.5%（＝ 100% − 0.50%：表 1.4 参照）であるから，公共用水域の方が高い．

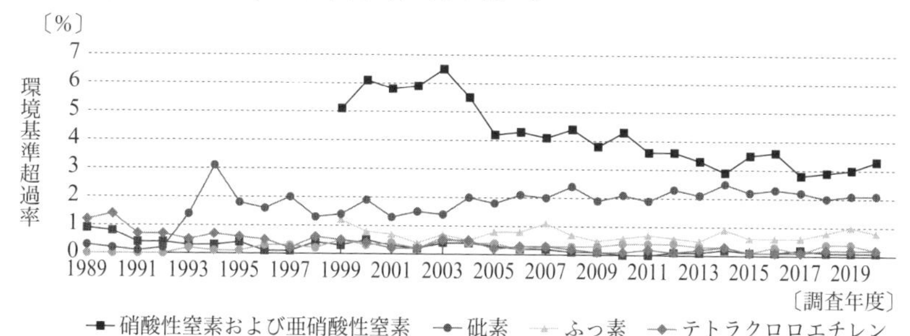

注 1：超過数とは，測定当時の基準を超過した井戸の数であり，超過率とは，調査数に対する超過数の割合である．
2：硝酸性窒素および亜硝酸性窒素，ふっ素は，1999 年に環境基準に追加された．
3：このグラフは環境基準超過本数が比較的多かった項目のみ対象としている．
資料：環境省「令和 2 年度地下水質測定結果」

図 1.6　地下水の水質汚濁に係る環境基準の超過率（概況調査）の推移
（出典：環境省「令和 4 年版環境白書・循環型社会白書・生物多様性白書」）

(4) 誤り．河川の BOD 環境基準達成率は，湖沼の COD 環境基準達成率より高い（図 1.5 参照）．なお，河川は植物プランクトンが少ないため BOD 測定が可能であるが，湖沼や海域では閉鎖性水域であるため植物プランクトンが多く生息しているので原理的に

BOD測定はできない.

(5) 正しい. 1974（昭和49）年度～2020（令和2）年度までの間に，湖沼のCOD環境基準達成率が海域のCOD環境基準達成率より高くなったことは，一度もなかった（図1.5参照）.

▶答（2）

問題2 【令和5年 問10】

地下水汚染の現状に関する記述として，誤っているものはどれか（環境省：令和2年度地下水質測定結果（概況調査）による）.

(1) 環境基準の超過率が最も高いのは，硝酸性窒素及び亜硝酸性窒素である.

(2) 最近（2017（平成29）年度～2020（令和2）年度）の硝酸性窒素及び亜硝酸性窒素の環境基準の超過率は，最も高かった時期（2000（平成12）年度～2003（平成15）年度）に比べておおよそ半分に低下している.

(3) 硝酸性窒素及び亜硝酸性窒素の汚染原因として，農用地への施肥，家畜排泄物，一般家庭からの生活排水などが挙げられる.

(4) トリクロロエチレン等の揮発性有機化合物（VOC）の主な汚染源は事業場である.

(5) トリクロロエチレン等の揮発性有機化合物（VOC）は，対策の強化により，最近では新たな汚染は見つかっていない.

解説 (1) 正しい. 環境基準の超過率が最も高いのは，図1.6から硝酸性窒素および亜硝酸性窒素である.

(2) 正しい. 最近（2017（平成29）年度～2020（令和2）年度）の硝酸性窒素および亜硝酸性窒素の環境基準の超過率は，最も高かった時期（2000（平成12）年度～2003（平成15）年度）に比べておおよそ半分に低下している（図1.6参照）.

(3) 正しい. 硝酸性窒素および亜硝酸性窒素の汚染原因として，農用地への施肥，家畜排泄物，一般家庭からの生活排水などが挙げられる.

(4) 正しい. トリクロロエチレン等の揮発性有機化合物（VOC）の主な汚染源は事業場である.

(5) 誤り. トリクロロエチレン等の揮発性有機化合物（VOC）は，依然として新たな汚染が発見されている.

▶答（5）

問題3 【令和4年 問10】

水質汚濁の現状に関する記述として，誤っているものはどれか（環境省：令和元年度公共用水域水質測定結果及び地下水質測定結果（概況調査）による）.

(1) 人の健康の保護に関する環境基準（27項目）の達成率が最も低いのは，河川，湖沼，海域のうち，河川であった.

(2) BOD又はCODの環境基準の達成率が最も低いのは，河川，湖沼，海域のうち，湖沼であった．

(3) 公共用水域において，人の健康の保護に関する環境基準の超過率が高い項目は，ひ素，ふっ素であった．

(4) 地下水の調査実施井戸約3,200本のうち環境基準を超過する項目がみられた井戸は，2%以下であった．

(5) 地下水の環境基準の超過率が高い項目は，硝酸性窒素及び亜硝酸性窒素，ひ素であった．

解説 (1) 正しい．人の健康の保護に関する環境基準（27項目）の達成率が最も低いのは，河川（$(3,876-42)/3,876\times100 \fallingdotseq 98.9$〔%〕），湖沼（$(405-3)/405\times100 \fallingdotseq 99.3$〔%〕），海域（$(1,037-0)/1,037\times100=100$〔%〕）のうち，河川である．数値については**表1.5**参照．

(2) 正しい．BODまたはCODの環境基準の達成率が最も低いのは，河川（94.1%），湖沼（50.0%），海域（80.5%）のうち，湖沼である（**図1.7**参照）．

(3) 正しい．公共用水域において，人の健康の保護に関する環境基準の超過率が高い項目は，ひ素，ふっ素である（表1.5参照）．

(4) 誤り．地下水の調査実施井戸3,191本のうち環境基準を超過する項目がみられた井戸は，6.0%（191本）である（表1.3参照）．

(5) 正しい．地下水の環境基準の超過率が高い項目は，硝酸性窒素および亜硝酸性窒素，ひ素である（図1.6および表1.3参照）．

表 1.5　健康項目の環境基準達成状況（非達成率）（令和元年度）

（出典：環境省「令和元年度 公共用水域水質測定結果」）

	令和元年度									平成 30 年度		
	河川		湖沼		海域		全体			全体		
	a：超過地点数	b：調査地点数	a：超過地点数	b：調査地点数	a：超過地点数	b：調査地点数	a：超過地点数	b：調査地点数	a/b〔%〕	a：超過地点数	b：調査地点数	a/b〔%〕
カドミウム	4	3,046	0	262	0	745	4	4,053	0.10	6	4,114	0.15
全シアン	0	2,700	0	213	0	656	0	3,569	0	0	3,611	0
鉛	3	3,137	0	266	0	774	3	4,177	0.07	5	4,243	0.12
六価クロム	0	2,805	0	235	0	714	0	3,754	0	0	3,820	0
砒素	21	3,130	2	268	0	763	23	4,161	0.55	21	4,217	0.50
総水銀	0	2,899	0	247	0	739	0	3,885	0	0	3,967	0
アルキル水銀	0	507	0	49	0	128	0	684	0	0	734	0
PCB	0	1,675	0	119	0	378	0	2,172	0	0	2,281	0
ジクロロメタン	0	2,579	0	202	0	565	0	3,346	0	0	3,375	0
四塩化炭素	0	2,568	0	198	0	530	0	3,296	0	0	3,300	0
1,2-ジクロロエタン	1	2,567	0	202	0	557	1	3,326	0.03	1	3,350	0.03
1,1-ジクロロエチレン	0	2,577	0	202	0	556	0	3,335	0	0	3,339	0
シス-1,2-ジクロロエチレン	0	2,578	0	202	0	556	0	3,336	0	0	3,341	0
1,1,1-トリクロロエタン	0	2,609	0	206	0	562	0	3,377	0	0	3,365	0
1,1,2-トリクロロエタン	0	2,576	0	202	0	557	0	3,335	0	0	3,341	0
トリクロロエチレン	0	2,607	0	211	0	584	0	3,402	0	0	3,435	0
テトラクロロエチレン	0	2,610	0	211	0	584	0	3,405	0	0	3,439	0
1,3-ジクロロプロペン	0	2,591	0	200	0	535	0	3,326	0	0	3,361	0

表 1.5　健康項目の環境基準達成状況（非達成率）（令和元年度）（つづき）

	令和元年度									平成 30 年度		
	河川		湖沼		海域		全体			全体		
	a：超過地点数	b：調査地点数	a：超過地点数	b：調査地点数	a：超過地点数	b：調査地点数	a：超過地点数	b：調査地点数	a/b〔%〕	a：超過地点数	b：調査地点数	a/b〔%〕
チウラム	0	2,555	0	193	0	515	0	3,263	0	0	3,290	0
シマジン	0	2,563	0	188	0	508	0	3,259	0	0	3,262	0
チオベンカルブ	0	2,555	0	188	0	507	0	3,250	0	0	3,253	0
ベンゼン	0	2,548	0	205	0	561	0	3,314	0	0	3,322	0
セレン	0	2,599	0	195	0	557	0	3,351	0	1	3,370	0.03
硝酸性窒素および亜硝酸性窒素	2	3,060	0	360	0	785	2	4,205	0.05	2	4,285	0.05
ふっ素	14 (28)	2,540 (2,553)	1 (2)	185 186	0 (0)	0 (148)	15 (30)	2,725 (2,887)	0.55	15 (27)	2,859 (2,896)	0.52
ほう素	0 (90)	2,418 (2,521)	0 (4)	173 (180)	0 (0)	0 (147)	0 (94)	2,591 (2,828)	0	1 (81)	2,739 (2,838)	0.04
1,4-ジオキサン	0	2,521	0	194	0	573	0	3,288	0	0	3,349	0
合計	42 <45>	3,876	3 <3>	405	0 <0>	1,037	45 <48>	5,318	0.85	46 <52>	5,347	0.86

注：1）硝酸性窒素および亜硝酸性窒素，ふっ素，ほう素は，平成 11 年度から全国的に水質測定を開始している．

2）ふっ素およびほう素の環境基準は，海域には適用されない．これら 2 項目に係る海域の測定地点数は，（　）内に参考までに記載したが，環境基準の評価からは除外し，合計欄にも含まれない．

また，河川および湖沼においても，海水の影響により環境基準を超過した地点を除いた地点数を記載しているが，下段（　）内には，これらを含めた地点数を参考までに記載した．

3）合計欄の上段には重複のない地点数を記載しているが，下段<　>内には，同一地点において複数の項目が環境基準を超えた場合でも，それぞれの項目において超過地点数を 1 として集計した，延べ地点数を記載した．なお，非達成率の計算には，複数の項目で超過した地点の重複分を差し引いた超過地点数 45 により算出した．

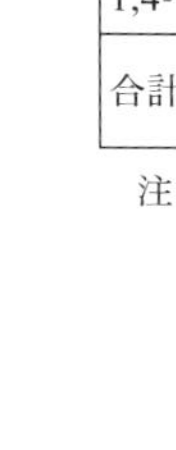

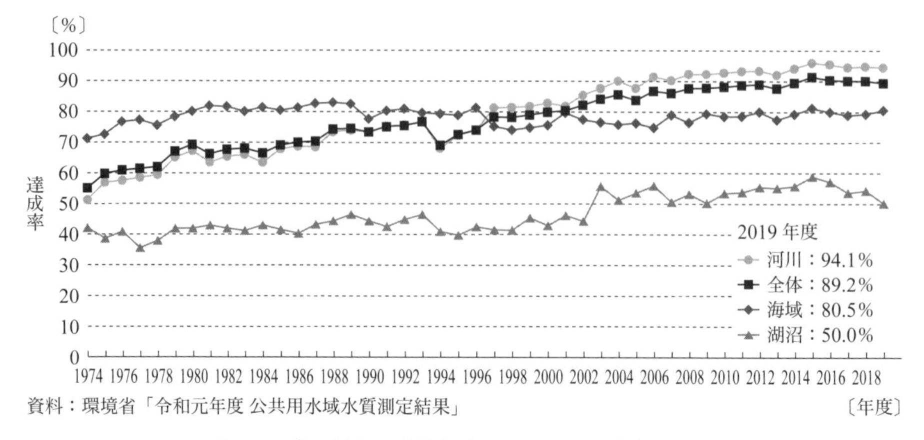

図 1.7　公共用水域の環境基準（BOD 又は COD）達成率の推移
（出典：環境省「令和 3 年度版環境白書・循環型社会白書・生物多様性白書」）

▶ 答（4）

問題 4　【令和 3 年 問 10】

公共用水域の水質汚濁の現状に関する記述として，誤っているものはどれか（環境省平成 30 年度公共用水域水質測定結果による）.

(1) 海域では，健康項目の環境基準を超過した地点はなかった.

(2) 河川，湖沼，海域のうち，健康項目の環境基準達成率が最も低いのは河川であった.

(3) 環境基準を超過した地点数が最も多かった健康項目は，硝酸性窒素及び亜硝酸性窒素であった.

(4) PCB に関しては，平成 29 年度及び平成 30 年度ともに，環境基準を超過した地点はなかった.

(5) カドミウム，鉛，六価クロム，ひ素，総水銀のうち，環境基準を超過した地点数が最も多かった健康項目は，ひ素であった.

解説　(1) 正しい．海域では，健康項目の環境基準を超過した地点はなかった.

(2) 正しい．河川，湖沼，海域のうち，健康項目の環境基準達成率が最も低いのは河川で 98.9% あった．湖沼では 99.2%，海域 100% であった.

(3) 誤り．環境基準を超過した地点数が最も多かった健康項目は，ひ素であった．次はふっ素であった.

(4) 正しい．PCB に関しては，平成 29 年度および平成 30 年度ともに，環境基準を超過した地点はなかった.

(5) 正しい．カドミウム，鉛，六価クロム，ひ素，総水銀のうち，環境基準を超過した地点数が最も多かった健康項目は，ひ素であった．

▶答 (3)

問題5

【令和3年 問11】

海洋環境の現状に関する記述として，誤っているものはどれか．

(1) 海上保安庁の「平成31年／令和元年の海洋汚染の現状について」によると，汚染原因件数の割合が最も高かったのは，油であった．

(2) 環境省の「平成30年度海洋環境モニタリング調査結果」によると，底質，生体濃度及び生物群集の調査において一部で高い値が検出されたが，全体としては海洋環境が悪化している状況は認められなかった．

(3) 近年，マイクロプラスチックによる海洋生態系への影響が懸念されている．

(4) マイクロプラスチックとは，5 μm以下の微細なプラスチックごみのことである．

(5) マイクロプラスチックに吸着しているポリ塩化ビフェニル（PCB）等の有害化学物質の量等を定量的に把握するための調査が実施されている．

解説 (1) 正しい．海上保安庁の「平成31年／令和元年の海洋汚染の現状について」によると，汚染原因件数の割合が最も高かったのは油（64％）であり，以下，廃棄物（33％），有害液体物質（1％），その他（工場排水等）（2％）であった（**図1.8**参照）．

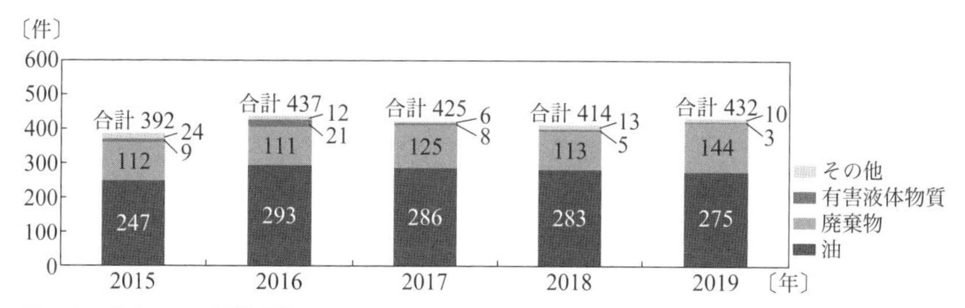

図1.8 海洋汚染の発生確認件数の推移
（出典：環境省「令和元年版環境白書・循環型社会白書・生物多様性白書」）

(2) 正しい．環境省の「平成30年度海洋環境モニタリング調査結果」によると，底質，生体濃度および生物群集の調査において一部で高い値が検出されたが，全体としては海洋環境が悪化している状況は認められなかった．

(3) 正しい．近年，マイクロプラスチックによる海洋生態系への影響が懸念されている．

(4) 誤り．マイクロプラスチックとは，5 mm以下の微細なプラスチックごみのことである．

(5) 正しい．マイクロプラスチックに吸着しているポリ塩化ビフェニル（PCB）等の有

害化学物質の量等を定量的に把握するための調査が実施されている． ▶答（4）

問題6 【令和2年 問10】

水質汚濁の現状に関する記述として，誤っているものはどれか．

(1) 公共用水域では，人の健康の保護に関する環境基準は，ほとんどの地点で達成されている．

(2) 公共用水域におけるBOD又はCODの環境基準達成率は，湖沼の達成率が最も低い．

(3) 硝酸性窒素及び亜硝酸性窒素による地下水汚染の原因としては，農用地への施肥，家畜排泄物，一般家庭からの生活排水などが挙げられる．

(4) 海上保安庁の「平成30年度の海洋汚染の現状について」によると，汚染原因件数の割合は有害液体物質が最も多い．

(5) マイクロプラスチックによる海洋生態系への影響が懸念されており，世界的な課題となっている．

解説 (1) 正しい．公共用水域では，人の健康の保護に関する環境基準は，2017（平成29）年度において基準超過地点数の割合が0.82%であるから，ほとんどの地点で達成されている．なお，2018（平成30）年と2019（令和元）年については表1.5参照．

(2) 正しい．2017（平成29）年度における公共用水域におけるBODまたはCODの環境基準達成率は全体89.0%でその内訳は，河川94.0%，海域78.6%，湖沼53.2%で湖沼の達成率が最も低い．なお，BOD（Biochemical Oxygen Demand）は，生物化学的酸素要求量〔mg/L〕で，微生物が有機物を餌として増殖するときに消費する酸素の量をいい，植物プランクトンがほとんどいない河川に適用される．COD（Chemical Oxygen Demand）は，化学的酸素要求量〔mg/L〕で，水中の有機物を酸化剤の化学薬品（過マンガン酸カリウムやクロム酸カリウムなど）で酸化したときに消費した酸素の量で表したもので，植物プランクトンが生息する海域や湖沼に適用される（**図1.9**参照）．

(3) 正しい．硝酸性窒素および亜硝酸性窒素による地下水汚染の原因としては，農用地への施肥，家畜排泄物，一般家庭からの生活排水などが挙げられる．

(4) 誤り．海上保安庁の「平成30年度の海洋汚染の現状について」によると，汚染原因件数（全体で414件）で，油68%，廃棄物27%，有害液体物質1%，その他の（工場排水等）3%で，油が最も多い．なお，前年度に比べて汚染原因件数は11件減少している（図1.8参照）．

(5) 正しい．マイクロプラスチック（5mm以下の微細なプラスチックごみ）による海洋生態系への影響が懸念されており，世界的な課題となっている．

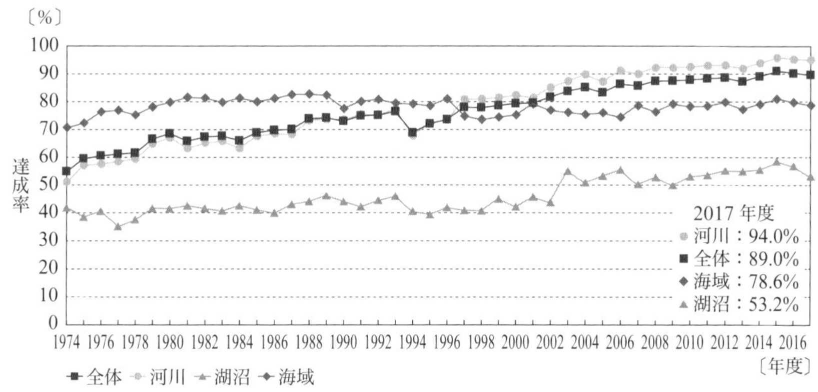

図 1.9　公共用水域の環境基準（BOD 又は COD）達成率の推移
（出典：環境省「令和元年版環境白書・循環型社会白書・生物多様性白書」）

▶答（4）

問題 7　【令和 2 年 問 11】

水利用における汚濁負荷に関する記述として，誤っているものはどれか．

(1) 人の生活に由来する排水（生活排水）の発生源には，し尿と生活系雑排水がある．

(2) 生活排水中の BOD，COD，全窒素，全りんのうち，1 人 1 日当たり排出される汚濁物質の原単位が最も大きいものは BOD である．

(3) 下水道のうち，雨水と生活排水などを併せて下水処理場で処理する方式は，合流式下水道と呼ばれる．

(4) 工場からの排水基準が定められていない汚濁物質の中にも，生体影響などのおそれがあるものがある．

(5) 製造工程で利用される工業用水の回収利用率は，2015 年時点で 95% に達している．

解説 (1) 正しい．人の生活に由来する排水（生活排水）の発生源には，し尿と生活系雑排水がある．

(2) 正しい．生活排水中の BOD，COD，全窒素，全りんのうち，1 人 1 日当たり排出される汚濁物質の原単位は，BOD 45 g/(人・日)，COD 23 g/(人・日)，全窒素 9.0 g/(人・日)，全りん 1.0 g/(人・日) であるから，最も大きいものは BOD である．

(3) 正しい．下水道のうち，雨水と生活排水などを併せて下水処理場で処理する方式は，合流式下水道と呼ばれる．なお，雨水と生活排水を別々に処理する方式は分流式下水道という．

(4) 正しい．工場からの排水基準が定められていない汚濁物質の中にも，生体影響などのおそれがあるものがある．クロロホルムなど多くの物質が要監視項目として，毎年環境中の濃度が調査されている．

(5) 誤り．製造工程で利用される工業用水の回収利用率は，2015年時点で79％である．「95％」が誤り．　▶答 (5)

問題8　【令和元年 問11】

水質環境保全に関する記述として，誤っているものはどれか．

(1) 水生生物の保全を目的に，全亜鉛，ノニルフェノール，直鎖アルキルベンゼンスルホン酸及びその塩，底層溶存酸素量について環境基準が定められている．

(2) ノニルフェノールについては，国により排水基準が定められている．

(3) 1,4-ジオキサンについては，国により公共用水域と地下水の環境基準が定められている．

(4) 1,4-ジオキサンについては，国により排水基準が定められている．

(5) 亜鉛の国による排水基準は，対応することが著しく困難な特定事業場を除き，5 mg/L から 2 mg/L に強化されている．

解説 (1) 正しい．水生生物の保全を目的に，全亜鉛，ノニルフェノール，直鎖アルキルベンゼンスルホン酸およびその塩，底層溶存酸素量について環境基準が定められている．

(2) 誤り．ノニルフェノールについては，国により排水基準が定められていない．

(3) 正しい．1,4-ジオキサンについては，国により公共用水域と地下水の環境基準が定められている．

(4) 正しい．1,4-ジオキサンについては，国により排水基準が定められている．

(5) 正しい．亜鉛の国による排水基準は，対応することが著しく困難な特定事業場を除き，5 mg/L から 2 mg/L に強化されている．排水基準を定める省令参照．　▶答 (2)

問題9　【平成30年 問10】

水質汚濁の現状に関する記述として，誤っているものはどれか（環境省平成27年度公共用水域水質測定結果及び地下水質測定結果（概況調査）による）．

(1) 人の健康の保護に関する環境基準（27項目）の達成率は，河川より海域のほうが高い．

(2) CODに関する環境基準の達成率は，海域より湖沼のほうが高い．

(3) ひ素の環境基準超過率は，公共用水域より地下水のほうが高い．

(4) 地下水の調査対象井戸のうち，約6％において環境基準を超過する項目がみられた．

(5) 地下水の環境基準超過率が最も高い項目は，硝酸性窒素及び亜硝酸性窒素である．

 (1) 正しい.

(2) 誤り. 2015 (平成27) 年のCODに関する環境基準の達成率は, 海域81.1%, 湖沼58.7%で海域の方が高い (図1.7参照).

(3) 正しい. 2015 (平成27) 年のひ素の環境基準超過率は, 公共用水域で0.54%, 地下水では2.2%である (**表1.6**参照).

表1.6 2015 (平成27) 年度地下水質測定結果 (概況調査)

(出典：環境省「平成27年度公共用水域水質測定結果及び地下水質測定結果 (概況調査)」)

項目	概況調査結果					(参考) 平成26年度 概況調査結果		
	調査数〔本〕	検出数〔本〕	検出率〔%〕	超過数〔本〕	超過率〔%〕	調査数〔本〕	超過数〔本〕	超過率〔%〕
カドミウム	2,658	16	0.6	1	0.0	2,704	0	0
全シアン	2,479	0	0	0	0	2,534	0	0
鉛	2,712	80	2.9	3	0.1	2,755	7	0.3
六価クロム	2,625	3	0.1	2	0.1	2,662	0	0
砒素	2,764	329	11.9	60	2.2	2,816	69	2.5
総水銀	2,660	0	0	0	0	2,701	1	0.0
アルキル水銀	699	0	0	0	0	526	0	0
PCB	1,957	0	0	0	0	2,022	0	0
ジクロロメタン	2,793	2	0.1	0	0	2,823	0	0
四塩化炭素	2,710	9	0.3	0	0	2,740	0	0
塩化ビニルモノマー	2,474	14	0.6	0	0	2,495	2	0.1
1,2-ジクロロエタン	2,709	4	0.1	0	0	2,733	0	0
1,1-ジクロロエチレン	2,695	10	0.4	0	0	2,723	0	0
1,2-ジクロロエチレン	2,801	35	1.2	1	0.0	2,831	0	0
1,1,1-トリクロロエタン	2,842	28	1.0	0	0	2,872	0	0
1,1,2-トリクロロエタン	2,604	6	0.2	0	0	2,630	0	0
トリクロロエチレン	2,942	62	2.1	2	0.1	2,965	7	0.2
テトラクロロエチレン	2,936	80	2.7	3	0.1	2,958	8	0.3
1,3-ジクロロプロペン	2,364	0	0	0	0	2,392	0	0
チウラム	2,241	1	0.0	0	0	2,263	0	0
シマジン	2,238	1	0.0	0	0	2,260	0	0
チオベンカルブ	2,238	0	0	0	0	2,260	0	0

表1.6　2015（平成27）年度地下水質測定結果（概況調査）（つづき）

項　目	概況調査結果					（参考）平成26年度 概況調査結果		
	調査数〔本〕	検出数〔本〕	検出率〔%〕	超過数〔本〕	超過率〔%〕	調査数〔本〕	超過数〔本〕	超過率〔%〕
ベンゼン	2,717	1	0.0	0	0	2,751	1	0.0
セレン	2,482	25	1.0	0	0	2,533	0	0
硝酸性窒素および亜硝酸性窒素	3,033	2,602	85.8	105	3.5	3,084	90	2.9
ふっ素	2,755	1,111	40.3	16	0.6	2,783	26	0.9
ほう素	2,635	927	35.2	5	0.2	2,676	7	0.3
1,4-ジオキサン	2,483	10	0.4	2	0.1	2,519	0	0
全体	3,360	2,982	88.8	195	5.8	3,405	211	6.2

（注）1　検出数とは各項目の物質を検出した井戸の数であり，検出率とは調査数に対する検出数の割合である．
超過数とは環境基準を超過した井戸の数であり，超過率とは調査数に対する超過数の割合である．
環境基準超過の評価は年間平均値による．ただし，全シアンについては最高値とする．
2　全体とは全調査井戸の結果で，全体の超過数とはいずれかの項目で環境基準超過があった井戸の数であり，全体の超過率とは全調査井戸の数に対するいずれかの項目で環境基準超過があった井戸の数の割合である．

(4) 正しい．地下水の調査対象井戸のうち，5.8%（約6%）の環境基準を超過する項目が見られた（表1.6参照）．

(5) 正しい．地下水の環境基準超過率が最も高い項目は，硝酸性窒素および亜硝酸性窒素（3.5%）である（表1.6参照）．

▶答 (2)

問題10　【平成30年 問11】

水循環及び水質環境問題に関する記述として，正しいものはどれか．

(1) 地上の水は，主に地球内部からのエネルギーを受けて自然の大循環を繰り返している．

(2) 人の生活に由来する排水（生活排水）には，し尿は含まれない．

(3) 分流式下水道では，汚水は下水処理場で処理され，雨水は川や海に放流される．

(4) 近年では，製造工程に利用される工業用水のほぼ100%が回収利用されている．

(5) 水生生物の保護に関する環境基準として，表層溶存酸素量についての基準値が設定されている．

解説 (1) 誤り．地上の水は，主に太陽のエネルギーを受けて自然の大循環を繰り返している．

(2) 誤り．人の生活に由来する排水（生活排水）に，し尿は含まれる．

(3) 正しい．分流式下水道では，汚水（生活排水）は，下水処理場で処理され，雨水は別の下水道管で川や海に放流される．なお，合流式下水道では，汚水と雨水が同一の下水道管で下水処理場に入り処理される．

(4) 誤り．製造工程に利用される工業用水の78.9%（2014年）が回収されており，ほぼ100%ではない．

(5) 誤り．水生生物の保護に関する環境基準として，湖沼と海域について「底層溶存酸素量」についての基準値が設定されている．

▶答 (3)

● 4 土壌汚染および地盤沈下

問題1 【令和4年 問11】

土壌汚染及び地盤沈下の現状に関する記述として，誤っているものはどれか（環境省：令和3年版環境白書・循環型社会白書・生物多様性白書による）．

(1) 2019（令和元）年度における土壌汚染の調査事例件数の40%弱で，土壌環境基準等を超過する汚染が認められた．

(2) 土壌汚染が判明した事例では，ふっ素，鉛，ひ素等による汚染が多い．

(3) 土壌汚染の超過事例件数は，この10年間で半減している．

(4) 東京都区部，大阪市，名古屋市等では，地盤沈下は沈静化の傾向をたどっている．

(5) 消融雪地下水採取地，水溶性天然ガス溶存地下水採取地など，一部地域では依然として地盤沈下が発生している．

解説 (1) 正しい．2019（令和元）年度における土壌汚染の調査事例件数は2,505件で，そのうち土壌環境基準等を超過する件数は936件であるから936/2,505 × 100 ≒ 37〔%〕である（**図1.10**参照）．

(2) 正しい．土壌汚染が判明した事例では，ふっ素，鉛，ひ素等による汚染が多い．

(3) 誤り．土壌汚染の超過事例件数は，図1.10に示すようにこの10年間でほとんど変化せず高止まりしてる．「半減」は誤り．

(4) 正しい．東京都区部，大阪市，名古屋市等では，地下水のくみ上げ規制によって地盤沈下は沈静化の傾向をたどっている．

(5) 正しい．消融雪地下水採取地，水溶性天然ガス溶存地下水採取地など，一部地域では依然として地盤沈下が発生している．

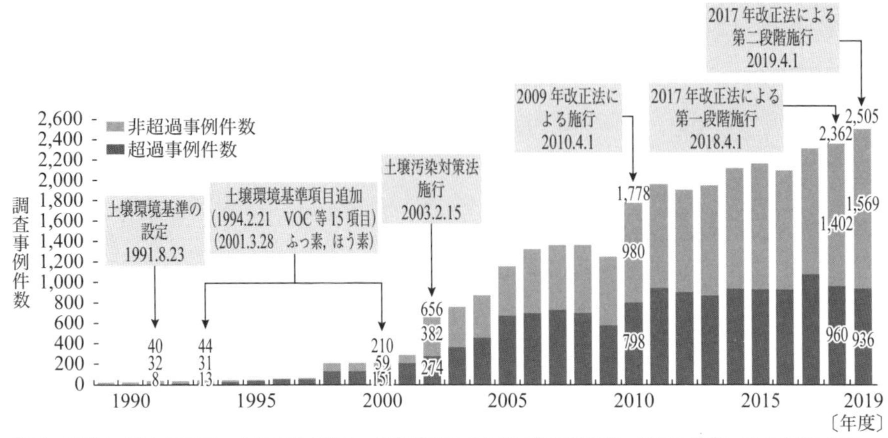

資料：環境省「令和元年度　土壌汚染対策法の施行状況及び土壌汚染状況調査・対策事例等に関する調査結果」

図 1.10　年度別の土壌汚染判明事例件数
（出典：環境省「令和3年版環境白書・循環型社会白書・生物多様性白書」）

▶答（3）

● 5　騒音・振動・悪臭

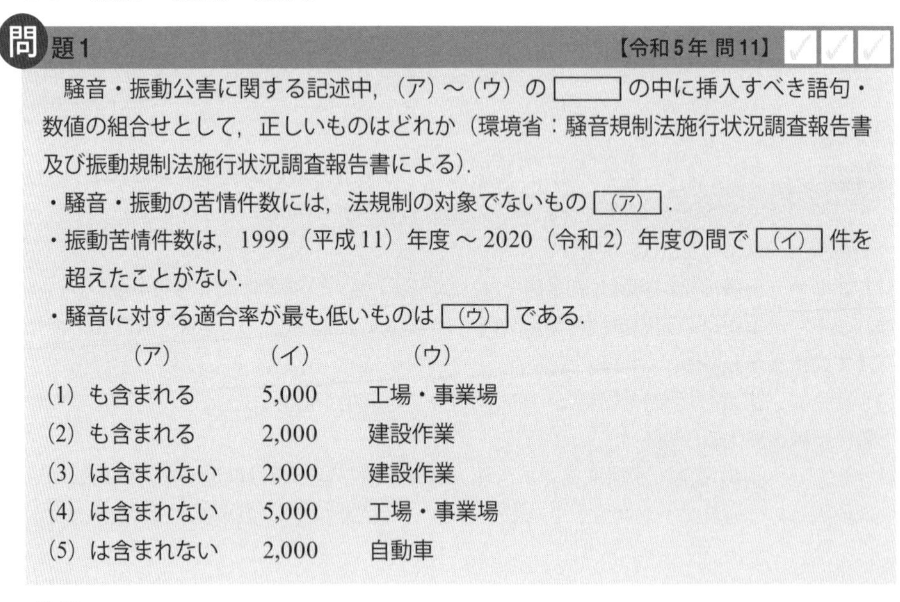

問題 1　【令和5年 問11】

騒音・振動公害に関する記述中，（ア）～（ウ）の［　　］の中に挿入すべき語句・数値の組合せとして，正しいものはどれか（環境省：騒音規制法施行状況調査報告書及び振動規制法施行状況調査報告書による）.

・騒音・振動の苦情件数には，法規制の対象でないもの［（ア）］.

・振動苦情件数は，1999（平成11）年度～2020（令和2）年度の間で［（イ）］件を超えたことがない.

・騒音に対する適合率が最も低いものは［（ウ）］である.

	（ア）	（イ）	（ウ）
(1)	も含まれる	5,000	工場・事業場
(2)	も含まれる	2,000	建設作業
(3)	は含まれない	2,000	建設作業
(4)	は含まれない	5,000	工場・事業場
(5)	は含まれない	2,000	自動車

解説　（ア）「も含まれる」である.

（イ）「5,000」である（**図 1.11** 参照）.

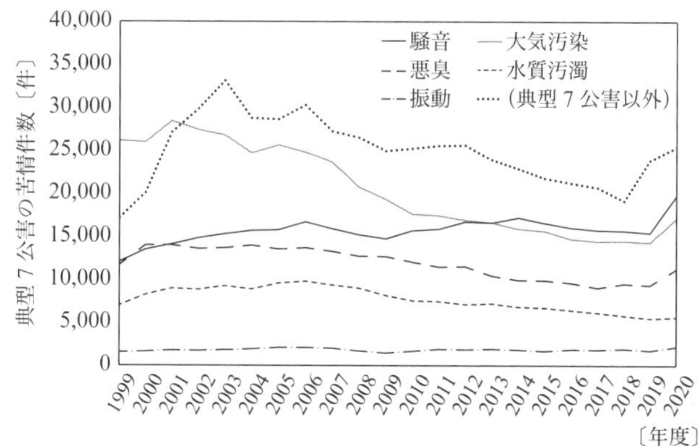

［総務省 公害等調整委員会：公害苦情調査結果報告書より作成］

図 1.11　典型 7 公害の種類別苦情件数の推移 [17]

（ウ）「工場・事業場」である.

以上から（1）が正解.

▶答（1）

問題 2 【令和 5 年 問 12】

騒音に係る環境基準を，その制定された年の古い順に左から並べたとき，正しいものはどれか.

a：騒音に係る環境基準

b：航空機騒音に係る環境基準

c：新幹線鉄道騒音に係る環境基準

（1）a → b → c

（2）a → c → b

（3）b → c → a

（4）b → a → c

（5）c → a → b

解説 環基法のもとでは各々次のような年に制定されている.

a：騒音に係る環境基準：1998（平成 10）年 9 月 30 年環境庁告示第 64 号

b：航空機騒音に係る環境基準：1973（昭和 48）年 12 月 27 日環境庁告示第 154 号

c：新幹線鉄道騒音に係る環境基準：1975（昭和 50）年 7 月 29 日環境庁告示第 46 号

以上から古い順に b → c → a となる.

以上から（3）が正解.

旧公害対策基本法のもとでは次のように制定されている．

a：騒音に係る環境基準：1971（昭和46）年5月25日閣議決定

b：航空機騒音に係る環境基準：1973（昭和48）年12月27日環境庁告示

c：新幹線鉄道騒音に係る環境基準：1975（昭和50）年7月29日環境庁告示

したがって，旧公害対策基本法の期間を含めれば，古い順にa→b→cとなり，(1)が正解となる．

なお，本問は問題文が明確でないため，正解が2つとなっている（一般社団法人産業環境管理協会公害防止管理者試験センター「お知らせ（公害防止管理者等国家試験における試験問題の一部誤りについて）」(2023年10月13日）参照)．

▶答（1），（3）

問題3 【令和4年 問12】

騒音・振動及び悪臭の苦情件数に関する記述として，誤っているものはどれか（令和元年度総務省公害等調整委員会報告書，令和元年度環境省騒音規制法施行状況調査報告書及び振動規制法施行状況調査報告書による）．

(1) 典型7公害の種類別苦情件数は，騒音が最も多い．

(2) 典型7公害の種類別苦情件数において，振動の苦情件数は，悪臭の苦情件数より多い．

(3) 典型7公害の総苦情件数に対する振動苦情件数の割合は，近年ほぼ横ばいの傾向にある．

(4) 振動の苦情件数と騒音の苦情件数との比率は，近年ほぼ一定で推移している．

(5) 騒音及び振動の苦情件数を発生源別にみると，どちらも建設作業が最も多い．

解説 (1) 正しい．典型7公害の種類別苦情件数は，騒音が最も多い（図1.11参照)．なお，典型7公害とは，大気の汚染，水質の汚濁，土壌の汚染，騒音，振動，地盤の沈下および悪臭である．

(2) 誤り．典型7公害の種類別苦情件数において，振動の苦情件数は，悪臭の苦情件数よりはるかに少ない．なお，苦情件数は多い順で騒音，大気汚染，悪臭，水質汚染（汚濁)，振動である（図1.11参照)．

(3) 正しい．典型7公害の総苦情件数に対する振動苦情件数の割合は，近年ほぼ横ばいの傾向にある（図1.11参照)．

(4) 正しい．振動の苦情件数と騒音の苦情件数との比率は，近年ほぼ一定で推移している（図1.11参照)．

(5) 正しい．騒音および振動の苦情件数を発生源別にみると，どちらも建設作業が最も多い．

▶答（2）

問題4 【令和3年 問9】

悪臭に係る発生源別の苦情として，最も件数の多いものはどれか（環境省平成30年度悪臭防止法施行状況調査による）.

(1) 野外焼却
(2) 畜産農業
(3) 食料品製造工場
(4) 下水・用水
(5) サービス業・その他

解説 悪臭に係る発生源別の苦情（2018（平成30）年）として，最も件数の多いものは次のとおりである（環境省平成30年度悪臭防止法施行状況調査による）.

1位は，野外焼却　全体の苦情件数12,573件のうち25.6%.

2位は，サービス業・その他で17.1%である.

3位は，個人住宅・アパート・寮で11.3%である.

▶答（1）

問題5 【令和3年 問12】

騒音・振動の状況に関する記述中，（ア）～（ウ）の［　　］の中に挿入すべき語句・数値の組合せとして，正しいものはどれか（令和2年版環境白書・循環型社会白書・生物多様性白書による）.

・騒音苦情件数は，振動苦情件数の約［（ア）］倍である.
・発生源別の苦情件数は，振動では［（イ）］が最も多い.
・近隣騒音は，騒音に係る苦情全体の約［（ウ）］%を占めている.

	（ア）	（イ）	（ウ）
(1)	10	建設作業振動	7
(2)	10	工場・事業場	17
(3)	5	建設作業振動	7
(4)	5	工場・事業場	7
(5)	5	建設作業振動	17

解説 （ア）「5」である.

（イ）「建設作業振動」である.

（ウ）「17」である.

以上から（5）が正解.

▶答（5）

問題6 【令和2年 問12】

騒音・振動公害に関する記述中，（ア）～（ウ）の［　　］の中に挿入すべき語句・数値の組合せとして，正しいものはどれか．

・建設作業振動に対する苦情件数は，振動苦情件数全体の約［（ア）］％である（環境省：令和元年版環境白書・循環型社会白書・生物多様性白書による）．

・航空機騒音に係る環境基準の達成状況を調査するには［（イ）］を計測する．

・新幹線鉄道騒音の対策として，［（ウ）］デシベル対策が推進されている．

	（ア）	（イ）	（ウ）
(1)	78	単発騒音暴露レベル	75
(2)	78	等価騒音レベル	85
(3)	68	単発騒音暴露レベル	75
(4)	68	等価騒音レベル	75
(5)	68	単発騒音暴露レベル	85

解説　（ア）「68」である．

（イ）「単発騒音暴露レベル」である．「航空機騒音に係る環境基準について」中に単発騒音暴露レベルを計測するとの記述が規定されている．

（ウ）「75」である．新幹線鉄道については，新幹線鉄道騒音の環境基準（昭和50年環境庁告示第46号）を達成するために各種対策が講じられてきたが，達成期間を経過しても達成状況が芳しくなかったことから，昭和60年度より，環境基準の達成に向けた対策として，新幹線鉄道沿線における騒音レベルを75デシベル以下とするため，関係行政機関および関係事業者において，いわゆる「75ホン対策」を推進している．

以上から（3）が正解．

▶答（3）

問題7 【令和元年 問12】

騒音及び振動に係る環境基準の有無に関する組合せとして，正しいものはどれか．

	航空機騒音	新幹線鉄道騒音	道路交通振動	新幹線鉄道振動
(1)	有	無	無	無
(2)	有	無	無	有
(3)	無	無	有	有
(4)	無	有	有	無
(5)	有	有	無	無

 航空機については，騒音のみで，振動はない．

新幹線については，騒音のみで，振動は指針値である．

道路交通については，騒音のみで振動はない．

以上から（5）が正解．

▶答（5）

問題8　【平成30年 問12】

平成27年度の騒音・振動・悪臭の状況に関する記述中，（ア）～（ウ）の［　　］の中に挿入すべき語句・数値の組合せとして，正しいものはどれか（平成29年版環境・循環型社会・生物多様性白書による）．

・騒音苦情の件数は，悪臭苦情の件数より［（ア）］．

・騒音苦情の件数は，振動苦情の件数の約［（イ）］倍である．

・近隣騒音（営業騒音など）は，騒音苦情全体の約［（ウ）］％である．

	（ア）	（イ）	（ウ）
(1)	少ない	10	40
(2)	少ない	5	40
(3)	多い	5	40
(4)	多い	10	20
(5)	多い	5	20

解説（ア）「多い」である（図1.12参照）．

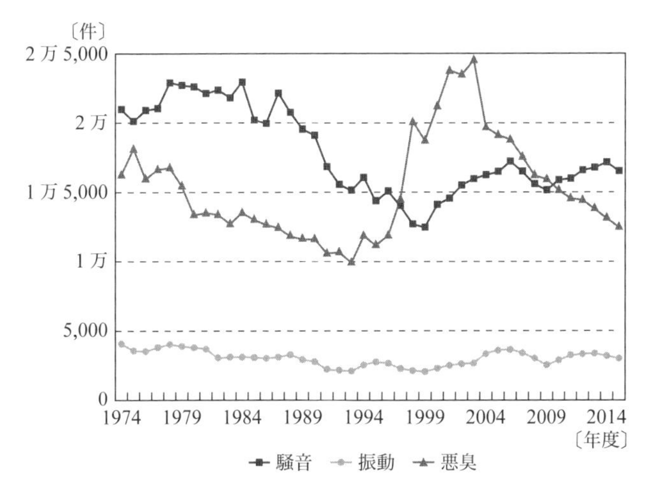

図1.12　騒音・振動・悪臭に係る苦情件数の推移（1974年度～2015年度）
（出典：環境省「平成29年版環境・循環型社会・生物多様性白書」）

（イ）「5」である．

（ウ）「20」である．なお，2017（平成29）年度版環境白書では，18.3% であった．

以上から（5）が正解．　　▶答（5）

● 6　ダイオキシン類・化学物質

問題 1　【令和5年 問14】

ダイオキシン類に関する記述中，下線を付した箇所のうち，誤っているものはどれか．

2,3,7,8-TeCDD（テトラクロロジベンゾ-パラ-ジオキシン）はダイオキシン類の中で (1)最も毒性が強く，(2)20°C ではほとんど気化せず，(3)水溶性であり，(4)750〜800°C の加熱や (5)紫外線で分解するなどの特徴がある．

解説　(1)，(2) 正しい．

(3) 誤り．正しくは「難溶性」である．

(4)，(5) 正しい（**図 1.13** および**表 1.7** 参照）．

(a) PCDDs

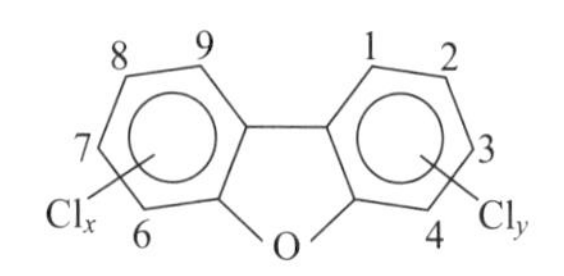

(b) PCDFs

(c) DL–PCBs

（注）数字は塩素の置換できる炭素の位置を示す．

図 1.13　ダイオキシン類の化学構造

表1.7　ダイオキシン類（PCDDs，PCDFsとコプラナーPCBs）の毒性等価係数（TEF）[16]

異性体		略号	TEF*
PCDDs		2,3,7,8-TeCDD	1
		1,2,3,7,8-PeCDD	1
		1,2,3,4,7,8-HxCDD	0.1
		1,2,3,6,7,8-HxCDD	0.1
		1,2,3,7,8,9-HxCDD	0.1
		1,2,3,4,6,7,8-HpCDD	0.01
		1,2,3,4,6,7,8,9-OCDD	0.0003 (0.0001)
PCDFs		2,3,7,8-TeCDF	0.1
		1,2,3,7,8-PeCDF	0.03 (0.05)
		2,3,4,7,8-PeCDF	0.3 (0.5)
		1,2,3,4,7,8-HxCDF	0.1
		1,2,3,6,7,8-HxCDF	0.1
		1,2,3,7,8,9-HxCDF	0.1
		2,3,4,6,7,8-HxCDF	0.1
		1,2,3,4,6,7,8-HpCDF	0.01
		1,2,3,4,7,8,9-HpCDF	0.01
		1,2,3,4,6,7,8,9-OCDF	0.0003 (0.0001)
コプラナーPCBs	ノンオルト体	3,4,4′,5-TeCB	0.0003 (0.0001)
		3,3′,4,4′-TeCB	0.0001
		3,3′,4,4′,5-PeCB	0.1
		3,3′,4,4′,5,5′-HxCB	0.03 (0.01)
	モノオルト体	2′,3,4,4′,5-PeCB	0.00003 (0.0001)
		2,3′,4,4′,5-PeCB	0.00003 (0.0001)
		2,3,3′,4,4′-PeCB	0.00003 (0.0001)
		2,3,4,4′,5-PeCB	0.00003 (0.0005)
		2,3′,4,4′,5,5′-HxCB	0.00003 (0.00001)
		2,3,3′,4,4′,5-HxCB	0.00003 (0.0005)
		2,3,3′,4,4′,5′-HxCB	0.00003 (0.0005)
		2,3,3′,4,4′,5,5′-HpCB	0.00003 (0.0001)

*2008（平成20）年4月から使用される値（括弧内の値は1998（平成10）年に採用された値）

▶答（3）

問題2　【令和4年 問14】

ダイオキシン類に関する記述として，誤っているものはどれか．

(1) ダイオキシン類対策特別措置法で定義されているのは，ポリ塩化ジベンゾフラン，ポリ塩化ジベンゾ-パラ-ジオキシン及びコプラナーポリ塩化ビフェニルである．

(2) 最も毒性の強い 2,3,7,8-テトラクロロジベンゾフランの毒性を 1（基準）として，その他毒性のある異性体の毒性は，相対的な毒性を表わす毒性等価係数（TEF）で表わされる．

(3) ダイオキシン類は通常，複数の異性体の混合物として存在する．

(4) 排出量は各異性体の量に TEF を乗じて，それらを足し合わせた値（毒性当（等）量）として算出される．

(5) 2019（令和元）年におけるダイオキシン類の排出総量は，第 3 次計画のダイオキシン類削減目標量を下回っており，削減目標は達成されている．

解説 (1) 正しい．ダイオキシン類対策特別措置法で定義されているのは，ポリ塩化ジベンゾフラン（PCDFs），ポリ塩化ジベンゾ-パラ-ジオキシン（PCDDs）およびコプラナーポリ塩化ビフェニル（DL-PCBs：DL は Dioxin-Like の略）である（図 1.13 参照）．

(2) 誤り．最も毒性の強い 2,3,7,8-テトラクロロジベンゾ-パラ-ジオキシン（2,3,7,8-TeCDD）の毒性を 1（基準）として，その他毒性のある異性体の毒性は，相対的な毒性を表す毒性等価係数（TEF：Toxic Equivalency Factor）で表される．なお，2,3,7,8-テトラクロロジベンゾフラン（2,3,7,8-TeCDF）の TEF は，0.1 である（表 1.7 参照）．

(3) 正しい．ダイオキシン類は通常，複数の異性体の混合物として存在する．

(4) 正しい．排出量は各異性体の量に TEF を乗じて，それらを足し合わせた値を（毒性当（等）量）として算出される．

(5) 正しい．2019（令和元）年におけるダイオキシン類の排出総量（101 g-TEQ/年）は，第 3 次計画のダイオキシン類削減目標量（176 g-TEQ/年）を下回っており，削減目標は達成されている（**表 1.8** および**図 1.14** 参照）．

表 1.8　ダイオキシン類の削減計画における事業分野別の目標量と達成状況 [16)]

事業分野	第3次削減目標量 (g-TEQ/年)	(参考) 過去の計画の削減目標量 (g-TEQ/年)		(参考) 推計排出量 (g-TEQ/年)			
		第1次削減目標量 (平成15年時点)	第2次削減目標量 (平成22年時点)	平成9年 (1997)	平成15年 (2003)	平成22年 (2010)	令和元年 (2019)
1. 廃棄物処理分野	106	576～622	164～189	7,205～7,658	219～244	94～95	56
(1) 一般廃棄物焼却施設	33	310	51	5,000	71	33	20
(2) 産業廃棄物焼却施設	35	200	50	1,505	75	29	17
(3) 小型廃棄物焼却炉等 (法規制対象)	22	66～122	63～88	700～1,153	73～98	19	10.2
(4) 小型廃棄物焼却炉 (法規制対象外)	16					13～14	9.0
2. 産業分野	70	264	146	470	149	61	45
(1) 製鋼用電気炉	31.1	130.3	80.3	229	80.3	30.1	18.6
(2) 鉄鋼業焼結施設	15.2	93.2	35.7	135	35.7	10.9	9.0
(3) 亜鉛回収施設 (焙焼炉, 焼結炉, 溶鉱炉, 溶解炉および乾燥炉)	3.2	13.8	5.5	47.4	5.5	2.3	1.2
(4) アルミニウム合金製造施設 (焙焼炉, 溶解炉および乾燥炉)	10.9	11.8	14.3	31.0	17.4	8.7	9.6
(5) その他の施設	9.8	15	10.4	27.3	10.3	8.8	6.3
3. その他 (下水道終末処理施設, 最終処分場)	0.2	3～5	4.4～7.7	1.2	0.6	0.2	0.1
合計	176	843～891	315～343	7,676～8,129	368～393	155～156	101

(注1) 下水道終末処理施設, 最終処分場

(注2) 本表の排出量はすべて, 大気と水への排出量の合計値である. また, 第3次削減計画より目標設定から除外された排出源は除いた値である.

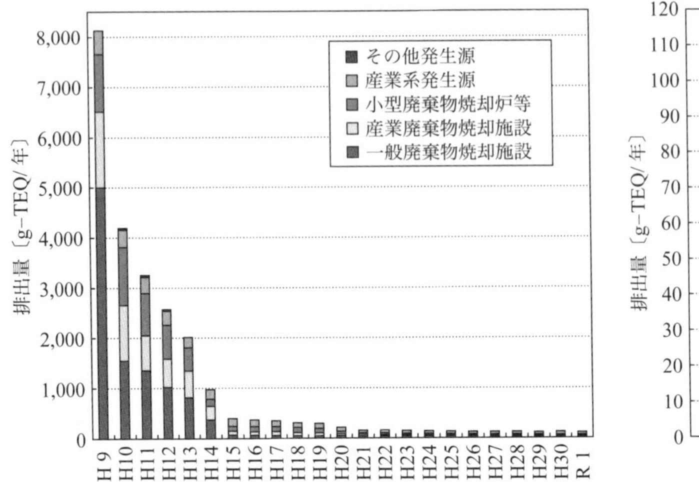

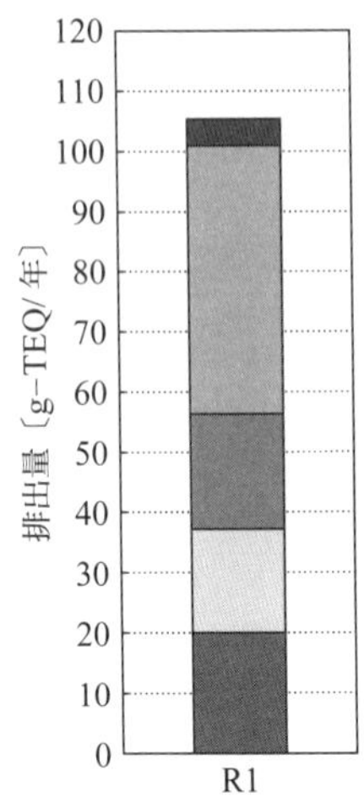

図 1.14　1997 年（平成 9 年）～ 2019 年（令和元年）のダイオキシン類の推計排出量の推移[16)]
（出典：環境省「ダイオキシン類の排出量の目録（排出インベントリー）について（2021（令和 3）年 3 月）」）

▶答（2）

問題 3　【令和 3 年 問 14】

化管法の次の対象物質のうち，2018 年度における届出排出量が最も多いものはどれか．

（化管法：特定化学物質の環境への排出量の把握等及び管理の改善の促進に関する法律）

(1) ベンゼン
(2) キシレン
(3) エチルベンゼン
(4) ノルマル−ヘキサン
(5) ジクロロメタン（別名塩化メチレン）

解説 化管法の次の対象物質のうち，2018 年度における届出排出量を**図 1.15** に示す．

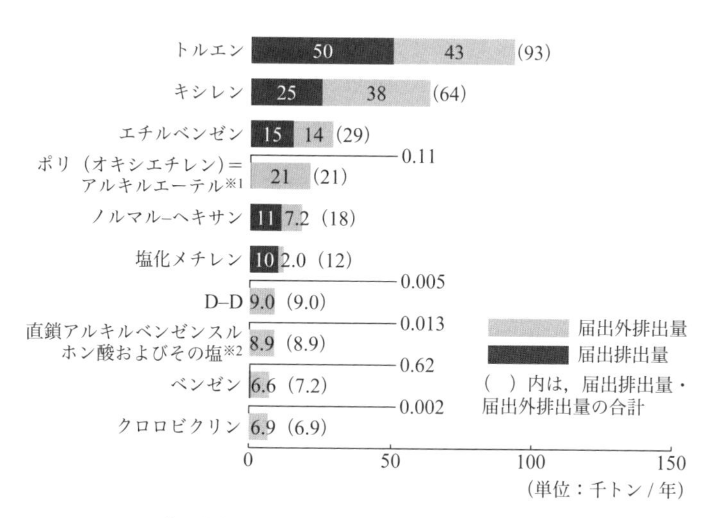

※1：アルキル基の炭素数が 12 から 15 までのものおよびその混合物に限る.
※2：アルキル基の炭素数が 10 から 14 までのものおよびその混合物に限る.
注：百トンの位の値で四捨五入しているため合計値にずれがあります.
［資料：経済産業省，環境省］

図 1.15　届出排出量・届出外排出量上位 10 物質とその排出量（2018 年度分）
（出典：環境省「令和 2 年版環境白書・循環型社会白書・生物多様性白書」）

選択肢の中ではキシレンが最も多い.

▶ 答（2）

問題 4　【令和 2 年 問 14】

ダイオキシン類問題に関する記述として，誤っているものはどれか.

(1) ダイオキシン類の排出量については，ダイオキシン類対策特別措置法に基づいて削減目標が定められている.

(2) ダイオキシン類の排出量の目録（排出インベントリー）によると，2017（平成 29）年の排出量は，目標量を下回っており，目標を達成している.

(3) ダイオキシン類は，複数の異性体の混合物として環境中に存在するので，それぞれの異性体の質量を合計して，全体としての毒性を表す.

(4) POPs 条約では，PCB 等の物質の製造・使用・輸出入の原則禁止が求められている.

(5) POPs 条約では，PCDDs 等の非意図的生成物の排出の削減及び廃絶が求められている.

解説　(1) 正しい. ダイオキシン類の排出量については，ダイオキシン類対策特別措置法に基づいて削減目標が定められている.

(2) 正しい．ダイオキシン類の排出量の目録（排出インベントリー）によると，2017（平成29）年の排出量は，目標量を下回っており，目標を達成している．

(3) 誤り．ダイオキシン類は，複数の異性体の混合物として環境中に存在するので，PCDDs（7種類あり）のうち毒性が最も高い2,3,7,8-TeCDDの毒性の質量に置き換えて（等価毒性量）表す．

(4) 正しい．POPs条約では，PCB等の物質の製造・使用・輸出入の原則禁止が求められている．

(5) 正しい．POPs条約では，PCDDs等の非意図的生成物の排出の削減および廃絶が求められている．

▶答（3）

問題5 【令和元年 問14】

ダイオキシン類問題に関する記述として，誤っているものはどれか．

(1) ダイオキシン類の排出量は，毒性等価係数を用いて算出した毒性等量で表す．

(2) ダイオキシン類のうち，最も毒性が強いものの一つとして，2,3,7,8-四塩化ジベンゾ-パラ-ジオキシンがある．

(3) ダイオキシン類の2016（平成28）年の排出量は，ダイオキシン類削減計画の目標量を上回っており，削減目標を達成していない．

(4) POPs（残留性有機汚染物質）条約では，非意図的に生成されるポリ塩化ジベンゾ-パラ-ジオキシン等の削減等による廃棄物等の適正管理が記載されている．

(5) 我が国のダイオキシン類削減計画の内容は，POPs条約に基づく国内実施計画に反映されている．

解説 (1) 正しい．ダイオキシン類の排出量は，毒性等価係数を用いて算出した毒性等量で表す．

(2) 正しい．ダイオキシン類のうち，最も毒性が強いものの一つとして，2,3,7,8-四塩化ジベンゾ-パラ-ジオキシン（2,3,7,8-TeCDD）がある．

(3) 誤り．ダイオキシン類の2016（平成28）年の排出量（114～116 g-TEQ/年）は，ダイオキシン類削減計画の目標量（176 g-TEQ/年）を下回っており，削減目標を達成している．

(4) 正しい．POPs（Persistent Organic Pollutant：残留性有機汚染物質）条約では，非意図的に生成されるポリ塩化ジベンゾ-パラ-ジオキシン等の削減等による廃棄物等の適正管理が記載されている．

(5) 正しい．我が国のダイオキシン類削減計画の内容は，POPs条約に基づく国内実施計画に反映されている．

▶答（3）

題6　【平成30年 問14】

ダイオキシン類に関する記述中，下線を付した箇所のうち，誤っているものはどれか．

我が国では，平成9年12月から(1)大気汚染防止法や(2)廃棄物の処理及び清掃に関する法律による対策が進められ，(3)ダイオキシン類対策特別措置法（平成11年）によって規制されている．現在は(4)第4次削減計画が進められており，平成27年の排出量は118～120 g-TEQ/年で，(5)目標量（176 g-TEQ/年）を下回っている．

解説　(1)～(3) 正しい．

(4) 誤り．正しくは「第3次削減計画」である．なお，第3次削減計画は，2012（平成24）年8月に作成された．

(5) 正しい．

▶答 (4)

1.6 廃棄物

問題1　【令和5年 問13】

2019（令和元）年度における産業廃棄物に関する記述として，誤っているものはどれか．

(1) 産業廃棄物の総排出量は約3億8,600万tで，前年度に比べて700万tほど増加した．

(2) 排出量が多い3業種は，「電気・ガス・熱供給・水道業」，「建設業」，「パルプ・紙・紙加工品製造業」であった．

(3) 汚泥，動物のふん尿，がれき類の排出量合計は，全排出量の約8割であった．

(4) 再生利用率が高い廃棄物は，がれき類，金属くず，動物のふん尿などであった．

(5) 最終処分の比率が最も高い廃棄物は，燃え殻であった．

解説　(1) 正しい．産業廃棄物の総排出量は約3億8,600万トン（**図1.16**参照）で，前年度に比べて700万トンほど増加した．

(2) 誤り．排出量が多い3業種は，図1.16から「電気・ガス・熱供給・水道業」，「農業，林業」および「建設業」であった．

(3) 正しい．産業廃棄物の種類別では，汚泥（全体の44.3%），動物のふん尿（同20.9%），がれき類（同15.3%）で，合計で全体の約8割であった．

(4) 正しい．再生利用率の高い廃棄物は，がれき類（再生利用率96.4%），金属くず（同96.2%），動物のふん尿（同94.9%）などであった．

(5) 正しい．最終処分の比率が最も高い廃棄物は，燃え殻（比率22.6%）であった．その他，ゴムくず（同18.3%），ガラス・コンクリートくずおよび陶磁器くず（同15.8%），線維くず（同15.4%），廃プラスチック類（同15.3%）と続く．

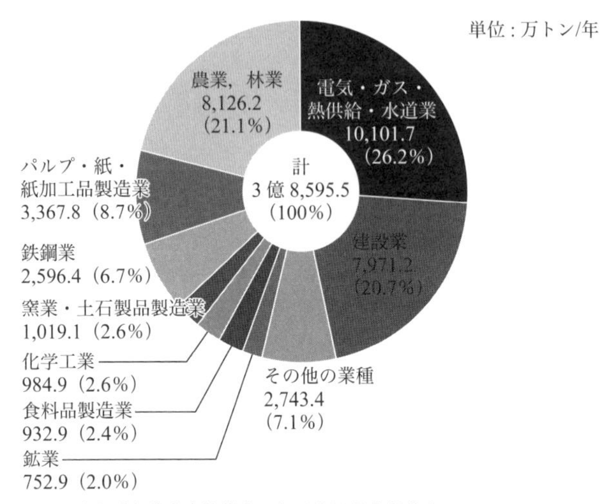

図 1.16 産業廃棄物の業種別排出量（2019 年度）
（出典：環境省「令和4年版環境白書・循環型社会白書・生物多様性白書」）

▶答 (2)

問題 2 【令和 4 年 問 13】

次の3種類の産業廃棄物を2018（平成30）年度における最終処分比率（最終処分量／排出量）の高い順に並べたとき，正しいものはどれか．

(1) 廃プラスチック類	>	ゴムくず	>	燃え殻
(2) 廃プラスチック類	>	燃え殻	>	ゴムくず
(3) ゴムくず	>	廃プラスチック類	>	燃え殻
(4) 燃え殻	>	廃プラスチック類	>	ゴムくず
(5) ゴムくず	>	燃え殻	>	廃プラスチック類

解説 2018（平成30）年度における最終処分比率は，次のとおりである．

ゴムくず37%，燃え殻17%，ガラスくず・コンクリートくずおよび陶磁器くず16%，廃プラスチック類15%．

以上から（5）が正解．

▶答 (5)

題3　【令和3年 問13】

産業廃棄物に関する記述として，誤っているものはどれか（環境省調べによる）.

(1) 我が国の産業廃棄物の総排出量は，約4億t前後で推移している.

(2) 2017年度の業種別排出量では，電気・ガス・熱供給・水道業が最も多い.

(3) 2017年度の種類別排出量では，汚泥が最も多く，次いで動物のふん尿，がれき類である.

(4) 2017年度の総排出量のうち，中間処理されたものは全体の約50%，直接再生利用されたものは全体の約10%である.

(5) 2017年度において再生利用率が高いものは，がれき類，動物のふん尿，金属くず，鉱さいなどである.

解説　(1) 正しい．我が国の産業廃棄物の総排出量は，約4億t前後で推移している（図1.17参照）.

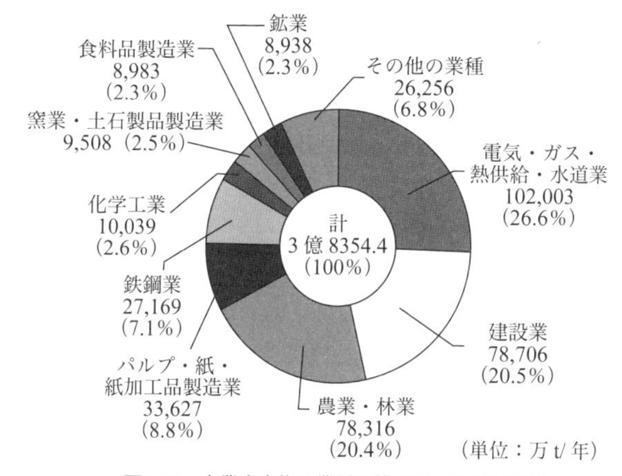

図1.17　産業廃棄物の業種別排出量（2017年度）
（出典：環境省「令和元年版環境白書・循環型社会白書・生物多様性白書」）

(2) 正しい．2017年度の業種別排出量では，電気・ガス・熱供給・水道業が最も多い（図1.17参照）.

(3) 正しい．2017年度の種類別排出量では，汚泥（43.3%）が最も多く，次いで動物のふん尿（20.2%），がれき類（17.1%）である.

(4) 誤り．2017年度の総排出量のうち，中間処理されたものは全体の約80%，直接再生利用されたものは全体の約19%である.

(5) 正しい．2017年度において再生利用率が高いものは，がれき類（97%），動物のふん尿（95%），金属くず（92%），鉱さい（89%）などである.　▶答 (4)

題4 【令和2年 問13】

一般廃棄物に関する記述として，誤っているものはどれか．

(1) 一般廃棄物とは，法令で指定された産業廃棄物以外の廃棄物のことをいう．

(2)「事業系ごみ」でも，その廃棄物の種類が法令に指定されていなければ，一般廃棄物である．

(3) 一般廃棄物については，原則として排出される区域の市町村が処理責任を負う．

(4) 2017（平成29）年度の一般廃棄物（ごみ）の排出量は，1人1日当たり約920 g であった．

(5) 2017（平成29）年度の全国における一般廃棄物処理では，焼却，破砕・選別等による最終処理量は約3,850万tであった．

解説 (1) 正しい．一般廃棄物とは，法令で指定された産業廃棄物以外の廃棄物のことをいう．

(2) 正しい．「事業系ごみ」でも，その廃棄物の種類が法令に指定されていなければ，一般廃棄物である（**図1.18**参照）．

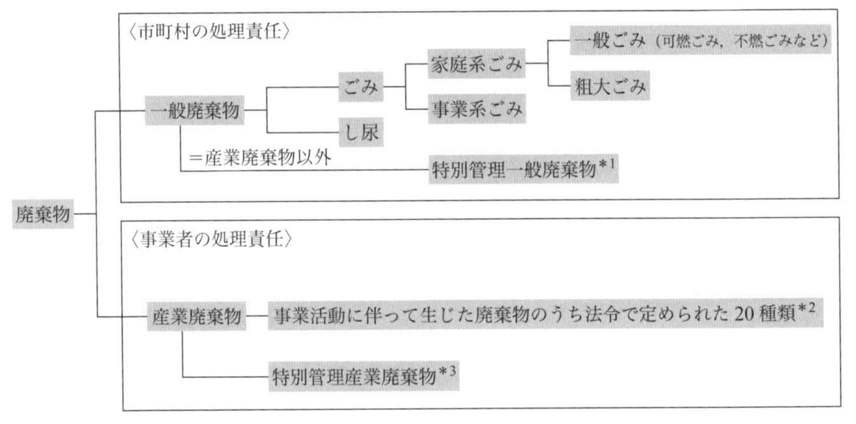

＊1 一般廃棄物のうち，爆発性，毒性，感染性その他の人の健康又は生活環境に係る被害を生ずるおそれのあるもの

＊2 ①燃え殻，②汚泥，③廃油，④廃酸，⑤廃アルカリ，⑥廃プラスチック類，⑦ゴムくず，⑧金属くず，⑨ガラスくず，コンクリートくずおよび陶磁器くず，⑩鉱さい，⑪がれき類，⑫ばいじん，⑬紙くず，⑭木くず，⑮繊維くず，⑯動植物性残さ，⑰動物系固形不要物，⑱動物のふん尿，⑲動物の死体，⑳上記の産業廃棄物を処分するために処理したもの 20種類および「輸入された廃棄物」が産業廃棄物と定義される．

＊3 産業廃棄物のうち，爆発性，毒性，感染性その他の人の健康又は生活環境に係る被害を生ずるおそれがあるもの

図1.18 廃棄物の分類
（出典：環境省，一部加筆）

(3) 正しい．一般廃棄物については，原則として排出される区域の市町村が処理責任を負う．

(4) 正しい．2017（平成29）年度の一般廃棄物（ごみ）の排出量は，1人1日当たり約920 gであった．なお，同年，全国の市町村で実施されたごみ処理の状況は，ごみの総発生量4,289万トンのうち，総処理量（中間処理量＋直接資源化量＋直接最終処分量（42万トン））は4,085万トンである．

(5) 誤り．2017（平成29）年度の全国における一般廃棄物処理では，焼却，破砕・選別等による中間処理量は約3,850万トンであった．「最終処理量」が誤り． ▶答 (5)

問題5 【令和元年 問13】

2015（平成27）年度における産業廃棄物に関する記述として，誤っているものはどれか．

(1) 事業活動に伴って生じた廃棄物のうち，燃え殻，汚泥，廃プラスチック類など20種類と輸入された廃棄物を産業廃棄物という．

(2) 産業廃棄物の総排出量は約4億トンであり，中間処理されたものは全体の約80%であった．

(3) 種類別排出量の上位3種類は，汚泥，動物のふん尿，がれき類であった．

(4) 業種別排出量が最も多かったのは，建設業であった．

(5) 再生利用率が低いものは，汚泥，廃アルカリ，廃酸などであった．

解説 (1) 正しい．事業活動に伴って生じた廃棄物のうち，燃え殻，汚泥，廃プラスチック類など20種類と輸入された廃棄物を産業廃棄物という．

(2) 正しい．産業廃棄物の総排出量は約4億トンであり，中間処理されたものは全体の約80%であった．

(3) 正しい．種類別排出量の上位3種類は，汚泥（全体の43.3%），動物のふん尿（同20.6%），がれき類（同16.4%）であった．

(4) 誤り．業種別排出量が最も多かったのは，電気・ガス・熱供給・水道業で，建設業は2番目であった．なお，3番目は農業・林業であった．

(5) 正しい．再生利用率が低いものは，汚泥，廃アルカリ，廃酸などであった． ▶答 (4)

問題6 【平成30年 問13】

環境省の産業廃棄物排出・処理状況調査報告書によると，下記の業種のうち，平成26年度における産業廃棄物の業種別排出量が最も少ない業種はどれか．

(1) 農業・林業

(2) 電気・ガス・熱供給・水道業

(3) 建設業
(4) 鉄鋼業
(5) 化学工業

解説 平成26年度の産業廃棄物の業種別排出量の割合は次のとおりである.
(1) 農業・林業で20.8%である.
(2) 電気・ガス・熱供給・水道業で25.7%である.
(3) 建設業で20.8%である.
(4) 鉄鋼業で7.3%である.
(5) 化学工業で3.0%である.
以上から (5) が正解.

▶答 (5)

1.7 環境管理手法

■ 1.7.1 環境マネジメント

問題1 【令和2年 問15】

リスクマネジメントの基礎概念の一つであるリスク対応におけるプロセスとして,誤っているものはどれか.

(1) リスク分析
(2) リスク低減
(3) リスク回避
(4) リスク共有
(5) リスク保有

解説 リスクマネジメントの手順の基礎概念は次のように分類される.

リスクアセスメント
　リスク特定……リスク源の識別
　リスク分析……リスク原因およびリスク源,リスクの結果と発生確率,リスク算定
　リスク評価……リスク基準との比較
リスク対応
　リスク回避
　リスク低減

リスク共有（移転）
リスク保有……リスクの受容
モニタリングおよびレビュー
継続的な点検，監督，観察，決定
リスクコミュニケーション
情報の提供，共有，取得
ステークホルダとの対話
以上からリスク分析は，リスクアセスメントに属する．
以上から（1）が正解．

▶答（1）

■ 1.7.2　環境調和型製品およびLCA

問題1　【令和5年 問15】 

環境ラベルに関する記述として，誤っているものはどれか．

(1) 商品（製品やサービス）の環境に関する情報を，製品やパッケージ，広告などを通じて消費者に伝えるものである．

(2) 環境ラベルの表示は，法律で義務付けられたものではなく，企業の判断にゆだねられている．

(3) 3つのタイプの環境ラベルが，国際標準化機構（ISO）で規格化されている．

(4) タイプⅠ環境ラベルは，独立した第三者による認証を必要としない自己宣言による環境主張である．

(5) タイプⅢ環境ラベルでは，産業界又は独立した団体がISO14025に従って，事前に設定されたパラメーター領域について製品の環境データを表示する．

解説　(1) 正しい．環境ラベルは，商品（製品やサービス）の環境に関する情報を，製品やパッケージ，広告などを通じて消費者に伝えるものである．

(2) 正しい．環境ラベルの表示は，法律で義務付けられたものではなく，企業の判断にゆだねられている．

(3) 正しい．3つのタイプの環境ラベルが，国際標準化機構（ISO）で規格化されている．

(4) 誤り．タイプⅠ環境ラベルは，ISO14024に従って，（公財）日本環境協会が事務局となり行う第三者認証制度である．選択肢の内容は，タイプⅡ環境ラベルであり，ISO14021による，独立した第三者による認証を必要としない自己宣言による環境主張であり，企業によって最も活用されている．

(5) 正しい．タイプⅢ環境ラベルは，産業界または独立した団体がISO14025に従って，事前に設定されたパラメーター領域について製品の環境データを表示するものである．

▶答（4）

問題2 【令和3年 問15】

ライフサイクルアセスメント（LCA）とその実施手順に関する記述として，誤っているものはどれか．

(1) LCAとは，製品システムのライフサイクル全体を通したインプット，アウトプット及び潜在的な環境影響のまとめ並びに評価のことである．

(2) LCAを実施する目的と範囲の設定が，LCAの第一ステップである．

(3) 第二ステップのインベントリ分析で用いられるインプットデータは，生産又は排出される製品・排出物に関するものである．

(4) 第三ステップでは，地球温暖化や資源消費などの各カテゴリーへの影響を定量的に評価する．

(5) 第四ステップでは，設定した目的に照らし，インベントリ分析やライフサイクル影響評価の結果を単独に又は総合して評価，解釈する．

解説 (1) 正しい．LCAとは，製品システムのライフサイクル全体を通したインプット，アウトプットおよび潜在的な環境影響のまとめ並びに評価のことである．

(2) 正しい．LCAを実施する目的と範囲の設定が，LCAの第一ステップである（**図1.19**参照）．

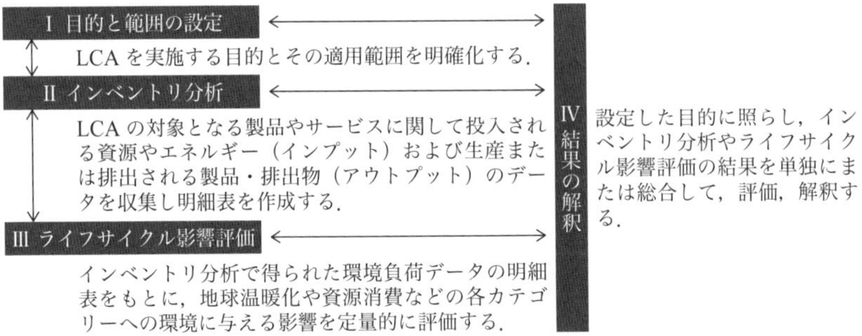

図1.19 LCAの実施手順[14)]

(3) 誤り．第二ステップのインベントリ分析で用いられるインプットデータは，製品やサービスに関し投入される資源やエネルギーである．なお，アウトプットデータは，生産または排出される製品・排出物に関するものである．

(4) 正しい．第三ステップでは，地球温暖化や資源消費などの各カテゴリーへの影響を定量的に評価する．

(5) 正しい．第四ステップでは，設定した目的に照らし，インベントリ分析やライフサイクル影響評価の結果を単独にまたは総合して評価，解釈する．

▶答 (3)

問題3 【令和元年 問15】

環境配慮（調和）型製品に関する記述として，誤っているものはどれか．

(1) 環境配慮設計は，製品の設計開発において製品の本来機能と環境側面を適切に統合する設計手法である．

(2) 環境配慮設計の取組みを効果的にするためには，製品のライフサイクル全般に対する考慮やマネジメントが実施される必要がある．

(3) 製品の設計，製造に当たっては，3R（リデュース・リユース・リサイクル）への配慮が重要である．

(4) タイプⅠ環境ラベルは，産業界又は独立団体がISO14025に従って，事前に設定されたパラメーター領域について製品の環境データを表示するものである．

(5) タイプⅡ環境ラベルは，ISO14021による独立した第三者による認証を必要としない自己宣言による環境主張であり，企業によって最も活用されている．

解説 (1) 正しい．環境配慮設計は，製品の設計開発において製品の本来機能と環境側面を適切に統合する設計手法である．

(2) 正しい．環境配慮設計の取組みを効果的にするためには，製品のライフサイクル全般に対する考慮やマネジメントが実施される必要がある．

(3) 正しい．製品の設計，製造に当たっては，3R（リデュース・リユース・リサイクル）への配慮が重要である．

(4) 誤り．タイプⅢ環境ラベルは，産業界または独立団体がISO14025に従って，事前に設定されたパラメーター領域について製品の環境データを表示するものである．なお，タイプⅠ環境ラベルは，ISO14024に従って，（公財）日本環境協会が事務局となり行う第三者認証制度である．

(5) 正しい．タイプⅡ環境ラベルは，ISO14021による独立した第三者による認証を必要としない自己宣言による環境主張であり，企業によって最も活用されている．

▶答 (4)

第2章

大気概論

2.1 大気汚染防止対策のための法規制の仕組み

■ 2.1.1 大気汚染防止法の概要および関連事項

● 1 目的・定義

題1 【令和4年 問3】

大気汚染防止法の特定物質に該当しないものはどれか.

(1) 一酸化炭素

(2) 二硫化炭素

(3) 四塩化炭素

(4) 二酸化窒素

(5) 二酸化硫黄

解説 (1) 該当する. 一酸化炭素は, 特定物質である. 大防令第10条 (特定物質) 第四号参照.

(2) 該当する. 二硫化炭素は, 特定物質である. 大防令第10条 (特定物質) 第十四号参照.

(3) 該当しない. 四塩化炭素は, 特定物質ではない. 大防令第10条 (特定物質) 参照.

(4) 該当する. 二酸化窒素は, 特定物質である. 大防令第10条 (特定物質) 第十号参照.

(5) 該当する. 二酸化硫黄は, 特定物質である. 大防令第10条 (特定物質) 第十二号参照.

▶答 (3)

問題2 【令和3年 問2】

大気汚染防止法の目的に関する記述中, 下線を付した箇所のうち, 誤っているものはどれか.

この法律は, 工場及び事業場における (1) 事業活動並びに建築物等の解体等に伴う (2) ばい煙, 揮発性有機化合物及び粉じんの排出等を規制し, 水銀に関する水俣条約の的確かつ円滑な実施を確保するため工場及び事業場における事業活動に伴う水銀等の排出を規制し, 有害大気汚染物質対策の実施を推進し, 並びに自動車排出ガスに係る許容限度を定めること等により, 大気の汚染に関し, (3) 国民の健康を保護するとともに生活環境を保全し, 並びに大気の汚染に関して人の健康に係る被害が生じた場合における (4) 事業者の損害賠償の責任について定めることにより, (5) 公害の防止に資することを目的とする.

解説 (1) ～ (4) 正しい.

(5) 誤り.「被害者の保護を図ること」である.

大防法第1条（目的）参照.

▶答 (5)

問題3 【平成30年 問2】

大気汚染防止法に規定する特定物質に該当しないものはどれか.

(1) 一酸化炭素

(2) 炭化水素

(3) 二酸化窒素

(4) 弗化珪素（ふっけい）

(5) 塩素

解説 (1) 該当する.

(2) 該当しない. 炭化水素は特定物質に該当しない.

(3) ～ (5) 該当する.

大防令第10条（特定物質）参照.

▶答 (2)

● 2 環境基準

問題1 【令和5年 問1】

「ベンゼン等による大気の汚染に係る環境基準について」に関する記述として, 誤っているものはどれか.

(1) ベンゼン等として大気の汚染に係る環境上の条件につき環境基準及びその達成期間が規定されている物質は, ベンゼン, トリクロロエチレン及びテトラクロロエチレンの3物質である.

(2) ベンゼンの環境基準は, 1年平均値が0.003 mg/m^{3}以下である.

(3) ベンゼン等の環境基準は, 当該物質による大気の汚染の状況を的確に把握することができると認められる場所において, 定められた測定方法により測定した場合における測定値によるものとする.

(4) ベンゼン等の環境基準は, 工業専用地域, 車道その他一般公衆が通常生活していない地域又は場所については, 適用しない.

(5) ベンゼン等の環境基準は, その維持又は早期達成に努めるものとする.

解説 (1) 誤り. ベンゼン等として大気の汚染に係る環境上の条件に付き環境基準およびその達成期間が規定されている物質は, ベンゼン (C_6H_6), トリクロロエチレン ($CHCl{=}CCl_2$), テトラクロロエチレン ($CCl_2{=}CCl_2$) およびジクロロメタン (CH_2Cl_2)

の4物質である（**表2.1**参照）.

表2.1 「ベンゼン等による大気の汚染に係る環境基準について」別表
（出典：「ベンゼン等による大気の汚染に係る環境基準について」（平成30年11月9日環境省告示第100号））

物質	環境上の条件	測定方法
ベンゼン	1年平均値が0.003 mg/m^{3}以下であること.	キャニスター若しくは捕集管により採取した試料をガスクロマトグラフ質量分析計により測定する方法又はこれと同等以上の性能を有すると認められる方法
トリクロロエチレン	1年平均値が0.13 mg/m^{3}以下であること.	キャニスター若しくは捕集管により採取した試料をガスクロマトグラフ質量分析計により測定する方法又はこれと同等以上の性能を有すると認められる方法
テトラクロロエチレン	1年平均値が0.2 mg/m^{3}以下であること.	キャニスター若しくは捕集管により採取した試料をガスクロマトグラフ質量分析計により測定する方法又はこれと同等以上の性能を有すると認められる方法
ジクロロメタン	1年平均値が0.15 mg/m^{3}以下であること.	キャニスター若しくは捕集管により採取した試料をガスクロマトグラフ質量分析計により測定する方法又はこれと同等以上の性能を有すると認められる方法

(2) 正しい．ベンゼンの環境基準は，1年平均値が0.003 mg/m^{3}以下である（表2.1参照）.

(3) 正しい．ベンゼン等の環境基準は，当該物質による大気の汚染の状況を的確に把握することができると認められる場所において，定められた測定方法により測定した場合における測定値によるものとする．「ベンゼン等による大気の汚染に係る環境基準について」（平成30年11月9日環境省告示第100号）第1　環境基準第2項参照.

(4) 正しい．ベンゼン等の環境基準は，工業専用地域，車道その他一般公衆が通常生活していない地域または場所については，適用しない．同上第1　環境基準第3項参照.

(5) 正しい．ベンゼン等の環境基準は，その維持または早期達成に努めるものとする．同上第2　達成期間参照.

▶答（1）

問題2 【令和4年 問1】

「大気の汚染に係る環境基準について」に関する記述として，誤っているものはどれか.

(1) 人の健康を保護する上で維持することが望ましい基準とする.

(2) 大気の汚染の状況を的確には握することができると認められる場所において，物質ごとに定められた測定方法により測定した場合における測定値によるものとする.

(3) 二酸化いおうについては，1時間値の1日平均値が0.04 ppm以下であり，かつ1時間値が0.1 ppm以下であること.

(4) 浮遊粒子状物質については，維持されまたは原則として5年以内に達成されるように努めるものとする．

(5) 工業専用地域，車道その他一般公衆が通常生活していない地域または場所については，適用しない．

解説 (1) 正しい．環境基準は，「人の健康を保護する上で維持することが望ましい基準とする」と定められている．環基法第16条（環境基準）第1項参照．

(2) 正しい．大気の汚染の状況を的確に把握することができると認められる場所において，物質ごとに定められた測定方法により測定した場合における測定値によるものとする．「大気の汚染に係る環境基準について」（平成8年10月25日環境庁告示第73号）参照．

(3) 正しい．二酸化硫黄については，「1時間値の1日平均値が0.04 ppm以下であり，かつ1時間値が0.1 ppm以下であること」と定められている．

(4) 誤り．浮遊粒子状物質については，一酸化炭素と光化学オキシダントと同様に「維持されまたは早期に達成されるように努めるものとする」．「維持されまたは原則として5年以内に達成されるように努めるものとする」環境基準項目は，二酸化硫黄である．

(5) 正しい．「工業専用地域，車道その他一般公衆が通常生活していない地域または場所については，適用しない」と定められている．

▶答 (4)

問題3 【令和4年 問6】

有害大気汚染物質の環境基準に関する記述として，誤っているものはどれか．

(1) ベンゼンの環境基準は，3 μg/m^{3}以下（年平均値）である．

(2) トリクロロエチレンの環境基準は，180 μg/m^{3}以下（年平均値）である．

(3) テトラクロロエチレンの環境基準は，200 μg/m^{3}以下（年平均値）である．

(4) ジクロロメタンの環境基準は，150 μg/m^{3}以下（年平均値）である．

(5) 2019（令和元）年度においては，環境基準が設定されている4物質とも，すべての地点で環境基準を達成した．

解説 (1) 正しい．ベンゼンの環境基準は，3 μg/m^{3}以下（年平均値）である．「ベンゼン等による大気の汚染に係る環境基準について」（平成30年11月9日環境省告示第100号）参照．

(2) 誤り．トリクロロエチレンの環境基準は，130 μg/m^{3}以下（年平均値）である．

(3) 正しい．テトラクロロエチレンの環境基準は，200 μg/m^{3}以下（年平均値）である．

(4) 正しい．ジクロロメタンの環境基準は，150 μg/m^{3}以下（年平均値）である．

(5) 正しい．2019（令和元）年度においては，環境基準が設定されている4物質とも，すべての地点で環境基準を達成した．

▶答 (2)

問題4　【令和3年 問1】

大気の汚染に係る環境基準に関する物質と環境上の条件の組合せとして，誤っているものはどれか．

	（物　質）	（環境上の条件）
(1)	ベンゼン	1年平均値が0.003 mg/m^{3}以下であること．
(2)	トリクロロエチレン	1年平均値が0.13 mg/m^{3}以下であること．
(3)	ジクロロメタン	1年平均値が0.15 mg/m^{3}以下であること．
(4)	微小粒子状物質	1年平均値が15 μg/m^{3}以下であり，かつ，1日平均値が20 μg/m^{3}以下であること．
(5)	二酸化いおう	1時間値の1日平均値が0.04 ppm以下であり，かつ，1時間値が0.1 ppm以下であること．

解説 (1) 正しい．ベンゼンの環境基準は，「1年平均値が0.003 mg/m^{3}以下であること」である．

(2) 正しい．トリクロロエチレンの環境基準は，「1年平均値が0.13 mg/m^{3}以下であること」である．

(3) 正しい．ジクロロメタンの環境基準は，「1年平均値が0.15 mg/m^{3}以下であること」である．

(4) 誤り．微小粒子状物質の環境基準は，「1年平均値が15 μg/m^{3}以下であり，かつ，1日平均値が35 μg/m^{3}以下であること」である．

(5) 正しい．二酸化硫黄の環境基準は，「1時間値の1日平均値が0.04 ppm以下であり，かつ，1時間値が0.1 ppm以下であること」である．

▶答 (4)

問題5　【令和3年 問5】

2018（平成30）年度において，一般環境大気測定局と自動車排出ガス測定局での環境基準達成率が等しく，年平均値は自動車排出ガス測定局のほうが高い大気汚染物質はどれか．

(1) 二酸化硫黄
(2) 一酸化炭素
(3) 二酸化窒素
(4) 浮遊粒子状物質
(5) 微小粒子状物質

解説 (1) 該当しない．二酸化硫黄について，2018（平成30）年度において環境基準の年平均の達成基準状況は，一般環境大気測定局99.9%，自動車排出ガス測定局

100% である．したがって，環境基準達成率が等しくない．

(2) 該当する．一酸化炭素について，1983（昭和 58）年以降すべての測定局で環境基準を達成しているが，年平均値は，一般環境大気測定局 0.2 ppm，自動車排出ガス測定局 0.3 ppm である．したがって，これが該当する．

(3) 該当しない．二酸化窒素について，2018（平成 30）年度において一般環境大気測定局ではすべて環境基準を達成しているが，自動車排出ガス測定局は 99.7% であった．したがって，環境基準達成率が等しくない．

(4) 該当しない．浮遊粒子状物質について，2018（平成 30）年度において一般環境大気測定局 99.8%，自動車排出ガス測定局 100% であった．したがって，環境基準達成率が等しくない．

(5) 該当しない．微小粒子状物質について，2018（平成 30）年度において一般環境大気測定局 93.5%，自動車排出ガス測定局 93.1% であった．したがって，環境基準達成率が等しくない．

▶ 答（2）

問題 6 【令和 2 年 問 1】 

微小粒子状物質による大気の汚染に係る環境基準に関する記述として，誤っているものはどれか．

(1) 1 年平均値が 15 μg/m^3 以下であり，かつ，1 日平均値が 35 μg/m^3 以下であること．

(2) 微小粒子状物質による大気の汚染の状況を的確に把握することができると認められる場所において，濾過捕集による質量濃度測定方法又はこの方法によって測定された質量濃度と等価な値が得られると認められる自動測定機による方法により測定した場合における測定値によるものとする．

(3) 工業専用地域，車道その他一般公衆が通常生活していない地域又は場所については，適用しない．

(4) 微小粒子状物質とは，大気中に浮遊する粒子状物質であって，粒径が 2.5 μm の粒子をすべて分離できる分粒装置を用いて，より粒径の大きい粒子を除去した後に採取される粒子をいう．

(5) 環境基準は，維持され又は早期達成に努めるものとする．

解説 (1) 正しい．微小粒子状物質の環境基準は，1 年平均値が 15 μg/m^3 以下であり，かつ，1 日平均値が 35 μg/m^3 以下であること．

(2) 正しい．微小粒子状物質による大気の汚染の状況を的確に把握することができると認められる場所において，ろ過捕集による質量濃度測定方法またはこの方法によって測定された質量濃度と等価な値が得られると認められる自動測定機による方法により測定した場合における測定値によるものとする．

(3) 正しい．工業専用地域，車道その他一般公衆が通常生活していない地域または場所については，適用しない．

(4) 誤り．微小粒子状物質とは，大気中に浮遊する粒子状物質であって，粒径が2.5 μmの粒子を50％の割合で分離できる分粒装置を用いて，より粒径の大きい粒子を除いた後に採取される粒子をいう．

(5) 正しい．環境基準は，維持されまたは早期達成に努めるものとする．「微小粒子状物質による大気の汚染に係る環境基準について」（平成21年9月9日環境省告示第33号）参照．

▶答（4）

問題7 【令和元年 問1】

二酸化窒素に係る環境基準に関する記述として，誤っているものはどれか．

(1) 環境基準は，1時間値の1日平均値が0.04 ppmから0.06 ppmまでのゾーン内又はそれ以下であること．

(2) 環境基準は，工業専用地域，車道その他一般公衆が通常生活してない地域又は場所については，適用しない．

(3) 環境基準は，ザルツマン試薬を用いる吸光光度法又は中性ヨウ化カリウム溶液を用いる吸光光度法により測定した場合における測定値によるものとする．

(4) 1時間値の1日平均値が0.06 ppmを超える地域にあっては，1時間値の1日平均値0.06 ppmが達成されるように努めるものとし，その達成期間は原則として7年以内とする．

(5) 環境基準を維持し，又は達成するため，個別発生源に対する排出規制のほか，各種の施策を総合的かつ有効適切に講ずるものとする．

解説 (1) 正しい．二酸化窒素（NO_2）の環境基準は，1時間値の1日平均値が0.04 ppmから0.06 ppmまでのゾーン内またはそれ以下である．

(2) 正しい．二酸化窒素（NO_2）の環境基準は，工業専用地域，車道その他一般公衆が通常生活していない地域または場所については，適用しない．

(3) 誤り．二酸化窒素（NO_2）の環境基準は，ザルツマン試薬を用いる吸光光度法またはオゾンを用いる化学発光法により測定した場合における測定値によるものである．

(4) 正しい．二酸化窒素（NO_2）の1時間値の1日平均値が0.06 ppmを超える地域にあっては，1時間値の1日平均値0.06 ppmが達成されるように努めるものとし，その達成期間は原則として7年以内である．

(5) 正しい．二酸化窒素（NO_2）の環境基準を維持し，または達成するため，個別発生源に対する排出規制のほか，各種の施策を総合的かつ有効適切に講ずるものとしている．

▶答（3）

問題8 【平成30年 問3】

浮遊粒子状物質に係る環境基準の記述として，誤っているものはどれか．

(1) 環境上の条件としては，1時間値の1日平均値が0.10 mg/m^{3}以下であり，かつ，1時間値が0.20 mg/m^{3}以下であること．

(2) 測定方法は，濾過捕集による重量濃度測定方法又はこの方法によって測定された重量濃度と直線的な関係を有する量が得られる光散乱法，圧電天びん法若しくはベータ線吸収法とする．

(3) 浮遊粒子状物質に係る環境基準は，維持され又は原則として5年以内において達成されるように努めるものとする．

(4) 浮遊粒子状物質とは，大気中に浮遊する粒子状物質であって，その粒径が10 μm以下のものをいう．

(5) 浮遊粒子状物質の環境基準は，工業専用地域，車道その他一般公衆が通常生活していない地域又は場所については，適用しない．

解説 (1) 正しい．環境上の条件としては，1時間値の1日平均値が0.10 mg/m^{3}以下であり，かつ，1時間値が0.20 mg/m^{3}以下であること．「大気の汚染に係る環境基準について」(平成8年10月25日環境庁告示第73号) 参照．

(2) 正しい．測定方法は，ろ過捕集による重量濃度測定方法，またはこの方法によって測定された重量濃度と直線的な関係を有する量が得られる光散乱法，圧電天びん法もしくはベータ線吸収法とする．「大気の汚染に係る環境基準について」参照．

(3) 誤り．浮遊粒子状物質に係る環境基準は，維持されまたは早期に達成されるように努めるものとする．「大気の汚染に係る環境基準について」参照．

(4) 正しい．浮遊粒子状物質とは，大気中に浮遊する粒子状物質であって，その粒径が10 μm以下のものをいう．「大気の汚染に係る環境基準について」参照．

(5) 正しい．浮遊粒子状物質の環境基準は，工業専用地域，車道その他一般公衆が通常生活していない地域または場所については，適用しない．「大気の汚染に係る環境基準について」参照．

▶答 (3)

● 3 排出基準・管理（構造）基準・改善命令

問題1 【令和5年 問2】

大気汚染防止法第3条に規定する排出基準に関する記述中，下線を付した箇所のうち，誤っているものはどれか．

一 いおう酸化物に係るばい煙発生施設において発生し，排出口から大気中に排出されるいおう酸化物の量について，(1) 政令で定める地域の区分ごとに排出口の高さ

（環境省令で定める方法により補正を加えたものをいう.）に応じて定める許容限度

二　ばいじんに係るばい煙発生施設において発生し，排出口から大気中に排出される(2)排出物に含まれるばいじんの量について，(3)施設の種類及び(4)燃料の種類ごとに定める許容限度

三　有害物質（特定有害物質を除く.）に係るばい煙発生施設において発生し，排出口から大気中に排出される(2)排出物に含まれる有害物質の量について，(5)有害物質の種類及び(3)施設の種類ごとに定める許容限度

解説 (1)～(3) 正しい.

(4) 誤り．正しくは「規模」である.

大防法第3条（排出基準）第2項第一号～第三号参照.

(5) 正しい.

▶答 (4)

問題2 【令和4年 問2】

大気汚染防止法のばい煙の排出の制限に関する記述中，（ア）～（エ）の［　　］の中に挿入すべき語句の組合せとして，正しいものはどれか.

一　ばい煙発生施設において発生するばい煙を大気中に排出する者は，その［（ア）］が当該ばい煙発生施設の排出口において排出基準に適合しないばい煙を排出してはならない.

二　前項の規定は，一の施設がばい煙発生施設となった際現にその施設を設置している者（［（イ）］をしている者を含む.）の当該施設において発生し，大気中に排出されるばい煙については，当該施設がばい煙発生施設となった日から［（ウ）］（当該施設が政令で定める施設である場合にあっては，［（エ）］）は，適用しない．ただし，（略）

	（ア）	（イ）	（ウ）	（エ）
(1)	ばい煙量又はばい煙濃度	改善の措置	6月間	1年間
(2)	ばい煙量	改善の措置	1年間	6月間
(3)	ばい煙量又はばい煙濃度	設置の工事	6月間	1年間
(4)	ばい煙量	改善の措置	6月間	1年間
(5)	ばい煙量	設置の工事	1年間	6月間

解説 （ア）「ばい煙量又はばい煙濃度」である．大防法第13条（ばい煙の排出の制限）第1項参照.

（イ）「設置の工事」である．大防法第13条（ばい煙の排出の制限）第2項参照.

（ウ）「6月間」である．大防法第13条（ばい煙の排出の制限）第2項参照.

（エ）「1年間」である．大防法第13条（ばい煙の排出の制限）第2項参照．

以上から（3）が正解．

▶答（3）

問題3 【令和3年 問3】

総量規制基準に関する記述中，（ア）～（エ）の［　　］の中に挿入すべき語句（a～h）の組合せとして，正しいものはどれか．

硫黄酸化物に係る総量規制基準は，次の各号のいずれかに掲げる硫黄酸化物の量として定めるものとする．

一　特定工場等に設置されているすべての硫黄酸化物に係る［（ア）］において使用される［（イ）］の増加に応じて，排出が許容される硫黄酸化物の量が増加し，かつ，使用される［（イ）］の増加一単位当たりの排出が許容される硫黄酸化物の量の［（ウ）］するように算定される硫黄酸化物の量．

二　特定工場等に設置されているすべての硫黄酸化物に係る［（ア）］から排出される硫黄酸化物について所定の方法により求められる重合した［（エ）］が指定地域におけるすべての特定工場等について一定の値となるように算定される硫黄酸化物の量．（以下略）

a：ばい煙発生施設　　e：燃費が増加
b：粉じん発生施設　　f：増加分がてい減
c：原料又は燃料の量　g：地表濃度
d：原料の量　　　　　h：最大地上濃度

	（ア）	（イ）	（ウ）	（エ）
(1)	a	c	e	g
(2)	a	c	f	h
(3)	b	d	e	g
(4)	a	d	f	g
(5)	b	c	e	h

解説　（ア）「a：ばい煙発生施設」である．

（イ）「c：原料又は燃料の量」である．

（ウ）「f：増加分がてい減」である．

（エ）「h：最大地上濃度」である．

大防則第7条の3（総量規制基準）第1項第一号および第二号参照．

以上から（2）が正解．

▶答（2）

問題4 【令和2年 問2】

大気汚染防止法に規定する一般粉じん発生施設を設置しようとする者が届け出なければならない事項に，該当しないものはどれか.

(1) 氏名又は名称及び住所並びに法人にあっては，その代表者の氏名

(2) 一般粉じん発生施設の種類

(3) 一般粉じん発生施設の構造

(4) 一般粉じん発生施設を設置する工場又は事業場の付近の状況

(5) 一般粉じん発生施設の使用及び管理の方法

解説 (1) 該当する．大防法第18条（一般粉じん発生施設の設置等の届出）第1項第一号参照.

(2) 該当する．大防法第18条（一般粉じん発生施設の設置等の届出）第1項第三号参照.

(3) 該当する．大防法第18条（一般粉じん発生施設の設置等の届出）第1項第四号参照.

(4) 該当しない．「一般粉じん発生施設を設置する工場又は事業場の付近の状況」は，届出事項に規定されていない．大防法第18条（一般粉じん発生施設の設置等の届出）第1項および第2項並びに大防則第10条（一般粉じん発生施設の設置等の届出）第2項参照.

(5) 該当する．大防法第18条（一般粉じん発生施設の設置等の届出）第1項第五号参照.

▶答 (4)

問題5 【令和2年 問3】

大気汚染防止法に規定する有害大気汚染物質対策の推進に関する記述として，誤っているものはどれか.

(1) 有害大気汚染物質による大気の汚染の防止に関する施策その他の措置は，科学的知見の充実の下に，人の健康又は生活環境に重大な被害が生じた場合において実施されなければならない.

(2) 事業者は，その事業活動に伴う有害大気汚染物質の大気中への排出又は飛散の状況を把握するとともに，当該排出又は飛散を抑制するために必要な措置を講ずるようにしなければならない.

(3) 国は，地方公共団体との連携の下に有害大気汚染物質による大気の汚染の状況を把握するための調査の実施に努めるとともに，有害大気汚染物質の人の健康に及ぼす影響に関する科学的知見の充実に努めなければならない.

(4) 地方公共団体は，その区域に係る有害大気汚染物質による大気の汚染の状況を把握するための調査の実施に努めなければならない.

(5) 何人も，その日常生活に伴う有害大気汚染物質の大気中への排出又は飛散を抑

制するように努めなければならない.

解説 (1) 誤り. 有害大気汚染物質による大気の汚染の防止に関する施策その他の措置は，科学的知見の充実の下に，将来にわたって人の健康に係る被害が未然に防止されることを旨として，実施されなければならない. 大防法第18条の36（施策等の実施の指針）参照.

(2) 正しい. 事業者は，その事業活動に伴う有害大気汚染物質の大気中への排出または飛散の状況を把握するとともに，当該排出または飛散を抑制するために必要な措置を講ずるようにしなければならない. 大防法第18条の37（事業者の責務）参照.

(3) 正しい. 国は，地方公共団体との連携の下に有害大気汚染物質による大気の汚染の状況を把握するための調査の実施に努めるとともに，有害大気汚染物質の人の健康に及ぼす影響に関する科学的知見の充実に努めなければならない. 大防法第18条の38（国の施策）第1項参照.

(4) 正しい. 地方公共団体は，その区域に係る有害大気汚染物質による大気の汚染の状況を把握するための調査の実施に努めなければならない. 大防法第18条の39（地方公共団体の施策）第1項参照.

(5) 正しい. 何人も，その日常生活に伴う有害大気汚染物質の大気中への排出または飛散を抑制するように努めなければならない. 大防法第18条の40（国民の努力）参照.

▶答 (1)

問題6 【令和2年 問5】

水銀及びその化合物に関する記述として，誤っているものはどれか.

(1) 有害大気汚染物質の一つであり，大気中濃度の指針値として，年平均値が0.04 μgHg/m^3 以下と設定されている.

(2) 2017（平成29）年度には，3つの測定地点で指針値を超過していた.

(3) 大気汚染防止法が改正され，2018（平成30）年4月1日から工場及び事業場における事業活動に伴う水銀等（水銀及びその化合物）の排出規制が施行された.

(4) 水銀排出施設には，石炭専焼ボイラー，セメントクリンカー製造施設，廃棄物焼却炉などがあり，それぞれに排出基準が定められている.

(5) 水銀排出施設から水銀等を大気中に排出する者は，定期的に排出ガス中の水銀濃度を測定，記録，保存しなければならない.

解説 (1) 正しい. 水銀およびその化合物は有害大気汚染物質の一つであり，大気中濃度の指針値として，年平均値が0.04 μgHg/m^3 以下と設定されている（**表2.2** 参照）.

表 2.2　指針値が設定された有害大気汚染物質の種類と指針値[14)]

物質名	指針値（年平均値）	中央環境審議会の答申
アクリロニトリル	2 μg/m³ 以下	第七次答申（平成 15 年 7 月 31 日）
塩化ビニルモノマー	10 μg/m³ 以下	
水銀及びその化合物	0.04 μgHg/m³ 以下	
ニッケル化合物	0.025 μgNi/m³ 以下	
クロロホルム	18 μg/m³ 以下	第八次答申（平成 18 年 11 月 8 日）
1,2-ジクロロエタン	1.6 μg/m³ 以下	
1,3-ブタジエン	2.5 μg/m³ 以下	
ひ素及びその化合物	6 ngAs/m³ 以下*1	第九次答申（平成 22 年 10 月 15 日）
マンガン及び無機マンガン化合物	0.14 μgMn/m³ 以下*2	第十次答申（平成 26 年 4 月 30 日）

*1　指針値との比較評価に当たっては，全ひ素の濃度測定値をもって代用して差し支えない．
*2　指針値との比較評価に当たっては，総粉じん中のマンガン（全マンガン）の大気中濃度測定値をもって代用して差し支えない．

(2) 誤り．2017（平成 29）年度には，水銀およびその化合物についてすべての測定地点で指針値を達成していた．なお，アクリロニトリル，塩化ビニルモノマー，クロロホルム，1,3-ブタジエンについても同様である．
(3) 正しい．大気汚染防止法が改正され，2018（平成 30）年 4 月 1 日から工場および事業場における事業活動に伴う水銀等（水銀およびその化合物）の排出規制が施行された．
(4) 正しい．水銀排出施設には，石炭専焼ボイラー，セメントクリンカー製造施設，廃棄物焼却炉などがあり，それぞれに排出基準が定められている．大防則第 5 条の 2（水銀排出施設に係る基準）および大防則第 16 条の 11（水銀等の排出基準）別表第 3 の 3 参照．
(5) 正しい．水銀排出施設から水銀等を大気中に排出する者は，定期的に排出ガス中の水銀濃度を測定，記録，保存しなければならない．大防法第 18 条の 30（水銀濃度の測定）参照．

▶ 答（2）

問題 7　【令和元年 問 3】

大気汚染防止法に規定する改善命令等に関する記述中，（ア）～（エ）の［　　］の中に挿入すべき語句の組合せとして，正しいものはどれか．

都道府県知事は，ばい煙排出者が，そのばい煙量又はばい煙濃度が［（ア）］において［（イ）］に適合しないばい煙を継続して排出するおそれがあると認めるときは，その者に対し，［（ウ）］当該ばい煙発生施設の構造若しくは使用の方法若しくは当該ばい煙発生施設に係るばい煙の処理の方法の改善を命じ，又は当該ばい煙発生施設の使用の［（エ）］を命ずることができる．

	(ア)	(イ)	(ウ)	(エ)
(1)	排出口	排出基準	直ちに	一時停止
(2)	排出口	排出基準	期限を定めて	一時停止
(3)	排出口	環境基準	期限を定めて	停止
(4)	敷地境界	環境基準	期限を定めて	停止
(5)	敷地境界	環境基準	直ちに	停止

解説 (ア)「排出口」である.
(イ)「排出基準」である.
(ウ)「期限を定めて」である.
(エ)「一時停止」である.
大防法第14条(改善命令等)第1項参照.
以上から(2)が正解.

▶答(2)

問題8 【平成30年 問1】

ばい煙の排出の規制等に関する記述として,誤っているものはどれか.

(1) ばい煙に係る排出基準は,ばい煙発生施設において発生するばい煙について,環境省令で定める.

(2) ばい煙を大気中に排出する者は,ばい煙発生施設を設置しようとするときは,環境省令で定めるところにより,都道府県知事に届け出なければならない.

(3) ばい煙発生施設において発生するばい煙を大気中に排出する者(以下「ばい煙排出者」という.)は,そのばい煙量又はばい煙濃度が当該ばい煙発生施設の排出口において排出基準に適合しないばい煙を排出してはならない.

(4) ばい煙排出者は,環境省令で定めるところにより,当該ばい煙発生施設に係るばい煙量又はばい煙濃度を測定し,その結果を記録し,これを保存しなければならない.

(5) ばい煙発生施設を設置する工場又は事業場における事業活動に伴い発生し,又は飛散するばい煙を工場又は事業場から大気中に排出し,又は飛散させる者は,敷地境界基準を遵守しなければならない.

解説 (1) 正しい.大防法第3条(排出基準)第1項参照.
(2) 正しい.大防法第6条(ばい煙発生施設の設置の届出)第1項本文参照.
(3) 正しい.大防法第13条(ばい煙の排出の制限)第1項参照.
(4) 正しい.大防法第16条(ばい煙量等の測定)参照.
(5) 誤り.このような規定はない.なお,特定粉じんについては,「特定粉じん発生施設を設置する工場又は事業場における事業活動に伴い発生し，又は特定粉じんを工場又は事業場から大気中に排出し，又は飛散させる者は，敷地境界基準を遵守しなければならない.」の規定が定められている．大防法第18条の10（敷地境界線の遵守義務）参照.

▶答（5）

● 4 常時監視・測定

問題1 【令和元年 問2】

大気汚染の状況の常時監視に関する記述中，下線を付した箇所のうち，誤っているものはどれか.

1 (1)都道府県知事は，環境省令で定めるところにより，(2)大気の汚染（放射性物質によるものを除く.）の状況を常時監視しなければならない.

2 (1)都道府県知事は，環境省令で定めるところにより，前項の常時監視の結果を，(3)測定から60日以内に環境大臣に報告しなければならない.

3 (4)環境大臣は，環境省令で定めるところにより，(5)放射性物質（環境省令で定めるものに限る.）による大気の汚染の状況を常時監視しなければならない.

解説 (1)，(2) 正しい．大防法第22条（常時監視）第1項参照.

(3) 誤り．毎年度，常時監視の結果を取りまとめ，環境大臣の定める日までに環境大臣に提出しなければならない．大防法第22条（常時監視）第2項および大防則第16条の13（都道府県知事が行う常時監視）第2項参照.

(4)，(5) 正しい．大防法第22条（常時監視）第3項参照.

▶答（3）

● 5 事故時の措置

問題1 【令和5年 問3】

大気汚染防止法第17条に規定する事故時の措置に関する記述中，（ア）～（ウ）の［　　］の中に挿入すべき語句の組合せとして，正しいものはどれか.

ばい煙発生施設を設置している者又は物の合成，分解その他の化学的処理に伴い発生する物質のうち人の健康若しくは生活環境に係る被害を生ずるおそれがあるものとして政令で定めるもの（以下「［（ア）］」という.）を発生する施設（ばい煙発生施設を除く．以下「［（イ）］」という.）を工場若しくは事業場に設置している者は，ばい煙発生施設又は［（イ）］について故障，破損その他の事故が発生し，ばい煙又は［（ア）］が大気中に多量に排出されたときは，直ちに，その事故について応急の措置を講じ，かつ，その事故を速やかに［（ウ）］に努めなければならない.

	(ア)	(イ)	(ウ)
(1)	指定物質	指定物質排出施設	復旧するよう
(2)	特定物質	特定施設	再発を防止するよう
(3)	特定物質	特定施設	復旧するよう
(4)	有害物質	指定物質排出施設	復旧するよう
(5)	指定物質	指定物質排出施設	再発を防止するよう

解説 (ア)「特定物質」である.
(イ)「特定施設」である.
(ウ)「復旧するよう」である.
大防法第17条（事故時の措置）第1項参照. ▶答 (3)

2.1.2 特定工場における公害防止組織の整備に関する法律（大気関係）

問題1 【令和5年 問4】

特定工場における公害防止組織の整備に関する法律に規定する一般粉じん発生施設に該当しないものはどれか. ただし, 鉱物はコークスを含み, 石綿を除く.

(1) 原料処理能力が1日当たり50トンのコークス炉
(2) 面積が1,000平方メートルの鉱物の堆積場
(3) ベルトの幅が75センチメートルのベルトコンベア（鉱物, 土石又はセメントの用に供するものに限り, 密閉式のものを除く.）
(4) 原動機の定格出力が65キロワットの破砕機（鉱物, 岩石又はセメントの用に供するものに限り, 湿式のもの及び密閉式のものを除く.）
(5) 原動機の定格出力が15キロワットのふるい（鉱物, 岩石又はセメントの用に供するものに限り, 湿式のもの及び密閉式のものを除く.）

解説 特公法第2条（定義）第五号では, 大気汚染防止法で規定する大防令別表第2の施設が一般粉じん発生施設と定めている（**表2.3**参照）.
(1) 該当する. 原料処理能力が1日当たり50トンのコークス炉は, 表2.3の第一号に該当し, 一般粉じん発生施設である.
(2) 該当する. 面積が1,000平方メートルの鉱物の堆積場は, 表2.3の第二号に該当し, 一般粉じん発生施設である.

表 2.3　大気汚染防止法施行令別表第 2

	施設	規模
一	コークス炉	原料処理能力が 1 日当たり 50 トン以上であること．
二	鉱物（コークスを含み，石綿を除く．以下同じ．）又は土石の堆積場	面積が 1,000 平方メートル以上であること．
三	ベルトコンベア及びバケットコンベア（鉱物，土石又はセメントの用に供するものに限り，密閉式のものを除く．）	ベルトの幅が 75 センチメートル以上であるか，又はバケットの内容積が 0.03 立方メートル以上であること．
四	破砕機及び摩砕機（鉱物，岩石又はセメントの用に供するものに限り，湿式のもの及び密閉式のものを除く．）	原動機の定格出力が 75 キロワット以上であること．
五	ふるい（鉱物，岩石又はセメントの用に供するものに限り，湿式のもの及び密閉式のものを除く．）	原動機の定格出力が 15 キロワット以上であること．

(3) 該当する．ベルトの幅が 75 センチメートルのベルトコンベア（鉱物，土石またはセメントの用に供するものに限り，密閉式のものを除く）は，表 2.3 の第三号に該当し，一般粉じん発生施設である．

(4) 該当しない．原動機の定格出力が 75 キロワット以上の破砕機（鉱物，岩石またはセメントの用に供するものに限り，湿式のものおよび密閉式のものを除く）は，表 2.3 の第四号に該当し，一般粉じん発生施設である．

(5) 該当する．原動機の定格出力が 15 キロワットのふるい（鉱物，岩石またはセメントの用に供するものに限り，湿式のものおよび密閉式のものを除く）は，表 2.3 の第五号に該当し，一般粉じん発生施設である．

▶ 答 (4)

問題 2　【令和 4 年 問 4】

特定工場における公害防止組織の整備に関する法律に規定する大気関係公害防止管理者が管理する業務として，誤っているものはどれか．

(1) 使用する燃料又は原材料の検査

(2) ばい煙発生施設の点検

(3) ばい煙発生施設において発生するばい煙を処理するための施設及びこれに附属する施設の操作，点検及び補修

(4) ばい煙量又はばい煙濃度の測定の実施及びその結果の記録

(5) 平常時におけるばい煙量又はばい煙濃度の減少，ばい煙発生施設の使用の制限その他の必要な措置の実施

解説　(1) 正しい．使用する燃料または原材料の検査は，特公則第 6 条（法第 4 条第 1 項の技術的事項）第 1 項第一号参照．

(2) 正しい．ばい煙発生施設の点検は，特公則第6条（法第4条第1項の技術的事項）第1項第二号参照．

(3) 正しい．ばい煙発生施設において発生するばい煙を処理するための施設およびこれに附属する施設の操作，点検および補修は，特公則第6条（法第4条第1項の技術的事項）第1項第三号参照．

(4) 正しい．ばい煙量またはばい煙濃度の測定の実施およびその結果の記録は，特公則第6条（法第4条第1項の技術的事項）第1項第四号参照．

(5) 誤り．正しくは，「ばい煙に係る緊急時におけるばい煙量又はばい煙濃度の減少，ばい煙発生施設の使用の制限その他の必要な措置の実施」である．特公則第6条（法第4条第1項の技術的事項）第1項第七号参照．

▶答 (5)

問題3 【令和3年 問4】

特定工場における公害防止組織の整備に関する法律に規定するばい煙発生施設に該当しないものはどれか．

(1) 電流容量が30キロアンペア以上の，アルミニウムの製錬の用に供する電解炉

(2) 容量が0.1立方メートル以上の，カドミウム系顔料又は炭酸カドミウムの製造の用に供する乾燥施設

(3) バーナーの燃焼能力が重油換算1時間当たり3リットル以上の，活性炭の製造（塩化亜鉛を使用するものに限る．）の用に供する反応炉

(4) 火格子面積が2平方メートル以上であるか，又は焼却能力が1時間当たり200キログラム以上の，廃棄物焼却炉

(5) 燃料の燃焼能力が重油換算1時間当たり50リットル以上の，ガスタービン

解説 (1) 該当する．特公令第2条（ばい煙発生施設等）第1項で準用する大防令別表1第20号参照．

(2) 該当する．同上第15号参照．

(3) 該当する．同上第18号参照．

(4) 該当しない．特公令第2条（ばい煙発生施設等）第1項かっこ書で準用する大防令別表1第13号（廃棄物焼却炉）がばい煙発生施設から除外されている．

(5) 該当する．同上第29号参照．

▶答 (4)

問題4 【令和2年 問4】

特定工場における公害防止組織の整備に関する法律に規定するばい煙発生施設に該当しないものはどれか．

(1) 電流容量が30キロアンペア以上のアルミニウムの製錬の用に供する電解炉

(2) バーナーの燃料の燃焼能力が重油換算1時間当たり4リットル以上の鉛蓄電池の製造の用に供する溶解炉
(3) バーナーの燃料の燃焼能力が重油換算1時間当たり3リットル以上の活性炭の製造（塩化亜鉛を使用するものに限る.）の用に供する反応炉
(4) 焼却能力が1時間当たり200キログラム以上の廃棄物焼却炉
(5) 容量が0.1立方メートル以上のカドミウム系顔料又は炭酸カドミウムの製造の用に供する乾燥施設

解説 (1) 該当する.「電流容量が30キロアンペア以上のアルミニウムの製錬の用に供する電解炉」については，特公令第2条（ばい煙発生施設等）第1項で準用する大防令別表第1の20参照.
(2) 該当する.「バーナーの燃料の燃焼能力が重油換算1時間当たり4リットル以上の鉛蓄電池の製造の用に供する溶解炉」については，同上別表第1の25参照.
(3) 該当する.「バーナーの燃料の燃焼能力が重油換算1時間当たり3リットル以上の活性炭の製造（塩化亜鉛を使用するものに限る）の用に供する反応炉」については，同上別表第1の18参照.
(4) 該当しない.「焼却能力が1時間当たり200キログラム以上の廃棄物焼却炉」については，除外されている. 特公令第2条（ばい煙発生施設等）第1項かっこ書参照.
(5) 該当する.「容量が0.1立方メートル以上のカドミウム系顔料または炭酸カドミウムの製造の用に供する乾燥施設」については，同上別表第1の15参照.　▶答 (4)

問題5　【令和元年 問4】

特定工場における公害防止組織の整備に関する法律に規定する一般粉じん発生施設に該当しないものはどれか.
(1) 原料処理能力が1日当たり50トンのコークス炉
(2) 面積が1,000平方メートルの土石の堆積場
(3) バケットの内容積が0.03立方メートルのバケットコンベア（鉱物，土石又はセメントの用に供するものに限り，密閉式のものを除く.）
(4) 原動機の定格出力が50キロワットの破砕機及び摩砕機（鉱物，岩石又はセメントの用に供するものに限り，湿式のもの及び密閉式のものを除く.）
(5) 原動機の定格出力が15キロワットのふるい（鉱物，岩石又はセメントの用に供するものに限り，湿式のもの及び密閉式のものを除く.）

解説 (1)～(3) 該当する.
(4) 該当しない.「75キロワット以上」が正しい. 大防令別表第2参照.

(5) 該当する. ▶答 (4)

問題6 【平成30年 問4】

特定工場における公害防止組織の整備に関する法律に規定するばい煙発生施設に該当しないものはどれか.

(1) バーナーの燃料の燃焼能力が重油換算1時間当たり3リットル以上の活性炭の製造（塩化亜鉛を使用するものに限る.）の用に供する反応炉
(2) 火格子面積（火格子の水平投影面積をいう.）が1平方メートル以上の石油製品，石油化学製品又はコールタール製品の製造の用に供する加熱炉
(3) 火格子面積が2平方メートル以上である廃棄物焼却炉
(4) 容量が0.1立方メートル以上のカドミウム系顔料又は炭酸カドミウムの製造の用に供する乾燥施設
(5) 電流容量が30キロアンペア以上のアルミニウムの製錬の用に供する電解炉

解説 ばい煙発生施設のうち廃棄物焼却炉は，除外されている．その理由は，同様な制度が「廃棄物の処理及び清掃に関する法律」で実施されているためである.

特公令第2条（ばい煙発生施設）第1項参照.

その他は該当する. ▶答 (3)

2.2 大気汚染の現状

2.2.1 汚染物質別の大気汚染の状況

1 地球環境

問題1 【令和5年 問6】

2020年におけるハロカーボン類を大気中濃度の高い順に並べたとき，正しいものはどれか（WMO温室効果ガス年報第18号による).

(1) HCFC-22 ＞ CFC-11 ＞ HFC-134a
(2) HFC-134a ＞ HCFC-22 ＞ CFC-11
(3) CFC-11 ＞ HCFC-22 ＞ HFC-134a
(4) HCFC-22 ＞ HFC-134a ＞ CFC-11
(5) CFC-11 ＞ HFC-134a ＞ HCFC-22

解説 **図2.1**にハロカーボン類の大気中濃度を示す．この図から2020年におけるハロカーボン類を大気中濃度の高い順に並べると，次の順となる．

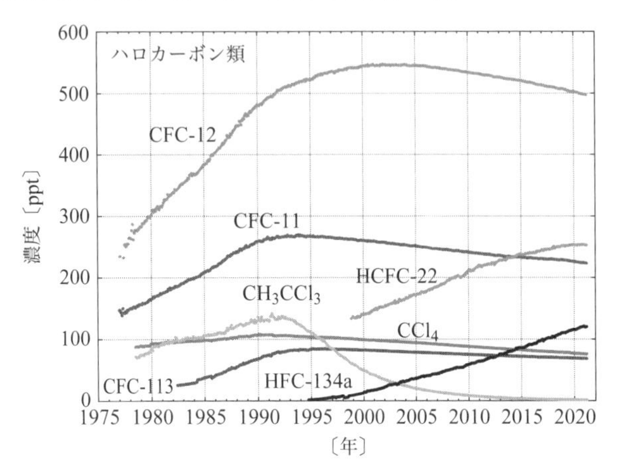

図2.1　主要なハロカーボン類の月平均濃度
（出典：「WMO温室効果ガス年報（気象庁訳）第18号2022年10月26日」）

HCFC-22 ＞ CFC-11 ＞ HFC-134a

以上から（1）が正解．　▶答（1）

問題2　【令和5年 問7】

地球温暖化に関する記述として，誤っているものはどれか．

（1）温暖化係数とは，代表的な温室効果ガスである二酸化炭素（CO_2）の温室効果を1として相対的に示す値である．

（2）メタン（CH_4）の温暖化係数（100年）は，一酸化二窒素（N_2O）の温暖化係数（100年）より小さい．

（3）オゾン（対流圏）は，温室効果ガスの一つである．

（4）大気中のCO_2濃度は，産業革命以前の278 ppmから，2020年には413 ppmまで上昇している．

（5）2000～2009年における大気中CO_2濃度の平均増加率から推定した大気中炭素の平均増加量は，1億トン-炭素/年である．

解説 （1）正しい．温暖化係数とは，代表的な温室効果ガスである二酸化炭素（CO_2）の温室効果を1として相対的に示す値である（**表2.4**参照）．

（2）正しい．メタン（CH_4）の温暖化係数（100年）28は，一酸化二窒素（N_2O）の温暖化係数（100年）265より小さい（表2.4参照）．

表 2.4　主要温室効果ガスの大気中濃度，大気中寿命と温暖化係数[18)]

	CO_2	メタン	N_2O	CFC-11	HFC-134a	四ふっ化炭素
産業革命（1750 年）以前の濃度	278 ppm	722 ppb	270 ppb	0	0	40 ppt
2011 年の濃度	391 ppm	1,803 ppb	324 ppb	238 ppt	63 ppt	74 ppt
大気中寿命〔年〕	—	9.1	131	45	13.4	50,000
温暖化係数（100 年）	1	28	265	4,660	1,300	6,630

(3) 正しい．オゾン（対流圏：O_3）は，温室効果ガスの一つである．

(4) 正しい．大気中の CO_2 濃度は，産業革命以前の 278 ppm から，2020 年には 413 ppm まで上昇している．なお，CH_4 は 722 ppb から 1,889 ppb，N_2O は 270 ppb から 333 ppb まで上昇している．

(5) 誤り．2000 〜 2009 年における大気中の CO_2 濃度の平均増加率から推定した大気中炭素の平均増加率は，40 億トン-炭素/年である．

▶答 (5)

問題 3　【令和 4 年 問 7】

広域・地球規模の環境問題における大気汚染物質に関する記述として，誤っているものはどれか．

(1) 光化学オキシダントの主成分であるオゾンは，窒素酸化物と，炭化水素を含む揮発性有機化合物が関与する大気中での化学反応により生成する．

(2) 浮遊粒子状物質及び微小粒子状物質には，硫酸イオン，硝酸イオン，有機炭素化合物，アンモニウムイオン等を化学成分として含むものがある．

(3) 大気中で二酸化硫黄から硫酸が生成するメカニズムとして，気相での OH との反応，雲や霧の中での反応，粒子状物質上での反応などがある．

(4) ハイドロクロロフルオロカーボンである HCFC-22 の大気中寿命は，クロロフルオロカーボンである CFC-11 の大気中寿命より長い．

(5) 2019 年における地上でのメタンの世界平均大気中濃度は，一酸化二窒素より高い．

解説　(1) 正しい．光化学オキシダントの主成分であるオゾンは，窒素酸化物と，炭化水素を含む揮発性有機化合物が関与する大気中での化学反応により生成する（**図 2.2** 参照）．すなわち，以下の式①で生成した NO は，図 2.2 で示した反応で NO が消費されるため式③の反応が抑制され，平衡濃度以上の O_3 が生成，蓄積される．

$$NO_2 + 光 \rightarrow NO + O \quad ①$$

$$O + O_2 \rightarrow O_3 \quad ②$$

$$NO + O_3 \rightarrow NO_2 + O_2 \quad ③$$

(2) 正しい．浮遊粒子状物質および微小粒子状物質には，硫酸イオン，硝酸イオン，有機炭素化合物，アンモニウムイオン等を化学成分として含むものがある．

(3) 正しい．大気中で二酸化硫黄から硫酸が生成するメカニズムとして，気相でのOHとの反応，雲や霧の中での反応，粒子状物質上での反応などがある．

(4) 誤り．ハイドロクロロフルオロカーボンであるHCFC-22の大気中寿命は，Hを含むため紫外線で分解しやすくなり，クロロフルオロカーボンであるCFC-11の大気中寿命より短くなる．

(5) 正しい．2019年における地上でのメタンの世界平均大気中濃度は1,877 ppb，一酸化二窒素は332 ppbであるから，メタンの方が高い．

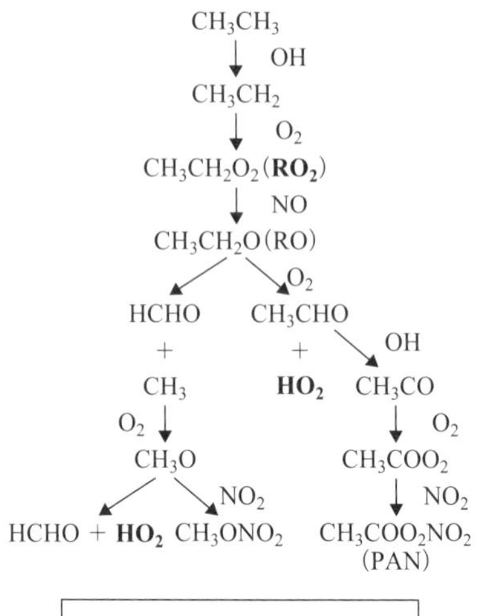

図 2.2 OH，HO_2 を連鎖種とする炭化水素の大気中分解反応（光化学オキシダント生成のメカニズム）[13]

▶答 (4)

問題4 【令和3年 問8】

2018年における温室効果による地球温暖化への影響を示す放射強制力の大きさの順に温室効果ガスを並べたとき，正しいものはどれか．

(1) CO_2 > CH_4 > CFCなどハロゲン化物 > N_2O
(2) CO_2 > N_2O > CH_4 > CFCなどハロゲン化物
(3) CH_4 > CO_2 > CFCなどハロゲン化物 > N_2O
(4) CO_2 > CH_4 > N_2O > CFCなどハロゲン化物
(5) CO_2 > CFCなどハロゲン化物 > CH_4 > N_2O

解説 2018年における温室効果による地球温暖化への影響を示す放射強制力の大きさは，次のとおりである．なお，放射強制力とは，地球に出入りするエネルギーが地球の気候に対して持つ放射の大きさをいう．

CO_2	全体の約66%
CH_4	全体の約17%
N_2O	全体の約6%
CFCなどハロゲン化物	全体の約11%

以上から（1）が正解.　　　　▶答（1）

問題5　【令和2年 問8】

地球温暖化の原因となる温室効果ガスに関する記述として，誤っているものはどれか．ただし，IPCC 第4次評価報告書による．

（1）CO_2　　2005年の大気中濃度：379 ppm，温暖化係数：1
（2）メタン　　2005年の大気中濃度：1.1 ppm，温暖化係数：30
（3）N_2O　　2005年の大気中濃度：319 ppb，温暖化係数：298
（4）CFC-11　　2005年の大気中濃度：251 ppt，温暖化係数：4,750
（5）四ふっ化炭素　　2005年の大気中濃度：74 ppt，温暖化係数：7,390

解説（1）正しい．CO_2　　2005年の大気中濃度：379 ppm，温暖化係数：1
（2）誤り．メタン　　2005年の大気中濃度：1,775 ppb，温暖化係数：25
（3）正しい．N_2O　　2005年の大気中濃度：319 ppb，温暖化係数：298
（4）正しい．CFC-11　　2005年の大気中濃度：251 ppt，温暖化係数：4,750
（5）正しい．四ふっ化炭素　　2005年の大気中濃度：74 ppt，温暖化係数：7,390

表2.5参照.

表2.5　主要温室効果ガスの大気中濃度，大気中寿命と温暖化係数[14)]

	CO_2	メタン	N_2O	CFC-11	HFC-23	四ふっ化炭素
産業革命以前の濃度	280 ppm	700 ppb	270 ppb	0	0	40 ppt
2005年の濃度	379 ppm	1,775 ppb	319 ppb	251 ppt	18 ppt	74 ppt
大気中寿命（年）	5～200*	12	114	45	270	50,000
温暖化係数（100年）	1	25	298	4,750	14,800	7,390

*IPCC 第3次評価報告書（第4次評価報告書には濃度減少を時間の応答関数で示している．）

▶答（2）

問題6　【令和元年 問8】

1990年代以降，全球平均の大気中濃度が急激に減少したガスはどれか．

（1）四塩化炭素
（2）1,1,1-トリクロロエタン
（3）HFC-134a
（4）六ふっ化硫黄
（5）HCFC-22

1990年代以降，全球平均の大気中濃度が急激に減少したガスは，1,1,1-トリクロ

ロエタンである（図2.1参照）．

(1) 該当しない．四塩化炭素（CCl_4）は，わずかに減少である（図2.1参照）．

(2) 該当する．1,1,1-トリクロロエタン（CH_3CCl_3）は，1993年頃から急激に減少している（図2.1参照）．

(3) 該当しない．HFC-134aは，増加している（図2.1参照）．

(4) 該当しない．六ふっ化硫黄（SF_6）は，増加している（**図2.3**参照）．

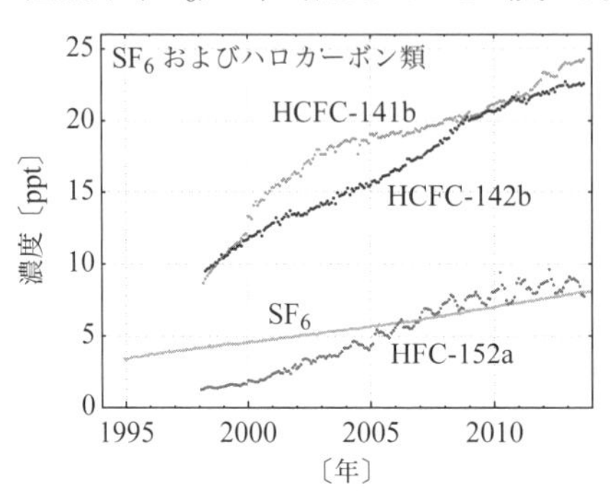

全球解析に使用した地点数は次のとおり．SF_6（23地点），HCFC-141b（9地点），HCFC-142b（13地点），HFC-152a（8地点）．

図2.3　六ふっ化硫黄および低濃度のハロカーボン類の月平均濃度
（出典：WMO温室効果ガス年報（気象庁訳）第10号2014年11月6日）

(5) 該当しない．HCFC-22は，増加している（図2.1参照）．　▶答（2）

問題7　【平成30年 問8】

成層圏オゾン層の破壊に関与する化合物として，誤っているものはどれか．

(1) フロン-12（ジクロロジフルオロメタン）

(2) ハロン（ブロモトリフルオロメタンなど）

(3) 1,1,1-トリクロロエタン

(4) 四ふっ化炭素

(5) 四塩化炭素

解説 成層圏オゾン層の破壊は，塩素と臭素原子が関与しているため，塩素と臭素原子のある化合物が該当する．これらの原子がない化合物は，四ふっ化炭素である．その他の化合物は塩素または臭素原子が化合物に存在する．

(1) 正しい．フロン-12（ジクロロジフルオロメタン）：CCl_2F_2

(2) 正しい．ハロン（ブロモトリフルオロメタンなど）：$CBrF_3$

(3) 正しい．1,1,1-トリクロロエタン：CH_3CCl_3

(4) 誤り．四ふっ化炭素：CF_4
(5) 正しい．四塩化炭素：CCl_4

▶答 (4)

● 2 SO_x，NO_2，CO，光化学オキシダント，その他

問題1 【令和5年 問5】 

一般環境大気測定局における，2016（平成28）年度から2020（令和2）年度の環境基準の達成状況に関する記述として，誤っているものはどれか．

(1) 光化学オキシダントの環境基準達成率は，すべての年度で1％未満である．
(2) 微小粒子状物質（$PM_{2.5}$）の環境基準達成率は，すべての年度で95％未満である．
(3) 浮遊粒子状物質の長期的評価による環境基準達成率は，すべての年度で99％以上である．
(4) 二酸化窒素の長期的評価による環境基準達成率は，すべての年度で100％である．
(5) 一酸化炭素の長期的評価による環境基準達成率は，すべての年度で100％である．

解説 (1) 正しい．一般環境大気測定局（建物の屋上など，自動車排出ガスの影響を直接受けない測定局）における光化学オキシダント（90％以上のオゾン，極少量のPAN（PeroxyAcetyl Nitrate：$CH_3COO_2NO_2$）などからの酸化性物質）の環境基準達成率は，2016（平成28）年度から2020（令和2）年度まですべての年度で0.0～0.2％であるから，1％未満である（**図2.4**参照）．

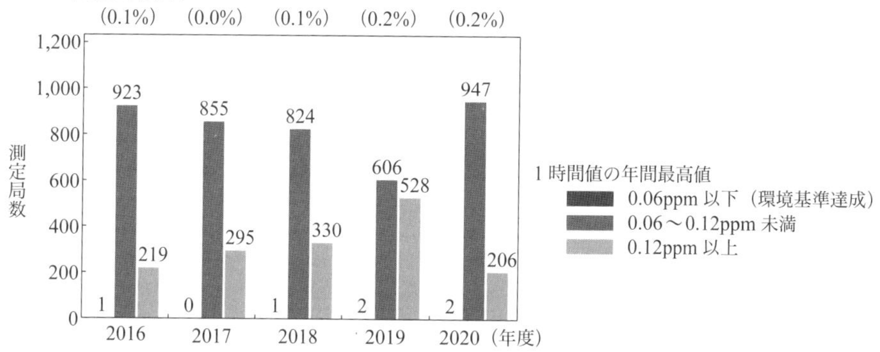

図2.4 昼間の日最高1時間値の光化学オキシダント濃度レベルごとの測定局数の推移（一般環境大気測定局）
（出典：環境省「令和4年版環境白書・循環型社会白書・生物多様性白書」）

(2) 誤り．一般環境大気測定局における微小粒子状物質（$PM_{2.5}$）の環境基準達成率は，

表2.6に示すように，2019（令和元）年と2020（令和2）年では95％以上である．

表2.6　$PM_{2.5}$の環境基準達成状況の推移
（出典：環境省「令和4年版環境白書・循環型社会白書・生物多様性白書」）

年度		2015	2016	2017	2018	2019	2020
有効測定局数	一般局	765	785	814	818	835	844
	自排局	219	223	224	232	238	237
環境基準達成局							
一般局		570	696	732	765	824	830
		（74.5％）	（88.7％）	（89.9％）	（93.5％）	（98.7％）	（98.3％）
自排局		128	197	193	216	234	233
		（58.4％）	（88.3％）	（86.2％）	（93.1％）	（98.3％）	（98.3％）

資料：環境省「令和2年度大気汚染状況について（報道発表資料）」

(3) 正しい．一般環境大気測定局における浮遊粒子状物質（SPM：Suspended Particulate Matters）の長期的評価による環境基準達成率は，2014（平成26）年から2020（令和2）年まで99％以上である（**表2.7**参照）．なお，長期的評価とは，年間にわたる1時間値の1日平均値のうち，高い方から2％の範囲にあるものを除外した最高値を環境基準と比較して評価するものである．

表2.7　SPMの環境基準達成率の推移
（出典：環境省「令和2年度大気汚染の状況（有害大気汚染物質等を除く）に係る常時監視測定結果」）

		H22	H23	H24	H25	H26	H27	H28	H29	H30	R1	R2
一般環境大気測定局	有効測定局数	1,374	1,340	1,320	1,324	1,322	1,302	1,296	1,303	1,294	1,266	1,272
	達成局数	1,278	927	1,316	1,288	1,318	1,297	1,296	1,301	1,292	1,266	1,271
	達成率〔％〕	93.0	69.2	99.7	97.3	99.7	99.6	100	99.8	99.8	100	99.9
自動車排出ガス測定局	有効測定局数	399	395	394	393	393	393	390	387	384	372	367
	達成局数	371	288	393	372	393	392	390	387	384	372	367
	達成率〔％〕	93.0	72.9	99.7	94.7	100	99.7	100	100	100	100	100

(4) 正しい．一般環境大気測定局における二酸化窒素（NO_2）の長期的評価による環境基準達成率は，2016（平成28）年度から2020（令和2）年度まですべての年度で100％である（**表2.8**参照）．

(5) 正しい．一般環境大気測定局における一酸化炭素（CO）の長期的評価による環境基準達成率は，1982（昭和57）年度から環境基準を達成している．**図2.5**ではさらに年平均値が低下しているため，2016（平成28）年度から2020（令和2）年度まですべての年度で100％である．

表 2.8　二酸化窒素の環境基準達成率の推移
（出典：環境省「令和２年度大気汚染の状況（有害大気汚染物質等を除く）に係る常時監視測定結果」）

		H22	H23	H24	H25	H26	H27	H28	H29	H30	R1	R2
一般環境大気測定局	有効測定局数	1,332	1,308	1,285	1,278	1,275	1,253	1,243	1,243	1,233	1,216	1,208
	達成局数	1,332	1,308	1,285	1,278	1,275	1,253	1,243	1,243	1,233	1,216	1,208
	達成率〔%〕	100	100	100	100	100	100	100	100	100	100	100
自動車排出ガス測定局	有効測定局数	416	411	406	405	403	402	395	397	391	383	374
	達成局数	407	409	403	401	401	401	394	396	390	383	374
	達成率〔%〕	97.8	99.5	99.3	99.0	99.5	99.8	99.7	99.7	99.7	100	100

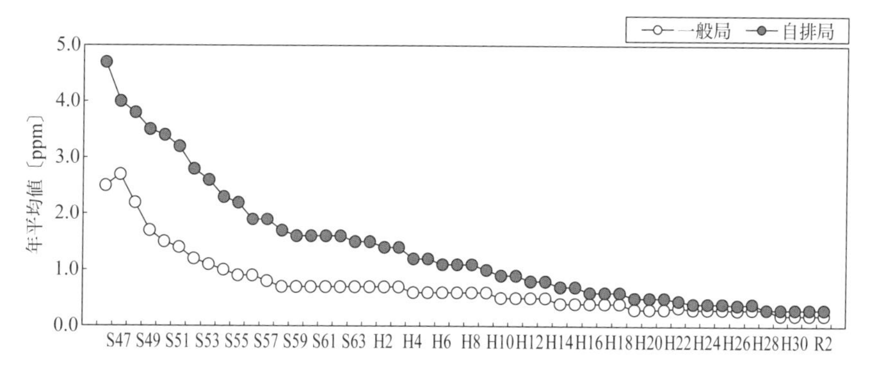

図 2.5　CO 濃度の年平均値の推移
（出典：環境省「令和２年度大気汚染の状況（有害大気汚染物質等を除く）に係る常時監視測定結果」）

▶ 答 (2)

問題 2　【令和 4 年 問 5】

微小粒子状物質（$PM_{2.5}$）に関する記述として，誤っているものはどれか．

(1) $PM_{2.5}$ に係る環境基準は，年平均値が 15 μg/m^3 以下，かつ，1 日平均値が 25 μg/m^3 以下である．

(2) 2019（令和元）年度における有効測定局数は，一般環境大気測定局が 835，自動車排出ガス測定局が 238 であった．

(3) 2019（令和元）年度における環境基準達成率は，一般環境大気測定局で 98.7% であり，2014（平成 26）年度の 2 倍以上になっている．

(4) 自動車排出ガス測定局での環境基準達成率は，2014（平成 26）年度以降，一般環境大気測定局でのそれよりも低い状態が続いている．

(5) 2019（令和元）年度における $PM_{2.5}$ の環境基準達成率は，一般環境大気測定局及び自動車排出ガス測定局において，浮遊粒子状物質のそれよりも低い．

解説 (1) 誤り．$PM_{2.5}$ に係る環境基準は，年平均値が 15 μg/m^3 以下，かつ，1 日平均値が 35 μg/m^3 以下である．「25 μg/m^3」が誤り．

(2) 正しい．2019（令和元）年度における有効測定局数は，一般環境大気測定局（一般局）が 835，自動車排出ガス測定局（自排局）が 238 であった（**表 2.9** 参照）．

表 2.9　$PM_{2.5}$ の環境基準達成状況の推移
（出典：環境省「令和 3 年版環境白書・循環型社会白書・生物多様性白書」）

年度		2014	2015	2016	2017	2018	2019
有効測定局数	一般局	672	765	785	814	818	835
	自排局	198	219	223	224	232	238
環境基準達成局							
	一般局	254	570	696	732	765	824
		(37.8%)	(74.5%)	(88.7%)	(89.9%)	(93.5%)	(98.7%)
	自排局	51	128	197	193	216	234
		(25.8%)	(58.4%)	(88.3%)	(86.2%)	(93.1%)	(98.3%)

資料：環境省「令和元年度大気汚染状況について（報道発表資料）」

(3) 正しい．2019（令和元）年度における環境基準達成率は，一般環境大気測定局で 98.7% であり，2014（平成 26）年度の 2 倍以上になっている（表 2.9 参照）．

(4) 正しい．自動車排出ガス測定局での環境基準達成率は，2014（平成 26）年度以降，一般環境大気測定局でのそれよりも低い状態が続いている（表 2.9 参照）．

(5) 正しい．2019（令和元）年度における $PM_{2.5}$ の環境基準達成率は，一般環境大気測定局および自動車排出ガス測定局において，浮遊粒子状物質（SPM：Suspended Particulate Matters）のそれよりも低い（表 2.7 参照）．

▶答 (1)

問題 3　【令和 2 年 問 6】

大気汚染物質の環境基準に関する記述として，誤っているものはどれか．

(1) 二酸化硫黄（SO_2）の環境基準は，1 時間値の 1 日平均値が 0.04 ppm 以下であり，かつ 1 時間値が 0.1 ppm 以下である．

(2) 二酸化窒素（NO_2）の環境基準は，1 時間値の 1 日平均値が 0.04 ppm から 0.06 ppm までのゾーン内又はそれ以下である．

(3) 一酸化炭素（CO）の環境基準は，1 時間値の 1 日平均値が 10 ppm 以下であり，かつ 1 時間値が 20 ppm 以下である．

(4) 光化学オキシダントの環境基準は，1 時間値が 0.06 ppm 以下である．

(5) 浮遊粒子状物質（SPM）の環境基準は，1 時間値の 1 日平均値が 0.10 mg/m^3 以下であり，かつ 1 時間値が 0.20 mg/m^3 以下である．

解説 (1) 正しい．二酸化硫黄（SO_2）の環境基準は，1時間値の1日平均値が0.04 ppm以下であり，かつ1時間値が0.1 ppm以下である．硫黄酸化物（SO_x）でないことに注意.「大気の汚染に係る環境基準について」参照.

(2) 正しい．二酸化窒素（NO_2）の環境基準は，1時間値の1日平均値が0.04 ppmから0.06 ppmまでのゾーン内またはそれ以下である．

(3) 誤り．一酸化炭素（CO）の環境基準は，1時間値の1日平均値が10 ppm以下であり，かつ1時間値の8時間平均値が20 ppm以下である．

(4) 正しい．光化学オキシダントの環境基準は，1時間値が0.06 ppm以下である．光化学オキシダントの場合は，短時間に健康障害を与えるので1時間のみの値であることに注意.

(5) 正しい．浮遊粒子状物質（SPM：Suspended Particulate Matter）の環境基準は，1時間値の1日平均値が0.10 mg/m^{3}以下であり，かつ1時間値が0.20 mg/m^{3}以下である．

▶答（3）

問題4

【令和2年 問7】 

2017（平成29）年度の一般環境大気測定局における環境基準の達成率に関する記述として，誤っているものはどれか.

(1) 二酸化硫黄（SO_2）の長期的評価については，99.8%であった.

(2) 二酸化窒素（NO_2）の長期的評価については，100%であった.

(3) 浮遊粒子状物質（SPM）の長期的評価については，93.0%であった.

(4) 光化学オキシダントについては，0%であった.

(5) 微小粒子状物質（$PM_{2.5}$）については，89.9%であった.

解説 (1) 正しい．2017（平成29）年度の一般環境大気測定局（自動車排出ガスの影響を直接受けない測定局）における環境基準の達成率について，二酸化硫黄（SO_2）の長期的評価は，99.8%であった．鹿児島県の桜島の影響があり100%の達成は困難な状況である．なお，長期的評価とは，年間にわたる1時間値の1日平均値のうち，高い方から2%の範囲にあるものを除去した最高値を環境基準と比較して評価するものである．

(2) 正しい．二酸化窒素（NO_2）の長期的評価については，100%である（**表2.10**参照）.

表2.10　二酸化窒素の環境基準達成率の推移

（出典：環境省「平成29年度大気汚染の状況（有害大気汚染物質等を除く）」）

		2008年	2009年	2010年	2011年	2012年	2013年	2014年	2015年	2016年	2017年
一般環境大気測定局	有効測定局数	1,366	1,351	1,332	1,308	1,285	1,278	1,275	1,253	1,243	1,243
	達成局数	1,366	1,351	1,332	1,308	1,285	1,278	1,275	1,253	1,243	1,243
	達成率〔%〕	100	100	100	100	100	100	100	100	100	100

表 2.10　二酸化窒素の環境基準達成率の推移（つづき）

		2008 年	2009 年	2010 年	2011 年	2012 年	2013 年	2014 年	2015 年	2016 年	2017 年
自動車排出ガス測定局	有効測定局数	421	423	416	411	406	405	403	402	395	397
	達成局数	402	405	407	409	403	401	401	401	394	396
	達成率〔%〕	95.5	95.7	97.8	99.5	99.3	99.0	99.5	99.8	99.7	99.7

(3) 誤り．浮遊粒子状物質（SPM）の長期的評価については，99.8% である（表 2.7 参照）．

(4) 正しい．光化学オキシダントについては，0% である（図 2.6 参照）．

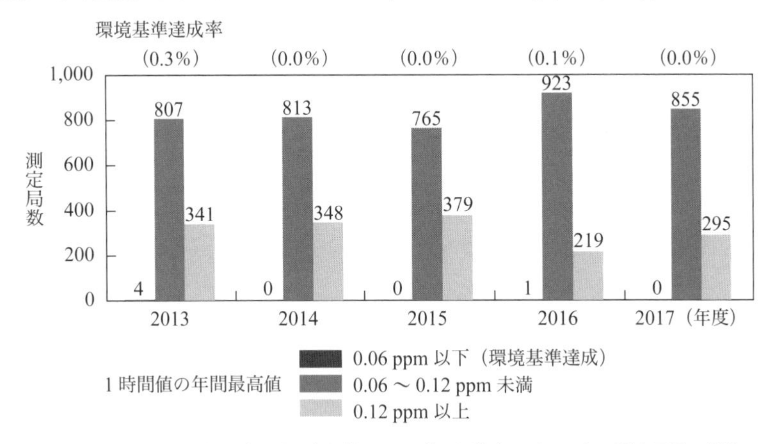

図 2.6　昼間の日最高 1 時間値の光化学オキシダント濃度レベルごとの測定局数の推移（一般環境大気測定局）
（出典：環境省「平成 29 年度大気汚染状況について（報道発表資料）」

(5) 正しい．微小粒子状物質（$PM_{2.5}$）については，89.9% である（表 2.9 参照）．▶ 答 (3)

問題 5　【令和元年 問 5】

光化学オキシダント（Ox）に関する大気汚染の状況についての記述として，誤っているものはどれか．

(1) Ox の測定方法には，中性ヨウ化カリウム溶液を用いる吸光光度法，紫外線吸収法などがある．

(2) 2016（平成 28）年度の一般環境大気測定局は 1,143 局であり，環境基準の達成状況は 0.1% であった．

(3) 2016（平成 28）年度の自動車排出ガス測定局は 29 局であり，環境基準の達成状況は 0% であった．

(4) 2016（平成 28）年度の一般環境大気測定局における昼間の 1 時間値の濃度レベ

ル別割合をみると，1時間値が0.06 ppm以下の割合は約65%であった.

(5) 2017（平成29）年における光化学オキシダント注意報等の発令延べ日数は87日であり，2016（平成28）年よりも増加した.

解説 (1) 正しい．Oxの測定方法には，中性ヨウ化カリウム溶液を用いる吸光光度法，紫外線吸収法などがある.

(2) 正しい．2016（平成28）年度の一般環境大気測定局は1,143（= 923 + 219 + 1）局であり，環境基準の達成状況は0.1%であった（図2.6参照）.

(3) 正しい．2016（平成28）年度の自動車排出ガス測定局は29局であり，環境基準の達成状況は0%であった.

(4) 誤り．2016（平成28）年度の一般環境大気測定局における昼間の1時間値の濃度レベル別割合をみると，1時間値が0.06 ppm以下の割合は約93.5%であった（**図2.7**参照）.

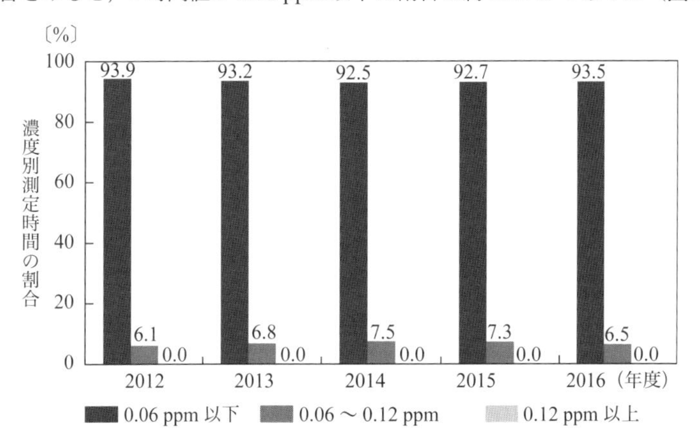

図2.7　測定時間数の濃度レベル別割合の推移（一般環境大気測定局）
（出典：環境省「平成28年度大気汚染状況について（報道発表資料）」）

(5) 正しい．2017（平成29）年における光化学オキシダント注意報等の発令延べ日数は87日であり，2016（平成28）年よりも増加した（**図2.8**参照）.

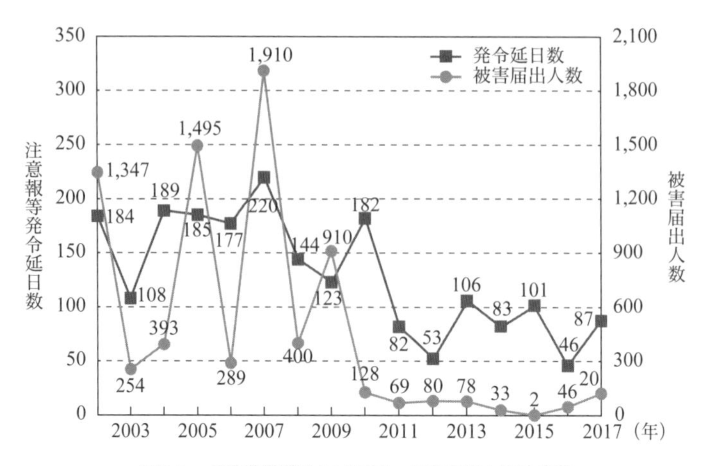

図 2.8　注意報等発令延べ日数，被害届出人数の推移
（出典：環境省「平成 29 年光化学大気汚染関係資料」）

▶答（4）

問題 6　【令和元年 問 6】

2016（平成 28）年度における微小粒子状物質（$PM_{2.5}$）の大気汚染状況に関する記述として，誤っているものはどれか．

(1) 有効測定局数は，一般環境大気測定局のほうが自動車排出ガス測定局より多い．
(2) 長期基準と短期基準の両方を達成した場合に，環境基準を達成したと評価する．
(3) 環境基準達成率は，一般環境大気測定局で 93.1%，自動車排出ガス測定局で 70.2% であった．
(4) 年平均値は，一般環境大気測定局が 11.9 μg/m^3，自動車排出ガス測定局が 12.6 μg/m^3 であった．
(5) 環境基準達成率は，一般環境測定局と自動車排出ガス測定局の両方において，同年度の浮遊粒子状物質のそれよりも低い．

解説　(1) 正しい．微小粒子状物質（$PM_{2.5}$）の有効測定局数は，一般環境大気測定局（785 局）の方が自動車排出ガス測定局（223 局）より多い（表 2.9 参照）．

(2) 正しい．長期基準（年平均値）と短期基準（1 日平均値）の両方を達成した場合に，環境基準を達成したと評価する．

(3) 誤り．環境基準達成率は，一般環境大気測定局で 88.7%，自動車排出ガス測定局で 88.3% であった（表 2.9 参照）．

(4) 正しい．年平均値は，一般環境大気測定局が 11.9 μg/m^3，自動車排出ガス測定局が 12.6 μg/m^3 であった．

(5) 正しい．環境基準達成率は，一般環境測定局と自動車排出ガス測定局の両方において，同年度の浮遊粒子状物質（いずれも100%）のそれよりも低い（表2.9および表2.7参照）．

▶答（3）

問題7 【令和元年 問7】

2016（平成28）年度において，すべての測定地点で指針値を達成している有害大気汚染物質はどれか．

(1) 塩化ビニルモノマー
(2) 1,2-ジクロロエタン
(3) ニッケル化合物
(4) ひ素及びその化合物
(5) マンガン及びその化合物

解説 有害大気汚染物質で指針値が示されているものは，現在9物質（アクリロニトリル，塩化ビニルモノマー，クロロホルム，1,2-ジクロロエタン，水銀およびその化合物，ニッケル化合物，ひ素およびその化合物，1,3-ブタジエン，マンガンおよびその化合物）である．

このうち，2016（平成28）年度において，すべての測定地点で環境基準（指針値）を達成している物質は，アクリロニトリル，塩化ビニルモノマー，クロロホルム，水銀およびその化合物，1,3-ブタジエンの5物質である．

▶答（1）

問題8 【平成30年 問5】

大気汚染の状況に関する記述として，誤っているものはどれか．

(1) 平成27年度における浮遊粒子状物質（SPM）の長期的評価に基づく環境基準達成率は，一般環境大気測定局（一般局）と自動車排出ガス測定局（自排局）でほぼ等しく，約80%であった．
(2) 微小粒子状物質（$PM_{2.5}$）の環境基準は，年平均値が15 μg/m^{3}以下であり，かつ1日平均値が35 μg/m^{3}以下である．
(3) 平成27年度における$PM_{2.5}$の環境基準達成率は，自排局で58.4%であり，一般局で74.5%であった．
(4) 平成27年度における二酸化硫黄の長期的評価に基づく環境基準達成率は，一般局で99.9%，自排局で100%であった．
(5) 有害大気汚染物質であるベンゼンについては，平成27年度に環境基準を超過した測定地点はなかった．

解説 (1) 誤り．2015（平成27）年度における浮遊粒子状物質（SPM）の長期的評価に基づく環境基準達成率は，一般環境大気測定局（一般局）99.6% と自動車排出ガス測定局（自排局）99.7% でほぼ等しかった（**図 2.9** 参照）．

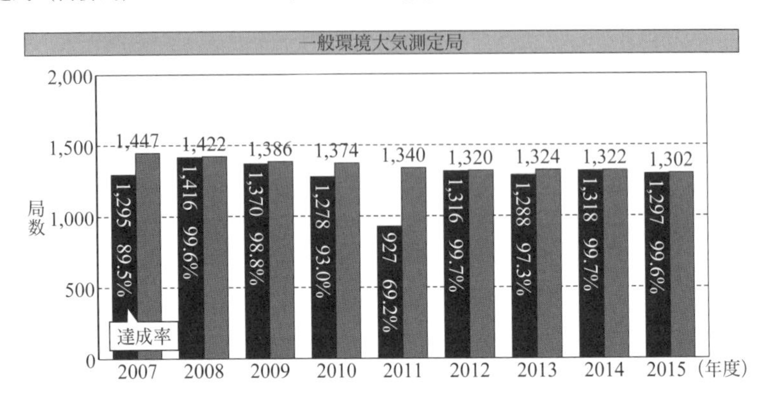

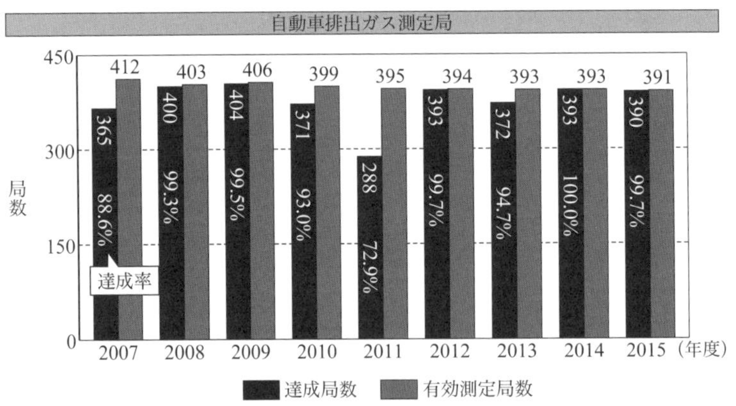

図 2.9　浮遊粒子状物質の環境基準達成状況の推移（2007 年度～2015 年度）
（出典：環境省「平成 27 年度大気汚染状況について（報道発表資料）」）

(2) 正しい．微小粒子状物質（$PM_{2.5}$）の環境基準は，年平均値が 15 μg/m^3 以下であり，かつ 1 日平均値が 35 μg/m^3 以下である．

(3) 正しい．2015（平成 27）年度における $PM_{2.5}$ の環境基準達成率は，自排局で 58.4% であり，一般局で 74.5% であった（表 2.9 参照）．

(4) 正しい．2015（平成 27）年度における二酸化硫黄の長期的評価に基づく環境基準達成率は，一般局で 99.9%，自排局で 100% であった．なお，二酸化硫黄の長期的評価とは，年間にわたる 1 時間値の 1 日平均値のうち，高い方から 2% の範囲にあるものを除外した最高値を環境基準と比較して評価するものである．

(5) 正しい．有害大気汚染物質であるベンゼンについては，2015（平成27）年度に環境基準を超過した測定地点はなかった（**表2.11**参照）．

表2.11　環境基準が設定されている物質（4物質）
（出典：環境省「平成27年度　大気汚染状況について（有害大気汚染物質モニタリング調査結果）」）

物質名	測定地点数	環境基準超過地点数	全地点平均値（年平均値）	環境基準（年平均値）
ベンゼン	398［404］	0［0］	1.0［1.0］μg/m^3	3μg/m^{3}以下
トリクロロエチレン	353［364］	0［0］	0.48［0.51］μg/m^3	200μg/m^{3}以下
テトラクロロエチレン	352［366］	0［0］	0.14［0.15］μg/m^3	200μg/m^{3}以下
ジクロロメタン	355［366］	0［0］	1.7［1.5］μg/m^3	150μg/m^{3}以下

注1：年平均値は，月1回，年12回以上の測定値の平均値である．
　2：［　］内は2014年度実績である．

▶答（1）

第2章　大気概論

問題9　【平成30年 問6】

窒素酸化物（NO_x）に関する記述として，誤っているものはどれか．

(1) 高温燃焼の過程では，ほとんどが一酸化窒素（NO）の形で生成される．
(2) NOは，大気中でオゾンなどと反応して二酸化窒素（NO_2）になる．
(3) NO_xの毒性の主原因物質はNO_2であり，環境基準もNO_2について定められている．
(4) NO_xはカドミウム，鉛，フッ素などとともに，有害物質の一つに指定されている．
(5) 環境省の大気汚染物質排出量総合調査の結果（平成26年度実績）によると，業種別NO_x排出量は，多い順に，窯業・土石製品製造業＞電気業＞鉄鋼業であった．

解説　(1) 正しい．高温燃焼の過程では，ほとんどが一酸化窒素（NO）の形で生成される．時間が経過するにしたがい，NO_2の割合が増加する．

(2) 正しい．NOは，大気中でオゾンなどと反応して二酸化窒素（NO_2）になる．

(3) 正しい．NO_xの毒性の主原因物質はNO_2であり，環境基準もNO_2について定められている．排出基準は，$NO + NO_2$であることに注意．

(4) 正しい．NO_xはカドミウム，鉛，ふっ素などとともに，有害物質の一つに指定されている．大防令第1条（有害物質）第五号参照．

(5) 誤り．環境省の大気汚染物質排出量総合調査の結果（平成26年度実績）によると，業種別NO_x排出量は，多い順に，電気業＞窯業・土石製品製造業＞鉄鋼業であった（**図2.10**参照）．

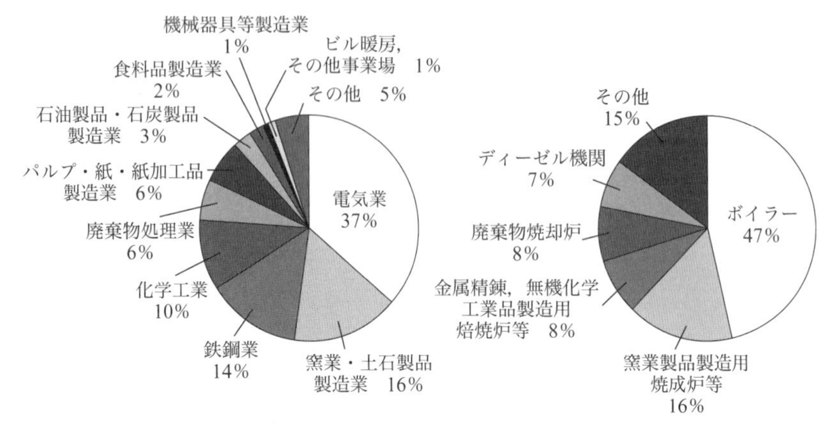

（注）円グラフの排出量内訳〔%〕は表示単位未満を四捨五入しているため，内訳と一致しない．

図 2.10 NO_x 排出量内訳

（出典：環境省「平成 28 年度大気汚染物質排出量総合調査（平成 26 年度実績）」）

▶ 答（5）

2.3 大気汚染の発生源および発生量

問題 1 【令和 5 年 問 8】

環境省による平成 30 年度大気汚染物質排出量総合調査（平成 29 年度実績）における硫黄酸化物（SO_x）の業種別排出量を多い順に並べたとき，正しいものはどれか．

（1）電気業 ＞ 鉄鋼業 ＞ 化学工業 ＞ 石油製品・石炭製品製造業

（2）電気業 ＞ 鉄鋼業 ＞ 石油製品・石炭製品製造業 ＞ 化学工業

（3）電気業 ＞ 鉄鋼業 ＞ パルプ・紙加工品製造業 ＞ 化学工業

（4）電気業 ＞ 化学工業 ＞ 鉄鋼業 ＞ 石油製品・石炭製品製造業

（5）電気業 ＞ 化学工業 ＞ 鉄鋼業 ＞ パルプ・紙加工品製造業

解説 **図 2.11** に硫黄酸化物（SO_x）の業種別排出量と施設別排出量について示した．この図から 業種別排出量は，多い順に次のとおりである．

電気業 ＞ 鉄鋼業 ＞ 化学工業 ＞ 石油製品・石炭製品製造業

以上から（1）が正解．

業種別

医療業，教育
学術　研究機関 2%
その他 10%
廃棄物処理業 3%
非鉄金属製造業 4%
食料品製造業
4%
パルプ・紙・
紙加工品製造業 4%
窯業・土石製品
製造業 4%
石油製品・
石炭製品製造業
5%
化学工業
7%
鉄鋼業
17%
電気業
41%

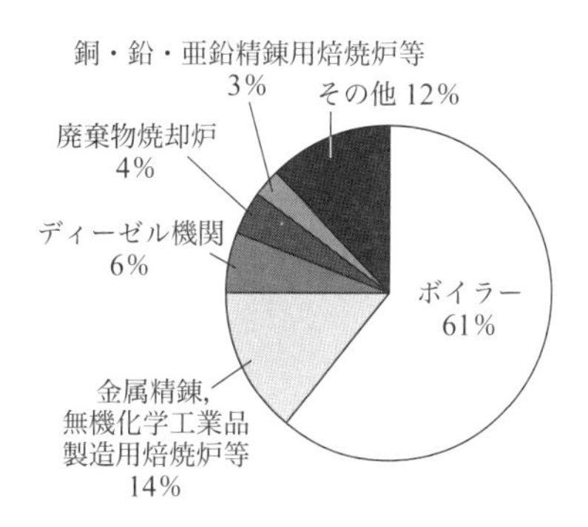

（注）円グラフの排出量内訳〔%〕は表示単位未満を四捨五入しているため，内訳と一致しない．

図 2.11　SO_x 排出量内訳
（出典：環境省「平成 30 年度大気汚染物質排出量総合調査（平成 29 年度実績）」）

▶答（1）

問題 2　【令和 5 年 問 9】

窒素酸化物（NO_x）の発生源と発生量に関する記述として，誤っているものはどれか．

(1) 化石燃料の高温燃焼に伴って発生する主要な窒素酸化物は，一酸化窒素（NO）と二酸化窒素（NO_2）であり，一般に両者を併せて NO_x と呼ばれている．

(2) NO_x はカドミウム，鉛，ふっ素などとともに有害物質の一つに指定されている．

(3) 環境基準は NO_2 について定められている．

(4) ボイラーなどの燃焼装置では，燃焼ガスの排出時点での NO/NO_2 は体積比でおよそ 80% である．

(5) 業種別の NO_x 排出量（平成 29 年度実績）は，電気業 ＞ 窯業・土石製品製造業 ＞ 鉄鋼業の順になっている．

解説　(1) 正しい．化石燃料の高温燃焼に伴って発生する主要な窒素酸化物は，一酸化窒素（NO）と二酸化窒素（NO_2）であり，一般に両者を併せて NO_x と呼ばれている．

(2) 正しい．NO_x はカドミウム，鉛，ふっ素などとともに有害物質の一つに指定されている．大防令第 1 条（有害物質）第五号参照．

(3) 正しい．環境基準は，NO_2 について定められている．「二酸化窒素に係る環境基準について」（平成 8 年 10 月 25 日環境庁告示第 74 号）参照．

(4) 誤り．ボイラーなどの燃焼装置では，燃焼ガスの排出時点での NO/NO_2 は体積比でおよそ 90 ～ 95% で，大部分が NO である．空気中で次第に NO_2 に酸化される．

(5) 正しい．業種別のNO_x排出量（2017（平成29）年度実績）は，電気業＞窯業・土石製品製造業＞鉄鋼業の順になっている（**図2.12**参照）．

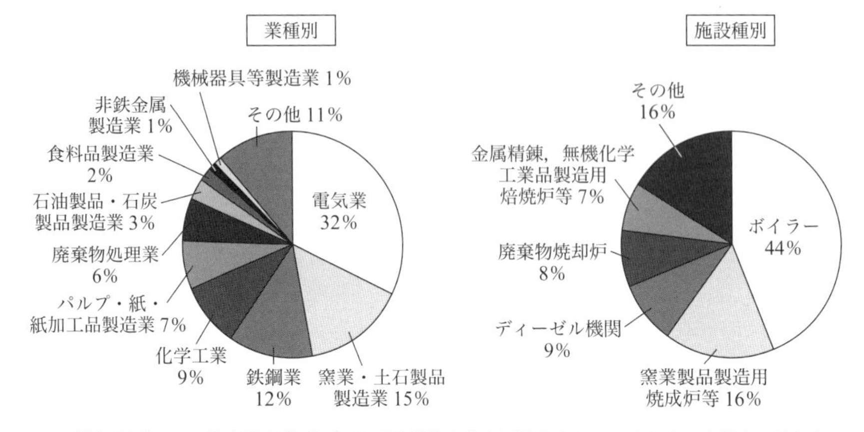

（注）円グラフの排出量内訳〔%〕は表示単位未満を四捨五入しているため，内訳と一致しない．

図 2.12　NO_x 排出量内訳
（出典：環境省「平成30年度大気汚染物質排出量総合調査（平成29年度実績）」）

▶ 答（4）

問題3　【令和4年 問9】

発生源・施設とそれに特徴的な大気汚染物質の組合せとして，誤っているものはどれか．

（発生源・施設）	（大気汚染物質）
(1) 廃棄物焼却炉	水銀
(2) コークス炉	テトラクロロエチレン
(3) 塗装施設	トルエン
(4) 印刷施設	イソプロピルアルコール
(5) ドライクリーニング施設	石油系溶剤

解説 (1) 正しい．廃棄物焼却炉は，水銀を排出する．その他，ばいじん，NO_x，塩化水素，一酸化炭素，炭化水素類，ダイオキシン類などを排出する．

(2) 誤り．コークス炉は，主にばいじん，SO_x，一酸化炭素，ベンゼンなどを排出する．テトラクロロエチレンは，クリーニング施設から排出される．

(3) 正しい．塗装施設は，トルエンを排出する．その他，キシレン，酢酸エチル，メチルイソブチルケトンなどを排出する．

(4) 正しい．印刷施設は，イソプロピルアルコール（水溶性インキに使用）を排出する．

その他，トルエン，キシレン，酢酸エチルなどを排出する．

(5) 正しい．ドライクリーニング施設では，石油系溶剤を排出する．その他，テトラクロロエチレン，HCFC 類などを排出する．

▶答 (2)

問題4 【令和3年 問6】

光化学オキシダントの主成分であるオゾン（O_3）の生成を促進する反応として，誤っているものはどれか．

(1) VOC とヒドロキシルラジカル（OH），O_2 の反応を経由して，アルキルパーオキシラジカル（RO_2）が生成する．

(2) RO_2 から生成するアルデヒドを経由して，パーオキシアセチルナイトレート（PAN）が生成する．

(3) 光分解反応により，二酸化窒素から酸素原子が生成する．

(4) RO_2 との反応により，一酸化窒素から二酸化窒素が生成する．

(5) HO_2 との反応により，一酸化窒素から二酸化窒素が生成する．

解説 (1) 正しい．VOC（Volatile Organic Carbon：揮発性有機化合物）とヒドロキシルラジカル（OH），O_2 の反応を経由して，アルキルパーオキシラジカル（RO_2）が生成する（図 2.2 参照）．

なお，ヒドロキシルラジカル（OH）は，オゾン（O_3）の光分解で生じた酸素原子（O）と水との反応　$O + H_2O \rightarrow 2OH$　で生成する．

(2) 誤り．RO から生成するアルデヒドを経由して，パーオキシアセチルナイトレート（PAN：Peroxyacetyl Nitrate）が生成する（図 2.2 参照）．

(3) 正しい．光分解反応により，二酸化窒素から酸素原子が生成する．生成した酸素原子は酸素分子と反応してオゾンを生成する．

$$NO_2 + 紫外線 \rightarrow NO + O$$

$$O + O_2 \rightarrow O_3$$

(4) 正しい．RO_2 との反応により，一酸化窒素から二酸化窒素が生成する．

$$RNO_2 + NO \rightarrow RNO + NO_2$$

(5) 正しい．HO_2 との反応により，一酸化窒素から二酸化窒素が生成する．

$$HO_2 + NO \rightarrow OH + NO_2$$

なお，HO_2 は $CH_3CH_2O(RO) + O_2 \rightarrow CH_3CHO + HO_2$ で生成する（図 2.2 参照）．

▶答 (2)

問題5 【令和3年 問7】

酸性雨に関する記述として，誤っているものはどれか．

(1) 酸性雨の主要な原因物質は，硫酸と硝酸である．
(2) 硫酸，硝酸は，それぞれSO_2，NO_xを先駆物質とする二次汚染物質である．
(3) 気相におけるNO_2の硝酸への酸化速度は，SO_2の硫酸への酸化速度よりも1桁近く大きいと推定されている．
(4) 硫酸，硝酸の生成メカニズムとして，気相でのOHとの反応，雲や霧の中での反応，粒子状物質上での反応などが挙げられる．
(5) 生成した硫酸，硝酸が大気中のアンモニアと反応して生成するエーロゾルや他の粒子状物質に付着した形で地上に降下する現象を湿性沈着という．

解説 (1) 正しい．酸性雨の主要な原因物質は，硫酸（H_2SO_4）と硝酸（HNO_3）である．
(2) 正しい．硫酸，硝酸は，それぞれSO_2，NO_xを先駆物質とする二次汚染物質である．
(3) 正しい．気相におけるNO_2の硝酸への酸化速度は，SO_2の硫酸への酸化速度よりも1桁近く大きいと推定されている．
(4) 正しい．硫酸，硝酸の生成メカニズムとして，気相でのOHとの反応，雲や霧の中での反応，粒子状物質上での反応などが挙げられる．

$$SO_2 + 2OH \rightarrow H_2SO_4$$
$$NO + OH \rightarrow HNO_2$$
$$HNO_2 + 1/2O_2 \rightarrow HNO_3$$
$$NO_2 + OH \rightarrow HNO_3$$

(5) 誤り．生成した硫酸，硝酸が大気中のアンモニアと反応して生成するエーロゾルや他の粒子状物質に付着した形で地上に降下する現象を乾性沈着という．なお，湿性沈着は酸性雨で地上に降下することをいう．

$H_2SO_4 + 2NH_3 \rightarrow (NH_4)_2SO_4$（硫酸アンモニウム）
$HNO_3 + NH_3 \rightarrow (NH_4)NO_3$（硝酸アンモニウム）

▶答 (5)

問題6 【令和3年 問9】

平成30年度大気汚染物質排出量総合調査（平成29年度実績）における排出量（重量単位）に関する記述として，誤っているものはどれか．
(1) 硫黄酸化物の固定発生源からの総排出量は，約30万トンであった．
(2) 窒素酸化物の固定発生源からの総排出量は，硫黄酸化物総排出量の2倍弱であった．
(3) ばいじんの固定発生源からの総排出量は，硫黄酸化物総排出量の1割強であった．
(4) 施設種別では，硫黄酸化物，窒素酸化物及びばいじんのすべてについて，ボイラーからの排出量が最も多かった．

(5) 業種別では，硫黄酸化物，窒素酸化物及びばいじんのすべてについて電気業からの排出量が最も多く，鉄鋼業からの排出量はすべてについて第2位であった．

解説 (1) 正しい．硫黄酸化物の固定発生源からの総排出量は，約30万トンである．

(2) 正しい．窒素酸化物の固定発生源からの総排出量561,852トンは，硫黄酸化物総排出量296,125トンの2倍弱である．

(3) 正しい．ばいじんの固定発生源からの総排出量31,200トンは，硫黄酸化物総排出量の1割強である．

(4) 正しい．施設種別では，硫黄酸化物，窒素酸化物およびばいじんのすべてについて，ボイラーからの排出量が最も多い（図2.11，図2.12，**図2.13**参照）．

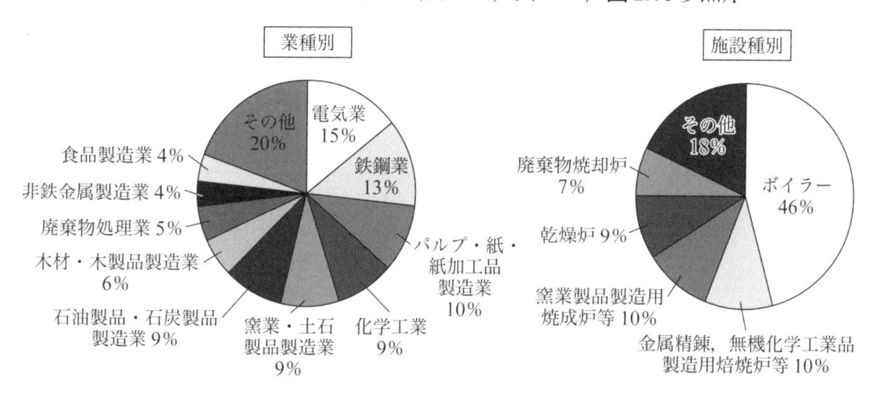

（注）円グラフの排出量内訳〔%〕は表示単位未満を四捨五入しているため，内訳と一致しない．

図2.13 ばいじん排出量内訳
（出典：環境省「平成30年度大気汚染物質排出量総合調査（平成29年度実績）」）

(5) 誤り．業種別では，硫黄酸化物，窒素酸化物およびばいじんのすべてについて電気業からの排出量が最も多く，鉄鋼業からの排出量は，硫黄酸化物とばいじんについては第2位であるが，窒素酸化物については第3位である（図2.11，図2.12，図2.13参照）．

▶答 (5)

問題7 【令和2年 問9】

法令で定められている有害物質と発生源・発生施設の組合せとして，誤っているものはどれか．

	（有害物質）	（発生源・発生施設）
(1)	カドミウム及びその化合物	亜鉛精錬（焼結炉，焙焼炉，溶解炉）
(2)	塩素及び塩化水素	塩素化炭化水素の製造・処理工程

(3) ふっ素，ふっ化水素及びふっ化けい素	りん酸肥料製造工程（焼成炉，溶解炉）
(4) 鉛及びその化合物	アルミニウム製錬
(5) 窒素酸化物（NO_x）	肥料，爆薬，薬品の製造工程

解説 (1) 正しい．カドミウムおよびその化合物は，亜鉛精錬（焼結炉，焙焼炉，溶解炉）から排出される．

(2) 正しい．塩素および塩化水素は，塩素化炭化水素の製造・処理工程から排出される．

(3) 正しい．ふっ素，ふっ化水素およびふっ化けい素は，りん酸肥料製造工程（焼成炉，溶解炉）から排出される．

(4) 誤り．鉛およびその化合物は，鉛精錬（焼結炉，溶鉱炉，電気炉），鉛系顔料製造・使用工程，クリスタルガラス溶解炉などから排出される．なお，アルミニウム精錬からは，ふっ素，ふっ化水素およびふっ化けい素が排出される．

(5) 正しい．窒素酸化物（NO_x）は，肥料，爆薬，薬品の製造工程から排出される．

▶答 (4)

問題8 【平成30年 問7】

陸域や水域における動植物，微生物などの活動によって生成，放出される大気成分として，誤っているものはどれか．

(1) メタン

(2) 一酸化二窒素

(3) クロロフルオロカーボン

(4) アンモニア

(5) イソプレン

解説 (1) 正しい．メタンは有機物が嫌気的分解するときに生成する．

(2) 正しい．一酸化二窒素（N_2O）は，硝酸態窒素が脱窒素菌で還元されるとき生成される．

(3) 誤り．クロロフルオロカーボンは人工物であり，自然界では生成，放出されない．

(4) 正しい．アンモニアは，陸域や水域における動植物，微生物などの活動によって含窒素化合物が放出され，自然環境で分解されて大気成分となる．

(5) 正しい．イソプレン（$CH_2{=}C(CH_3)CH{=}CH_2$）は，植物が排出する． ▶答 (3)

2.4 大気汚染による影響

■ 2.4.1 大気汚染物質の健康影響

● 1 人に対する影響

問題1 【平成30年 問9】

大気汚染の人に対する影響に関する記述として，誤っているものはどれか．

(1) ある汚染物質が有害であるか無害であるかを決定する主要因子は，その汚染物質の物理的・化学的性状，曝露量及び曝露される生体側の条件である．

(2) 曝露量は，一般には，生体をとりまく環境中の汚染物質の濃度と曝露時間（濃度×時間）で表される．

(3) 健康への影響は，機能障害，疾病，死亡などに分類される．

(4) 健康への悪影響が観察されない曝露量を無毒性量（NOAEL）という．

(5) 影響に閾値がない場合，実質的に安全とみなすことができるリスクレベルとして，我が国では生涯リスクレベル 10^{-6}（1/100万）を目標にしている．

解説 (1) 正しい．ある汚染物質が有害であるか無害であるかを決定する主要因子は，その汚染物質の物理的・化学的性状，曝露量および曝露される生体側の条件である．

(2) 正しい．曝露量は，一般には，生体をとりまく環境中の汚染物質の濃度と曝露時間（濃度×時間）で表される．

(3) 正しい．健康への影響は，機能障害，疾病，死亡などに分類される．

(4) 正しい．健康への悪影響が観察されない曝露量を無毒性量（NOAEL：No Observed Adverse Effect Level）という．

(5) 誤り．影響に閾値がない場合，実質的に安全とみなすことができるリスクレベルとして，我が国では生涯リスクレベル 10^{-5}（1/10万）を目標にしている．

▶答 (5)

● 2 発がん性物質・アスベスト

問題1 【令和元年 問10】

石綿（アスベスト）に関する記述として，誤っているものはどれか．

(1) 天然鉱物に産する繊維状けい酸塩鉱物のうち，6種類の鉱物が石綿と定義されている（ILO）．

(2) 石綿暴露作業に従事すると，石綿肺，肺がん，胸膜等の中皮腫などの発生の危険度が高まる．

(3) 石綿暴露による肺がんの危険度は，喫煙が加わると有意に高まる．
(4) クリソタイルは，アモサイトやクロシドライトに比べて，中皮腫発生の危険度が高いとされている．
(5) 石綿及び石綿をその重量の0.1%を超えて含有する製剤その他の物の製造，輸入，譲渡，提供又は使用が原則禁止されている．

解説 (1) 正しい．天然鉱物に産する繊維状けい酸塩鉱物のうち，6種類の鉱物が石綿と定義されている（ILO）（表2.12参照）．

表2.12 石綿の種類と鉱物学的分類[13)]

石綿種類	化学式	原鉱物名
蛇紋石族		
クリソタイル	$Mg_6Si_4O_{10}(OH)_8$	クリソタイル
角閃石族		
クロシドライト	$Na_2(Fe^{2+}, Mg)_3Fe_2{}^{3+}Si_8O_{22}(OH)_4$	リーベック閃石
アモサイト	$(Fe^{2+}, Mg)_7Si_8O_{22}(OH)_2$	カミングトン閃石，グリニネ閃石
アンソフィライト	$(Mg, Fe^{2+})_7Si_8O_{22}(OH)_2$	アンソフィライト
トレモライト	$Ca_2Mg_5Si_8O_{22}(OH)_2$	透角閃石
アクチノライト	$Ca_2(Mg, Fe^{2+})_5Si_8O_{22}(OH)_2$	アクチノ角閃石

(2) 正しい．石綿暴露作業に従事すると，石綿肺，肺がん，胸膜等の中皮腫などの発生の危険度が高まる．
(3) 正しい．石綿暴露による肺がんの危険度は，喫煙が加わると有意に高まる．
(4) 誤り．クリソタイルは，アモサイトやクロシドライトに比べて，中皮腫発生の危険度が低いとされている．
(5) 正しい．石綿および石綿をその重量の0.1%を超えて含有する製剤その他の物の製造，輸入，譲渡，提供または使用が原則禁止されている． ▶答 (4)

● 3 複合問題

問題1 【令和2年 問10】

大気汚染物質の健康影響に関する記述として，誤っているものはどれか．
(1) 二酸化硫黄（SO_2）は，上部気道で吸収されやすく，鼻粘膜，咽頭，喉頭や気管・気管支の上部気道を刺激する．
(2) 二酸化窒素（NO_2）暴露は，動物実験では，感染抵抗性の増強を引き起こすことが示されている．
(3) 吸入された一酸化炭素（CO）は，肺胞で酸素を運搬している赤血球のヘモグロビン（Hb）と強く結合し，CO–Hbを形成する．

(4) 大気中で光化学反応により二次的に生成される光化学オキシダントであるパーオキシアセチルナイトレート（PAN）は，眼結膜刺激物質である．

(5) 微小粒子（$PM_{2.5}$）と粗大粒子（$PM_{10-2.5}$）では，$PM_{2.5}$のほうが呼吸気道への侵入・沈着率が高い．

解説 (1) 正しい．二酸化硫黄（SO_2）は，比較的体液の水分に溶解しやすいので，上部気道で吸収されやすく，鼻粘膜，咽頭，喉頭や気管・気管支の上部気道を刺激する．

$$SO_2 + H_2O \rightarrow H_2SO_3 \rightarrow H^+ + HSO_3^-$$

H^+とHSO_3^-（亜硫酸水素イオン）などは生体の核酸，たんぱく質，脂質などと反応し，生体に影響を与える．

(2) 誤り．二酸化窒素（NO_2）暴露は，動物実験では，感染抵抗性の減弱を引き起こすことが示されている．「増強」が誤り．

(3) 正しい．吸入された一酸化炭素（CO）は，肺胞で酸素を運搬している赤血球のヘモグロビン（Hb）と酸素より200～300倍強く結合し，CO–Hbを形成する．そのため酸素（O_2）がHbと結合できなくなる．

(4) 正しい．大気中で光化学反応により二次的に生成される光化学オキシダントであるパーオキシアセチルナイトレート（PAN：$CH_3COO_2NO_2$）は，眼結膜刺激物質である．

(5) 正しい．微小粒子（$PM_{2.5}$）と粗大粒子（$PM_{10-2.5}$）では，$PM_{2.5}$の方が呼吸気道への侵入・沈着率が高い．

▶答 (2)

■ 2.4.2 植物またはその他に対する大気汚染物質の影響

問題1 【令和5年 問10】

植物に対する大気汚染物質の影響に関する記述として，誤っているものはどれか．

(1) オゾンは毒性が比較的強く（大気中で数ppb～数十ppbの濃度レベルで植物被害が発生），小斑点，漂白斑点，色素形成，等がみられる．

(2) 二酸化硫黄（SO_2）は毒性が中程度（大気中で数百ppb～数ppmの濃度レベルで植物被害が発生）で，葉脈間不定形斑点，クロロシス，生育抑制，早期落葉がみられる．

(3) パーオキシアセチルナイトレート（PAN）は毒性が中程度で，葉脈間不定形斑点，落葉がみられる．

(4) 二酸化窒素（NO_2）は毒性が中程度で，葉脈間の白色・褐色，不定形斑点がみられる．

(5) ふっ化水素は毒性が比較的強く，葉の先端・周縁枯死，クロロシス，落葉がみられる．

解説 (1) 正しい．オゾン (O_3) は，毒性が比較的強く（大気中で数ppb～数十ppbの濃度レベルで植物被害が発生），小斑点，漂白斑点，色素形成，等がみられる（**表2.13**，**表2.14**および**表2.15**参照）．

(2) 正しい．二酸化硫黄 (SO_2) は，毒性が中程度（大気中で数百ppb～数ppmの濃度レベルで植物被害が発生）で，葉脈間不定形斑点，クロロシス（黄白化），生育抑制，早期落葉がみられる（表2.13，表2.14および表2.15参照）．

(3) 誤り．パーオキシアセチルナイトレート (PAN) は，毒性が比較的強く，葉裏面の金属色光沢現象がみられる（表2.13，表2.14および表2.15参照）．

(4) 正しい．二酸化窒素 (NO_2) は，毒性が中程度で，葉脈間の白色・褐色，不定形斑点がみられる（表2.13，表2.14および表2.15参照）．

(5) 正しい．ふっ化水素 (HF) は毒性が比較的強く，葉の先端・周縁枯死，クロロシス，落葉がみられる（表2.13，表2.14および表2.15参照）．

表2.13　毒性物質と植物被害

① 毒性が比較的強く，大気中で数ppb～数十ppbの濃度レベルで植物被害が発生する大気汚染物質	ふっ化水素，四ふっ化けい素，エチレン，塩素，オゾン，PANなど
② 毒性が中程度で，大気中で数百ppb～数ppmの濃度レベルで植物被害が発生する大気汚染物質	SO_2，三酸化硫黄 (SO_3)，硫酸ミスト，NO_2，NOなど
③ 毒性が比較的弱く，大気中で数十ppm～数千ppmの濃度レベルで植物被害が発生する大気汚染物質	ホルムアルデヒド，塩化水素，アンモニア，硫化水素，COなど

表2.14　汚染物質別植物被害の特徴
（出典：Air Pollution Injury to Vegetation (1970)，McCune (1969)）

汚染物質	限界濃度・時間	被害部	症状	発生源
オゾン	0.03 ppm 4時間	柵状組織	小斑点，漂白斑点，色素形成，生育抑制，早期落葉	あらゆる燃焼過程から排出されるNO_xと石油，有機溶媒から揮散される炭化水素による光化学反応生成物
PAN	0.01 ppm 6時間	海綿状組織	葉裏面の金属色光沢現象	
NO_2	2.5 ppm 4時間	葉肉部	葉脈間の白色・褐色，不定形斑点	高温燃焼する燃焼施設および内燃機関
SO_2	0.3 ppm 8時間	葉肉部	葉脈間不定形斑点，クロロシス，生育抑制，早期落葉	重原油類の燃焼，鉱石製錬
ふっ化水素	0.01 ppm 20時間	表皮および葉肉部	葉の先端・周縁枯死，クロロシス，落葉	りん鉱石工業，製鉄，アルミニウム精錬，窯業
塩素	0.1 ppm 2時間	表皮および葉肉部	葉脈間等漂白斑点，落葉	化学工業からの漏れ，塩化ビニル廃材の燃焼

表 2.15　各種汚染物質による植物葉の被害症状の特徴[18]

被害症状 ＼ 汚染物質	(先端，周縁 黄色～褐色変)	(葉脈間 斑点)	(表面 小斑点)	(裏面光沢化 銀灰色～青銅色変)
ふっ化水素	⧺	+		
塩　　素	⧺	+	+	
オ ゾ ン		+	⧺	
PAN		+		⧺
SO_2		⧺	+	
硫酸ミスト	+	+	⧺	
NO_2		⧺	+	

⧺ よくみられる　＋ 時にみられる
［山添］

▶答 (3)

問題2 【令和4年 問10】

二酸化硫黄に対する感受性が高いグループに分類される植物として，誤っているものはどれか．

(1) バラ
(2) アルファルファ
(3) コスモス
(4) ホウレンソウ
(5) ヒマワリ

解説 二酸化硫黄（SO_2）に対する植物の感受性については，**表 2.16** 参照．この表において指数の大きい弱感受性の植物ほど SO_2 には強い．すなわち耐煙性である．

(1) 誤り．バラの SO_2 に対する感受性は低い．
(2) 正しい．アルファルファの SO_2 に対する感受性は高い．
(3) 正しい．コスモスの SO_2 に対する感受性は高い．
(4) 正しい．ホウレンソウの SO_2 に対する感受性は高い．
(5) 正しい．ヒマワリの SO_2 に対する感受性は高い．

表 2.16 SO_2 に対する植物の感受性[16]

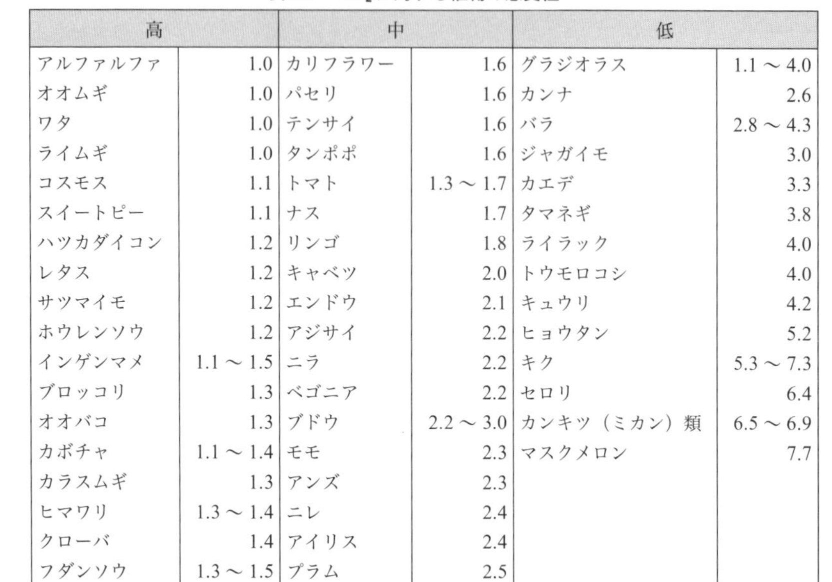

高		中		低	
アルファルファ	1.0	カリフラワー	1.6	グラジオラス	1.1 ～ 4.0
オオムギ	1.0	パセリ	1.6	カンナ	2.6
ワタ	1.0	テンサイ	1.6	バラ	2.8 ～ 4.3
ライムギ	1.0	タンポポ	1.6	ジャガイモ	3.0
コスモス	1.1	トマト	1.3 ～ 1.7	カエデ	3.3
スイートピー	1.1	ナス	1.7	タマネギ	3.8
ハツカダイコン	1.2	リンゴ	1.8	ライラック	4.0
レタス	1.2	キャベツ	2.0	トウモロコシ	4.0
サツマイモ	1.2	エンドウ	2.1	キュウリ	4.2
ホウレンソウ	1.2	アジサイ	2.2	ヒョウタン	5.2
インゲンマメ	1.1 ～ 1.5	ニラ	2.2	キク	5.3 ～ 7.3
ブロッコリ	1.3	ベゴニア	2.2	セロリ	6.4
オオバコ	1.3	ブドウ	2.2 ～ 3.0	カンキツ（ミカン）類	6.5 ～ 6.9
カボチャ	1.1 ～ 1.4	モモ	2.3	マスクメロン	7.7
カラスムギ	1.3	アンズ	2.3		
ヒマワリ	1.3 ～ 1.4	ニレ	2.4		
クローバ	1.4	アイリス	2.4		
フダンソウ	1.3 ～ 1.5	プラム	2.5		
ニンジン	1.5	ポプラ	2.5		
カブ	1.5				
コムギ	1.5				

（注）O' garaによる測定値から抜粋，アルファルファを基準とした指数を示す．

▶答（1）

問題3 【令和3年 問10】

植物に対する毒性が比較的強く，大気中で数ppbから数十ppbの濃度レベルで植物被害が発生する大気汚染物質として，誤っているものはどれか．

(1) オゾン

(2) パーオキシアセチルナイトレート（PAN）

(3) 塩素

(4) 塩化水素

(5) エチレン

解説 植物被害が発生する大気汚染物質の濃度は次のとおりである．

(1) オゾン　　数ppb ～ 数十ppb

(2) パーオキシアセチルナイトレート（PAN）　　数ppb ～ 数十ppb

(3) 塩素　　数ppb ～ 数十ppb

(4) 塩化水素　　　　　　　　　　　　　　数十 ppm ～数千 ppm

(5) エチレン　　　　　　　　　　　　　　数 ppb ～数十 ppb

以上から (4) が正解.

▶答 (4)

問題 4　　【平成30年 問10】

次に示す植物のうち，オゾンに対する感受性が最も弱いものはどれか.

(1) グラジオラス

(2) サトイモ

(3) ホウレンソウ

(4) アサガオ

(5) トウモロコシ

解説 (1) グラジオラスは，オゾンに対する感受性が弱い．したがって，オゾン被害が少ない.

(2) サトイモは，オゾンに対する感受性が強い．したがって，オゾン被害が大きい.

(3) ホウレンソウは，オゾンに対する感受性が強い．したがって，オゾン被害が大きい.

(4) アサガオは，オゾンに対する感受性が強い．したがって，オゾン被害が大きい.

(5) トウモロコシは，オゾンに対する感受性が強い．したがって，オゾン被害が大きい.

以上から (1) が正解.

▶答 (1)

2.5 国または地方公共団体の大気汚染対策

問題 1　　【令和4年 問8】

2019（令和元）年度実績として，大気汚染防止法に規定されるばい煙発生施設のうち，次の4施設を施設数の多い順に並べたとき，正しいものはどれか.

(1) ガスタービン ＞ ディーゼル機関 ＞ 乾燥炉 ＞ 廃棄物焼却炉

(2) ディーゼル機関 ＞ ガスタービン ＞ 乾燥炉 ＞ 廃棄物焼却炉

(3) 廃棄物焼却炉 ＞ ディーゼル機関 ＞ 乾燥炉 ＞ ガスタービン

(4) 乾燥炉 ＞ ディーゼル機関 ＞ ガスタービン ＞ 廃棄物焼却炉

(5) ディーゼル機関 ＞ 乾燥炉 ＞ ガスタービン ＞ 廃棄物焼却炉

解説 2019（令和元）年度において，ガスタービンの施設数は10,833で，全ばい煙発生施設の5.0% を占める（**表 2.17** 参照）.

表 2.17　種類別ばい煙発生施設数および割合
(出典：環境省「令和2年度大気汚染防止法施行状況調査（令和元年度実績）」)

施設名	施設数	割合〔%〕
ボイラー	131,979	60.8
ディーゼル機関	40,973	18.9
ガスタービン	10,833	5.0
金属鍛造・圧延加熱・熱処理炉	7,397	3.4
乾燥炉	6,567	3.0
廃棄物焼却炉	4,545	2.1
金属溶解炉	3,736	1.7
窯業焼成炉・溶融炉	3,288	1.5
その他	7,852	3.6
合計	217,170	100

ディーゼル機関の施設数は40,973で，全ばい煙発生施設の18.9%を占める（表2.17参照）．

乾燥炉の施設数は6,567で，全ばい煙発生施設の3.0%を占める（表2.17参照）．

廃棄物焼却炉の施設数は4,545で，全ばい煙発生施設の2.1%を占める（表2.17参照）．

したがって，

ディーゼル機関 ＞ ガスタービン ＞ 乾燥炉 ＞ 廃棄物焼却炉

である．以上から（2）が正解．

▶答（2）

問題2　【令和元年 問9】

平成29年度大気汚染防止法施行状況調査（平成28年度実績）に関する記述として，誤っているものはどれか．

（1）ばい煙発生施設数は，約218,000施設である．

（2）種類別のばい煙発生施設数は，ボイラーが最も多い．

（3）2006（平成18）年度末に6施設あった特定粉じん発生施設は，2007（平成19）年度末までにすべて廃止されている．

（4）種類別の一般粉じん発生施設数は，コンベアが最も多い．

（5）種類別の揮発性有機化合物（VOC）排出施設数は，工業の用に供するVOCによる洗浄施設が最も多い．

解説　(1) 正しい．ばい煙発生施設数は，約218,000施設である．

(2) 正しい．種類別のばい煙発生施設数は，ボイラーが最も多い．全体の61.8%で，次はディーゼル機関で17.9%，ガスタービン4.8%と続いている（**表2.18**参照）.

表2.18　種類別ばい煙発生施設数および割合
（出典：環境省「平成29年度大気汚染防止法施行状況調査（平成28年度実績）」）

施設名	施設数	割合〔%〕
ボイラー	134,496	61.8
ディーゼル機関	38,999	17.9
ガスタービン	10,415	4.8
金属鍛造・圧延加熱・熱処理炉	7,446	3.4
乾燥炉	6,683	3.1
廃棄物焼却炉	5,018	2.3
金属溶解炉	3,897	1.8
窯業焼成炉・溶解炉	3,072	1.4
その他	7,647	3.5
合計	217,673	100

(3) 正しい．2006（平成18）年度末に6施設あった特定粉じん発生施設は，2007（平成19）年度末までにすべて廃止されている．
(4) 正しい．種類別の一般粉じん発生施設数は，コンベアが最も多い（**表2.19**参照）.

表2.19　種類別の一般粉じん発生施設数および割合
（出典：環境省「平成29年度大気汚染防止法施行状況調査（平成28年度実績）」）

施設名	施設数	割合〔%〕
コンベア	40,745	58.8
堆積場	11,979	17.3
破砕機・摩砕機	10.023	14.5
ふるい	6,493	9.4
コークス炉	84	0.1
合計	69,324	100

(5) 誤り．種類別の揮発性有機化合物（VOC）排出施設数は，工業の用に供するVOCによる洗浄施設（5.1%）より，印刷や塗装関係の施設数の割合が多い（**表2.20**参照）.

表 2.20　施設種類別の VOC 排出施設数および割合
（出典：環境省「平成 29 年度大気汚染防止法施行状況調査（平成 28 年度実績）」）

施設名	施設数	割合〔%〕
印刷回路用銅張積層板，粘着テープ若しくは粘着シート，はく離紙または包装材料の製造に係る接着の用に供する乾燥施設	953	27.7
塗装施設	732	21.2
塗装の用に供する乾燥施設	452	13.1
印刷の用に供する乾燥施設（グラビア印刷に係るものに限る）	339	9.8
接着の用に供する乾燥施設	233	6.8
VOC を溶剤として使用する化学製品の製造の用に供する乾燥施設	224	6.5
ガソリン，原油，ナフサその他の温度 37.8 度において蒸気圧が 20 キロパスカルを超える VOC の貯蔵タンク	213	6.2
工業の用に供する VOC による洗浄施設	176	5.1
印刷の用に供する乾燥施設（オフセット輪転印刷に係るものに限る）	123	3.6
合計	3,445	100

▶ 答（5）

第3章

大気特論

3.1 燃　料

3.1.1 気体燃料

問題1　【令和3年 問1】

炭化水素系気体燃料の総発熱量（MJ/m^3_N）の値を，その気体燃料分子中の炭素数で除した値の大小の比較として，誤っているものはどれか．

(1) メタン　　＞エタン
(2) プロパン　＞ブタン
(3) エタン　　＞エチレン
(4) プロパン　＞プロピレン
(5) プロピレン＞エチレン

解説　炭化水素系気体燃料の成分，総発熱量〔MJ/m^3_N〕およびその気体燃料分子中の炭素数で除した値は次のとおりである．なお，総発熱量とは燃焼で生じた水分の蒸発潜熱を含む燃料単位量当たりの発熱量をいい，高発熱量ともいう．水分の蒸発潜熱を含まない発熱量を低発熱量または真発熱量という．

成分	総発熱量〔MJ/m^3_N〕	炭素数で除した値〔$MJ/(m^3_N \cdot C)$〕
メタン（CH_4）	39,840	39,840/1 = 39,840
エタン（C_2H_6）	69,790	69,790/2 = 34,895
エチレン（C_2H_4）	63,060	63,060/2 = 31,530
プロパン（C_3H_8）	99,220	99,220/3 ≒ 33,073
プロピレン（C_3H_6）	91,980	91,980/3 = 30,660
ブタン（C_4H_{10}）	128,660	128,660/4 = 32,165

(1) 正しい．メタン　＞エタンである．
(2) 正しい．プロパン＞ブタンである．
(3) 正しい．エタン　＞エチレンである．
(4) 正しい．プロパン＞プロピレンである．
(5) 誤り．エチレン　＞プロピレンである．

▶答 (5)

問題2　【令和2年 問1】

気体燃料の性状に関する記述として，誤っているものはどれか．

(1) 天然ガスのうち乾性ガスは，メタンのほかエタン，プロパン，ブタンなどを多く含んでいる．

(2) 液化石油ガスは，プロパン，プロピレン，ブタン，ブチレンを主成分とする.
(3) 製油所ガスは，水素及びC_1からC_4までの軽質炭化水素を主成分とする.
(4) コークス炉ガスの成分は，多い順に水素，メタン，一酸化炭素である.
(5) 高炉ガスには二酸化炭素やダストが多く含まれる.

解説 (1) 誤り．天然ガスのうち乾性ガスは，メタンを主成分としたもので，エタンやプロパンなどはほとんど含まない．なお，エタン，プロパン，ブタンなどを多く含んでいるものは，容易に液化するので湿性ガスという.

(2) 正しい．液化石油ガスは，発熱量83.7～125.6 MJ/m^3_Nでプロパン，プロピレン，ブタン，ブチレンを主成分とする.

(3) 正しい．製油所ガスは，発熱量32.5 MJ/m^3_Nで水素およびC_1からC_4までの軽質炭化水素を主成分とする.

(4) 正しい．コークス炉ガスの成分は，多い順に水素，メタン，一酸化炭素である.

(5) 正しい．高炉ガスには二酸化炭素やダストが多く含まれる．可燃性成分ではCO (23.9%)，および水素 (2.9%) が含まれ発熱量 (3.77 MJ/m^3_N) は低い.

▶答 (1)

問題3 【令和元年 問1】

天然ガスに関する記述として，誤っているものはどれか.

(1) 湿性と乾性に大別できる.
(2) 湿性ガスには，メタン，エタン，プロパン，ブタンなどが含まれる.
(3) 乾性ガスは，多少のCO_2を含む.
(4) 天然ガスの標準発熱量は，およそ40 MJ/m^3_Nである.
(5) LNGは，天然ガスを数十気圧に加圧した後，−77℃程度に冷却して液化したものである.

解説 (1) 正しい．湿性（メタン，エタン，プロパン，ブタンを含み，常温・常圧で液化する成分を含むガス）と乾性（主にメタン）に大別できる.

(2) 正しい．湿性ガスには，メタン，エタン，プロパン，ブタンなどが含まれる.

(3) 正しい．乾性ガスは，多少の二酸化炭素 (CO_2) を含む.

(4) 正しい．天然ガスの標準発熱量は，およそ40 MJ/m^3_Nである.

(5) 誤り．LNG (Liquefied Natural Gas) は，天然ガスを−162℃程度に冷却して液化したものである.

▶答 (5)

■ 3.1.2　液体燃料・その他

問題1　【令和5年 問1】

ガソリン，灯油，軽油のJISに関する記述中，下線を付した箇所のうち，誤っているものはどれか．

ガソリンは，密度(1)<u>0.783 g/cm³ 以下</u>と規定され，2種類に分類される．灯油は，(2)<u>2種類</u>に分類される．軽油は，(3)<u>流動点</u>により(4)<u>4種類</u>に分類される．内燃機関用燃料として，軽油には(5)<u>セタン価</u>が規定されている．

3.1 燃料

解説　ガソリンの密度は0.783 g/cm^{3}以下と規定され，オクタン価によって1号（96.0以上）と2号（89.0以上）の2種類に分類される．我が国で生産されるガソリンの大部分は2号に属し，そのオクタン価は90程度である．なお，オクタン価とは，構造が複雑なイソオクタンが100で，直鎖型構造のノルマルペンタンが0と定められ，この値が大きいほど自己着火しにくい．灯油は，**表3.1**に示すように2種類に分類される．軽油は，流動点により5種類に分類される（**表3.2**参照）．内燃機関用燃料として，軽油はセタン価（この値が低いほど自己着火しにくい）が規定されている．

表3.1　灯油の規格（JIS K 2203）

項目／種類	引火点〔°C〕	蒸留性状 95% 留出温度〔°C〕	硫黄分〔質量%〕	煙点〔mm〕	銅板腐食（50°C，3h）	色（セーボルト）
1号	40以上	270以下	0.008以下*1	23以上*2	1以下	+25以上
2号		300以下	0.50以下	—	—	—

*1　燃料電池用の硫黄分は0.0010質量%以下とする．
*2　1号の寒候用のものの煙点は21 mm以上とする．

表3.2　軽油の規格（JIS K 2204）

性状／種類	引火点〔°C〕	蒸留性状 95% 留出温度〔°C〕	流動点〔°C〕	目詰まり点*2〔°C〕	10% 残油の残留炭素分〔質量%〕	セタン指数*3	動粘度（50°C）〔mm²/s〕	硫黄分〔質量%〕
特1号	50以上	360以下	+5以下	—	0.10以下	50以上	2.7以上	0.0010以下
1号		360以下	−2.5以下	−1以下		50以上	2.7以上	
2号		350以下	−7.5以下	−5以下		45以上	2.5以上	

表 3.2　軽油の規格（JIS K 2204）（つづき）

性状 種類	引火点〔°C〕	蒸留性状 95% 留出温度〔°C〕	流動点〔°C〕	目詰まり点*2〔°C〕	10% 残油の残留炭素分〔質量%〕	セタン指数*3	動粘度 (50°C)〔mm^2/s〕	硫黄分〔質量%〕
3 号	45 以上	330 以下*1	−20 以下	−12 以下	0.10 以下	45 以上	2.0 以上	0.0010 以下
特 3 号		330 以下	−30 以下	−19 以下		45 以上	1.7 以上	

*1　ただし，動粘度（30°C）が 4.7 mm^2/s {4.7 cSt} 以下の場合には 350°C 以下とする.
*2　軽油が燃料フィルターを通ることができる目安の温度.
*3　セタン価の推定に用いられている指数．API 比重または密度（15°C，g/mL）と平均沸点（50% 留出温度）から計算によって求められる.

以上から（4）が誤りで，正しくは「5 種類」である．その他は正しい．　▶答（4）

題 2　【令和 5 年 問 2】

各種燃料に含まれる硫黄分（質量%）について，JIS で規定されている上限値が最も小さいものはどれか.

（1）1 号灯油（燃料電池用を除く）
（2）2 号灯油
（3）1 号軽油
（4）1 種液化石油ガス
（5）2 種液化石油ガス

解説　（1）1 号灯油（燃料電池用を除く）の硫黄分の上限値は，0.008%（質量%．以下同じ）である（表 3.1 参照）.

（2）2 号灯油の硫黄分の上限値は，0.50% である（表 3.1 参照）.
（3）1 号軽油の硫黄分の上限値は，0.0010% である（表 3.2 参照）.
（4）1 種液化石油ガスの硫黄分の上限値は，0.0050% である（**表 3.3** 参照）.

表 3.3　液化石油ガス（LPG）の種類および品質（JIS K 2240）

種類＼項目		組成〔mol%〕エタン＋エチレン	プロパン＋プロピレン	ブタン＋*1 ブチレン	ブタジエン*2	硫黄分〔質量%〕	蒸気圧 (40°C)〔MPa〕	密度 (15°C)〔g/cm^3〕	銅板腐食 (40°C，1 h)	主な用途
1 種	1 号	5 以下	80 以上	20 以下	0.5 以下	0.0050 以下*4	1.53 以下	0.500 ～ 0.620	1 以下	家庭用燃料 業務用燃料
	2 号		60 以上 80 未満	40 以下						
	3 号		60 未満	30 以上						

表 3.3　液化石油ガス（LPG）の種類および品質（JIS K 2240）（つづき）

種類＼項目		組成〔mol%〕エタン＋エチレン	組成〔mol%〕プロパン＋プロピレン	組成〔mol%〕ブタン＋ブチレン[*1]	組成〔mol%〕ブタジエン[*2]	硫黄分〔質量%〕	蒸気圧 (40°C)〔MPa〕	密度 (15°C)〔g/cm^3〕	銅板腐食 (40°C，1 h)	主な用途
2種	1号	—	90以上	10以下	—[*3]	0.0050以下[*4]	1.55以下	0.500～0.620	1以下	工業用燃料および原料自動車用燃料
	2号		50以上 90未満	50以下						
	3号		50未満	50以上 90未満			1.25以下			
	4号		10以下	90以上			0.52以下			

*1　ブタン＋ブチレンとは，イソブタン，*n*-ブタン，イソブチレン，1-ブチレン，トランス-2-ブチレンおよびシス-2-ブチレンの混合物である．

*2　ブタジエンは1,3-ブタジエンを示す．

*3　自動車用，工業用（燃料および原料），その他に使用する場合にはブタジエン含有量は使用目的に対して支障を与えるものであってはならない．

*4　着臭剤等を入れる前の状態での規定．

(5) 2種液化石油ガスの硫黄分の上限値は，0.0050% である（表 3.3 参照）．

以上から (3) が正解．

▶ 答 (3)

問題 3　【令和 4 年 問 1】 

JIS で規定される燃料の分類に関する記述として，誤っているものはどれか．

(1) 液化石油ガスは，用途により 2 種類に分けられ，さらに組成によって細分される．

(2) 灯油は，用途により 2 種類に分けられる．

(3) 軽油は，硫黄分により 5 種類に分けられる．

(4) 重油は，動粘度により 3 種類に大別され，さらに細分される．

(5) 石炭は，燃料比や発熱量により分けられる．

解説　(1) 正しい．液化石油ガスは，用途により 2 種類（1 種と 2 種）に分けられ，さらに組成によって細分される（表 3.3 参照）．

(2) 正しい．灯油は，用途により 2 種類（1 号と 2 号）に分けられる（表 3.1 参照）．

(3) 誤り．軽油は，流動点により 5 種類に分けられる（表 3.2 参照）．

(4) 正しい．重油は，動粘度により 3 種類に大別され，さらに細分される（**表 3.4** 参照）．

(5) 正しい．石炭は，燃料比（固定炭素の揮発分に対する比率）や発熱量により分けられる（**表 3.5** 参照）．

表 3.4　重油の規格（JIS K 2205）*

<table>
<tr><th colspan="2">種類</th><th>反応</th><th>引火点〔°C〕</th><th>動粘度（50°C）〔mm^2/s〕</th><th>流動点〔°C〕</th><th>残留炭素分〔質量%〕</th><th>水分〔容量%〕</th><th>灰分〔容量%〕</th><th>硫黄分〔質量%〕</th></tr>
<tr><td rowspan="2">1種（A重油）</td><td>1号</td><td rowspan="6">中性</td><td rowspan="3">60以上</td><td rowspan="2">20以下</td><td rowspan="2">5以下*</td><td rowspan="2">4以下</td><td rowspan="2">0.3以下</td><td rowspan="3">0.05以下</td><td>0.5以下</td></tr>
<tr><td>2号</td><td>2.0以下</td></tr>
<tr><td colspan="2">2種（B重油）</td><td>50以下</td><td>10以下*</td><td>8以下</td><td>0.4以下</td><td>3.0以下</td></tr>
<tr><td rowspan="3">3種（C重油）</td><td>1号</td><td rowspan="3">70以上</td><td>250以下</td><td>—</td><td>—</td><td>0.5以下</td><td rowspan="2">0.1以下</td><td>3.5以下</td></tr>
<tr><td>2号</td><td>400以下</td><td>—</td><td>—</td><td>0.6以下</td><td>—</td></tr>
<tr><td>3号</td><td>400を超え1,000以下</td><td>—</td><td>—</td><td>2.0以下</td><td>—</td><td>—</td></tr>
</table>

*1種および2種の寒候用のものの流動点は0°C以下とし，1種の暖候用の流動点は10°C以下とする.

表 3.5　JISによる国内炭分類表（JIS M 1002より作成）[16)]

<table>
<tr><th colspan="2">分類</th><th rowspan="2">発熱量*（補正無水無灰基）〔kJ/kg〕</th><th rowspan="2">燃料比</th><th rowspan="2">粘結性</th><th rowspan="2">備考</th></tr>
<tr><th>炭質</th><th>区分</th></tr>
<tr><td rowspan="2">無煙炭（A）</td><td>A_1</td><td rowspan="2">—</td><td rowspan="2">4.0以上</td><td rowspan="2">非粘結</td><td></td></tr>
<tr><td>A_2</td><td>火山岩の作用で生じた煽石（せんせき）</td></tr>
<tr><td rowspan="3">瀝青炭（B，C）</td><td>B_1</td><td rowspan="2">35,160以上</td><td>1.5以上</td><td rowspan="2">強粘結</td><td rowspan="2"></td></tr>
<tr><td>B_2</td><td>1.5未満</td></tr>
<tr><td>C</td><td>33,910以上
35,160未満</td><td>—</td><td>粘結</td><td></td></tr>
<tr><td rowspan="2">亜瀝青炭（D，E）</td><td>D</td><td>32,650以上
33,910未満</td><td>—</td><td>弱粘結</td><td></td></tr>
<tr><td>E</td><td>30,560以上
32,650未満</td><td>—</td><td>非粘結</td><td></td></tr>
<tr><td rowspan="2">褐炭（F）</td><td>F_1</td><td>29,470以上
30,560未満</td><td>—</td><td rowspan="2">非粘結</td><td></td></tr>
<tr><td>F_2</td><td>24,280以上
29,470未満</td><td>—</td><td></td></tr>
</table>

$$*\text{発熱量（補正無水無灰基）} = \frac{\text{発熱量}}{100 - \text{灰分補正率} \times \text{灰分} - \text{水分}} \times 100$$

ただし，灰分補正率は配炭公団の方式による.

［配炭公団技術局編：技術資料第2輯，石炭局編：炭量計算基準解説書（昭和24年4月）］

▶答（3）

問題4　【令和元年 問2】

各種液体燃料に関する記述として，誤っているものはどれか.

(1) ガソリンとナフサは，ほぼ同じ沸点範囲の留分である．
(2) JIS 1号灯油の主な用途は，灯火用，暖房・厨房用燃料である．
(3) 軽油のディーゼル燃料としての指標であるセタン価は，その値が低いほどノッキングが起こりにくいことを表す．
(4) 軽油の引火点は，灯油のそれよりも高い．
(5) JIS 1種重油は，多くの場合，送油やバーナー噴霧の際に加熱する必要はない．

解説 (1) 正しい．ガソリンとナフサは，ほぼ同じ沸点範囲（30〜200°C）の留分である．
(2) 正しい．JIS 1号灯油の主な用途は，灯火用，暖房・厨房用燃料である．なお，2号灯油は，石油発動機用燃料，溶剤および洗浄用に使用される．
(3) 誤り．軽油のディーゼル燃料としての指標であるセタン価は，その値が低いほど自己着火しにくいので高温・高圧状態で着火することになるため，急激な燃焼が起こりシリンダー内の圧力が高まり，ノッキング（異常燃焼による大きな圧力変動で打撃音が発生する現象）が発生する．
(4) 正しい．軽油の引火点（45〜50°C以上）は，灯油の引火点（40°C以上）よりも高い．引火点は，点火源を近づけて，空気と可燃性の混合気を作ることができる最低温度で，点火源がなく自己着火する最低温度を着火点という．
(5) 正しい．JIS 1種重油は，多くの場合，液体であるため送油やバーナー噴霧の際に加熱する必要はない．なお，3種重油（C重油）は，常温で固体であるため送油や使用するときは加熱して液体にする必要がある．　▶答 (3)

問題5　【平成30年 問1】

灯油に関する記述として，誤っているものはどれか．
(1) 引火点は40°C以上である．
(2) 密度は0.79〜0.80 g/cm^{3}程度である．
(3) JIS1号灯油は，一般に白灯油とよばれる．
(4) JIS2号灯油の硫黄分は，JIS1号灯油のそれよりも小さい．
(5) JIS2号灯油は，動力用に供される燃料としては，煙点の規格はない．

解説 (1) 正しい．引火点は40°C以上である（表3.1参照）．
(2) 正しい．密度は0.79〜0.80 g/cm^{3}程度である．
(3) 正しい．JIS1号灯油は，一般に白灯油（灯火用，暖房用など）と呼ばれる．
(4) 誤り．JIS2号灯油（石油発動機用燃料，溶剤および洗浄用）の硫黄分（0.50%以下）は，JIS1号灯油の硫黄分（0.0088%）よりも大きい．

(5) 正しい．JIS2号灯油は，動力用に供される燃料としては，煙点（規定の標準ランプを用い規定の条件で，すすを発生させずに燃焼させることのできる最大の炎の高さ）の規格はない．

▶答 (4)

■ 3.1.3　液体・固体・気体燃料の性状

問題1　【令和4年 問2】

（ア）～（ウ）の特徴をそれぞれ満たす燃料の組合せとして，正しいものはどれか．

（ア）常温で加圧することで液化するガス燃料

（イ）JISでは，煙点の規格がある石油由来の液体燃料

（ウ）固定炭素の割合が最も大きい石炭

	（ア）	（イ）	（ウ）
(1)	LPG	灯油	無煙炭
(2)	LNG	軽油	歴青炭
(3)	LPG	軽油	無煙炭
(4)	LNG	重油	歴青炭
(5)	ジメチルエーテル	灯油	褐炭

解説（ア）の条件に該当するものは，LPG，ジメチルエーテルである．LNGは常温では液化しない．

（イ）の条件に該当するものは，灯油のみである．なお，煙点とは，試料を規定の試験器を用いて燃焼したとき，煙を生じない炎の最大高さを〔mm〕で表したものである（表3.1，表3.2および表3.4参照）．

（ウ）の条件に該当するものは，燃料比（固定炭素の揮発分に対する比率）の大きいものとなり，無煙炭がこれに該当する（表3.5参照）．

以上から（1）が正解．

▶答 (1)

問題2　【令和3年 問2】

各種燃料に関する記述として，誤っているものはどれか．

(1) エタンは空気よりも比重が大きい．

(2) 液化石油ガスの主成分は，水素，メタン，一酸化炭素である．

(3) 重質油は硫黄分を含み，燃焼時に二酸化硫黄を発生する．

(4) JISでは，重油の品種を動粘度により1種，2種，3種に分類している．

(5) 石炭類の真比重は，石炭化が進むにしたがって増加する傾向にある．

解説 (1) 正しい．エタン (C_2H_6) の分子量が空気の分子量よりも大きければ，エタンの方が比重が大きいことになる．エタンの分子量 (30) は空気の分子量 (約 29) よりわずかに大きいので，エタンは空気よりも比重が大きい．

(2) 誤り．液化石油ガス (LPG：Liquefied Petroleum Gas) の主成分は，表 3.3 に示すようにプロパン，プロピレン，ブタン，ブチレンなどである．水素，メタン，一酸化炭素は含まれない．

(3) 正しい．重質油 (比重が大きく粘度の高い原油) は硫黄分を含み，燃焼時に二酸化硫黄を発生する．

(4) 正しい．JIS では，重油の品種を動粘度により 1 種，2 種，3 種に分類している (表 3.4 参照)．

(5) 正しい．石炭類の真比重は，石炭化が進むにしたがって増加する傾向にある．なお，石炭化とは固定炭素が増大し，揮発分が減少することであるが，燃料比 (固定炭素/揮発分) が大きくなることを表す．

▶答 (2)

問題 3 【令和 2 年 問 2】

石炭に関する記述として，誤っているものはどれか．

(1) 石炭化が進むに従って，固定炭素が増加する．

(2) 燃焼性は，揮発分や灰分の量などによって異なる．

(3) 無煙炭は，歴青炭に比べて着火しにくい．

(4) 石炭の粘結性は，コークスの製造において最も重要な性質の一つである．

(5) コークスの灰分含有率は，原料炭のそれよりも小さくなる．

解説 (1) 正しい．石炭化 (水素成分が少なくなること) が進むにしたがって，固定炭素 (乾燥した石炭から灰分と揮発分を引いた残りの質量) が増加する．

(2) 正しい．燃焼性は，揮発分や灰分の量などによって異なる．揮発分が減少すると着火性と燃焼性は低下する．

(3) 正しい．無煙炭は，歴青炭に比べて揮発分が低いため着火しにくい．

(4) 正しい．石炭の粘結性は，コークスの製造において最も重要な性質の一つである．

(5) 誤り．コークスは原料炭よりも水分や揮発分が少なくなっているため，コークスの灰分含有率は，原料炭のそれよりも大きくなる．

▶答 (5)

問題 4 【平成 30 年 問 2】

石炭に関する記述として，誤っているものはどれか．

(1) 石炭化が進むと，真比重が増加する．

(2) 石炭化が進むと，揮発分が減少する．

(3) 石炭化が進むと，乾燥した石炭の着火温度は低下する．
(4) 石炭中の灰分は，シリカ，アルミナが主成分である．
(5) 製鉄用のコークス原料としては，強粘結炭が適している．

解説 (1) 正しい．石炭化が進むと，真比重が増加する．
(2) 正しい．石炭化が進むと，揮発分（炭化水素分）が減少する．
(3) 誤り．石炭化が進むと，乾燥した石炭の着火温度は上昇する．
(4) 正しい．石炭中の灰分は，シリカ，アルミナが主成分である．
(5) 正しい．製鉄用のコークス原料としては，強粘結炭が適している．　▶答 (3)

3.2 燃焼計算

■ 3.2.1 気体燃料の燃焼計算

問題1 【令和3年 問4】

排ガスの一部を水蒸気の凝縮なしに再循環しているラインに酸素を吹き込んで，メタンを完全燃焼させる下図に示すような燃焼装置がある．図中の運転条件で定常状態が達成されているとき，燃焼装置出口（図中A点）での乾き燃焼排ガス中のCO_2濃度は何%となるか．

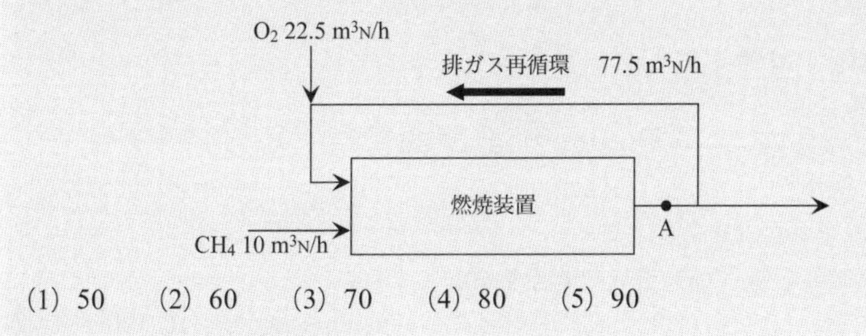

(1) 50　(2) 60　(3) 70　(4) 80　(5) 90

解説 メタンの燃焼反応は次のとおりである．

$$\begin{array}{ccccccc} CH_4 & + & 2O_2 & \rightarrow & CO_2 & + & 2H_2O \\ 10\,m^3{}_N/h & & 20\,m^3{}_N/h & & 10\,m^3{}_N/h & & 20\,m^3{}_N/h \end{array}$$

$$過剰酸素量 = 22.5\,m^3{}_N/h - 20\,m^3{}_N/h = 2.5\,m^3{}_N/h$$

乾き燃焼排ガスでは過剰のO_2とCO_2のみであるから，乾き燃焼排ガス中のCO_2濃度は次のように表される．なお，排ガス再循環を行うことで少し混乱するかもしれないが，要は燃焼装置内でよく撹拌したと考えればよい．

$(10\,m^3{}_N/h)/(10\,m^3{}_N/h + 2.5\,m^3{}_N/h) \times 100 = 80$〔%〕

以上から（4）が正解.

▶答（4）

問題2 【令和2年 問4】

メタンとプロパンを混焼し完全燃焼させる燃焼炉で，空気比1.2のとき，乾き燃焼排ガス中のCO_2濃度は10%だった．このときのメタンとプロパンの体積比（メタン/プロパン）は，およそいくらか．

（1）1　（2）3　（3）5　（4）8　（5）10

解説 次の空気燃焼式からそれぞれの排ガス量を求めて算出する．燃焼反応式中の単位〔$m^3{}_N$〕を省略する．

【1】メタン（CH_4）の燃焼量をX〔$m^3{}_N$〕とする．

$$CH_4 + 2O_2 \rightarrow CO_2 + 2H_2O$$
$$X \quad 2X \quad X$$

空気量　$2X/0.21$　①

CO_2量　X　②

窒素量　$2X/0.21 \times 0.79$　③

【2】プロパン（C_3H_8）の燃焼量をY〔$m^3{}_N$〕とする．

$$C_3H_8 + 5O_2 \rightarrow 3CO_2 + 4H_2O$$
$$Y \quad 5Y \quad 3Y$$

空気量　$5Y/0.21$　④

CO_2量　$3Y$　⑤

窒素量　$5Y/0.21 \times 0.79$　⑥

【3】過剰空気量

燃焼空気量 × (1.2 − 1.0) = (式① + 式④) × 0.2

$= (2X/0.21 + 5Y/0.21) \times 0.2$　⑦

【4】乾き燃焼ガス中のCO_2濃度

CO_2量/(窒素量 + CO_2量 + 過剰空気量)

= (式② + 式⑤)/((式③ + 式⑥) + (式② + 式⑤) + 式⑦) = 10/100　⑧

それぞれの式を代入して整理する．

$(X + 3Y)/((2X + 5Y)/0.21 \times 0.79 + (X + 3Y) + (2X + 5Y)/0.21 \times 0.2) = 0.1$

$(X + 3Y)/((2X + 5Y)/0.21 \times 0.99 + (X + 3Y)) = 0.1$

$(X + 3Y) \times 0.21/((2X + 5Y) \times 0.99 + (X + 3Y) \times 0.21) = 0.1$

$(0.21X + 0.63Y)/(2.19X + 5.58Y) = 0.1$

$0.21X + 0.63Y = 0.219X + 0.558Y$

$0.072Y = 0.009X$

$8Y = X$

$X/Y = 8$

以上から（4）が正解．

▶答（4）

問題3　【平成30年 問3】

$1\,m^3_N$ のメタンを $10\,m^3_N$ の空気で燃焼させたところ，湿り燃焼排ガス中にCOが1.04％含まれる不完全燃焼を生じた．このとき湿り燃焼排ガス中の CO_2 濃度はおよそ何％か．ただし，この不完全燃焼では，メタンはすべて反応し，生成物は CO_2，CO及び H_2O だけと仮定する．

（1）7.1　（2）7.4　（3）7.7　（4）8.0　（5）8.3

解説　メタンが完全燃焼する場合，燃焼式は次のとおりである．

$$\begin{array}{ccccccc} CH_4 & + & 2O_2 & \rightarrow & CO_2 & + & 2H_2O \\ 1\,m^3_N & & 2\,m^3_N & & 1\,m^3_N & & 2\,m^3_N \end{array} \quad ①$$

$1\,m^3_N$ のメタンが空気過剰の状態で不完全燃焼する場合，$1\,m^3_N$ のメタンで生成する CO_2 とCOの合計は $1\,m^3_N$ であることに注意．燃焼生成物と酸素（O_2）の体積は CO_2 が $x\,m^3_N$ 生成したとすると次のようになる．

$$\begin{array}{ccccccccc} CH_4 & + & (1.5+0.5x)O_2 & \rightarrow & CO_2 & + & 2H_2O & + & CO \\ 1\,m^3_N & & (1.5+0.5x)\,m^3_N & & x\,m^3_N & & 2\,m^3_N & & (1-x)\,m^3_N \\ O_2\text{の体積} & \rightarrow & (1.5+0.5x)\,m^3_N & & x\,m^3_N & & 2\times 1/2\,m^3_N & & (1-x)/2\,m^3_N \end{array} \quad ②$$

1）使用した酸素

生成した CO_2 の体積が $x\,m^3_N$ であるから，これに使われた酸素の体積も $x\,m^3_N$ である．$2\,m^3_N$ の水に使われた酸素量は $2\times 1/2 = 1\,m^3_N$，$(1-x)\,m^3_N$ のCOに使われた酸素量は $(1-x)/2\,m^3_N$ である．したがって，使用した酸素量の合計は

$$x + 1 + (1-x)/2 = (1.5 + 0.5x)\,m^3_N \quad ③$$

となる．

2）排ガス中の窒素

排ガス中の窒素は，燃焼空気 $10\,m^3_N$ であるから

$$10\,m^3_N \times 79/100 = 7.9\,m^3_N \quad ④$$

である．

3）排ガス中の酸素

排ガス中の酸素（過剰酸素）は，燃焼空気中の酸素 $10\,m^3_N \times 0.21 = 2.1\,m^3_N$ から式③の $(1.5 + 0.5x)\,m^3_N$ を引いた値である．

$$2.1 - (1.5 + 0.5x) = 0.6 - 0.5x\,m^3_N \quad ⑤$$

4）排ガス生成物

排ガス生成物（CO_2，H_2O，CO）の体積は，

$$x + 2 + (1 - x) = 3\,\mathrm{m^3_N}$$ ⑥

である．

5）排ガス体積

排ガス体積は

$$\text{式④} + \text{式⑤} + \text{式⑥} = 7.9 + 0.6 - 0.5x + 3 = 11.5 - 0.5x\,\mathrm{m^3_N}$$ ⑦

となる．

6）CO_2 体積の算出

排ガスの CO 濃度が 1.04％であるから，次の方程式が成立する．

$$(1 - x)/(11.5 - 0.5x) = 1.04/100$$ ⑧

CO_2 は，これを解いて

$$x \fallingdotseq 0.885\,\mathrm{m^3_N}$$ ⑨

となる．

7）排ガス中の CO_2 濃度

次に CO_2 濃度は，式⑨/式⑦ × 100 であるから次のように算出される．

$$x/(11.5 - 0.5x) = 0.885/(11.5 - 0.5 \times 0.885) \times 100 \fallingdotseq 8.0\,〔\%〕$$

以上から（4）が正解．

▶答（4）

■ 3.2.2　液体燃料の燃焼計算（気体燃料との混焼を含む）

問題 1　【令和 4 年 問 3】

炭素 86.0 wt%，水素 13.5 wt%，硫黄 0.5 wt% の組成の重油を空気比 1.20 で完全燃焼させたところ，煙突出口での乾き燃焼ガス中の SO_2 濃度が 245 ppm となった．この値は計算から予測される値より小さく，原因は煙道への空気の侵入と推定された．この場合，乾燥基準の侵入空気量は重油 1 kg 当たり，およそ何 $\mathrm{m^3_N}$ となるか．

（1）0.9　（2）1.1　（3）1.3　（4）1.5　（5）1.7

解説　重油 1 kg の理論燃焼ガス量に関する，次の表を作成する．〔単位：$\mathrm{m^3_N}$〕

	O_2	空気	N_2	CO_2	SO_2	H_2O
C（0.86 kg）	1.61	7.67	6.06	1.61	—	—
H（0.135 kg）	0.756	3.6	2.844	—	—	1.512
S（0.005 kg）	0.0035	0.017	0.013	—	0.0035	—
合計	2.3695	11.287	8.947	1.61	0.0035	1.512

【1】炭素の燃焼

$$\begin{array}{ccccc} C & + & O_2 & \rightarrow & CO_2 \\ 12\,\mathrm{kg} & & 22.4\,\mathrm{m^3}_N & & 22.4\,\mathrm{m^3}_N \\ 0.86\,\mathrm{kg} & & X_1\,\mathrm{m^3}_N & & \end{array}$$

1）O_2

$$X_1 = 22.4 \times 0.86/12 \fallingdotseq 1.61\,\mathrm{m^3}_N$$

2）空気（$N_2 : O_2 = 79 : 21$）

$$1.61/0.21 \fallingdotseq 7.67\,\mathrm{m^3}_N \qquad ①$$

3）N_2

$$7.67 \times 0.79 \fallingdotseq 6.06\,\mathrm{m^3}_N \qquad ②$$

4）CO_2

O_2と同じで$1.61\,\mathrm{m^3}_N$ ③

【2】水素の燃焼

$$\begin{array}{ccccc} 2H & + & 1/2O_2 & \rightarrow & H_2O \\ 2\,\mathrm{kg} & & 11.2\,\mathrm{m^3}_N & & 22.4\,\mathrm{m^3}_N \\ 0.135\,\mathrm{kg} & & X_2\,\mathrm{m^3}_N & & \end{array}$$

1）O_2

$$X_2 = 11.2 \times 0.135/2 = 0.756\,\mathrm{m^3}_N$$

2）空気（$N_2 : O_2 = 79 : 21$）

$$0.756/0.21 = 3.6\,\mathrm{m^3}_N \qquad ④$$

3）N_2

$$3.6 \times 0.79 = 2.844\,\mathrm{m^3}_N \qquad ⑤$$

4）H_2O

O_2の2倍であるから$0.756 \times 2 = 1.512\,\mathrm{m^3}_N$

【3】Sの燃焼

$$\begin{array}{ccccc} S & + & O_2 & \rightarrow & SO_2 \\ 32\,\mathrm{kg} & & 22.4\,\mathrm{m^3}_N & & 22.4\,\mathrm{m^3}_N \\ 0.005\,\mathrm{kg} & & X_3\,\mathrm{m^3}_N & & \end{array}$$

1）O_2

$$X_3 = 22.4 \times 0.005/32 = 0.0035\,\mathrm{m^3}_N$$

2）空気（$N_2 : O_2 = 79 : 21$）

$$0.0035/0.21 \fallingdotseq 0.017\,\mathrm{m^3}_N \qquad ⑥$$

3）N_2

$$0.017 \times 0.79 \fallingdotseq 0.013\,\mathrm{m^3}_N \qquad ⑦$$

4）SO_2

O_2と同じで$0.0035\,\mathrm{m^3}_N$ ⑧

【4】乾き燃焼ガス量

理論空気量＝式①＋式④＋式⑥＝$7.67 + 3.6 + 0.017 \fallingdotseq 11.29$　⑨

［1］過剰空気量

過剰空気量＝理論空気量×(1.2－1)＝式⑨×0.2＝$11.29 \times 0.2 \fallingdotseq 2.26$　⑩

［2］乾き排ガス量

実際乾き排ガス量＝理論乾き排ガス量＋過剰空気量

＝$(N_2 + CO_2 + SO_2)$＋式⑩

＝(式②＋式③＋式⑤＋式⑦＋式⑧)＋2.26

＝$6.06 + 1.61 + 2.844 + 0.013 + 0.0035 + 2.26 \fallingdotseq 12.79$　⑪

【5】SO_2〔ppm〕

SO_2の排出量×10^6/式⑪＝$0.0035 \times 10^6/12.79 \fallingdotseq 274$ ppm　⑫

【6】侵入空気量

式⑫の濃度が侵入空気のため245 ppmとなっているから，侵入空気量をX_4 $m^3{}_N$とすれば，式⑫を使用して，次式から算出される．

$0.0035 \times 10^6/(12.79 + X_4) = 245$　⑬

$X_4 = (3{,}500 - 12.79 \times 245)/245 \fallingdotseq 1.5$ $m^3{}_N$

なお，この計算ではすべての項目について計算したが，時間を節約するため，式⑥，式⑦および式⑪中の式⑧などを省いても結果に影響しない．

以上から（4）が正解．　▶答（4）

問題2　【令和3年 問3】

組成が炭素85%，水素15%である軽油10 kg/hとメタン30 $m^3{}_N$/hを混焼するバーナーで完全燃焼させたとき，乾き燃焼排ガス中のCO_2濃度は10.5%であった．このときのバーナー全体の空気比は，およそいくらか．

（1）1.12　（2）1.15　（3）1.18　（4）1.21　（5）1.24

解説　軽油とメタンの燃焼に必要な理論酸素量から空気量，二酸化炭素量，過剰空気量を求め空気比を算出する．

【1】軽油の燃焼に必要な理論酸素量（C：10 kg/h×85/100＝8.5 kg，H：1.5 kg）

1）CによるO_2

C	＋	O_2	→	CO_2
12 kg		22.4 $m^3{}_N$		22.4 $m^3{}_N$
8.5 kg		X_1 $m^3{}_N$		

$X_1 = 22.4 \times 8.5/12 \fallingdotseq 15.9$ $m^3{}_N$　①

2) CO_2

O_2と同じで $15.9\,m^3{}_N$ ②

3) HによるO_2

$2H$	$+$	$1/2O_2$	$\rightarrow$	H_2O
2 kg		$11.2\,m^3{}_N$		
1.5 kg		$X_2\,m^3{}_N$		

$X_2 = 11.2 \times 1.5/2 = 8.4\,m^3{}_N$ ③

【2】メタンの燃焼に必要な理論酸素量

CH_4	$+$	$2O_2$	$\rightarrow$	CO_2	$+$	$2H_2O$
$30\,m^3{}_N$		$X_3\,m^3{}_N$		$30\,m^3{}_N$		

$X_3 = 2 \times 30 = 60\,m^3{}_N$ ④

CO_2はO_2量の半分で $30\,m^3{}_N$ ⑤

【3】全体に必要な理論空気量

全体に必要な理論酸素量＝式①＋式③＋式④＝$15.9 + 8.4 + 60 = 84.3\,m^3{}_N$

全体に必要な理論空気量＝$84.3/0.21 \fallingdotseq 401\,m^3{}_N$ ⑥

全体の窒素量＝式⑥$\times 79/100 = 401 \times 0.79 \fallingdotseq 317\,m^3{}_N$ ⑦

【4】排ガス中のCO_2濃度%（過剰空気量$X\,m^3{}_N/h$とする）

CO_2量/(理論排ガス量＋X)＝$10.5/100 = 0.105$

(式②＋式⑤)/(式②＋式⑤＋$317 + X$)＝0.105

$(15.9 + 30)/(15.9 + 30 + 317 + X) = 45.9/(362.9 + X) = 0.105$

Xを求める．

$X = (45.9 - 362.9 \times 0.105)/0.105 \fallingdotseq 7.8/0.105 \fallingdotseq 74\,m^3{}_N/h$

【5】過剰空気比を算出する

過剰空気比＝(理論空気量＋過剰空気量X)/理論空気量＝(式⑥＋74)/式⑥

$= (401 + 74)/401 \fallingdotseq 1.18$

以上から（3）が正解． ▶答（3）

問題3 【令和2年 問3】

ある燃料を完全燃焼させたとき，湿り燃焼排ガス中及び乾き燃焼排ガス中のCO_2濃度がそれぞれ8.93%，10.31%となった．この燃料の可燃分中のHとCのモル比（H/C）の値は，およそいくらか．ただし，燃料と燃焼用空気は水分を含まないものとする．

（1）1.0　（2）1.5　（3）2.0　（4）2.5　（5）3.0

解説 次の反応式を考える．なお，この解説は気体燃料または液体燃料に関係なく成り立つ計算方法であるが，液体燃料の項目に記載した．

$$C_nH_m + XO_2 \rightarrow nCO_2 + (m/2)H_2O \qquad ①$$

排ガスには，窒素が含まれるが，その量Nは

$$N = X/0.21 \times 0.79 = 79/21 \times X \qquad ②$$

である．

湿り排ガス中のCO_2濃度は，次のように表される．

$$n/(N + n + m/2) = 8.93/100 = 0.0893 \qquad ③$$

乾き排ガス中のCO_2濃度は次のように表される．

$$n/(N + n) = 10.31/100 = 0.1031 \qquad ④$$

式③と式④からm/nを算出する．

式③を変形する．

$$n = (N + n + m/2) \times 0.0893 = (N + n) \times 0.0893 + m/2 \times 0.0893 \qquad ⑤$$

式④を変形する．

$$n = (N + n) \times 0.1031$$

$$(N + n) = n/0.1031 \qquad ⑥$$

式⑥を式⑤に代入して整理する．

$$n = n/0.1031 \times 0.0893 + m/2 \times 0.0893$$

$$n(1 - 0.0893/0.1031) = m/2 \times 0.0893$$

$$m/n = (1 - 8.93/10.31) \times 2/0.0893 \fallingdotseq 3.0$$

以上から（5）が正解．

▶答（5）

問題4 【令和元年 問3】

通常空気使用時の理論空気量がA_0 $m^3{}_N/kg$である燃料を，酸素濃度を25.0％とした酸素富化空気により燃焼させる．酸素富化空気を使用した場合の理論湿り燃焼排ガス量は，通常空気使用時のそれに比べ，何$m^3{}_N/kg$減少するか．

（1）$0.04A_0$　（2）$0.08A_0$　（3）$0.12A_0$　（4）$0.16A_0$　（5）$0.20A_0$

解説 通常空気で燃焼する場合，酸素量は$0.21A_0$ $m^3{}_N/kg$，窒素量は$0.79A_0$ $m^3{}_N/kg$である．酸素濃度25.0％にした時の理論空気量をA_1 $m^3{}_N/kg$とすれば，酸素量は$0.25A_1$ $m^3{}_N/kg$，窒素量は$0.75A_1$ $m^3{}_N/kg$である．

同じ燃料1kgを燃焼するため，酸素量は同じであるため，

$$0.21A_0 = 0.25A_1$$

$$A_1 = 0.21/0.25A_0 = 0.84A_0 \qquad ①$$

となる．

一方，窒素量は式①を使用して

$$0.75A_1 = 0.75 \times 0.84A_0 = 0.63A_0 \qquad ②$$

となる．

酸素 25.0% にしたときの排ガス量の変化は，CO_2 と H_2O の変化はないが，窒素だけが減少する．その減少量は式②から

$$0.79A_0 - 0.75A_1 = 0.79A_0 - 0.63A_0 = 0.16A_0$$

となり，酸素富化空気を使用した場合の理論湿り燃焼排ガス量は，通常空気使用時のそれに比べ，$0.16A_0\,m^3{}_N/kg$ 減少する．

以上から（4）が正解．

▶答（4）

問題5 【平成30年 問4】

炭素87%，水素13%の組成の灯油0.7 kgに水0.3 kgを混合したエマルション燃料を空気比1.20で完全燃焼させる．エマルション燃料1 kg当たり発生する湿り燃焼排ガス量（$m^3{}_N$）は，およそいくらか．

(1) 9.1　(2) 9.4　(3) 9.7　(4) 10.0　(5) 10.3

解説 灯油0.7 kgの理論燃焼ガス量に関する次の表を作成する．

	O_2	空気	N_2	CO_2	過剰空気	H_2O
C（0.61 kg）	1.14	5.43	4.29	1.14		—
H（0.09 kg）	0.51	2.43	1.92	—		1.02
過剰空気				—	1.57	—
水（0.3 kg）						0.37
合計			6.21	1.14	1.57	1.39

単位：m^3

【1】炭素の燃焼

$$\begin{array}{ccccc} C & + & O_2 & \rightarrow & CO_2 \\ 12\,kg & & 22.4\,m^3{}_N & & 22.4\,m^3{}_N \\ 0.7 \times 0.87\,kg & & X_1\,m^3{}_N & & \end{array}$$

1）O_2

$$X_1 = 22.4 \times 0.7 \times 0.87/12 = 1.14\,m^3{}_N$$

2）空気

$$1.14/0.21 = 5.43\,m^3{}_N$$

3）N_2

$$5.43 \times 0.79 = 4.29\,m^3{}_N$$

4）CO_2

O_2 と同じで $1.14\,m^3{}_N$

【2】水素の燃焼

$$\begin{array}{ccccc} 2H & + & 1/2O_2 & \rightarrow & H_2O \\ 2\,kg & & 11.2\,m^3{}_N & & 22.4\,m^3{}_N \\ 0.7 \times 0.13\,kg & & X_2\,m^3{}_N & & \end{array}$$

1）O_2

$$X_2 = 11.2 \times 0.7 \times 0.13/2 = 0.51\,m^3{}_N$$

2）空気

$$0.51/0.21 = 2.43\,m^3{}_N$$

3）N_2

$$2.43 \times 0.79 = 1.92\,m^3{}_N$$

4）H_2O

酸素量の 2 倍であるから $0.51 \times 2 = 1.02\,m^3{}_N$

【3】過剰空気量

$$(5.43 + 2.43) \times (1.20 - 1.00) = 1.57\,m^3{}_N$$

【4】水（0.3 kg）の体積

$$0.3/18 \times 22.4 = 0.37\,m^3{}_N$$

以上から排ガスの体積は表から

$$6.21 + 1.14 + 1.57 + 1.39 = 10.31\,m^3{}_N$$

となる.

以上から（5）が正解.

▶答（5）

■ 3.2.3　固体燃料の燃焼計算

問題 1　【令和 5 年 問 3】

酸素濃度が 22 〜 27 体積% の範囲の酸素富化空気により，乾き排ガス中 CO_2 濃度が 12.6 体積% となる空気比で完全燃焼させたとき，湿り排ガス中 H_2O 濃度が 4.71 体積% となる燃料はどれか.

(1) C_4H_{10}

(2) C_3H_8：20 体積%，C_4H_{10}：80 体積% の混合燃料

(3) C_5H_{12}

(4) C：85.5 質量%，H：14.0 質量%，S：0.4 質量%，N：0.1 質量% の組成の液体燃料

(5) C：79.5 質量%，H：5.2 質量%，O：6.3 質量%，S：0.5 質量%，N：0.5 質量%，灰分 8.0 質量% の組成の乾燥石炭

解説　CO_2 と H_2O を算出して，大幅に CO_2 量が大きい燃料が該当する．

（1）の C_4H_{10} の炭化水素をとり上げ，燃焼計算を行う．

$$\begin{array}{ccccccc} C_4H_{10} & + & 6.5O_2 & \rightarrow & 4CO_2 & + & 5H_2O \\ 1\,m^3{}_N & & 6.5\,m^3{}_N & & 4\,m^3{}_N & & 5\,m^3{}_N \end{array} \quad ①$$

CO_2 の体積は $4\,m^3{}_N$，H_2O の体積は $5\,m^3{}_N$ であるから，酸素富化空気が過剰にあっても CO_2 と H_2O の体積% の比が $12.6/4.71 \fallingdotseq 2.68$ にはならない．したがって，C_4H_{10} は該当しない．（2）～（3）の燃料も C_4H_{10} と同様な炭素と水素の割合であるからこれらも該当しない．

（4）の液体燃料について，同様に CO_2 と H_2O の体積を 1 kg について算出する．

CO_2 量（炭素の燃焼）

$$\begin{array}{ccccc} C & + & O_2 & \rightarrow & CO_2 \\ 12\,kg & & 22.4\,m^3{}_N & & 22.4\,m^3{}_N \\ 0.855\,kg & & X_1\,m^3{}_N & & X_1\,m^3{}_N \end{array}$$

$$CO_2 は X_1 = 0.855 \times 22.4/12 \fallingdotseq 1.60\,m^3{}_N \quad ②$$

H_2O 量

$$\begin{array}{ccccc} 2H & + & 1/2O_2 & \rightarrow & H_2O \\ 2\,kg & & 11.2\,m^3{}_N & & 22.4\,m^3{}_N \\ 0.14\,kg & & 1/2 \times Y_1\,m^3{}_N & & Y_1\,m^3{}_N \end{array}$$

$$H_2O は Y_1 = 0.14 \times 22.4/2 \fallingdotseq 1.57\,m^3{}_N \quad ③$$

式②と式③から CO_2 と H_2O の体積はほぼ同じであるから，酸素富化空気が過剰にあっても CO_2 と H_2O の体積% の比が $12.6/4.71 \fallingdotseq 2.68$ にはならない．したがって，この液体燃料は該当しない．ここで正解は（5）となるが，（5）の確認をしておく．

（5）の石炭について，同様に CO_2 と H_2O の体積を石炭 1 kg について算出する．

CO_2 量（炭素の燃焼）

$$\begin{array}{ccccc} C & + & O_2 & \rightarrow & CO_2 \\ 12\,kg & & 22.4\,m^3{}_N & & 22.4\,m^3{}_N \\ 0.795\,kg & & X_2\,m^3{}_N & & X_2\,m^3{}_N \end{array}$$

$$CO_2 は X_2 = 0.795 \times 22.4/12 \fallingdotseq 1.48\,m^3{}_N \quad ④$$

H_2O 量

$$\begin{array}{ccccc} 2H & + & 1/2O_2 & \rightarrow & H_2O \\ 2\,kg & & 11.2\,m^3{}_N & & 22.4\,m^3{}_N \\ 0.052\,kg & & 1/2 \times Y_2\,m^3{}_N & & Y_2\,m^3{}_N \end{array}$$

$$H_2O は Y_2 = 0.052 \times 22.4/2 \fallingdotseq 0.58\,m^3{}_N \quad ⑤$$

式④ ÷ 式⑤ $= 1.48/0.58 \fallingdotseq 2.55$ となり，2.68 に近いことから（5）が正解であることがわかる．

酸素富化空気の過剰量を $V\,m^3{}_N$（なお，過剰の酸素富化空気だけでなく，O，S，N などの燃焼生成物も含まれているとする）とすると，式④を使用して次式から $V\,m^3{}_N$ が算出される．

CO_2体積%　$1.48/(1.48+V)\times 100 = 12.6$

$V \fallingdotseq 10.26\,\mathrm{m^3_N}$　⑥

式④，式⑤と式⑥からH_2O濃度%を求める．

H_2O体積% ＝ 式⑤/(式④＋式⑤＋式⑥) × 100

$= 0.58/(1.48+0.58+10.26)\times 100$

$\fallingdotseq 4.71$〔%〕　⑦

式⑦からH_2Oの体積%は，問題文の4.71%と一致していることがわかる．　▶答（5）

問題2　【令和5年 問4】

石炭を完全燃焼させている燃焼炉で，燃料を石炭からバイオマスに切り替えた．熱負荷と空気比がともに一定となるように調整したとき，燃料切り替え後に空気の供給量はおよそ何%変化するか．なお，熱負荷は燃料の供給量（kg/h）と低発熱量（MJ/kg）を掛け合わせたものとし，燃料性状は以下のとおりとする．

供給時の水分を含む燃料性状（質量%）

石炭　　　　：水分4%，炭素72%，水素4%，酸素10%，低発熱量27.3 MJ/kg

バイオマス：水分5%，炭素53%，水素5%，酸素37%，低発熱量17.2 MJ/kg

(1) −5　(2) −3　(3) 3　(4) 5　(5) 7

解説 石炭からバイオマスに切り替えた場合も，石炭燃焼と同じ熱負荷で空気比1で一定になるように調整したとする．そのために，バイオマスの増加量Xkgは

$17.2\,\mathrm{MJ/kg}\times(1+X) = 27.3\,\mathrm{MJ/kg}$

$X = (27.3-17.2)/17.2 \fallingdotseq 0.587\,\mathrm{kg}$　①

石炭1kgの燃焼に必要な酸素量を求めて，空気量に換算する．

炭素の燃焼

C	+	O_2	→	CO_2
12 kg		$22.4\,\mathrm{m^3_N}$		$22.4\,\mathrm{m^3_N}$
0.72 kg		$X\,\mathrm{m^3_N}$		

O_2　$X = 0.72\times 22.4/12 = 1.344\,\mathrm{m^3_N}$　②

Hの燃焼

2H	+	$1/2O_2$	→	H_2O
2 kg		$1/2\times 22.4\,\mathrm{m^3_N}$		$22.4\,\mathrm{m^3_N}$
0.04 kg		$Y\,\mathrm{m^3_N}$		

O_2　$Y = 0.04\times 1/2\times 22.4/2 = 0.224\,\mathrm{m^3_N}$　③

石炭燃料中の酸素量

$$0.1\,\mathrm{kg}/32 \times 22.4 = 0.070\,\mathrm{m^3{}_N} \qquad ④$$

石炭kgを理論空気量で燃焼するために必要な酸素量は，燃料中の酸素量を差し引いて，

$$式② + 式③ - 式④ = 1.344\,\mathrm{m^3{}_N} + 0.224\,\mathrm{m^3{}_N} - 0.070\,\mathrm{m^3{}_N} = 1.498\,\mathrm{m^3{}_N} \qquad ⑤$$

となる．したがって，燃焼空気量は

$$式⑤/0.21 = 1.498/0.21 ≒ 7.133\,\mathrm{m^3{}_N} \qquad ⑥$$

同様にバイオマス1kgの燃焼に必要な酸素量を求めて，空気量に換算する．

炭素の燃焼

C	+	O_2	→	CO_2
12 kg		$22.4\,\mathrm{m^3{}_N}$		$22.4\,\mathrm{m^3{}_N}$
0.53 kg		$X\,\mathrm{m^3{}_N}$		

$$O_2 \quad X = 0.53 \times 22.4/12 ≒ 0.989\,\mathrm{m^3{}_N} \qquad ⑦$$

Hの燃焼

2H	+	$1/2O_2$	→	H_2O
2 kg		$1/2 \times 22.4\,\mathrm{m^3{}_N}$		$22.4\,\mathrm{m^3{}_N}$
0.05 kg		$Y\,\mathrm{m^3{}_N}$		

$$O_2 \quad Y = 0.05 \times 1/2 \times 22.4/2 = 0.280\,\mathrm{m^3{}_N} \qquad ⑧$$

バイオマス燃料中の酸素量

$$0.37\,\mathrm{kg}/32 \times 22.4 = 0.259\,\mathrm{m^3{}_N} \qquad ⑨$$

バイオマス1kgを理論空気量で燃焼するために必要な酸素量は，燃料中の酸素量を差し引いて，

$$式⑦ + 式⑧ - 式⑨ = 0.989\,\mathrm{m^3{}_N} + 0.280\,\mathrm{m^3{}_N} - 0.259\,\mathrm{m^3{}_N} = 1.010\,\mathrm{m^3{}_N} \qquad ⑩$$

となる．したがって，燃焼空気量は

$$式⑩/0.21 = 1.010/0.21 ≒ 4.810\,\mathrm{m^3{}_N} \qquad ⑪$$

式①と式⑪から石炭燃焼と同じ低発熱量（27.3 MJ/kg）になるためには，1.587（= 1 + 0.587）kgのバイオマスを燃焼させて，燃焼空気量を

$$4.810\,\mathrm{m^3{}_N} \times 1.587 ≒ 7.633\,\mathrm{m^3{}_N} \qquad ⑫$$

とすればよい．したがって，増加空気量率は式⑥と式⑫から

$$(7.633 - 7.133)\,\mathrm{m^3{}_N}/7.133\,\mathrm{m^3{}_N} \times 100 ≒ 7\%$$

となる．

以上から（5）が正解．

▶答（5）

題3 【令和4年 問4】

石炭中N分から発生するNOの量を調べるため，組成が酸素20%，アルゴン80%の合成空気による燃焼実験を行い，下記の結果を得た．

	乾き燃焼ガス中O_2濃度（%）	乾き燃焼ガス中NO濃度（ppm）
条件1	2.0	160
条件2	5.0	200

条件2において石炭1kg当たり石炭中N分から発生するNOの量（$m^3{}_N$/kg）は，条件1のそれの何倍か．

(1) 1.2　(2) 1.25　(3) 1.3　(4) 1.5　(5) 1.7

解説　排ガス中の実測濃度C_sと酸素濃度O_nにおける濃度Cは，次の式で表される．

$$C = ((20 - O_n)/(20 - O_s)) \times C_s$$

ここに，O_n：酸素換算濃度〔%〕，O_s：排ガス中の酸素濃度〔%〕

今，石炭1kgを合成空気（酸素20%，アルゴン80%）で条件1と条件2で燃焼させると，条件2は条件1より多くの合成空気を供給している．両条件とも酸素濃度O_nを共通の条件に換算（ここでは$O_n = 0$とする）すれば，排ガスが同じ量になるため，NOの濃度Cの比をとれば，NOの量〔$m^3{}_N$/kg〕の比にもなる．

条件1の濃度（C_1）

$$C_1 = (20 - 0)/(20 - 2.0) \times 160 \quad ①$$

条件2の濃度（C_2）

$$C_2 = (20 - 0)/(20 - 5.0) \times 200 \quad ②$$

式①および式②から

$$C_2/C_1 = ((20/15) \times 200)/((20/18) \times 160) = 18/15 \times 200/160 = 1.5$$

となる．

以上から（4）が正解．　▶答（4）

問題4　【令和2年 問5】

「エネルギーの使用の合理化等に関する法律」に関する告示に示されている，電気事業用ではないボイラーの基準空気比と，その代表的な燃焼室熱負荷（10^4 W/m^3）の組合せとして，正しいものはどれか．

	（ボイラー形式）	（基準空気比）	（燃焼室熱負荷，10^4 W/m^3）
(1)	気体燃料ボイラー	1.1 ～ 1.3	12 ～ 150
(2)	重油ボイラー	1.2 ～ 1.3	12 ～ 120
(3)	重油ボイラー	1.1 ～ 1.3	12 ～ 300
(4)	微粉炭ボイラー	1.2 ～ 1.3	12 ～ 35
(5)	微粉炭ボイラー	1.1 ～ 1.3	12 ～ 100

 気体，液体，固体の燃焼は，次のような値をとる．

ボイラー形式	基準空気比	燃焼室熱負荷（10^4 W/m^3）
気体燃料ボイラー	1.1 ～ 1.3	12 ～ 58
重油ボイラー	1.1 ～ 1.3	12 ～ 232
微粉炭燃焼ボイラー	1.2 ～ 1.3	12 ～ 35

なお，燃焼室熱負荷とは，単位時間当たり燃焼室 1 m^3 に発生する熱量をいう．

以上から（4）が正解．

▶答（4）

題5 【令和元年 問4】

炭素 71%，水素 4.8%，酸素 9%，窒素 1%，硫黄 0.2%，灰分 10%，水分 4% の組成の石炭を完全燃焼させたとき，乾き燃焼ガス中の酸素濃度が 4.0% となる空気比は，およそいくらか．

（1）1.18　（2）1.23　（3）1.28　（4）1.33　（5）1.38

解説 乾き排ガスの体積は，燃料中の炭素，水素，酸素，窒素，硫黄が関係するが，炭素と水素以外は微量であり，大きな影響を与えないため，ここでは，炭素と水素だけを考える．

次のような表を作成して計算を行うと便利である．なお，乾き排ガスであるから水分（H_2O）の欄は不要である．

	O_2	空気	N_2	CO_2	H_2O
C 0.71 kg	1.33	6.33	5.00	1.33	
H 0.048 kg	0.27	1.29	1.02		0.54
合計		7.62	6.02	1.33	0.54

単位：$m^3{}_N$

【1】炭素の燃焼

$$\begin{array}{ccccc} C & + & O_2 & \rightarrow & CO_2 \\ 12\,kg & & 22.4\,m^3{}_N & & 22.4\,m^3{}_N \\ 0.71\,kg & & X_1\,m^3{}_N & & \end{array}$$

O_2 は，$X_1 = 22.4 \times 0.71/12 \fallingdotseq 1.33\,m^3{}_N$

空気は，$1.33/0.21 \fallingdotseq 6.33\,m^3{}_N$

N_2 は，$6.33\,m^3{}_N \times 0.79 \fallingdotseq 5.00\,m^3{}_N$

CO_2 は，O_2 と同じで $1.33\,m^3{}_N$

【2】水素の燃焼

$$\begin{array}{ccccc} 2H & + & 1/2O_2 & \rightarrow & H_2O \\ 2\,kg & & 11.2\,m^3{}_N & & 22.4\,m^3{}_N \\ 0.048\,kg & & X_2\,m^3{}_N & & 2X_2\,m^3{}_N \end{array}$$

O_2は，$X_2 = 11.2 \times 0.048/2 \fallingdotseq 0.27\,m^3{}_N$

空気は，$0.27/0.21 \fallingdotseq 1.29\,m^3{}_N$

N_2は，$1.29\,m^3{}_N \times 0.79 \fallingdotseq 1.02\,m^3{}_N$

以上から理論乾き排ガス量は，

$$N_2 + CO_2 = 5.00\,m^3{}_N + 1.02\,m^3{}_N + 1.33\,m^3{}_N = 7.35\,m^3{}_N$$

である．過剰空気量を$X\,m^3{}_N$とすれば，排ガス中の酸素濃度が4%であるから，次式が成立する．

$$0.21X\,m^3{}_N/(X + 7.35)\,m^3{}_N = 0.04$$

$$X \fallingdotseq 1.73\,m^3{}_N$$

また，理論空気量は，$6.33\,m^3{}_N + 1.29\,m^3{}_N = 7.62\,m^3{}_N$

したがって，空気比は，次のように算出される．

$$空気比 = 実際空気量/理論空気量 = (1.73 + 7.62)\,m^3{}_N/7.62\,m^3{}_N \fallingdotseq 1.23$$

以上から（2）が正解．　　▶答（2）

3.3 燃焼方法および装置

■ 3.3.1 気体および油燃焼におけるすすの発生

問題1　【令和2年 問7】

すすの発生とその防止に関する記述として，誤っているものはどれか．

（1）ガス燃焼では，空気比1.1程度でもほとんどすすを発生することはない．

（2）ガス燃焼では，拡散燃焼のほうが予混合燃焼よりもすすは発生しにくい．

（3）中・小形ボイラでの重油燃焼では，炎が水冷壁に当たり，すすが発生することがある．

（4）ストーカー燃焼では，局所的な空気不足があると，すすが発生する．

（5）大形ボイラでの微粉炭燃焼では，すすはほとんど発生しない．

解説（1）正しい．ガス燃焼では，空気比1.1程度でもほとんどすすを発生することはない．

（2）誤り．ガス燃焼では，拡散燃焼の方が予混合燃焼よりもすすは発生しやすい．

（3）正しい．中・小形ボイラーでの重油燃焼では，炎が水冷壁に当たり，すすが発生することがある．

（4）正しい．ストーカー燃焼（火格子燃焼）では，局所的な空気不足があると，すすが発生する．

(5) 正しい．大形ボイラーでの微粉炭燃焼では，重油燃焼のようにバーナーを使用し，空気との混合が良いため，すすはほとんど発生しない．

▶答 (2)

■ 3.3.2　燃焼と燃焼装置の特性

問題1　【令和5年 問5】

ガス燃焼の予混合気では，未燃混合気側に火炎面はある速度 v (m/s) で移動し，その速度を予混合気の燃焼速度 v という．火炎面は，混合気の流速とこの燃焼速度がつり合う位置に見かけ上静止する．条件の異なる予混合気をスリット状の噴出口から，流速 U (m/s) で流出させたとき，下図に示すように噴出口の上部に火炎面が二等辺三角形の等しい2辺となる平面状の火炎が形成された．予混合気の流速 U と頂角が図に示される値であるとき，燃焼速度 v (m/s) が最も大きいものはどれか．必要なら，表の数値を用いて良い．

三角関数の値

θ (度)	$\sin\theta$	$\cos\theta$	$\tan\theta$
15	0.2588	0.9659	0.2679
30	0.5000	0.8660	0.5774
45	0.7071	0.7071	1.0000
60	0.8660	0.5000	1.7321

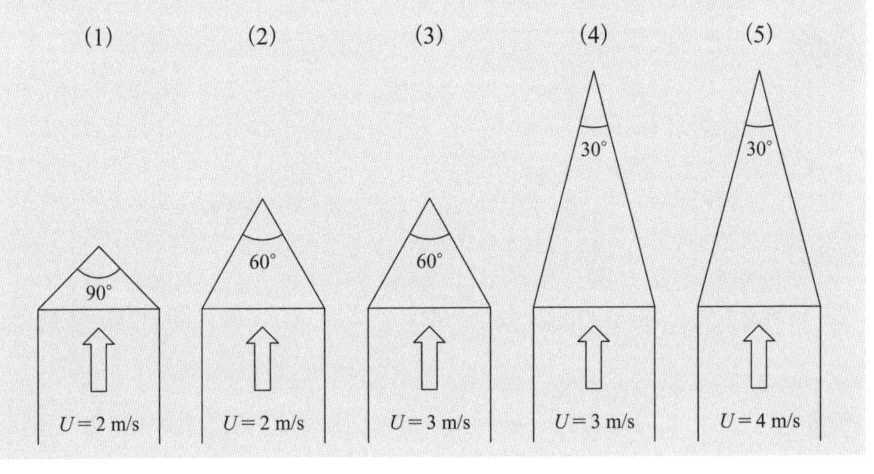

解説 火炎面の速度（燃焼速度）vは，火炎面に対して法線で与えられる．したがって，スリット状の噴出口から流速Uで流出し，頂角θの火炎が形成されるとき，$v = U\sin(\theta/2)$となる（**図 3.1** 参照）．

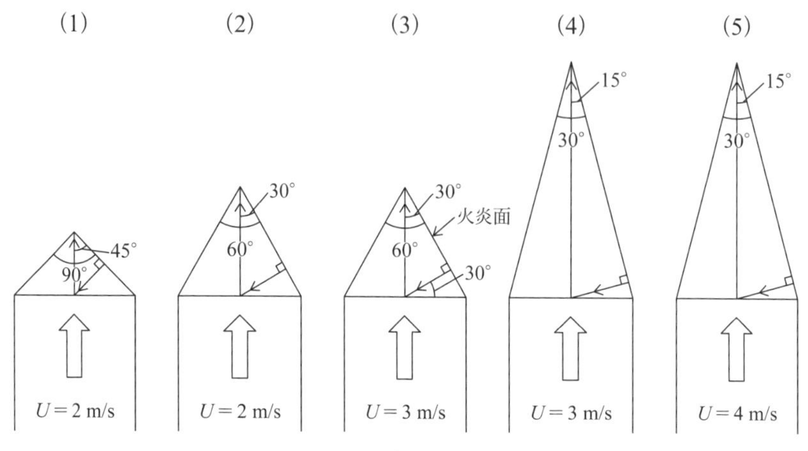

図 3.1　頂角と燃焼速度

(1) $v = 2\,\mathrm{m/s} \times \sin(90°/2) = 2\,\mathrm{m/s} \times 0.7071 = 1.4142\,\mathrm{m/s}$

(2) $v = 2\,\mathrm{m/s} \times \sin(60°/2) = 2\,\mathrm{m/s} \times 0.5000 = 1.0000\,\mathrm{m/s}$

(3) $v = 3\,\mathrm{m/s} \times \sin(60°/2) = 3\,\mathrm{m/s} \times 0.5000 = 1.5000\,\mathrm{m/s}$

(4) $v = 3\,\mathrm{m/s} \times \sin(30°/2) = 3\,\mathrm{m/s} \times 0.2588 = 0.7764\,\mathrm{m/s}$

(5) $v = 4\,\mathrm{m/s} \times \sin(30°/2) = 4\,\mathrm{m/s} \times 0.2588 = 1.0352\,\mathrm{m/s}$

以上から（3）が正解．

▶答（3）

問題 2 【令和 5 年 問 6】 

液体燃料と固体燃料の燃焼装置に関する記述として，誤っているものはどれか．

(1) 高圧気流式バーナーと油圧式バーナーでは，より狭角の火炎を形成するのは，油圧式バーナーである．

(2) 油圧式噴霧バーナーでは，戻り油式にすると油量調節範囲が大きくなる．

(3) 高圧気流式噴霧バーナーでは，噴霧媒体として蒸気又は空気が使用される．

(4) 流動層燃焼では，一般にガス流速は，循環形が気泡形より大きくなる．

(5) 水平燃焼法を用いた微粉炭燃焼の大形ボイラーでは，一般に対向燃焼が採用される．

解説 （1）誤り．高圧気流式バーナーは，**図 3.2** に示すように，比較的高圧（100 ～ 1,000 kPa）の空気または水蒸気の高速の気流によって油を霧化するバーナーである．油と噴霧媒体の混合場所によって内部混合形と外部混合形がある．噴霧角度は狭角（20～30°）で油調節範囲が広いが，燃焼時に騒音が発生する欠点がある（**表 3.6** 参照）．

油圧式バーナーは，**図 3.3** に示すように，加圧して渦巻室で旋回させ細孔から噴霧させて霧化する広角の火炎で，供給圧力をほぼ一定にして戻り油の圧力を変化させ噴霧量を変化させることができ，油量調節範囲が広い．特徴については表 3.6 参照．

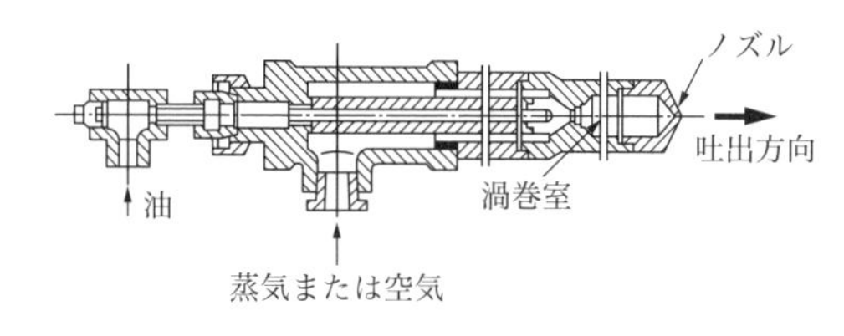

内部混合形

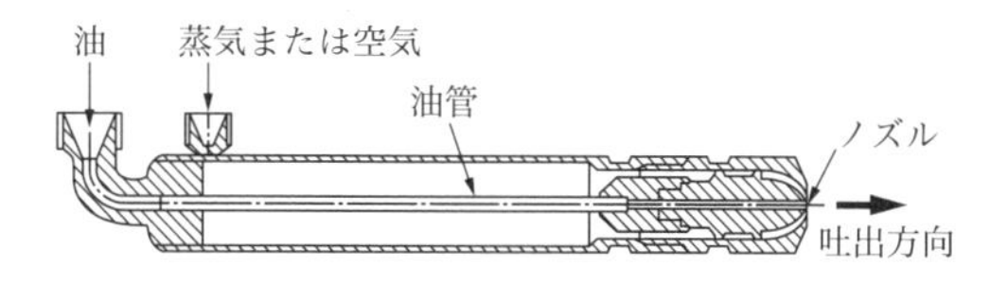

外部混合形

図 3.2　高圧気流式バーナー [15]

表 3.6　各種バーナーの特性と用途

（出典：吉田邦夫監修『油燃焼の理論と実際』，省エネルギーセンター（1992））

バーナー形式	燃料使用範囲〔L/h〕	油量調節範囲	火炎の形状	用途
油圧式	50～5,000	非戻り油形 1：1.5～2 戻り油形 1：3.0～3.5	広角の火炎で，長さは空気の供給によって変化するが，比較的短い．	負荷変動の少ない発電用，船用，その他大形ボイラー
回転式	20～2,000	1：2～5	比較的広角になり，長さは空気の供給によって変化できる．	負荷変動のある中・小形ボイラー
高圧気流式	内部混合形 10～3,000 外部混合形 10～600	内部混合形 1：5～8 外部混合形 1：3～6	最も狭角で長炎になり，内部混合形の方がやわらかい炎になる．	製鋼用平炉，連続加熱炉，ガラス溶融炉，セメントキルンその他均一加熱の必要な高温加熱炉
低圧空気式	連動形 1.5～150 非連動形 4～200	1：4～6	比較的狭角で長さも短いが，一次・二次空気で変化できる．	小形加熱炉，熱処理炉その他比較的小規模の加熱装置

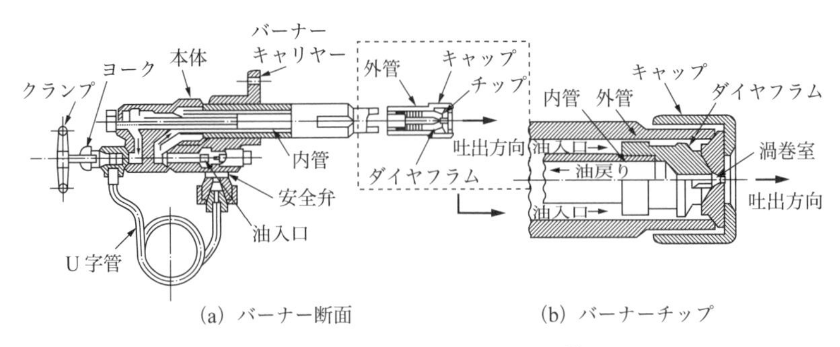

図 3.3　油圧式バーナー（戻り油形）[15]

(2) 正しい．油圧式噴霧バーナーでは，戻り油式（図 3.3 参照：供給圧力をほぼ一定にして戻り油の圧力を変化させ噴霧量を変化させる方式）にすると油量調節範囲が大きくなる．

(3) 正しい．高圧気流式噴霧バーナーでは，噴霧媒体として蒸気または空気が使用される（図 3.2 参照）．

(4) 正しい．流動層燃焼では，一般にガス流速は，気泡形（**図 3.4** および **図 3.5** 参照）より循環形（**図 3.6** 参照）が大きくなる（**図 3.7** 参照）．気泡形は分散板上に粒子径 1 ～ 5 mm 程度の粗粒炭および石灰石粒子を供給し，分散板からの上向きの空気により石炭を流動化して燃焼させる方式で，空塔速度は 1 ～ 2 m/s 程度である．層内温度は 800 ～ 900°C で，フリーボード部では飛び出した粒子を降下させるために燃焼が行われ，同時に CO や未燃ガスの燃焼も行われる．循環形は，燃焼室の構造は基本的には気泡形と同様であるが，空塔速度（4 ～ 8 m/s）を上げて主燃焼室から飛び出した未燃物を高温サイクロンで捕捉し粒子を強制的に循環させて，燃焼時間を長く保ち，完全な燃焼を目指している．

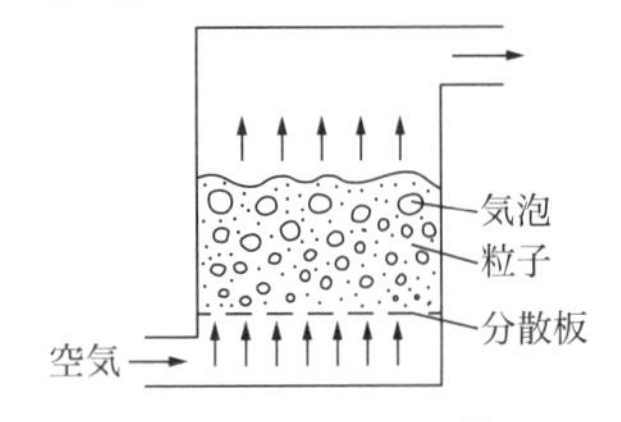

図 3.4　気泡流動層[18]

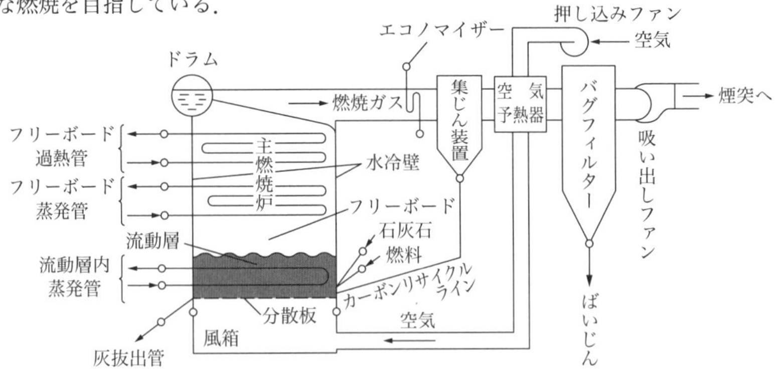

図 3.5　気泡流動層燃焼ボイラーの概略図[18]

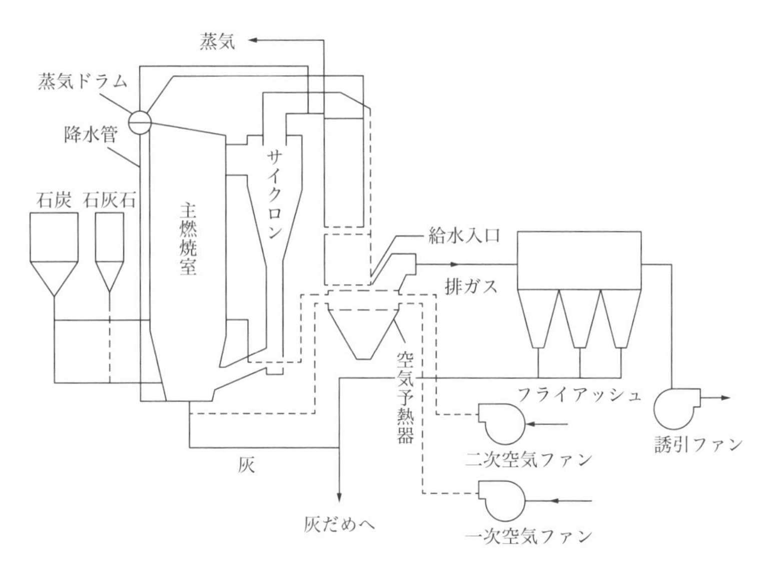

図 3.6　循環流動層燃焼ボイラーの概略図 [18)]

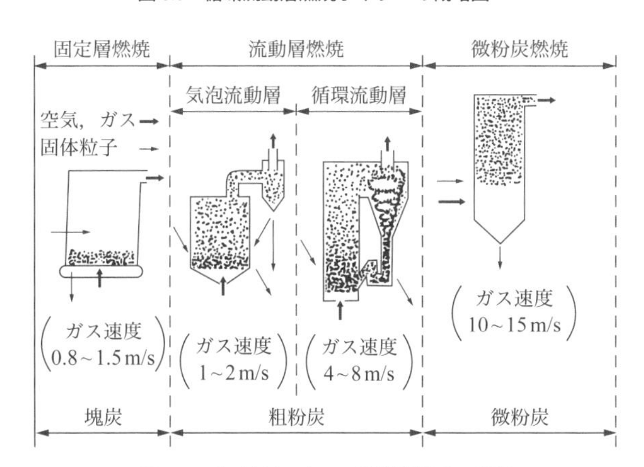

図 3.7　ガス流速による石炭燃焼装置の分類
（出典：新井紀男『燃焼生成物の発生と抑制技術』，テクノシステム（1997））

(5) 正しい．水平燃焼法を用いた微粉炭燃焼の大形ボイラーでは，一般に前後壁または両側壁にバーナーを配置した対向燃焼が採用される．　▶答 (1)

問題3　【令和5年 問7】

石炭燃焼とその装置に関する記述として，誤っているものはどれか．

(1) ストーカー燃焼は，鋳物製などの火格子上に固体燃料を支持して燃焼を行う方式である.

(2) 散布式ストーカーでは，回転するロータにより大粒径の燃料は近くに，小粒径のものは遠くへ散布される.

(3) 流動層燃焼ボイラーには，常圧形と加圧形がある.

(4) 炉内脱硫を行う流動層燃焼では，石灰石を流動媒体として用いる.

(5) 微粉炭燃焼は，固体燃焼でありながら固定層燃焼とは全く異なり，むしろガス燃焼，油燃焼に近い.

解説 (1) 正しい. ストーカー（火格子）燃焼は，鋳物製などの火格子上に固体燃料を支持して燃焼を行う方式である.

(2) 誤り. 散布式ストーカーでは，回転するロータにより，燃焼に時間のかかる大粒径の燃料は遠方へ，小粒径のものは近くに散布される（**図 3.8** 参照）.

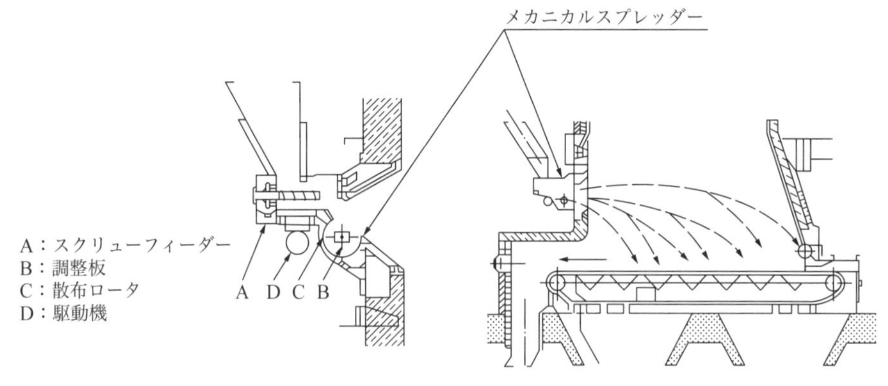

図 3.8 散布式ストーカー燃焼装置 [18)]

(3) 正しい. 流動層燃焼ボイラー（図 3.5 および図 3.6 参照）には，常圧形と加圧形がある. 加圧形は，約 850°C，6 ～ 20 気圧の加圧下で燃焼させるもので，高温高圧の燃焼ガスによりガスタービンを駆動し，蒸気タービンとのコンバインドサイクルを組むことで発電効率が高い. また，常圧の燃焼に比べて高い脱硫率が得られる.

(4) 正しい. 炉内脱硫を行う流動層燃焼では，石灰石を流動媒体として用いる.

(5) 正しい. 微粉炭燃焼（200 メッシュふるい通過（74 μm 以下）80% 程度）は，燃焼にバーナーを使用するため，固体燃焼でありながら固定層燃焼とは全く異なり，むしろガス燃焼，油燃焼に近い.

▶ 答 (2)

問題 4 【令和 4 年 問 5】

ガスタービンに関する記述として，誤っているものはどれか.

(1) 主に，圧縮機，燃焼器，タービンの三つの要素から成っている．

(2) 一般に，ばいじんの発生量は燃焼器圧力の上昇に伴って減少する．

(3) サーマル NO_x の生成を抑えるうえで，高温燃焼領域の滞留時間を短くすることが有効である．

(4) 排ガス中の大気汚染物質として SO_x を含むことがある．

(5) 都市ガス，LNGだけでなく，多様な燃料の利用が図られている．

解説 (1) 正しい．主に，圧縮機，燃焼器，タービンの3つの要素から成っている（**図3.9**参照）．

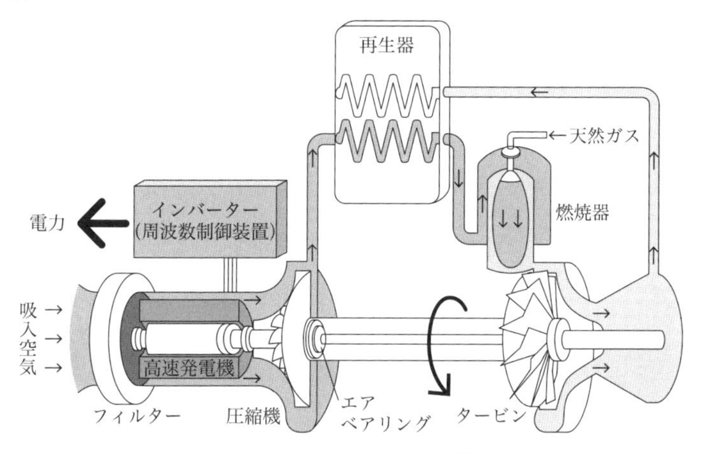

図3.9 ガスタービンの構造[13)]

(2) 誤り．一般に，ばいじんの発生量は燃焼器圧力の上昇に伴って上昇する．

(3) 正しい．サーマル NO_x の生成を抑えるうえで，高温燃焼領域の滞留時間を短くすることが有効である（**図3.10**参照）．

(4) 正しい．排ガス中の大気汚染物質として，燃料中にS成分があれば，SO_x を含むことがある．

(5) 正しい．都市ガス，LNGだけでなく，多様な燃料の利用が図られている．

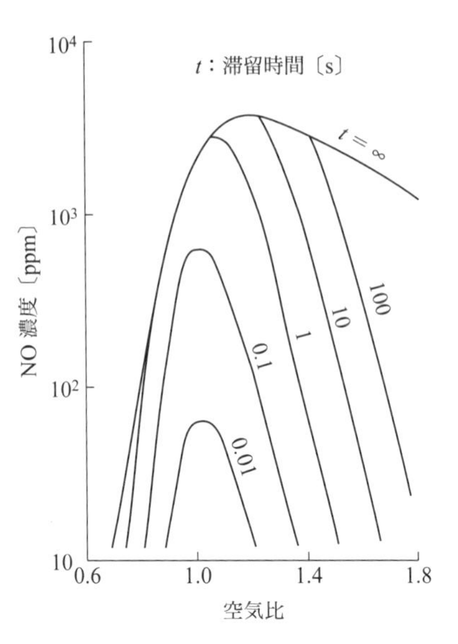

図 3.10　理論燃焼温度における滞留時間と NO_x 生成量 [16]

▶答（2）

問題 5

【令和 3 年 問 5】

下記の（ア）と（イ）の特徴をもつ油燃焼バーナーはどれか.

（ア）一般に，広角の火炎形状となる.

（イ）一般に，負荷変動のある中・小形ボイラーに適している.

(1) 非戻り油形油圧式バーナー

(2) 戻り油形油圧式バーナー

(3) 回転式バーナー

(4) 高圧気流式バーナー

(5) 低圧空気式バーナー

解説　(1) 該当しない．非戻り油形油圧式バーナーは，**図 3.11** に示すように加圧して渦巻室で旋回させ細孔から噴霧させて霧化する．大型ボイラーやセメントキルンに使用される．特徴については表 3.6 参照.

(2) 該当しない．戻り油形油圧式バーナーは，図 3.3 に示すように加圧して渦巻室で旋回させ細孔から噴霧させて霧化するが，供給圧力をほぼ一定にして戻油の圧力を変化させ噴霧量を変化させることができる．油量調節範囲が広くなる．特徴については表 3.6 参照.

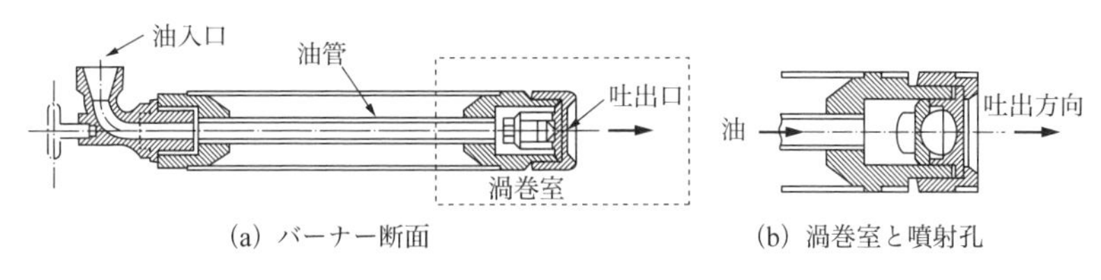

図 3.11　油圧式バーナー（非戻り油形）[15]

(3) 該当する．回転式バーナーは，**図 3.12** に示すように回転する霧化筒の端で油を遠心力で飛散させ，さらに高速空気流で微細化するもので，軸の回転数は 3,000 ～ 7,000 min^{-1}，噴霧角度 35 ～ 80° である．一般に広角の火炎形状となり，負荷変動のある中・小形ボイラーに適している．特徴については表 3.6 参照．

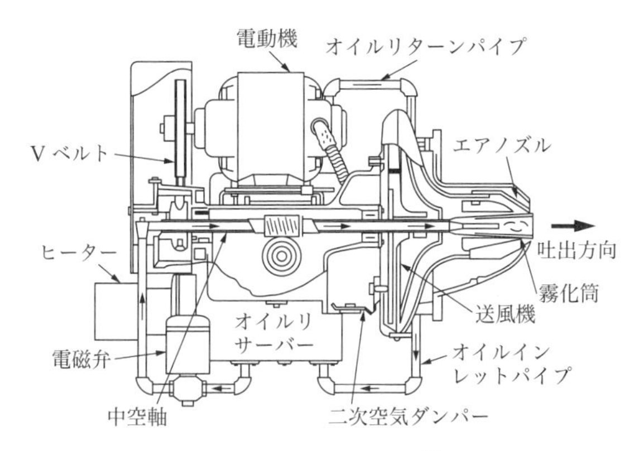

図 3.12　回転式バーナー [15]

(4) 該当しない．高圧気流式バーナーは，図 3.2 に示すように比較的高圧（100 ～ 1,000 kPa）の空気または水蒸気の高速の気流によって油を霧化するバーナーである．油と噴霧媒体の混合場所によって内部混合形と外部混合形ある．噴霧角度は 20 ～ 30° で油調節範囲が広いが，燃焼時に騒音が発生する欠点がある（表 3.6 参照）．

(5) 該当しない．低圧空気式バーナーは，**図 3.13**，**図 3.14** に示すように噴霧媒体は空気でバーナー入口空気圧力は数 kPa である．連動形のものは，比例調節式バーナーといい，自動燃焼制御

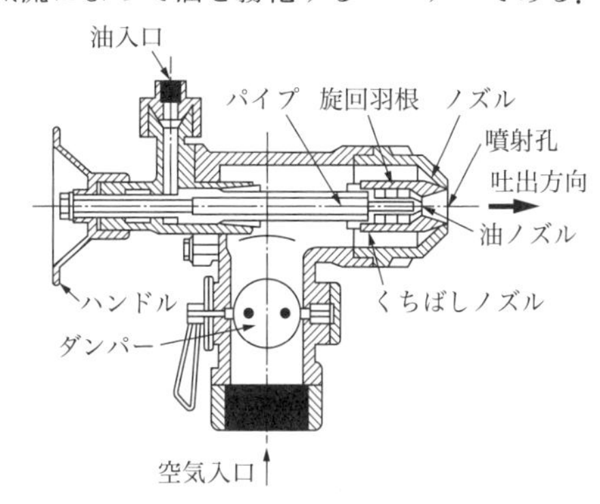

図 3.13　低圧空気式バーナー（非連動形）[15]

が容易で油量の微量調節が可能である（表3.6参照）.

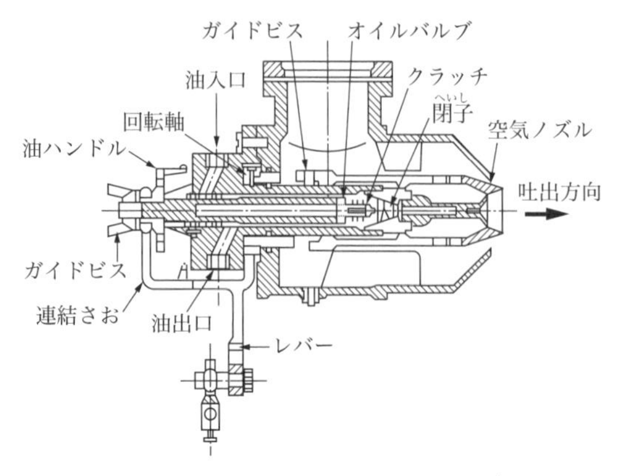

図3.14　比例調節式バーナー（連動形）[15]

▶答（3）

問題6　【令和2年 問6】

（ア）～（ウ）の特徴をもつ燃焼装置の組合せとして，正しいものはどれか.

（ア）ガスが層流となる流速条件では，火炎長はガス流速に比例するガス燃焼装置

（イ）低負荷でも良好な噴霧状態が維持可能で，油量調節範囲が広いバーナー

（ウ）ガス流速が，1～2 m/s程度である固体燃焼装置

	（ア）	（イ）	（ウ）
(1)	拡散燃焼	油圧式	微粉炭燃焼
(2)	拡散燃焼	高圧気流式	気泡流動層燃焼
(3)	予混合燃焼	高圧気流式	ストーカー燃焼
(4)	予混合燃焼	回転式	気泡流動層燃焼
(5)	部分予混合燃焼	油圧式	微粉炭燃焼

解説　（ア）「拡散燃焼」である．ガスが層流となる流速条件では，拡散燃焼（燃焼室で燃料と空気を混合して燃焼する方式）を表し，**図3.15**のように火炎長はガス流速に比例する領域がある．なお，あらかじめ燃料と空気を混合して燃焼室で燃焼する方式は予混合燃焼という.

（イ）「高圧気流式」である．表3.6に示すように低負荷でも良好な噴霧状態が維持可能で，油量調節範囲が最も広いバーナーである.

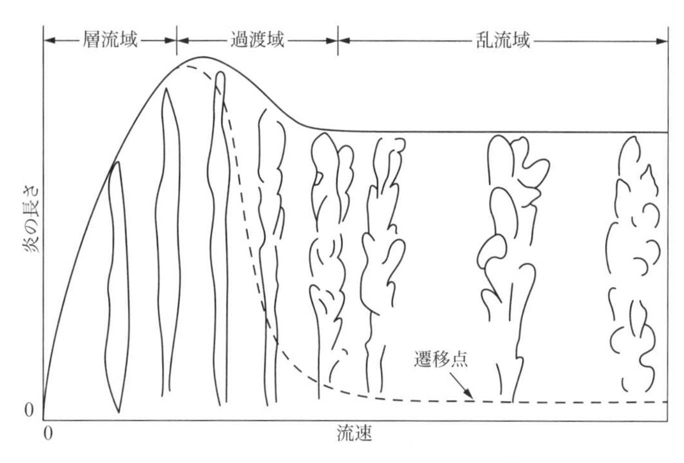

図 3.15　拡散炎の長さと噴出流速との関係 [5)]

(ウ)「気泡流動層燃焼」である．図 3.4，図 3.5 および図 3.7 に示すように，流動層の下部から燃焼空気を供給して粗粉炭を気泡のように流動させながら燃焼させるもので，ガス流速が 1 ～ 2 m/s 程度の固体燃焼装置である．

以上から（2）が正解．

▶答（2）

問題 7　【令和元年 問 5】

油バーナーに関する記述として，誤っているものはどれか．

(1) 油圧式バーナーでは，戻り油形の油量調節範囲は，非戻り油形のそれより狭い．

(2) 回転式バーナーの軸回転数は，毎分 3,000 ～ 7,000 回転程度である．

(3) 回転式バーナーは，負荷変動のある中小形ボイラーに多く用いられる．

(4) 高圧気流式バーナーには，油と噴霧媒体の混合位置により，内部混合形と外部混合形がある．

(5) 低圧空気式バーナーの噴霧媒体である空気のバーナー入口圧力は，数 kPa 程度である．

解説　(1) 誤り．油圧式バーナー（霧吹きと原理は同様）では，油量に関係なく油に掛ける圧力を比較的一定にすることができるので，戻り油形の油量調節範囲は，非戻り油形のそれより広い（表 3.6 参照）．

(2) 正しい．回転式バーナーの軸回転数は，毎分 3,000 ～ 7,000 回転程度である．

(3) 正しい．回転式バーナーは，負荷変動のある中小形ボイラーに多く用いられる．

(4) 正しい．高圧気流式バーナーには，油と噴霧媒体の混合位置により，内部混合形（バーナーの中で媒体と燃料を混合する方式）と外部混合形（油がバーナーを出たあと，すなわち燃焼室で媒体と燃料が混合する方式）がある（表3.6参照）.

(5) 正しい．低圧空気式バーナーの噴霧媒体である空気のバーナー入口圧力は，数kPa程度である．

▶答 (1)

問題8 【令和元年 問6】

ガスタービンに関する記述として，誤っているものはどれか．

(1) 圧縮機，燃焼器，タービンの三つの要素から成っている．

(2) 都市ガス，LNGの他，軽油，灯油なども使用できる．

(3) 燃焼過程で，ばいじんは発生しない．

(4) 生成されるNO_xは，サーマルNO_xが主である．

(5) 高温燃焼領域の滞留時間を短くするほど，NO_xの生成は少ない．

解説 (1) 正しい．圧縮機，燃焼器，タービンの3つの要素から成っている（図3.9参照）.

(2) 正しい．都市ガス，LNGの他，軽油，灯油なども使用できる．

(3) 誤り．燃焼過程で，局所的に不完全燃焼があるためばいじんは発生する．

(4) 正しい．生成されるNO_xは，サーマルNO_x（高温で空気中の窒素が酸化されて生成する窒素酸化物をいう）が主である．

(5) 正しい．高温燃焼領域の滞留時間を短くするほど，反応時間の長いNO_xの生成は少ない．

▶答 (3)

問題9 【平成30年 問5】

燃焼方法（ガス燃焼，油燃焼，石炭燃焼）に関する記述として，誤っているものはどれか．

(1) 予混合燃焼では，混合気流速が小さくなると，逆火の危険性がある．

(2) 拡散燃焼の層流域では，流速の増加にほぼ比例して火炎は長くなる．

(3) 重油のような残留油を微小な油滴群にしてから燃焼させる方式を蒸発燃焼という．

(4) 石炭の燃焼方法は，ガス流速の違いにより，固定層燃焼，流動層燃焼，微粉炭燃焼の三つに大別される．

(5) 微粉炭燃焼は，発電用ボイラーなど大形ボイラーの主流となっている．

解説 (1) 正しい．予混合燃焼（あらかじめ燃料と空気を燃焼室に入る前までに混合する方式）では，混合気流速が小さくなると，逆火の危険性がある．

(2) 正しい．拡散燃焼（燃焼室で燃料と空気を混合する方式）の層流域では，流速の増加にほぼ比例して火炎は長くなる（図3.15参照）.

(3) 誤り．重油のような残留油を微小な油滴群にしてから燃焼させる方式を噴霧燃焼という．蒸発燃焼は，ストーブの燃焼のように芯を用いた方式である．

(4) 正しい．石炭の燃焼方法は，ガス流速の違いにより，固定層燃焼，流動層燃焼，微粉炭燃焼の3つに大別される（図3.7参照）．

(5) 正しい．微粉炭燃焼は，発電用ボイラーなど大形ボイラーの主流となっている．

▶答（3）

問題10 【平成30年 問6】

火炎形状が最も狭角で長炎となる液体燃料バーナーの形式はどれか．

(1) 高圧気流式

(2) 低圧空気式

(3) 非戻り油形油圧式

(4) 戻り油形油圧式

(5) 回転式

解説 (1) 該当する．高圧気流式は，空気または蒸気の高速流によって油を霧化するので，最も狭角で長炎となるが，燃焼騒音が大きい（表3.6参照）．

(2) 該当しない．低圧空気式は，噴霧媒体には空気を使用し，その圧力は数kPa（大気圧との差圧）程度であり，比較的狭角の火炎で長さも短い（表3.6参照）．

(3) 該当しない．非戻り油形油圧式は，霧吹きと原理は同じで細い穴から圧力をかけて押し出すもので，広角の火炎で比較的短く，油量調節範囲は戻り油形油圧式より小さい（表3.6参照）．

(4) 該当しない．戻り油形油圧式は，霧吹きと原理は同じで細い穴から圧力をかけて押し出すもので，広角の火炎で比較的短く，油量調節範囲は非戻り油形油圧式より大きい．

(5) 該当しない．回転式は，回転軸に取り付けられたカップの内側で油膜を形成し，遠心力により油を微細化するもので，比較的広角の火炎となり，長さは空気の供給によって変化する（図3.16参照）．

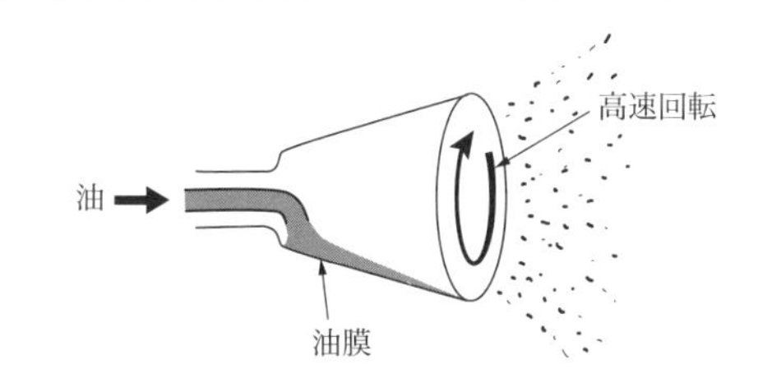

図3.16 回転式バーナー

▶答（1）

■ 3.3.3 通　風

問題1　【令和3年 問6】

下図は燃焼装置の通風のための構成要素を示したものである．平衡通風で使用される構成要素の組合せとして，正しいものはどれか．

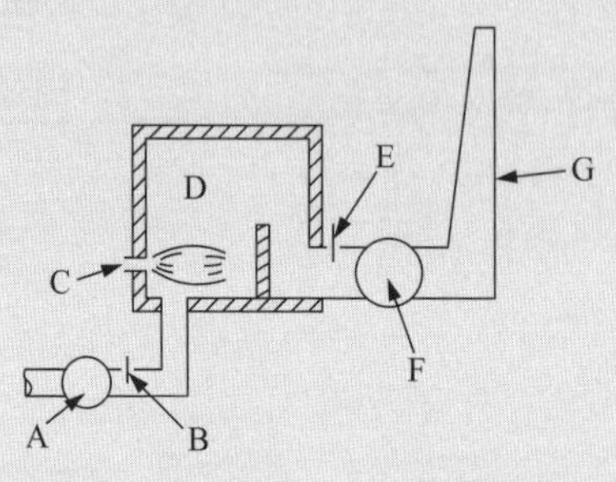

A，F：通風機　　D：燃焼室
B，E：ダンパー　G：煙突
C：バーナー

(1) A　B　C　D　G
(2) C　D　E　F　G
(3) B　C　D　G
(4) A　B　C　D　E　F　G
(5) B　C　D　E　F　G

解説　平衡通風とは，通風機AおよびF，ダンパーBおよびEを備えて炉内圧を自由に調節できるもので，ほかにバーナーC，燃焼室D，煙突Gが必要である．

以上から（4）が正解．　▶答（4）

題2　【平成30年 問7】

燃焼装置の通風に関する記述として，誤っているものはどれか．

(1) 押込通風では，排ガス温度をある一定温度以下には下げられない．
(2) 吸引通風では，炉内圧は負圧となる．
(3) 平衡通風では，炉内圧を自由に調節できるので，負荷変動に対応できる．
(4) 煙突の通風力は，煙突の高さの2乗に比例する．
(5) 煙突の通風力は，燃焼排ガスの温度が同じであれば，大気温度が低いほど大きくなる．

解説 (1) 正しい．押込通風（図3.17参照）では，排ガス温度を下げると，煙突の通風力が低下するため炉内圧が高くなり，炉から火を吹くので，排ガス温度をある一定温度以下に下げられない．

(2) 正しい．吸引通風では，炉内圧は負圧となる．

(3) 正しい．平衡通風（押込通風機と吸引通風機を同時に運転する方式）では，炉内圧を自由に調節できるので，負荷変動に対応できる．

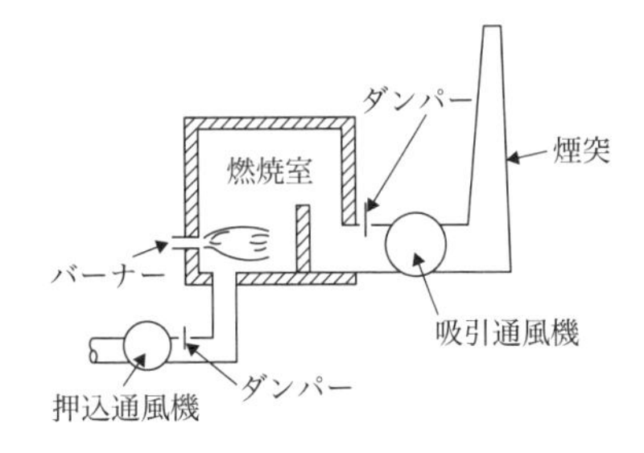

図3.17　押込通風

(4) 誤り．煙突の通風力Pは，煙突の高さHを用いて，次の式で表される．

$$P \fallingdotseq 355 \times 9.8 \times H \times (1/(273 + t_a) - 1/(273 + t_g))$$

ここに，t_a：大気温度〔°C〕，t_g：排ガス温度〔°C〕

したがって，煙突の通風力は，煙突の高さに比例する．

(5) 正しい．煙突の通風力は，燃焼排ガスの温度が同じであれば，大気温度が低いほど大きくなる．上の式からt_aの値が小さくなるほどPが大きくなる．　▶答 (4)

■ 3.3.4　燃焼排ガスによる高温腐食・低温腐食

問題1　【令和4年 問6】

重油燃焼ボイラーの高温腐食において，一般にバナジウムアタックを促進する物質はどれか．

(1) 塩化ナトリウム
(2) 硫酸ナトリウム
(3) 塩化カルシウム
(4) 硫化カルシウム
(5) 硫酸カルシウム

解説 バナジウムアタックとは，五酸化バナジウムV_2O_5（融点675°C）が融解して，他の金属の腐食を引き起こす現象である．硫酸ナトリウムがあると，融点が約100°C程度低下して一層液化しやすくなるため，腐食を促進する．

以上から (2) が正解．　▶答 (2)

■ 3.3.5 燃焼管理用計測器

問題1 【令和4年 問7】

燃焼管理に使用される酸素計と二酸化炭素計に関する記述として，誤っているものはどれか.

(1) 磁気式酸素計には，磁気風方式と磁気力方式がある.

(2) 磁気式酸素計の測定に誤差を与えるガスに，NOがある.

(3) ジルコニア方式酸素計では，ジルコニア素子を高温に保つ必要がある.

(4) CO_2は，その赤外線領域の吸収量を計測することにより，濃度を連続測定できる.

(5) 電気式二酸化炭素計では，CO_2の熱伝導率が空気のそれに比べ非常に大きいことを利用している.

解説 (1) 正しい. 磁気式酸素計には，酸素（O_2）が常磁性で磁界に吸引されることを利用した磁気風方式（**図3.18**参照）と磁気力方式（**図3.19**および**図3.20**参照）がある. 前者の磁気風方式は，吸引されるO_2による磁気風が起こり，これにより白金線が冷却され，その結果生ずる電気抵抗の変化を比較セルと比較してO_2濃度を計測する方式である. 後者の磁気力方式には，O_2が磁界に吸引される強さで，ダンベルの偏位置をダンベルの棒に取り付けた鏡からの反射光で計測し，O_2濃度を計測するダンベル形方式と，周期的に断続する磁界内でO_2分子に働く断続的な吸引力を，磁界内に一定流量で流入する補助ガス（窒素（N_2）または空気）の背圧変化量として検出する圧力検出形方式がある.

(2) 正しい. 磁気式酸素計の測定に誤差を与えるガスに，O_2に対し43.8%の大きさの磁性を持つ一酸化窒素（NO）がある.

(3) 正しい. ジルコニア方式は，高温状態（700～750°C）のジルコニアが電解質となり，薄いジルコニア素子の両面にO_2濃度差を与えると，濃度差に応じて起電力が生じることを利用する方式である. なお，ジルコニア方式酸素計の干渉成分，例えば一酸化炭素（CO）など可燃性物質の存在によって実際より低い値を示す（**図3.21**参照）.

(4) 正しい. 二酸化炭素（CO_2）は，その赤外線領域の吸収量を計測することにより，濃度を連続測定できる.

(5) 誤り. 電気式二酸化炭素計（**図3.22**参照）では，CO_2の熱伝導率が空気のそれに比べ非常に小さいこと（**表3.7**参照）を利用している. 図3.22において，測定ガス（熱伝導率が低い）が通る白金線の温度は，標準ガス（熱伝導率が高い）が通る白金線の温度より高くなるので，ホイートストンブリッジを使用して検量線からCO_2濃度を計測する.

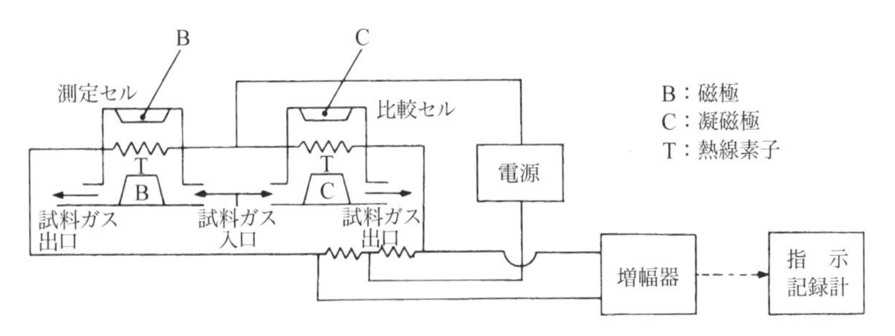

図 3.18　磁気風方式酸素計 [7)]

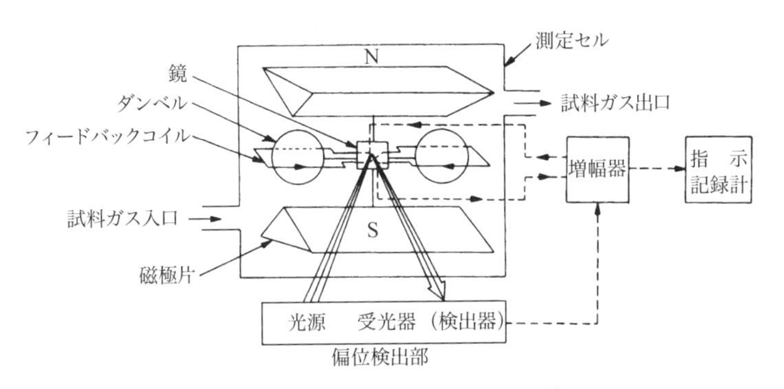

図 3.19　ダンベル形磁気力方式酸素計 [7)]

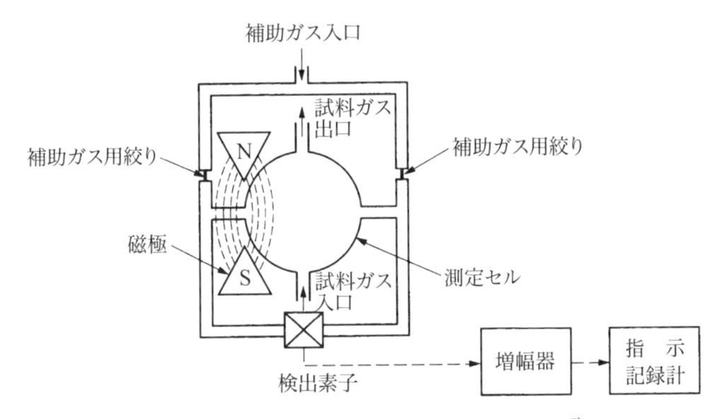

図 3.20　圧力検出形磁気力方式酸素計の構成例 [7)]

第3章　大気特論

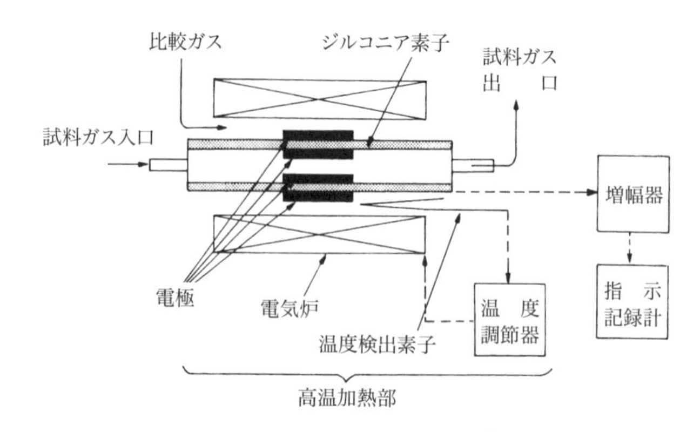

図 3.21　ジルコニア方式酸素計[7)]

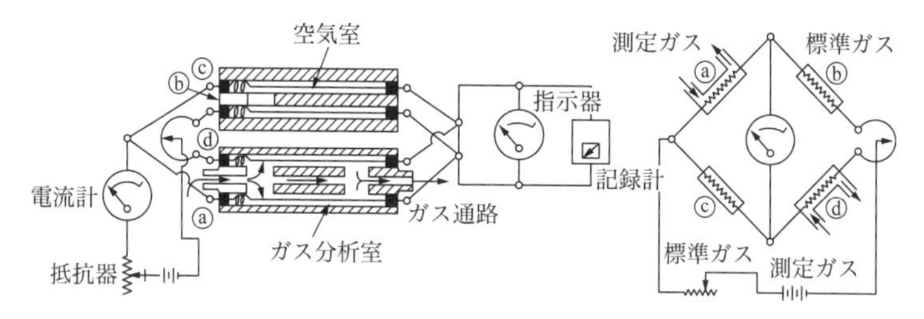

図 3.22　電気式二酸化炭素計[1)]

表 3.7　各種ガスの熱伝導率の比較[1)]

ガス	熱伝導率
空気	100
N_2	100
O_2	101
H_2	712
SO_2	34
CO_2	59
CO	97
CH_4	132
C_2H_2	78

▶答（5）

問題 2　【令和元年 問 7】

燃焼管理に用いる酸素（O_2）自動計測器とその干渉成分の組合せとして，誤っているものはどれか.

	(計測器)	(干渉成分)
(1)	磁気式O_2計	NO_2
(2)	電極方式O_2計	SO_2
(3)	電極方式O_2計	CO_2
(4)	ジルコニア方式O_2計	CO
(5)	ジルコニア方式O_2計	SO_2

解説 (1) 誤り. 磁気式酸素 (O_2) 計は, O_2が常磁性 (磁界に吸引される性質) であることを利用したもので, 磁気風方式 (吸引されるO_2による磁気風が起こり, これにより白金線が冷却され, その結果生ずる電気抵抗の変化を比較セルと比較してO_2濃度を計測する方式) と, 磁気力方式 (O_2が磁界に吸引される強さで, ダンベルの偏位置をダンベルの棒に取り付けた鏡からの反射光で計測し, O_2濃度を計測する方式) がある. 二酸化窒素 (NO_2) も常磁性があるので, NO_2は磁気式の妨害成分になるが, 排ガス中のNO_2濃度はO_2濃度よりもはるかに低いので実用上問題はない (図3.18, 図3.19および図3.20参照).

(2) 正しい. 電極方式O_2計は, ガス透過性隔膜を通して電解槽中に拡散吸収されたO_2が固体電極表面上で還元される際に生じる電解電流を検出する方式である. この方式では, 酸化還元反応する二酸化硫黄 (SO_2) は干渉成分となる (**図3.23**参照).

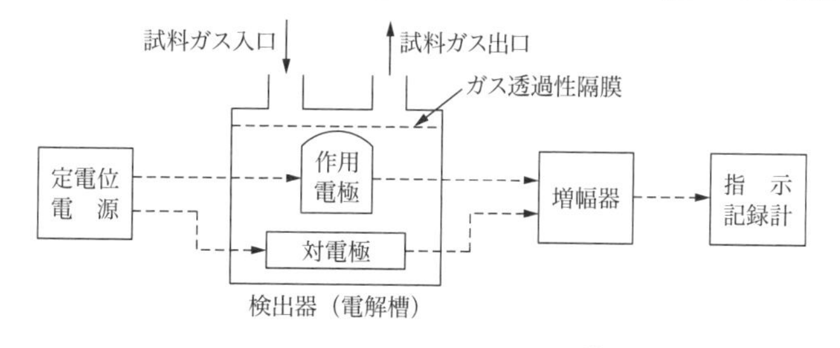

図3.23 電極方式酸素計の構成例 [13]

(3) 正しい. 電極方式O_2計において, 酸化還元反応を示す二酸化炭素 (CO_2) も干渉成分である.

(4) 正しい. ジルコニア方式は, 高温状態 (700～750°C) のジルコニアが電解質となり, 薄いジルコニア素子の両面にO_2濃度差を与えると, 濃度差に応じて起電力が生じることを利用した方式である. ジルコニア方式O_2計の干渉成分, 例えば一酸化炭素 (CO) など可燃性物質の存在によって実際より低い値を示す (図3.21参照).

(5) 正しい．ジルコニア方式O_2計の干渉成分はSO_2でジルコニア素子を腐食する．

▶答 (1)

3.4 排煙脱硫

■ 3.4.1 石灰スラリー吸収法

問題1 【令和5年 問9】 

排煙脱硫装置（石灰スラリー吸収法）の維持管理に関する記述として，誤っているものはどれか．

(1) 固形物付着による流路の狭隘（きょうあい）化は，排ガスの通風圧力損失の増大を招く．

(2) 吸収液のpHが高くなると脱硫率が下がる．

(3) 酸化反応用空気ノズルは，スケールが成長し閉塞しやすい．

(4) 空気供給流量の低下は，結晶粒子を含む吸収液の逆流を引き起こす．

(5) 空気が不足して酸化反応速度が低下すると，亜硫酸塩が残留する．

解説 (1) 正しい．固形物付着による流路の狭隘（きょうあい）化は，排ガスの通風圧力損失の増大を招く．

(2) 誤り．吸収塔における反応は，次のとおりである（**図3.24**および**図3.25**参照）．

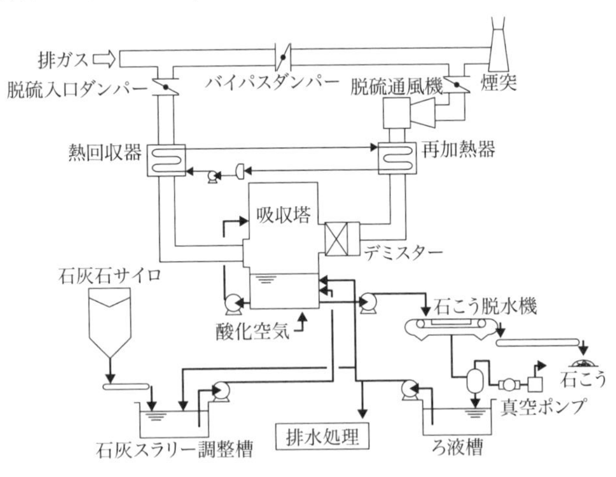

図3.24 スート混合方式による石灰スラリー吸収法（吸収塔酸化方式）[13]

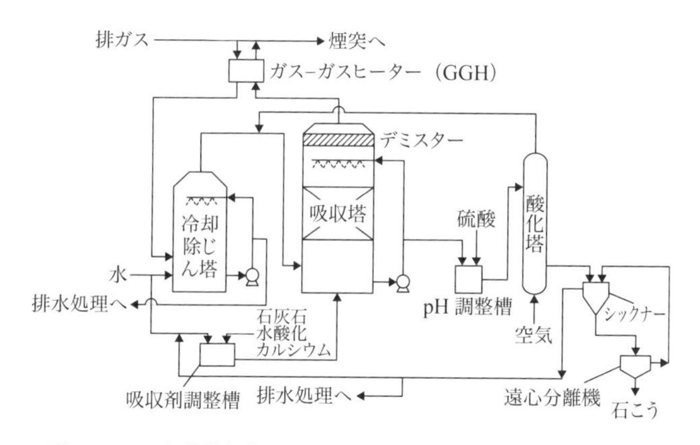

図 3.25　スート分離方式による石灰スラリー吸収法（別置き酸化方式）

$$CaCO_3 + SO_2 + 1/2H_2O \rightarrow CaSO_3 \cdot 1/2H_2O + CO_2$$

この反応において，吸収液のpHを高くすると，二酸化硫黄（SO_2）が多く吸収されるため石こうの脱硫率は上がるが，過剰の吸収剤が必要であるため石こうの純度は低下する．また，亜硫酸カルシウム（$CaSO_3$）は，pHが高くなると溶解度が低下して析出するので，pH6程度で吸収剤の供給量を調整し，排ガス中のSO_2を$CaCO_3$と反応させる．誤りは「脱硫率が下がる.」である．

(3) 正しい．酸化反応用空気ノズルは，スケールが成長し閉塞しやすい．酸化塔における空気酸化反応は，次のとおりである．

$$CaSO_3 \cdot 1/2H_2O + 1/2O_2 + 3/2H_2O \rightarrow CaSO_4 \cdot 2H_2O$$

(4) 正しい．空気供給流量の低下は，結晶粒子を含む吸収液の逆流を引き起こす．その結果，固形物が堆積しノズルが詰まりやすいので水洗浄が必要である．

(5) 正しい．空気が不足して酸化反応速度が低下すると，亜硫酸塩（$CaSO_3$）が残留する．

▶答 (2)

問題 2

【令和4年 問8】 

排煙脱硫プロセスの石灰スラリー吸収法に関する記述として，誤っているものはどれか．

(1) 吸収剤として，石灰石又は消石灰を5～15%含むスラリーが用いられる．

(2) スート分離方式は，スート混合方式に比べて石こうの品質を高めることができる．

(3) スート混合方式は，スート分離方式に比べてイニシャルコストが安くなる．

(4) 別置き酸化方式の酸化工程では，pH調整槽で硫酸の添加が不要になる．

(5) 吸収塔酸化方式の副生物回収工程では，石こうを分離したろ液は再利用できる．

解説 (1) 正しい．吸収剤として，石灰石または消石灰を5～15%含むスラリーが用いられる（図3.24および図3.25参照）．

(2) 正しい．スート分離方式は，スート（すす）を除去するため，スート混合方式に比べて石こうの品質を高めることができる．

(3) 正しい．スート混合方式は，スート分離方式に比べてイニシャルコストが安くなる．

(4) 誤り．別置き酸化方式（図3.25参照）の酸化工程では，pH6程度で稼働させるので，pH調整槽で硫酸の添加が必要になる．

(5) 正しい．吸収塔酸化方式の副生物回収工程では，石こう（$CaSO_4 \cdot 2H_2O$）を分離したろ液は再利用できる．

吸収塔：$CaCO_3 + SO_2 + 1/2H_2O \rightarrow CaSO_3 \cdot 1/2H_2O + CO_2$

酸化塔：$CaSO_3 \cdot 1/2H_2O + 1/2O_2 + 3/2H_2O \rightarrow CaSO_4 \cdot 2H_2O$

▶答（4）

問題3 【令和3年 問8】

排煙脱硫に用いる石灰スラリー吸収法のうち，吸収塔酸化方式の特徴として，誤っているものはどれか．

(1) 冷却除じん塔が不要である．

(2) 反応槽への硫酸の添加が必要である．

(3) 大気圧に近い条件下で，吸収液中に空気気泡を幅広く分散させる．

(4) 石灰石過剰率を低く抑えたままで高い脱硫率が得られる．

(5) 別置き酸化方式と比べて，電力費を低減できる．

解説 (1) 正しい．吸収塔酸化方式（スート混合方式による石灰スラリー吸収法）（図3.24参照）では，冷却除じん塔が不要である．スート分離方式については図3.25参照．

(2) 誤り．酸化反応により生成される硫酸が，極めて速く石灰石と反応するため，反応槽への硫酸の添加が不必要である．

(3) 正しい．大気圧に近い条件下で，吸収液中に空気気泡を幅広く分散させる．

(4) 正しい．石灰石過剰率を低く抑えたままで高い脱硫率が得られる．

(5) 正しい．別置き酸化方式（図3.25参照）と比べて，冷却除じん塔や酸化塔などが不要であるスート混合方式は装置が簡素であるため，電力費を低減できる．

▶答（2）

問題4 【令和3年 問9】

石灰スラリー吸収法排煙脱硫装置の維持管理に関する記述中，（ア）～（ウ）の［　　］の中に挿入すべき語句・数値の組合せとして，正しいものはどれか．

吸収液のpHが［（ア）］なると化学平衡関係により，気液接触部の液に接する排ガス中のSO_2分圧が高くなるため脱硫率が下がる．pHを［(イ)］すれば脱硫率は上がるが，過剰の吸収剤が必要であり，ひいては石こうの純度が低下するので，pHが［(ウ)］近傍となるように吸収剤供給量を調整する．

	(ア)	(イ)	(ウ)
(1)	低く	高く	6
(2)	低く	高く	8
(3)	低く	高く	4
(4)	高く	低く	5
(5)	高く	低く	6

解説 (ア)「低く」である．pHを低くすると亜硫酸カルシウム（$CaSO_3$）の析出が減少しトラブルは減少するが，脱硫率は低下する．

(イ)「高く」である．pHを高くすると脱硫率は上がるが，$CaCO_3$が増加するので石こう（$CaSO_4 \cdot 2H_2O$）中に$CaCO_3$が増え副生物（$CaSO_4$）の純度が低下する．

(ウ)「6」である．(ア)と(イ)のバランスからpHを6とする．

▶答 (1)

問題5

【令和2年 問9】

石灰スラリー吸収法のスケーリング防止策に関する記述として，誤っているものはどれか．

(1) 吸収液にあらかじめ石こうの種結晶を加える．

(2) 吸収塔内部は液のよどみの少ない単純構造とする．

(3) 吸収塔内部の構造物には表面の滑らかな材料を用いる．

(4) 吸収塔下部に滞留時間の短い反応槽を設ける．

(5) デミスターは運転中に定期水洗を行う．

解説 (1) 正しい．吸収液にあらかじめ石こうの種結晶を加える．

(2) 正しい．スケーリングが生じにくいように，吸収塔内部は液のよどみの少ない単純構造とする．

(3) 正しい．生じた固形物が付着しにくいように，吸収塔内部の構造物には表面の滑らかな材料を用いる．

(4) 誤り．吸収塔下部に滞留時間の長い反応槽を設け，吸収液の石こう過飽和度を常に低い状態に保つ．

(5) 正しい．デミスター（ミストの除去装置）は運転中に定期水洗を行う．

▶答 (4)

問題6 【令和元年 問9】

石灰スラリーを用いる排煙脱硫の各工程に関する記述として，誤っているものはどれか．

(1) 吸収剤調整工程では，平均粒子径 15 μm 程度の石灰粉を用いて所定濃度のスラリーを調整する．

(2) 冷却除じん工程の洗浄水は，腐食性の強い酸性水となる．

(3) 吸収工程の SO_2 吸収塔では，処理ガス中の液滴を除去するため，出口近くにデミスターが設置される．

(4) 副生物回収工程では，水に対する溶解度が小さい水酸化カルシウムが結晶として析出する．

(5) スート混合方式の排水処理工程では，副生物回収工程から抜き出されるろ液の一部が排水処理の対象になる．

解説 (1) 正しい．吸収剤調整工程では，平均粒子径 15 μm 程度の石灰粉を用いて所定濃度のスラリーを調整する．

(2) 正しい．冷却除じん工程の洗浄水は，生成石こう（硫酸カルシウム）の上澄み液を使用するため，腐食性の強い酸性水となる（図 3.25 参照）．

(3) 正しい．吸収工程の SO_2 吸収塔では，処理ガス中の液滴を除去するため，出口近くにデミスターが設置される．

(4) 誤り．副生物回収工程では，水に対する溶解度が小さい硫酸カルシウムが結晶として析出する．

(5) 正しい．スート混合方式の排水処理工程では，副生物回収工程から抜き出されるろ液の一部が排水処理の対象になる（図 3.24 参照）．

▶ 答 (4)

問題7 【平成30年 問8】

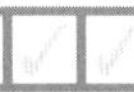

石灰スラリー吸収法に関する記述として，誤っているものはどれか．

(1) 石灰石又は消石灰を 5 ～ 15% 含むスラリーが用いられる．

(2) 排ガス中の二酸化硫黄を pH6 程度で吸収液と反応させる．

(3) 消石灰のほうが石灰石よりも二酸化硫黄との反応速度が大きい．

(4) スート混合方式は，冷却除じん塔が不要である．

(5) 別置き酸化方式は，吸収塔酸化方式よりも石灰石過剰率を低く抑えたままで高い脱硫率が達成できる．

解説 (1) 正しい．石灰石または消石灰を 5 ～ 15% 含むスラリーが用いられる．

(2) 正しい．吸収液の pH を高くすると，石こうの脱硫率は上がるが，過剰の吸収剤が必要であるため石こうの純度は低下する．また，$CaSO_3$は，pHが高くなると溶解度が低下して析出するのでpH6程度で吸収剤の供給量を調整する．すなわち，排ガス中の二酸化硫黄をpH6程度で吸収液と反応させる．

(3) 正しい．消石灰の方が石灰石よりも，アルカリ性がはるかに強いため，二酸化硫黄との反応速度が大きい．

(4) 正しい．スート混合方式（ばいじんも一緒に脱硫装置に流入する方式）は，冷却除じん塔が不要である．

(5) 誤り．吸収塔酸化方式（吸収と酸化を同一塔で行う方式：図3.24参照）は，別置き酸化方式（吸収と酸化を分離して行う方式：図3.25参照）よりも石灰石過剰率を低く抑えたままで高い脱硫率が達成できる．

▶答 (5)

■ 3.4.2 水酸化マグネシウムスラリー吸収法

問題1 【令和4年 問9】

排煙脱硫プロセスの水酸化マグネシウムスラリー吸収法に関する記述中，下線を付した箇所のうち，誤っているものはどれか．

吸収塔から取り出されたスラリーには，(1)亜硫酸水素マグネシウムや(2)硫酸水素マグネシウムが残存する．このスラリーをそのまま水域に放流すると(3)化学的酸素消費量（COD）を増大させるので，(4)空気酸化して(5)硫酸マグネシウムとする必要がある．

解説 (1) 正しい．亜硫酸水素マグネシウム（$Mg(HSO_3)_2$）は，次の反応で生成する．

$$H_2SO_3 + Mg(OH)_2 \rightarrow MgSO_3 + 2H_2O$$

$$MgSO_3 + H_2SO_3 \rightarrow Mg(HSO_3)_2$$

なお，水酸化マグネシウムスラリー吸収塔については，**図3.26**を参照．

(2) 誤り．硫酸水素マグネシウム（$Mg(HSO_4)_2$）は，生成しない．

(3) 正しい．

$$Mg(HSO_3)_2 + Mg(OH)_2 \rightarrow 2MgSO_3 + 2H_2O$$

$$MgSO_3 + 1/2O_2 \rightarrow MgSO_4$$

上式において，$MgSO_3$は酸素を消費するのでCODを増大させる．

(4) 正しい．$MgSO_3$は，空気酸化して硫酸マグネシウム（$MgSO_4$）とする．

(5) 正しい．

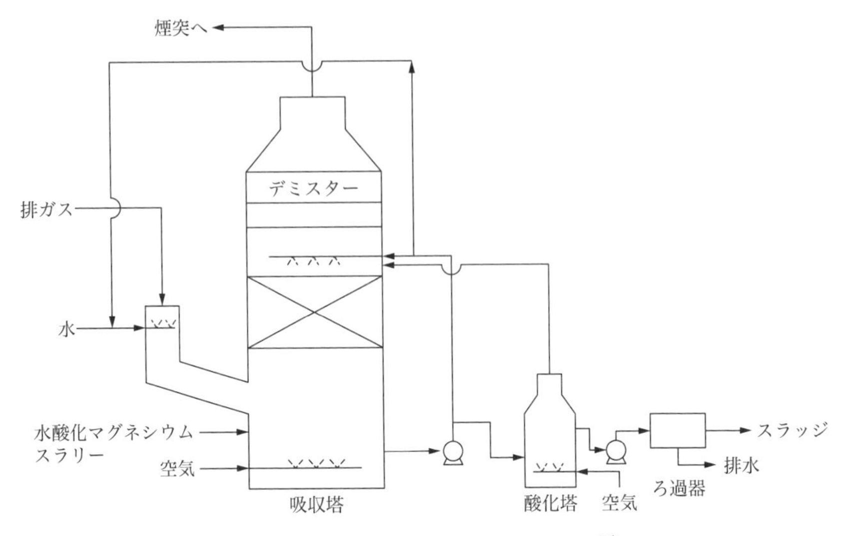

図 3.26　水酸化マグネシウムスラリー吸収法 [16)]

▶ 答（2）

問題 2　【令和 2 年 問 8】

水酸化マグネシウムスラリー吸収法に関する記述として，誤っているものはどれか．

(1) 石灰スラリー吸収法に比べて設備費は安価である．

(2) スラリーは弱アルカリ性で，毒性・腐食性もなく，取扱いが容易である．

(3) 反応後の生成塩の溶解度は水酸化マグネシウムのそれより大きく，スケーリングの心配がない．

(4) 吸収塔から取り出されたスラリーは，そのまま水域に放流できる．

(5) 吸収剤の原料は，海水と炭酸カルシウムである．

解説 (1) 正しい．水酸化マグネシウムスラリー吸収法おいて，生じた硫酸マグネシウム（$MgSO_4$）は水によく溶け排水に流すことができるため，生成物の回収が不必要であるので，石灰スラリー吸収法に比べて設備費は安価である．

(2) 正しい．$Mg(OH)_2$ のスラリーは弱アルカリ性で，毒性・腐食性もなく，取扱いが容易である．

(3) 正しい．反応後の生成塩の溶解度は水酸化マグネシウムのそれより大きく，スケーリングの心配がない．

(4) 誤り．吸収塔から取り出されたスラリーは，$MgSO_3$ で COD の値が高いので，空気酸化し $MgSO_4$ として水域に放流する．

(5) 正しい．吸収剤の原料は，海水（マグネシウムを大量に含む）と炭酸カルシウム（吸収剤の消石灰にして水酸化マグネシウムの再生に使用）である．

$$MgSO_4 + Ca(OH)_2 + 2H_2O \rightarrow Mg(OH)_2 + CaSO_4 \cdot 2H_2O$$

▶答 (4)

問題3　【令和元年 問8】

水酸化マグネシウムスラリー吸収法において起こる化学反応として，誤っているものはどれか．

(1) $H_2SO_3 + Mg(OH)_2 \rightarrow MgSO_3 + 2H_2O$

(2) $MgSO_3 + H_2SO_3 \rightarrow Mg(HSO_3)_2$

(3) $Mg(HSO_3)_2 + Mg(OH)_2 \rightarrow 2MgSO_3 + 2H_2O$

(4) $MgSO_3 + H_2O_2 \rightarrow MgSO_4 + H_2O$

(5) $Mg(HSO_3)_2 + O_2 \rightarrow MgSO_4 + H_2SO_4$

解説 (1) 正しい．$H_2SO_3 + Mg(OH)_2 \rightarrow MgSO_3 + 2H_2O$

(2) 正しい．$MgSO_3 + H_2SO_3 \rightarrow Mg(HSO_3)_2$

(3) 正しい．$Mg(HSO_3)_2 + Mg(OH)_2 \rightarrow 2MgSO_3 + 2H_2O$

(4) 誤り．「$MgSO_3 + 1/2O_2 \rightarrow MgSO_4$」のように空気酸化を行う．

(5) 正しい．$Mg(HSO_3)_2 + O_2 \rightarrow MgSO_4 + H_2SO_4$

▶答 (4)

問題4　【平成30年 問9】

水酸化マグネシウムスラリー吸収法に関する記述中，(ア)～(ウ)の［　］の中に挿入すべき語句の組合せとして，正しいものはどれか．

水酸化マグネシウムを5～10%含むスラリーに二酸化硫黄を吸収させ，さらに空気による酸化で［(ア)］として，それを放流する方法である．本方法では，一部の溶液を取り出し，［(イ)］を加えて，水酸化マグネシウムを再生するとともに，［(ウ)］を回収することもできる．

	(ア)	(イ)	(ウ)
(1)	硫酸マグネシウム	水酸化カルシウム	石こう
(2)	硫酸マグネシウム	硫酸カルシウム	石こう
(3)	硫酸マグネシウム	硫酸カルシウム	酸化マグネシウム
(4)	亜硫酸マグネシウム	水酸化カルシウム	酸化マグネシウム
(5)	亜硫酸マグネシウム	水酸化カルシウム	石こう

解説 (ア)「硫酸マグネシウム」である．$MgSO_4$である．

$$SO_2 + H_2O \rightarrow H_2SO_3$$

$$H_2SO_3 + Mg(OH)_2 \rightarrow MgSO_3 + 2H_2O$$

$MgSO_3$を空気酸化する．

$$MgSO_3 + 1/2O_2 \rightarrow MgSO_4$$

(イ)「水酸化カルシウム」である．$Ca(OH)_2$である．

(ウ)「石こう」である．$CaSO_4 \cdot 2H_2O$である．

$Ca(OH)_2$で石こうを回収する．

$$MgSO_4 + Ca(OH)_2 + 2H_2O \rightarrow Mg(OH)_2 + CaSO_4 \cdot 2H_2O$$

以上から（1）が正解．

▶答（1）

■ 3.4.3 混合問題

問題1 【令和5年 問8】

湿式の排煙脱硫プロセスにおいて，石こう以外に回収されることのある副生物として，誤っているものはどれか．

（1）硫化カルシウム

（2）二酸化硫黄

（3）亜硫酸ナトリウム

（4）硫黄

（5）硫酸アンモニウム

解説 (1) 誤り．硫化カルシウム（CaS）は，湿式の排煙脱硫プロセスにおいて生成されない．石こう（$CaSO_4 \cdot 2H_2O$）が生成される（図3.24および図3.25参照）．

吸収塔：$CaCO_3 + SO_2 + 1/2H_2O \rightarrow CaSO_3 \cdot (1/2)H_2O + CO_2$

酸化塔：$CaSO_3 \cdot 1/2H_2O + 1/2O_2 + 3/2H_2O \rightarrow CaSO_4 \cdot 2H_2O$

(2) 正しい．二酸化硫黄（SO_2）は，水酸化マグネシウムスラリー法で得られた亜硫酸マグネシウム（$MgSO_3$）または硫酸マグネシウム（$MgSO_4$）から次のように副生物として回収できる．

$MgSO_3 \rightarrow MgO + SO_2$　熱分解による

$MgSO_4 + 1/2C \rightarrow MgO + SO_2 + 1/2CO_2$　石油コークスを加えた熱分解による

(3) 正しい．亜硫酸ナトリウム（Na_2SO_3）は，水酸化ナトリウム溶液による吸収で生成される．$2NaOH + SO_2 \rightarrow Na_2SO_3 + H_2O$

(4) 正しい．硫黄（S）は，アンモニア水による吸収で得た亜硫酸アンモニウム（$(NH_4)_2SO_3$）および亜硫酸水素アンモニウム（NH_4HSO_3）を熱分解して生じたSO_2を硫化水素（H_2S）とクラウス反応させて回収する．

$(NH_4)_2SO_3 \rightarrow SO_2 + 2NH_3 + H_2O$　熱分解

$NH_4HSO_3 \rightarrow SO_2 + NH_3 + H_2O$　熱分解

$SO_2 + 2H_2S \rightarrow 3S + 2H_2O$　クラウス反応

(5) 正しい．硫酸アンモニウム（$(NH_4)_2SO_4$：硫安）は，アンモニア水（NH_4OH）で SO_2 を吸収し，次の反応で $(NH_4)_2SO_3$ を空気酸化して生成する．

$2NH_4OH + SO_2 \rightarrow (NH_4)_2SO_3 + H_2O$　アンモニア水で SO_2 を吸収する．

$(NH_4)_2SO_3 + SO_2 + H_2O \rightarrow 2NH_4HSO_3$　吸収液には $(NH_4)_2SO_3$ と NH_4HSO_3 が存在する．

$NH_4HSO_3 + NH_4OH \rightarrow (NH_4)_2SO_3 + H_2O$　吸収液に NH_4OH を加える．

$(NH_4)_2SO_3 + 1/2O_2 \rightarrow (NH_4)_2SO_4$　空気酸化する．

▶答 (1)

3.5 窒素酸化物排出防止技術

3.5.1 窒素酸化物生成機構

問題1　【令和5年 問10】 

燃焼で生成される窒素酸化物に関する記述として，誤っているものはどれか．

(1) 通常の燃焼条件では，NO_2 の生成量が NO のそれを上回ることはない．

(2) 燃焼領域で燃料中の N 分が分解し，N_2 とともにフューエル NO_x が生成される．

(3) 燃料中の N 分のフューエル NO への変換率は，およそ 12 ～ 50% の範囲にある．

(4) プロンプト NO_x の生成は，炭化水素燃料の燃焼に特有の現象である．

(5) N 分を含まない炭化水素燃料の燃焼では，火炎中にシアン化物は存在しない．

解説 (1) 正しい．通常の燃焼条件では，NO_2 の生成量が NO のそれを上回ることはない．

(2) 正しい．燃焼領域で燃料中の N 分が分解し，N_2 とともにフューエル NO_x が生成される．

(3) 正しい．燃料中の N 分のフューエル NO への変換率は，およそ 12 ～ 50% の範囲にある．

(4) 正しい．プロンプト NO_x は，炭化水素系燃料に特有なもので，燃料の熱分解で生じる CH，C_2 等が関与して，シアン化水素（HCN），シアン（CN）等の中間物質が生成し，これらがNOの生成に関係するもので，サーマルNO_x（高温で空気中の窒素と酸素が反応して生成するNO_x）生成にみられる現象である．

(5) 誤り．N分を含まない炭化水素燃料の燃焼でも，上述したように火炎中にHCNやCN等の中間物質が生成し，シアン化物は存在する．　▶答（5）

問題2　【令和5年 問11】

拡大Zeldovich機構に基づいたサーマルNO_xの生成について，理論燃焼温度における生成NO濃度の空気比と滞留時間の関係性を例示したものとして，正しいものはどれか．

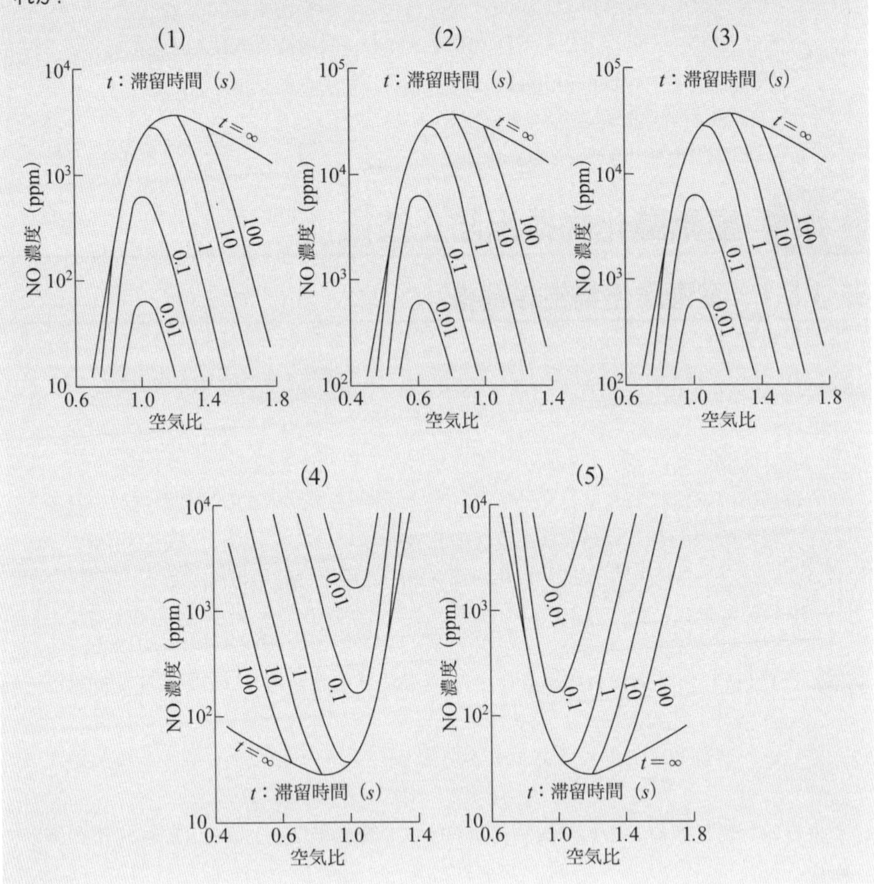

解説　拡大Zeldovich機構に基づいたサーマルNO_xの生成は，燃焼温度ならびに燃焼域での酸素濃度が低いほど，また高温域での燃焼ガスの滞留時間が短いほど，NOの生成量

が少ない．

(1) 正しい．空気比1以下でNO濃度が低下し，また1以上で低下していることは正しい．滞留時間が短くなるほどNO濃度が低下していることは正しい．またNO生成濃度も適切である．

(2) 誤り．空気比が1以下でNO濃度が低下するのではなく0.6以下で低下しているから誤りである．滞留時間が短くなるほどNO濃度が低下していることについては正しい．NO生成濃度の値は1桁高すぎるから誤りである．

(3) 誤り．空気比，滞留時間等は正しいが，NO生成濃度が1桁高すぎるから誤りである．

(4)～(5) 誤り．空気比が1以下でNO濃度が増加し，1以上でも増加していること，さらに滞留時間が短いほど増加しているから誤りである．NO生成濃度は正しい．

▶答 (1)

問題3 【令和2年 問10】 

NO_x及びその生成機構に関する記述として，誤っているものはどれか．

(1) 固定発生源で生成されるNO_xの大部分はNOである．

(2) プロンプトNO_xの生成は，水素の燃焼にはみられない現象である．

(3) サーマルNO_xの生成速度は，反応温度に強く依存し，高温ほど生成速度は大きい．

(4) フューエルNO_xの生成には，燃料の分解により生じるNを含む中間生成物が関与している．

(5) 拡大Zeldovich機構は，フューエルNO_xの生成を説明する反応機構である．

解説 (1) 正しい．固定発生源で生成されるNO_xの大部分はNOである．

(2) 正しい．プロンプトNO_xの生成は，水素の燃焼にはみられない現象である．

なお，プロンプトNO_xは，炭化水素系燃料に特有なもので，燃料の熱分解で生じるCH，C_2等が関与して，シアン化水素（HCN），シアン（CN）等の中間物質が生成し，これがNOの生成に関係する現象である．サーマルNO_x（高温で空気中の窒素と酸素が反応して生成するNO_x）生成にみられる．

(3) 正しい．サーマルNO_xの生成速度は，反応温度に強く依存し，高温ほど生成速度は大きい．

(4) 正しい．フューエルNO_x（燃料中の窒素が酸素と反応して生成するNO_x）の生成には，燃料の分解により生じるNを含む中間生成物が関与している．

(5) 誤り．拡大Zeldovich機構は，次式で示すようにサーマルNO_xの生成を説明する反応機構である．

$$N_2 + O \rightleftarrows NO + N$$

$$N + O_2 \rightleftarrows NO + O$$

$N + OH \rightleftarrows NO + H$

▶答（5）

■ 3.5.2　低 NO_x 燃焼技術

問題1　【令和4年 問10】

エマルション燃料による NO_x 抑制技術に関する記述として，誤っているものはどれか．

(1) 一般に，石油系燃料に水と微量の界面活性剤を加えて混合攪拌（かくはん）し製造する．

(2) 水と燃料の混合比は2：8程度である．

(3) 燃料中の水分の蒸発により燃焼温度が低下し，NO_x が低減する．

(4) 水滴の蒸発に伴う体積膨張により，噴霧燃料の微粒化が促進され，低空気比燃焼が可能となる．

(5) フューエル NO_x の抑制効果が大きい．

解説 (1) 正しい．一般に，石油系燃料に水と微量の界面活性剤を加えて混合攪拌し製造する．なお，エマルションとは，水と油が互いに分散して混ざった状態をいう．

(2) 正しい．水と燃料の混合比は2：8程度である．

(3) 正しい．燃料中の水分の蒸発により燃焼温度が低下し，NO_x が低減する．なお，NO_x の発生抑制方法は，燃焼温度の低下，低空気燃焼，燃焼時間の短縮である．

(4) 正しい．水滴の蒸発に伴う体積膨張により，噴霧燃料の微粒化が促進され，低空気比燃焼が可能となる．

(5) 誤り．エマルション燃焼は，燃焼温度の低下と低空気燃焼が可能なため，サーマル NO_x の抑制効果が大きい．フューエル NO_x（燃料中のN成分の燃焼による発生）の抑制効果は小さい．

▶答（5）

問題2　【令和3年 問10】

燃焼装置における排ガス再循環による NO_x 低減に関する記述中，下線を付した箇所のうち，誤っているものはどれか．

燃焼排ガスの(1)一部を燃焼用空気に混入して燃焼させ，NO_x の減少を図る方法である．排ガスと混合された空気は，酸素濃度が低下するので，(2)燃焼速度が低下し火炎の最高温度が低下する．これに伴い，NO_x の(3)生成反応が抑制される．その抑制原理から，この方法は，(4)フューエル NO_x の抑制に効果が大きいと考えられる．また，強制的に排ガスを再循環する方法として，バーナー自体に燃焼排ガスの再循環機構を組み込んだ，(5) 自己再循環形低 NO_x バーナーもある．

解説 (1)～(3) 正しい．

(4) 誤り．「サーマル NO_x」が正しい．最高温度の低下によって NO_x の生成が抑制されるのはサーマル NO_x（空気中の窒素が高温で酸素と反応して生成）である．なお，フューエル NO_x は，燃料中の有機窒素化合物が酸素と反応して生成するものをいい，主に酸素濃度の影響による．

(5) 正しい．自己再循環形低 NO_x バーナーは，**図 3.27** に示すように燃焼排ガスの一部がバーナー形状に従って戻り燃焼部で混合する形式となっている．

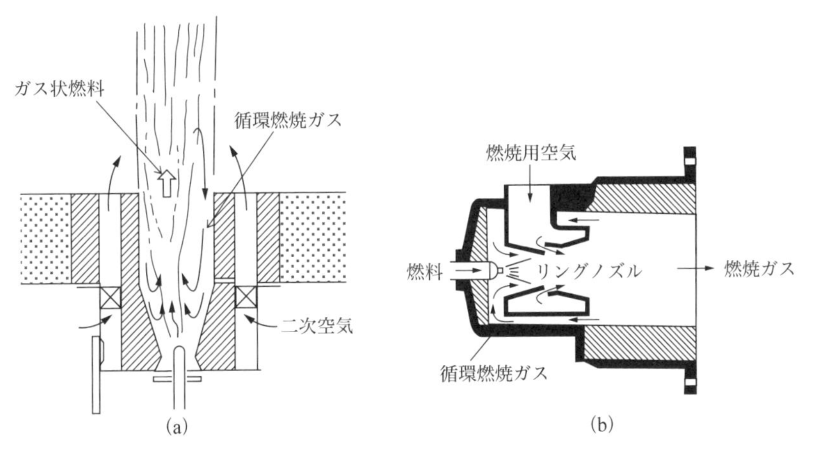

図 3.27 自己再循環形低 NO_x バーナー [10]

▶答 (4)

問題3 【令和元年 問10】

液体及び固体燃料の二段燃焼に関する記述中，(ア)，(イ) の［　　］の中に挿入すべき語句の組合せとして，正しいものはどれか．

燃焼用空気を 2 段に分けて供給し，第一段では空気比を［(ア)］に制限し，第二段の空気で完全燃焼を図り，NO_x 生成を抑制する方法である．サーマル NO_x とフューエル NO_x では，この方法は［(イ)］に対し，低減効果がある．

	(ア)	(イ)
(1)	0.8 ～ 0.9 程度	前者
(2)	0.8 ～ 0.9 程度	両者
(3)	0.5 ～ 0.7 程度	前者
(4)	0.5 ～ 0.7 程度	後者

(5) 0.5以下　　　　両者

解説 (ア)「0.8 ～ 0.9 程度」である．
(イ)「両者」である．

なお，サーマル NO_x ($NO + NO_2$) は，高温域で空気中の窒素が酸素と反応して生成するもので，フューエル NO_x ($NO + NO_2$) は，燃料中の窒素化合物が酸素と反応して生成するものをいう．また，二段燃焼は，一段階では理論空気量の 80 ～ 90% 程度に制限し，二段階で不足の空気を補って系全体では完全燃焼させる方式で，火炎温度の低下と酸素濃度の低下によってサーマル NO_x とフューエル NO_x の両方に大きな抑制効果がある．しかし，ばいじんやCO等の未燃分の発生に注意する必要がある．

以上から (2) が正解．

▶答 (2)

問題4　【平成30年 問10】

低空気比燃焼による NO_x 抑制法に関する記述中，下線を付した箇所のうち，誤っているものはどれか．

空気比を低くすると (1) 燃焼領域での酸素濃度が低下するとともに，火炎温度が低くなるので，NO_x 生成が抑制される．この方法は，サーマル NO_x，フューエル NO_x の (2) 両方に抑制効果がある．空気比を下げ過ぎると，すすが (3) 発生しやすくなる．また，一般的には，低空気比燃焼は (4) 省エネルギー対策になり，二段燃焼法と比較すると NO_x 抑制効果も (5) 大きい．

解説 (1) ～ (4) 正しい．
(5) 誤り．「小さい．」が正しい．

▶答 (5)

■ 3.5.3 排煙脱硝技術（アンモニア接触還元法），他

問題1　【令和4年 問11】

排煙脱硝技術に関する記述として，誤っているものはどれか．

(1) 活性炭は，アンモニア存在下で NO_x を還元する触媒として働く．
(2) 活性炭法では，同時脱硫・脱硝が可能である．
(3) 無触媒還元法では，アンモニアなどを還元剤として NO_x を N_2 に還元する．
(4) アンモニア接触還元法でよく用いられる触媒は，酸化モリブデンである．
(5) アンモニア接触還元法は，無触媒還元法に比べて低い反応温度で運転できる．

解説 (1) 正しい．活性炭は，アンモニア存在下で NO_x を還元する触媒として働く．

(2) 正しい．活性炭法では，同時脱硫・脱硝が可能である．脱硫ではSO_xが硫酸として除去され，脱硝ではNO_xが窒素（N_2）に還元される．

(3) 正しい．無触媒還元法では，アンモニアなどを還元剤としてNO_xをN_2に還元する．ただし，高温（1,000℃程度）が必要である（**図 3.28** 参照）．

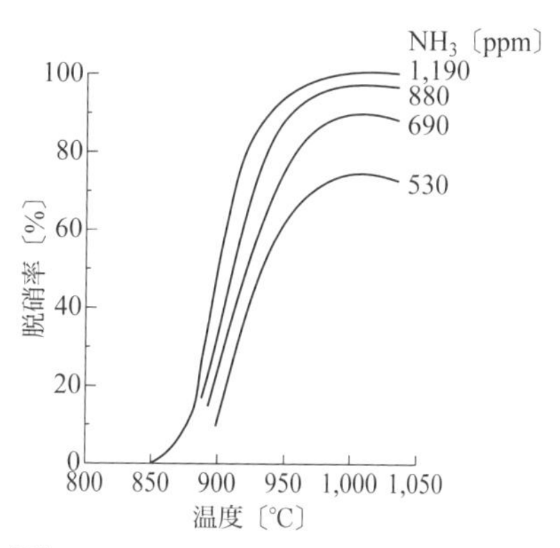

（注）NO 500 ppm，O_2 4 %，残りN_2

図 3.28　温度と脱硝率との関係[13)]

(4) 誤り．現在アンモニア接触還元法でよく用いられる触媒は，酸化チタン（TiO_2：アナターゼ形（正方晶系）のⅣ価）を担体とし，酸化バナジウム（V_2O_5）を活性金属とするものである．脱硝反応では，理論上，排ガス中の一酸化窒素と注入したアンモニアが，1：1のモル比で反応する．

$$4NO + 4NH_3 + O_2 \rightarrow 4N_2 + 6H_2O$$

アンモニア接触還元法でよく用いられる酸化モリブデン(VI)（WO_3）や，酸化タングステン(VI)（MoO_3）は，ダストによる閉塞の原因となる硫酸水素アンモニウム（$(NH_4)HSO_4$）（酸性硫安）の析出を抑制する．

(5) 正しい．アンモニア接触還元法（250～450℃で運転）は，無触媒還元法（約1,000℃で運転）に比べて低い反応温度で運転できる．

▶答 (4)

問題 2　【令和3年 問11】 

排煙脱硝に用いるアンモニア（NH_3）接触還元法に関する記述として，誤っているものはどれか．

(1) 脱硝反応では，NOとNH_3が1：2のモル比で反応する．

(2) 還元剤はNH_3だけでなく，尿素を利用したシステムも一部実用化されている．

(3) 触媒形状として，現在ではハニカム状あるいはプレート状の並行流形が主に用いられている．

(4) 触媒として酸化チタンを担体とし，酸化バナジウムを活性金属とするものが主に用いられている．

(5) 実機プラントでは脱硝性能の低下に対して，短期的にはNH_3注入量を増加させることで所定の性能を維持できる．

解説 (1) 誤り．脱硝反応では，一酸化窒素（NO）とアンモニア（NH_3）が次の反応式で示すように1：1のモル比で反応する．

$$4NO + 4NH_3 + O_2 \rightarrow 4N_2 + 6H_2O$$

(2) 正しい．還元剤はNH_3だけでなく，尿素（$CO(NH_2)_2$）を利用したシステムも一部実用化されている．

(3) 正しい．触媒形状として，現在ではハニカム状あるいはプレート状の並行流形が主に用いられている（**図3.29**参照）．

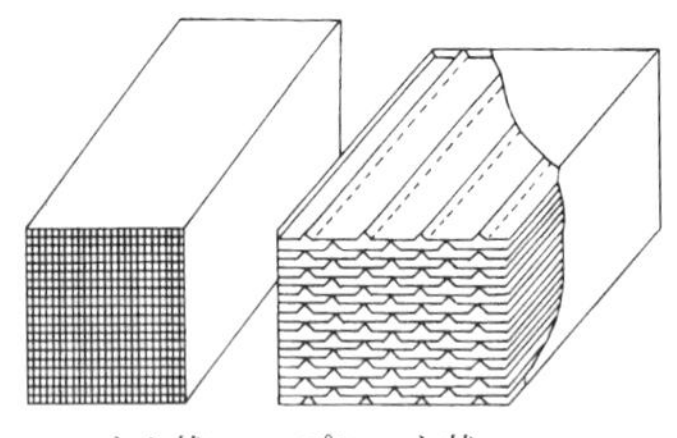

（注）ハニカム状は通常 150 mm × 150 mm で長さは 500～1,000 mm，プレート状の寸法は様々である．

図3.29　代表的な触媒の形状[6)]

(4) 正しい．触媒としてアナターゼ形（正方晶系）酸化チタン（TiO_2）を担体とし，酸化バナジウム（V_2O_5）を活性金属とするものが主に用いられている．

(5) 正しい．実機プラントでは脱硝性能の低下に対して，短期的にはNH_3注入量を増加させることで所定の性能を維持できる．

▶答（1）

問題3　【令和2年 問11】

排煙脱硝技術に関する記述として，誤っているものはどれか．

(1) 無触媒還元法では，水素を添加すると反応温度を 200 ～ 300°C 低下させることができる．

(2) 活性炭法は，同時脱硫・脱硝技術の一つである．

(3) 酸化還元法は，排ガスにNH_3を加え，電子ビームを照射してNO_xを硝酸アンモニウムにする脱硝プロセスである．

(4) アンモニア接触還元法のシステムは，主に触媒，脱硝反応器，還元剤注入設備などで構成される．

(5) 国内で最も多く採用されている排煙脱硝技術は，アンモニア接触還元法である．

解説　(1) 正しい．無触媒還元法（アンモニアを添加し触媒を用いない脱硝法）では，1,000°C で最大の脱硝率が得られるが，水素を添加するとH_2とO_2との反応で H，O，OH の生成が促進され脱硝に寄与するため，反応温度を 200 ～ 300°C 低下させることができる（**図3.30**参照）．

反応の一例　$NH_3 + H \rightarrow NH_2 + H_2$，$NO + NH_2 \rightarrow N_2 + OH + H$

(2) 正しい．活性炭法は，アンモニア（NH_3）を添加して硫黄酸化物と窒素酸化物を同時に脱硫・脱硝する技術の一つである．硫黄酸化物は硫酸または硫酸アンモニウムとして補足される．

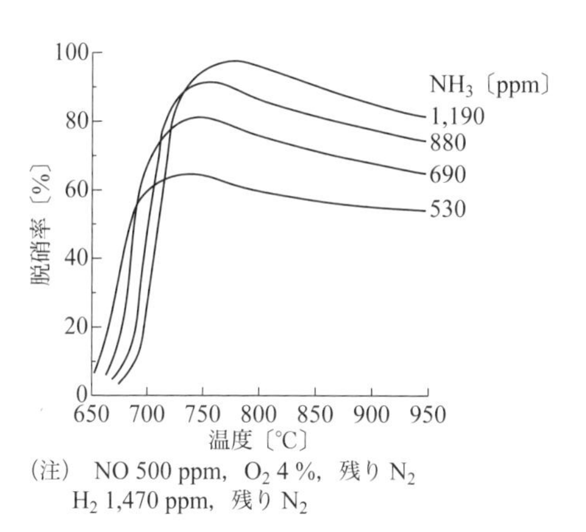

図 3.30 H_2 添加による反応温度の低下 [14]

(3) 誤り．酸化還元法は，一酸化窒素（NO）をオゾンまたは二酸化塩素で酸化し，亜硫酸ナトリウム溶液で吸収させる方法である．なお，排ガスにNH_3を加え，電子ビームを照射してNO_xを硝酸アンモニウムにする脱硝プロセスは，電子線照射法である．同時に脱硫も可能である．

(4) 正しい．アンモニア接触還元法のシステムは，主に触媒，脱硝反応器，還元剤（NH_3）注入設備などで構成される（**図 3.31** 参照）．

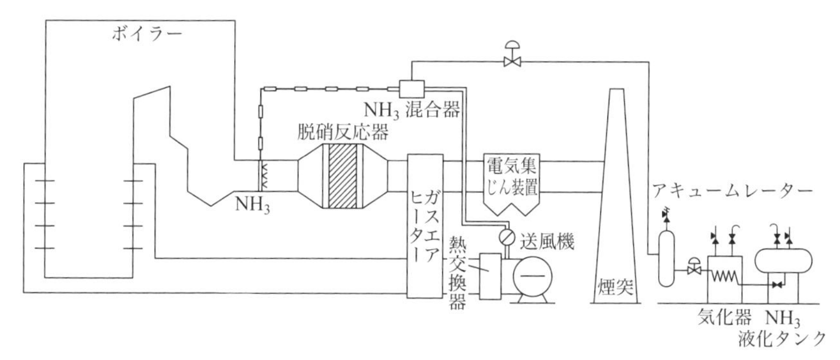

図 3.31 脱硝装置の基本フローシート

（幸村明憲『燃焼生成物の発生と抑制技術』，テクノシステム（1997））

(5) 正しい．国内で最も多く採用されている排煙脱硝技術は，アンモニア接触還元法である．現在主に用いられている脱硝触媒は，酸化チタン（TiO_2：アナターゼ形（正方晶系）のⅣ価）を担体とし，酸化バナジウム（V_2O_5）を活性金属とするものである．脱硝反応では，理論上，排ガス中の一酸化窒素と注入したアンモニアが，1：1のモル比で反応する．

$4NO + 4NH_3 + O_2 \rightarrow 4N_2 + 6H_2O$

▶答（3）

問題4 【令和元年 問11】

排煙脱硝技術に関する記述として，誤っているものはどれか．

(1) アンモニア接触還元法で用いられる主な触媒は，酸化チタンを担体とし，酸化バナジウムを活性金属とするものである．

(2) アンモニア接触還元法では，排ガス中のNOと注入したアンモニアが1：1のモル比で反応する．

(3) 活性炭法は，NO_xだけでなく，SO_xも除去できる．

(4) 無触媒還元法には，アンモニア接触還元法よりも高温が必要である．

(5) 酸化還元法は，NO_xをオゾン又は二酸化塩素で酸化し，硫酸カルシウム溶液に吸収させる方法である．

解説 (1) 正しい．アンモニア接触還元法で用いられる主な触媒は，酸化チタンを担体とし，酸化バナジウムを活性金属とするものである．

(2) 正しい．アンモニア接触還元法では，次の反応に示すように，排ガス中の一酸化窒素（NO）と注入したアンモニア（NH_3）が1：1のモル比で反応する．

$$4NO + 4NH_3 + O_2 \rightarrow 4N_2 + 6H_2O$$

(3) 正しい．活性炭法は，NO_xの除去（活性炭の触媒作用によりNH_3で窒素（N_2）に還元する方式）だけでなく，SO_xの除去（活性炭に吸着させて硫酸に酸化する方式）もできる．

(4) 正しい．無触媒還元法には，アンモニア接触還元法よりも高温（約1,000°C）が必要である（図3.28参照）．

(5) 誤り．酸化還元法は，NO_xをオゾン（O_3）または二酸化塩素（ClO_2）で酸化し，亜硫酸ナトリウム（Na_2SO_3）溶液に吸収させる方法である．

▶答（5）

問題5 【平成30年 問11】

排煙脱硝技術の一つであるアンモニア接触還元法に関する記述として，誤っているものはどれか．

(1) 現在主に用いられている脱硝触媒は，酸化チタンを担体とし，酸化バナジウムを活性金属とするものである．

(2) 脱硝反応では，理論上，排ガス中の一酸化窒素と注入したアンモニアが，1：1のモル比で反応する．

(3) 脱硝触媒の性能低下は，ある時点で急激に発生する．

(4) 脱硝触媒の性能低下には，熱的，化学的，物理的な要因がある．
(5) 触媒寿命は個々の装置によって差異はあるものの，一般にガス燃焼ボイラーよりも石炭燃焼ボイラーのほうが短い．

解説 (1) 正しい．現在主に用いられている脱硝触媒は，酸化チタン（TiO_2：アナターゼ形（正方晶系）のⅣ価）を担体とし，酸化バナジウム（V_2O_5）を活性金属とするものである．
(2) 正しい．脱硝反応では，理論上，排ガス中の一酸化窒素と注入したアンモニアが，1：1のモル比で反応する．

$$4NO + 4NH_3 + O_2 \rightarrow 4N_2 + 6H_2O$$

(3) 誤り．脱硝触媒の性能低下は，ある時点で急激に発生するものではなく，長期間にわたって徐々に進行する．
(4) 正しい．脱硝触媒の性能低下には，熱的，化学的，物理的な要因がある．
(5) 正しい．触媒寿命は個々の装置によって差異はあるものの，一般にガス燃焼ボイラーよりも石炭燃焼ボイラーの方が，触媒に影響を与える金属成分が多いため短い．

▶答 (3)

3.6 大気特論測定技術

■ 3.6.1 燃料試験方法

問題1 【令和5年 問12】

ある石炭の工業分析値と無水ベースの元素分析値が下記の通り与えられている．これらの表から計算した，燃料比と無水無灰ベースで表示した炭素質量%の組合せとして，正しいものはどれか．ただし，石炭は灰中に硫黄分を含まないものとする．

工業分析（気乾ベース）	
揮発分	28.0 質量%
固定炭素	56.0 質量%
灰分	12.0 質量%
水分	4.0 質量%

元素分析（無水ベース）	
C	73.5 質量%
H	4.5 質量%
O	8.5 質量%
S（全硫黄）	0.5 質量%
N	0.5 質量%

	(燃料比)	(無水無灰ベース炭素質量%)
(1)	0.5	76.6
(2)	0.5	83.5
(3)	2.0	76.6
(4)	2.0	84.0
(5)	4.7	84.0

解説 燃料比は，固定炭素の揮発分に対する比率であるから，工業分析（気乾ベース）の表から次のように表される．

燃料比＝固定炭素%/揮発分%＝56.0/28.0＝2.0　①

次に元素分析（無水ベース）の表の各元素の重量%を合計すると，

73.5%＋4.5%＋8.5%＋0.5%＋0.5%＝87.5%

である．したがって，灰分（Ca，Si，Na等の無機酸化物）は

100%－87.5%＝12.5%

となる．無水無灰ベースで表示した炭素（C）質量%は，灰分を除いたもので算出するから，87.5%を100%としたとき73.5%の炭素（C）質量%を求めればよいことになる．したがって，次式で算出される．

100%/87.5%×73.5%＝84.0%　②

以上，式①および式②から（4）が正解．　▶答（4）

問題2　【令和4年 問12】

JISの気体燃料試験方法に関する記述として，誤っているものはどれか．

(1) アンモニアは特殊成分である．
(2) 硫化水素は特殊成分である．
(3) 二酸化炭素は一般成分である．
(4) ヘリウムは一般成分である．
(5) 水分は一般成分である．

解説 (1) 正しい．アンモニアは特殊成分である．他に，全硫黄，硫化水素，ナフタレン，水分をいう（JIS K 2301：2011参照）．

(2) 正しい．硫化水素は特殊成分である．

(3) 正しい．二酸化炭素は一般成分である．

(4) 正しい．ヘリウムは一般成分である．

(5) 誤り．水分は特殊成分である．　▶答（5）

問題3 【令和3年 問12】

JISによる燃料の発熱量測定法に関する記述として，誤っているものはどれか．

(1) ユンカース式流水形熱量計では，試料の低発熱量は直接測定できない．

(2) 気体燃料の発熱量を組成から計算する方法では，分析で得られる燃料ガスの体積分率をそのままモル分率とはしない．

(3) 改良形燃研式ボンベ形熱量計では，熱量測定値を補正するために必要な機器固有の熱当量を求めるため，標準物質として安息香酸が使用される．

(4) 改良形燃研式ボンベ形熱量計では，加圧酸素雰囲気で試料を燃焼させる．

(5) 改良形燃研式ボンベ形熱量計では，発熱量算出の際には燃料点火に必要な電気エネルギーは微小なので無視する．

解説 (1) 正しい．ユンカース式流水形（ガス）熱量計（図**3.32**参照）では，燃焼した排ガスを流水と接触させるため，試料の低発熱量は直接測定できない．測定できるのは水の蒸発熱を含めた値で総発熱量（高発熱量）である．なお，ユンカース式流水形ガス熱量計は，気体燃料を完全に燃焼させ，生成した水蒸気の熱量も含め発生した熱量を水に吸収させ，一定の試料ガス量に対する流水量およびその流水の入口と出口の温度差から総発熱量（高発熱量）を求める方式である．

(2) 正しい．気体燃料の発熱量を組成から計算する方法では，分析で得られる燃料ガスの体積分率C_{Vi}をそのままモル分率C_{Mi}とはしない．モル分率C_{Mi}は，試料ガスの圧縮係数Z_iを用いて，次の式から算出する．

$$C_{Mi} = (C_{Vi}/Z_i)/(\Sigma C_{Vi}/Z_i)$$

(3) 正しい．改良形燃研式ボンベ形熱量計（燃焼による水温の上昇から発熱量を算出）では，熱量測定値を補正するために必要な機器固有の熱当量を求めるため，標準物質として安息香酸が使用される．

(4) 正しい．改良形燃研式ボンベ形熱量計では，加圧酸素雰囲気で試料を燃焼させる．

(5) 誤り．改良形燃研式ボンベ形熱量計では，発熱量算出の際には燃料点火に必要な電気エネルギーは微小であっても無視しないで補正する．

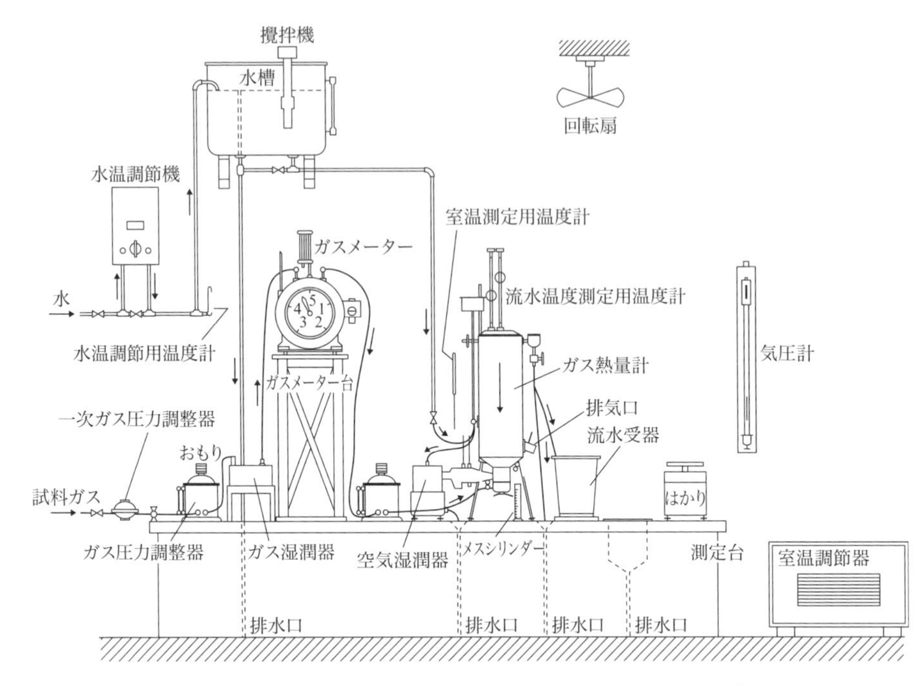

図 3.32　発熱量測定装置の一例（ユンカース式流水形ガス熱量計）[12)]

▶答（5）

問題 4　【令和 2 年 問 12】

JIS による燃料の硫黄分析法において，分析対象と分析方法の組合せとして，誤っているものはどれか.

	（分析対象）	（分析方法）
(1)	天然ガス中の全硫黄	よう素滴定法
(2)	液化石油ガス中の硫黄分	酸水素炎燃焼−過塩素酸バリウム沈殿滴定法
(3)	灯油中の硫黄分	酸水素炎燃焼式ジメチルスルホナゾ III 滴定法
(4)	重油中の硫黄分	燃焼管式空気法
(5)	石炭中の全硫黄	エシュカ法

解説　(1) 誤り. 天然ガス中の全硫黄の分析方法は，過塩素酸バリウム沈殿滴定法，ジメチルスルホナゾ III 吸光光度法，イオンクロマトグラフ法，微量電量滴定式酸化法，紫外蛍光法などである. よう素滴定法は硫化水素の測定法である.

(2) 正しい. 液化石油ガス中の硫黄分の分析では，試料を酸水素炎で燃焼させ，生じた硫黄酸化物を過酸化水素水（3%）に吸収させて硫酸にする．吸収液中の硫黄の定量は，吸収液を濃縮し，これに緩衝液とアセトンを加え，ジメチルスルホナゾⅢを指示薬として溶液中の硫酸イオンを過塩素酸バリウム標準液で滴定して求める．

(3) 正しい．灯油中の硫黄分の分析では，試料を酸水素炎で燃焼させ，生じた硫黄酸化物を過酸化水素水（3%）に吸収させて硫酸にする．吸収液中の硫黄の定量は，吸収液を濃縮し，これに緩衝液とアセトンを加え，ジメチルスルホナゾⅢを指示薬として溶液中の硫酸イオンを過塩素酸バリウム標準液で滴定して求める．なお，液化石油ガス中の硫黄分の分析と名称が少し異なるが，内容は同一である．

(4) 正しい．重油中の硫黄分は，燃焼管で重油を燃焼し排ガス中の硫黄酸化物を過酸化水素水に吸収して硫酸に酸化し，水酸化ナトリウムで中和して定量する．

(5) 正しい．石炭中の全硫黄は，エシュカ剤（酸化マグネシウムと無水炭酸ナトリウムの2：1の混合物）を加え，空気で燃焼させ塩酸で抽出して，塩化バリウムの溶液を加えて硫酸バリウムの沈殿を熟成させて定量する．

▶答 (1)

問題5 【平成30年 問12】

JISによる燃料の発熱量測定に関する記述として，誤っているものはどれか．

(1) 気体燃料の発熱量は，ユンカース式流水形ガス熱量計で測定するか，ガスクロマトグラフで測定した成分組成から計算により求める．

(2) ユンカース式流水形ガス熱量計で測定される発熱量は，低発熱量である．

(3) 揮発性液体燃料では，ポリエチレン製又はゼラチン製の袋に秤量して，測定する．

(4) 固体燃料では，1g程度の試料を用いて発熱量測定を行う．

(5) ボンブ熱量計では，熱量標定用に安息香酸を用いる．

解説 (1) 正しい．気体燃料の発熱量は，ユンカース式流水形ガス熱量計（図3.32参照）で測定するか，ガスクロマトグラフで測定した成分組成から計算により求める．ユンカース式流水形ガス熱量計は，気体燃料を完全に燃焼させ，生成した水蒸気の熱量も含め発生した熱量を水に吸収させ，一定の試料ガス量に対する流水量およびその流水の入口と出口の温度差から総発熱量（高発熱量）を求める方式である．ガスクロマトグラフは，カラムに詰めた充填剤（合成ゼオライト等）に試料ガスを通すと，成分ごとに分離するため，ガス成分組成を求めることができる．

(2) 誤り．ユンカース式流水形ガス熱量計で測定される発熱量は，高発熱量（水の蒸発熱を含めた値で総発熱量ともいう）である．なお，低発熱量は，水の蒸発熱を含めない値である．

(3) 正しい．揮発性液体燃料では，ポリエチレン製またはゼラチン製の袋に秤量して，測定する．

(4) 正しい．固体燃料では，1g程度の試料を用いて発熱量測定を行う．

(5) 正しい．ボンブ熱量計では，熱量標定用に安息香酸を用いる．ボンブ熱量計とは，高圧の酸素ガスに耐える丈夫な鋼鉄製の容器の中に酸素と物質を封入し，電流を通じて測定すべき物質を完全燃焼させ，容器は水熱量計（断熱した水槽の一種）の中に入れておき，発生する熱量を測定するものである．

▶答（2）

■ 3.6.2 排ガス試料採取方法（温度計を含む）

問題1 【令和5年 問13】

排ガス中の硫黄酸化物の分析を行った．JISによる排ガス試料採取の方法として，誤っているものはどれか．

(1) 集じん装置の下流のダクトに，断面積が一定で，安全が確保できる水平部分と鉛直部分があったが，このうち水平部分に測定断面を設定した．

(2) 煙道の採取位置断面内複数の採取点で行った予備測定で，分析対象ガスの濃度の採取点による差異が，平均値から±12%だったので，実際の測定では試料ガスの採取点は煙道の壁に近い1点だけとした．

(3) ダスト濃度測定用の大口径採取口しかなかったので，フランジを加工して同じ採取口に，化学分析用の試料採取管を設置できるようにした．

(4) 採取管及び導管を200℃に常時加熱した．

(5) 吸収瓶法による化学分析の際，吸引ポンプの吸引力が弱かったので，吸収瓶を2個並列に連結し，吸引ポンプの負荷を下げ，必要な流量を確保した．

解説 (1) 正しい．集じん装置の下流のダクトに，断面積が一定で，安全が確保できる水平部分と鉛直部分がある場合は，安全が確保できる水平部分に測定断面を設定する．

(2) 正しい．煙道の採取位置断面内複数の採取点で行った予備測定で，分析対象ガスの濃度の採取点による差異が，平均値から±12%だった場合，±15%以下であれば任意の1点でよいので，実際の測定では試料ガスの採取点は煙道の壁に近い1点だけとしてもよい．

(3) 正しい．ダスト濃度測定用の大口径採取口しかなかった場合，フランジを加工して同じ採取口に，化学分析用の試料採取管を設置できるようにしてもよい．

(4) 正しい．採取管および導管を200℃程度に常時加熱する必要がある．

(5) 誤り．吸収瓶法による化学分析の際，吸引ポンプの吸引力が弱かった場合，吸引能力5L/minのあるポンプに取替え，吸収瓶を2個直列に連結し，必要な流量を確保する．

▶答（5）

問題2 【令和3年 問7】

1,000℃で使用可能な温度計として，誤っているものはどれか．

(1) 光高温計

(2) 放射温度計

(3) 熱電温度計B

(4) 熱電温度計K

(5) 白金抵抗温度計

解説 各温度計の使用可能な範囲を**図 3.33**に示した．

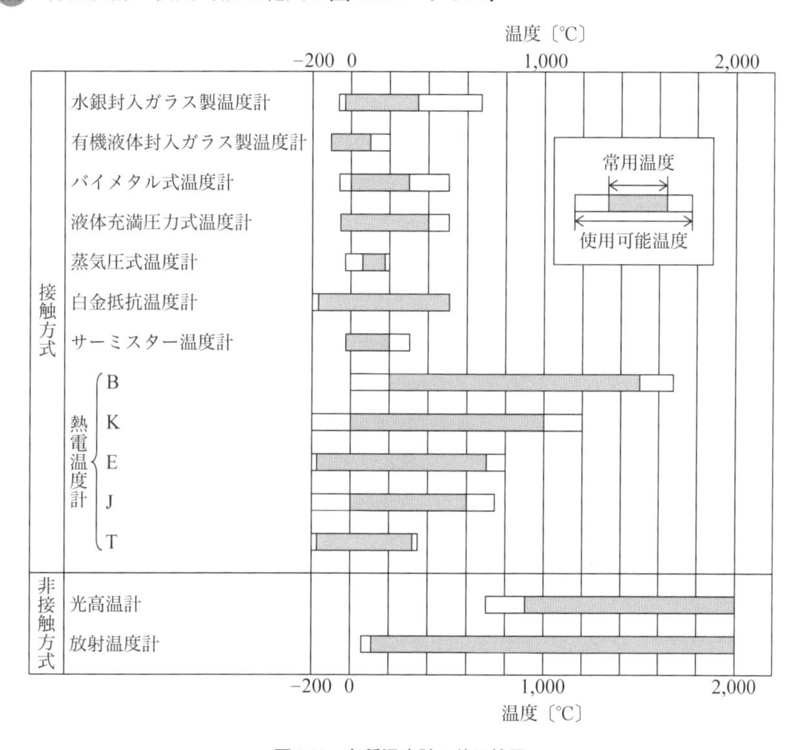

図 3.33 各種温度計の使用範囲

(1) 光高温計　700 ～ 2,000℃

(2) 放射温度計　50 ～ 2,000℃

(3) 熱電温度計B　0 ～ 1,700℃

(4) 熱電温度計K　−200 ～ 1,200℃

(5) 白金抵抗温度計　−200 ～ 500℃

1,000°C で使用できない温度計は，(5) である．　▶答 (5)

題3　【令和2年 問13】

排ガス試料採取方法に関する記述として，誤っているものはどれか．

(1) 採取位置は，ダストがたい積したり，落下の著しい場所は避ける．

(2) 採取口は，排ガス流に対してほぼ直角に採取管を挿入できるような角度とする．

(3) JIS では，採取点を1点としてよい条件は，煙道の断面積により定められている．

(4) 化学分析とばいじん濃度測定では，同じ採取口を使用してもよい．

(5) 非吸引採取方式の一つとして，パスモニターがある．

解説 (1) 正しい．採取位置は，ダストが堆積したり，落下の著しい場所は避ける．

(2) 正しい．採取口は，排ガス流に対してほぼ直角に採取管を挿入できるような角度とする（図 3.34 参照）．

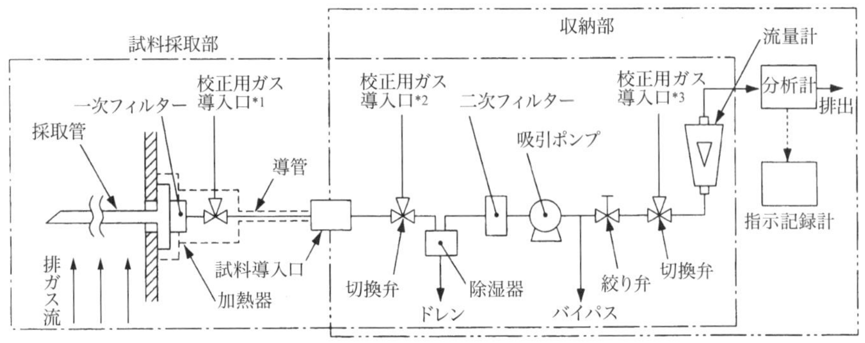

図 3.34　計測器の構成例[7)]

(3) 誤り．JIS では，採取点を1点としてよい条件は，煙道の断面積に関係なく，ガス濃度が採取位置断面において±15% 以下の場合において任意の1点としてよい，となっている．

(4) 正しい．化学分析とばいじん濃度測定では，同じ採取口を使用してもよい．

(5) 正しい．非吸引採取方式の一つとして，パスモニターがある．これは固定発生源の排ガス流に測定光路部を設置することによって，試料ガスを吸引採取しないで測定する方法である．例えば，二酸化炭素の測定では二酸化炭素の吸収波長の光を煙道中の排ガス流に直接照射し，その透過光を計測し，発光器からの照射光強度と受光器で計測した透過光強度との関係から排ガス中の二酸化炭素濃度を測定する．　▶答 (3)

問題 4 【令和元年 問12】

排ガス試料採取管に用いられる材質と測定成分に対する適用性の可否（○と×）の組合せとして，誤っているものはどれか．

	（材質）	（塩素）	（ふっ化水素）
(1)	セラミックス	○	×
(2)	四ふっ化エチレン樹脂	○	○
(3)	シリカガラス	○	×
(4)	ステンレス鋼	×	○
(5)	チタン	×	○

解説 (1) 正しい．セラミックスは，塩素には耐性があり（○），ふっ化水素には耐性がない（×）．

(2) 誤り．四ふっ化エチレン樹脂は，塩素には耐性がなく（×），ふっ化水素には耐性がある（○）．

(3) 正しい．シリカガラスは，塩素には耐性があり（○），ふっ化水素には耐性がない（×）．

(4) 正しい．ステンレス鋼は，塩素には耐性がなく（×），ふっ化水素には耐性がある（○）．

(5) 正しい．チタンは，塩素には耐性がなく（×），ふっ化水素には耐性がある（○）．

▶答 (2)

問題 5 【平成30年 問13】

JISの排ガス中の二酸化硫黄連続分析法における試料採取部（試料ガス連続採取方式）の主要な構成機器の配列例において，（ア）～（エ）の [ ] の中に挿入すべき機器の組合せとして，正しいものはどれか．

採取管 — 一次フィルター — 導管 —

[（ア）] — [（イ）] — [（ウ）] — [（エ）] — 分析計

	（ア）	（イ）	（ウ）	（エ）
(1)	除湿器	二次フィルター	吸引ポンプ	流量計
(2)	流量計	除湿器	二次フィルター	吸引ポンプ
(3)	二次フィルター	流量計	吸引ポンプ	除湿器
(4)	二次フィルター	流量計	除湿器	吸引ポンプ
(5)	二次フィルター	除湿器	流量計	吸引ポンプ

解説 （ア）「除湿器」である（図3.34参照）．

（イ）「二次フィルター」である．

(ウ)「吸引ポンプ」である.
(エ)「流量計」である.
以上から(1)が正解.　　▶答(1)

■ 3.6.3　硫黄酸化物分析法

● 1　硫黄酸化物連続分析法(自動計測器を含む)

問題1　【令和5年 問14】

JISによる排ガス中の二酸化硫黄自動計測器の種類とそれに影響を与える共存成分の組合せとして,誤っているものはどれか.

	(計測器の種類)	(影響を与える共存成分)
(1)	溶液導電率方式	二酸化窒素
(2)	赤外線吸収方式	炭化水素
(3)	紫外線吸収方式	二酸化炭素
(4)	紫外線蛍光方式	炭化水素
(5)	干渉分光方式	水分

解説 (1) 正しい.溶液導電率方式は,排ガスを硫酸酸性過酸化水素水に吸収させ硫酸イオン(SO_4^{2-})として導電率を測定して二酸化硫黄(SO_2)を求めるものであるが,二酸化窒素(NO_2)は吸収されるとイオンとなるので,正の干渉(硫酸イオンの値が大きくなること)の影響を与える.

なお,塩化水素(HCl),二酸化炭素(CO_2)も吸収されるとイオンとなるので正の干渉を,アンモニア(NH_3)は負のイオンと反応して硫酸イオンを減少させるので,負の干渉(硫酸イオンの値が減少すること)を及ぼす.水分は中性であるから干渉せず,炭化水素は溶液に溶解しにくく,また溶解してもイオンとならないので干渉しない.

(2) 正しい.赤外線吸収方式は,気体のSO_2が赤外線を吸収することを利用した測定方法であるが,同じく赤外線を吸収する炭化水素は影響を与える.なお,同じく赤外線を吸収する水分,CO_2なども影響を与える.赤外領域に吸収のないNO_2やNH_3は影響を与えない.

(3) 誤り.紫外線吸収方式は,**図3.35**に示すように280～320nm付近のピークを読み取るが,一酸化窒素(NO)の吸収もあるからNOの影響を受ける.しかし,CO_2の影響は受けない.なお,水分,NO_2,NH_3,炭化水素の影響も受けない.

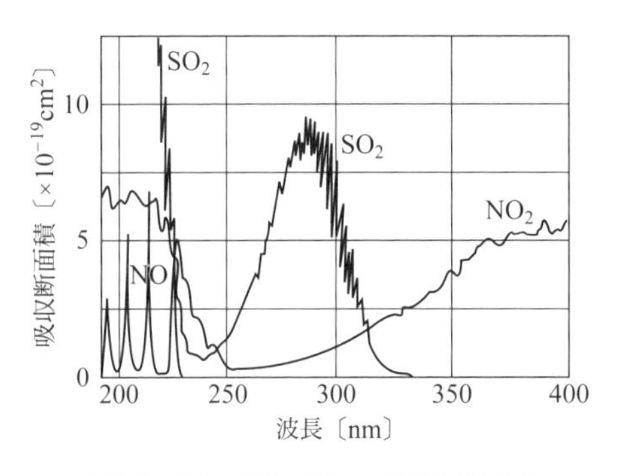

図 3.35　SO_2, NO, NO_2 の吸収スペクトル

(4) 正しい．紫外線蛍光方式は，比較的短波長域の紫外線を吸収して生じる励起状態の SO_2* から発生する蛍光の強度を，光学的フィルタによって選択的に光電子増倍管により測定し，大気中の SO_2 濃度を連続的に求めるものである．SO_2 以外に蛍光を発するガス，たとえば芳香族炭化水素は干渉するが，水分，CO_2，NO_2，NH_3 は影響を与えない．

(5) 正しい．干渉分光方式は，赤外領域の光源からのインターフェログラム（異なった周波数の重なりあった波形）を試料の入った吸収セルに当てると，ガス中の各成分に固有の波長吸収特性に応じて吸収されるので，それを検出器で電気信号に変え，フーリエ変換（異なる周波数の波を，周波数毎に分離すること）して得られたスペクトルから定量する方式で，多成分同時・高感度測定が可能である．赤外領域に吸収のある水分の影響を受ける．なお，CO_2，炭化水素からも影響を受ける．赤外領域に吸収のない NO_2，NH_3 の影響は受けない．

▶答 (3)

問題 2 【令和 4 年 問 13】

JIS の排ガス中の SO_2 自動計測器における試料採取部の構成機器とその方式・材質等との組合せとして，誤っているものはどれか．

	(構成機器)	(方式・材質等)
(1)	導管	四ふっ化エチレン樹脂
(2)	除湿器	半透膜気相除湿方式
(3)	二次フィルター	シリカ繊維
(4)	吸引ポンプ	ダイアフラムポンプ
(5)	流量計	湿式ガスメーター

解説 JIS の排ガス中の二酸化硫黄（SO_2）自動計測器における試料採取部の構成機器については，図 3.34 を参照．

(1) 正しい．導管は，四ふっ化エチレン樹脂を使用する．

(2) 正しい．除湿器は，半透膜気相除湿方式を使用する．

(3) 正しい．二次フィルターは，シリカ繊維を使用する．

(4) 正しい．吸引ポンプは，ダイアフラムポンプを使用する．

(5) 誤り．流量計は，フロート形面積流量計（**図 3.36** 参照）を使用する．湿式ガスメーターは，**図 3.37** に示すようにAからガスが入ってBから出るもので，回転数によってガス流量を求める方式である．

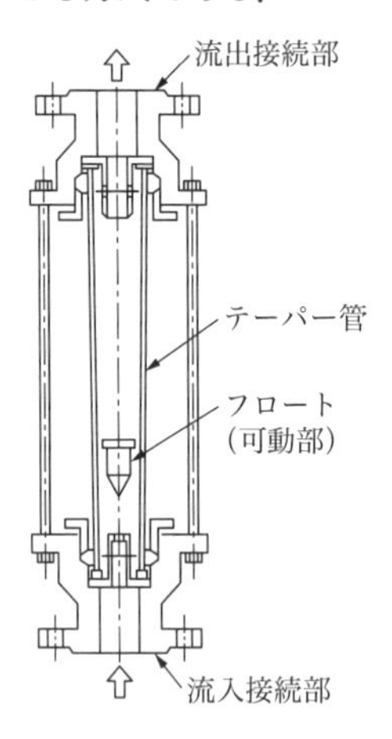

図 3.36　フロート形面積流量計 [16)]

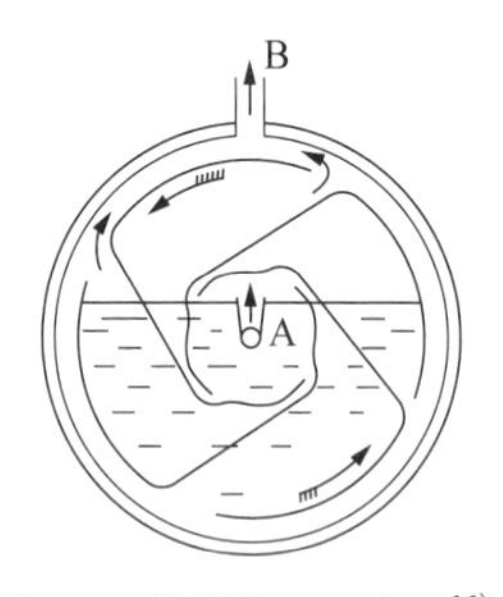

図 3.37　湿式ガスメーター [16)]

▶答 (5)

問題 3 【令和 3 年 問 13】

試料燃焼排ガスを通過させた吸収液を，容量 250 mL の全量フラスコに移し希釈した後，イオンクロマトグラフで硫酸イオン濃度を分析して以下の結果を得た．乾き燃焼排ガス中の SO_x の体積濃度（ppm）は，およそいくらか．

硫酸イオン濃度：	0.051 mg/mL
空試験で求めた硫酸イオン濃度：	0.001 mg/mL
標準状態に換算した乾き試料ガス採取量：	9.70 L

(1) 200　(2) 250　(3) 300　(4) 350　(5) 400

解説 得られた硫酸イオンの質量をモル数から体積に換算し，試料ガス採取量から体積濃度〔ppm〕を算出する．

(1) 硫酸イオンの質量

$$(0.051 - 0.001)\,\mathrm{mg/mL} = 0.05\,\mathrm{mg/mL} \quad ①$$

式① × 250 mL = 0.05 × 250 = 12.5 mg = 12.5×10^{-3} g　②

(2) モル数から体積に換算（硫酸イオン（SO_4^{2-}）のモル質量 96 g/mol）

式②/(96 g/mol) = $12.5 \times 10^{-3}/96$ mol

$12.5 \times 10^{-3}/96$ mol × 22.4 L/mol = $12.5 \times 10^{-3} \times 22.4/96$ L　③

(3) 体積濃度〔ppm〕

式③/9.70 L × 10^6 = $(12.5 \times 10^{-3} \times 22.4/96)/9.70 \times 10^6$

= $12.5 \times 22.4 \times 10^3/(96 \times 9.70) \fallingdotseq 301$〔ppm〕

以上から（3）が正解.　▶答（3）

問題4　【令和3年 問14】

JISの自動計測器を用いて排ガス中のSO_2を測定する際の干渉成分は，下表のようにまとめられる．表中（ア）～（ウ）に挿入すべき記号の組合せとして，正しいものはどれか．ただし，干渉する成分を×，干渉しない成分を○で示すものとする．

計測器の種類＼干渉成分	水分	CO_2	NO_2	NH_3	炭化水素
溶液導電率方式	（ア）	×	×	×	○
赤外線吸収方式	×	×	○	○	×
紫外線吸収方式	○	○	（イ）	○	○
紫外線蛍光方式	○	○	○	○	×
干渉分光方式	×	×	○	○	（ウ）

	（ア）	（イ）	（ウ）
(1)	×	×	×
(2)	○	×	×
(3)	×	○	×
(4)	×	×	○
(5)	○	○	○

解説　各自動測定器の特徴は次のとおりである．

溶液導電率方式は，排ガスを硫酸酸性過酸化水素水に吸収させ硫酸イオン（SO_4^{2-}）として導電率を測定して二酸化硫黄（SO_2）を求めるものであるが，二酸化窒素（NO_2），塩酸（HCl），二酸化炭素（CO_2）は吸収されるとイオンとなるので，正の干渉（赤外線の吸収が増大すること）を及ぼす．アンモニア（NH_3）は負のイオンと反応してイオンを減少させるので，負の干渉（赤外線の吸収が減少すること）を及ぼす．水分は中性であるから干渉せず，炭化水素は溶液に溶解しにくく，また溶解してもイオンとならないので干渉しない．

したがって，（ア）は○である．

赤外線吸収方式は，気体のSO_2が赤外線を吸収することを利用した測定方法であるが，同じく赤外線を吸収する水分，CO_2，炭化水素などは干渉する．赤外領域に吸収のないNO_2やNH_3は干渉しない．

紫外線吸収方式は，図3.35に示すように280～320 nm付近のピークを読み取るが，一酸化窒素（NO）の吸収もあるからNOの干渉がある．水分，CO_2，NO_2，NH_3，炭化水素の干渉はない．したがって，（イ）は×である．

紫外線蛍光方式は，比較的短波長域の紫外線を吸収して生じる励起状態のSO_2^*から発生する蛍光の強度を，光学的フィルタによって選択的に光電子増倍管により測定し，大気中のSO_2濃度を連続的に求めるものである．SO_2以外に蛍光を発するガス，例えば芳香族炭化水素は干渉するが，水分，CO_2，NO_2，NH_3は影響を与えない．

干渉分光方式は，光源からのインターフェログラム（異なった周波数の重なりあった波形）を試料の入った吸収セルに当てると，ガス中の各成分に固有の波長吸収特性に応じて吸収されるので，そのレベルを検出器で電気信号に変え，それをフーリエ変換（異なる周波数の波を，周波数毎に分離すること）して得られたスペクトルから試料の成分を定量する方式で，多成分同時・高感度測定が可能である．赤外領域に吸収のある水分，CO_2，炭化水素の影響を受ける．NO_2，NH_3の影響は受けない．したがって，（ウ）は×である．

以上から（2）が正解．　▶答（2）

問題5　【令和2年 問14】

JISのSO_2自動計測器において，共存する二酸化炭素の影響は受けないが，二酸化窒素の影響を受ける方式はどれか．

（1）溶液導電率方式
（2）赤外線吸収方式
（3）紫外線吸収方式
（4）紫外線蛍光方式
（5）干渉分光方式

解説　（1）該当しない．溶液導電率方式は，排ガスを硫酸酸性過酸化水素水に吸収させ硫酸イオンとするが，二酸化窒素（NO_2）も硝酸イオンとなり導電率が上昇するので，NO_2から正の影響を受ける．また二酸化炭素（CO_2）や塩酸（HCl）からも正の影響を受ける．なお，アンモニア（NH_3）からは負の影響を受ける．

（2）該当しない．赤外線吸収方式は，CO_2の影響を受け，NO_2の影響は受けない．なお，一酸化窒素（NO）の吸収帯の影響もほとんど受けない領域である．

（3）該当する．紫外線吸収方式では，SO_2の測定に280～320 nmを使用するため，図

3.35 に示すようにNO_2の吸収と重なり影響を受ける.

(4) 該当しない. 紫外線蛍光方式は, 比較的短波長域の紫外線を吸収して生じる励起状態のSO_2*から発生する蛍光の強度を, 光学的フィルタによって選択的に光電子増倍管により測定し, 大気中のSO_2濃度を連続的に求めるものである. SO_2以外に蛍光を発するガス, 例えば芳香族炭化水素などは, スクラバで除く必要がある. また, 水蒸気圧の変動も測定値に影響を与える. CO_2とNO_2は影響を与えない.

(5) 該当しない. 赤外領域の干渉分光方式は, 光源からのインターフェログラム（異なった周波数の重なりあった波形）を試料の入った吸収セルに当てると, ガス中の各成分に固有の波長吸収特性に応じて吸収されるので, そのレベルを検出器で電気信号に変え, それをフーリエ変換（異なる周波数の波を, 周波数毎に分離すること）して得られたスペクトルから試料の成分を定量する方式で, 多成分同時・高感度測定が可能である. CO_2の影響を受ける. NO_2の影響は受けない.

▶答（3）

問題6 【令和元年 問13】

JIS による紫外線吸収方式のSO_2自動計測器に関する記述中, (ア)～(ウ)の［　　］の中に挿入すべき語句の組合せとして, 正しいものはどれか.

紫外線領域にはSO_2, ［(ア)］, ［(イ)］の吸収スペクトルがあるが, 水, ［(ウ)］の吸収スペクトルはない. このため, 波長 280 ～ 320 nm における吸収量の変化を測定することで, 水と［(ウ)］の影響を受けずに排ガス中のSO_2の濃度を連続的に求めることができる. ただし, ［(イ)］の濃度が高い場合にはその影響を無視できない.

	(ア)	(イ)	(ウ)
(1)	NO	NO_2	CO_2
(2)	NH_3	NO	NO_2
(3)	CO_2	NH_3	NO
(4)	NO_2	CO_2	NH_3
(5)	NO_2	NH_3	NO

解説 (ア)「NO」である.

(イ)「NO_2」である.

(ウ)「CO_2」である.

図 3.35 参照.

以上から（1）が正解.

▶答（1）

問題7 【平成30年 問14】

JIS の排ガス中の二酸化硫黄自動計測器に関する記述として, 誤っているものはどれか．

(1) 溶液導電率方式では，試料ガスを硫酸酸性過酸化水素溶液に吸収させる．

(2) 赤外線吸収方式では，アンモニアが測定の妨害となる．

(3) 紫外線吸収方式では，水分とCO_2の影響を受けずにSO_2濃度を測定できる．

(4) 紫外線蛍光方式では，紫外線を吸収して生じる励起状態のSO_2*から発生する蛍光を測定する．

(5) 紫外線蛍光方式では，芳香族炭化水素などが測定の妨害成分となる．

解説 (1) 正しい．溶液導電率方式では，試料ガスを硫酸酸性過酸化水素溶液に吸収させる．

(2) 誤り．赤外線吸収方式では，水分，二酸化炭素（CO_2），炭化水素が測定の妨害となる．アンモニアは妨害しない．

(3) 正しい．紫外線吸収方式では，水分とCO_2の影響を受けずに硫酸（SO_2）濃度を測定できる（図3.35参照）．

(4) 正しい．紫外線蛍光方式では，紫外線を吸収して生じる励起状態のSO_2*から発生する蛍光を測定する．

(5) 正しい．紫外線蛍光方式では，蛍光を発する芳香族炭化水素などが測定の妨害成分となる．

▶答 (2)

■ 3.6.4 窒素酸化物分析法（自動計測器を含む）

問題1 【令和5年 問15】

JISによる排ガス中の窒素酸化物自動計測器において，その測定原理からNO及びNO_2それぞれを直接測定できる方式の組合せはどれか．

(1) 化学発光方式　赤外線吸収方式　紫外線吸収方式

(2) 化学発光方式　赤外線吸収方式

(3) 赤外線吸収方式　紫外線吸収方式

(4) 紫外線吸収方式　差分光吸収方式

(5) 化学発光方式　差分光吸収方式

解説 (1) 該当しない．化学発光方式は，一酸化窒素（NO）とオゾン（O_3）との反応で二酸化窒素（NO_2）の一部が励起して，基底状態に戻るとき光を放出するので，これを測定に利用する方式である．したがって，NOを直接測定できる方式で，NO_2は白金触媒でNOに還元して測定する．

$NO + O_3 \rightarrow NO_2{}^* + O_2$

$NO_2{}^* \rightarrow NO_2 + h\nu$（光）

赤外線吸収方式は，NOの赤外領域（波長5.3 μm付近）における吸収を測定するものである．したがって，NOを直接測定できる方法で，NO_2は白金触媒でNOに還元して測定する．

紫外線吸収方式は，NOは波長195～230 nm，NO_2は波長350～450 nmの吸収を使用して直接測定できる方式である（図3.35参照）．

(2) 該当しない．上述したように，化学発光方式はNOのみ直接測定できる方式，赤外線吸収方式もNOのみ直接測定できる方式である．

(3) 該当しない．上述したように，赤外線吸収方式はNOのみ直接測定できる方式，紫外線吸収方式はNOとNO_2の両方を直接測定できる方式である．

(4) 該当する．上述したように，紫外線吸収方式はNOとNO_2の両方を直接測定できる方式である．差分光吸収方式は，NOでは波長215～226 nm付近，NO_2では波長330～550 nm付近の吸収ピークと端部との吸収信号の差から濃度を直接測定できる方式である．いずれの測定方式もNOとNO_2の両方を直接測定できる方式であるから，これが正解となる．

(5) 該当しない．上述したように，化学発光方式はNOのみ直接測定できる方式，差分光吸収方式はNOとNO_2の両方を直接測定できる方式である．　▶答 (4)

問題2　【令和4年 問14】

JISの紫外線吸収方式SO_2自動計測器において，共存するNO_2の影響を除去する方法に関する記述中，（ア）～（ウ）の［　　］の中に挿入すべき数値の組合せとして，正しいものはどれか．SO_2，NO及びNO_2の吸収スペクトルを図に示す．

［（ア）］nm付近の吸収量を測定し，これをもとにして［（イ）］nm付近でのNO_2による吸収量を計算する．［（ウ）］nm付近の吸収量からNO_2による吸収量を差し引けば，SO_2による吸収量が得られる．

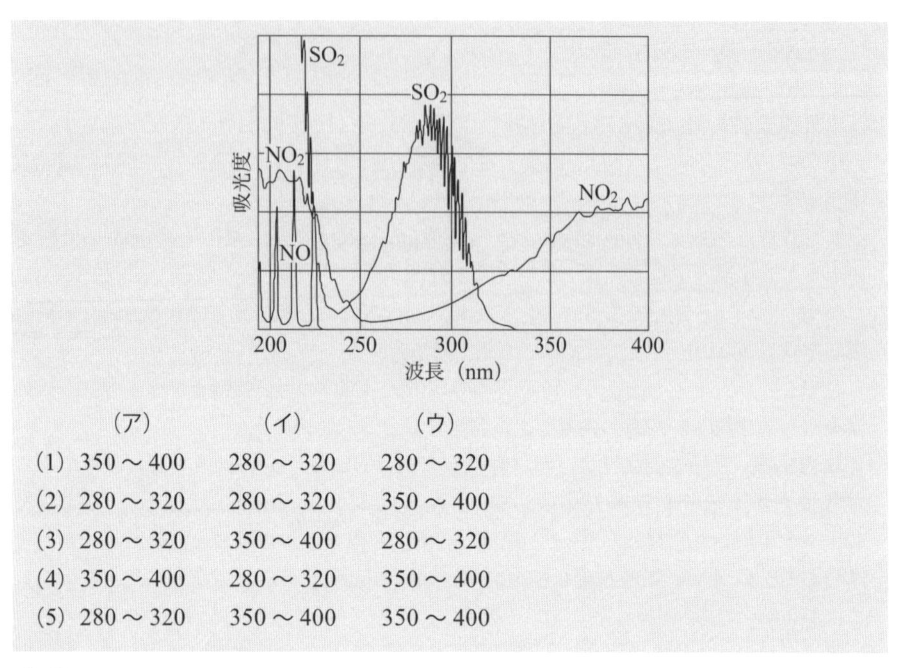

	（ア）	（イ）	（ウ）
(1)	350 ～ 400	280 ～ 320	280 ～ 320
(2)	280 ～ 320	280 ～ 320	350 ～ 400
(3)	280 ～ 320	350 ～ 400	280 ～ 320
(4)	350 ～ 400	280 ～ 320	350 ～ 400
(5)	280 ～ 320	350 ～ 400	350 ～ 400

解説（ア）「350 ～ 400」である（図3.35参照）.
（イ）「280 ～ 320」である.
（ウ）「280 ～ 320」である.
以上から（1）が正解.

▶答（1）

問題3　【令和4年 問15】

JISによる排ガス中の窒素酸化物（NO＋NO_2）の化学分析法のうち，定量下限が最も小さいものはどれか.

(1) イオンクロマトグラフ法
(2) ナフチルエチレンジアミン吸光光度法
(3) 亜鉛還元ナフチルエチレンジアミン吸光光度法
(4) フェノールジスルホン酸吸光光度法
(5) ザルツマン吸光光度法（NO_2のみ）

解説（1）イオンクロマトグラフ法の定量下限は，4 ppmである（**表3.8**参照）.
(2) ナフチルエチレンジアミン吸光光度法の定量下限は，3 ppmである（表3.8参照）.
(3) 亜鉛還元ナフチルエチレンジアミン吸光光度法の定量下限は，1 ppmである（表3.8参照）.

表 3.8　NO_xの化学分析法の種類および概要（対象成分：$NO + NO_2$）[13]

分析方法の種類	分析方法の概要			適用条件
	要旨	試料採取	定量範囲* volppm 〔mg/m^2〕	
亜鉛還元ナフチルエチレンジアミン吸光光度法（Zn-NEDA法）	試料ガス中のNO_xをオゾンで酸化し，吸収液に吸収させて硝酸イオンとする．亜鉛粉末で亜硝酸イオンに還元した後，スルファニルアミドおよびナフチルエチレンジアミン二塩酸塩溶液を加えて発色させ，吸光度（545 nm）を測定する．	真空フラスコ法または注射筒法 吸収液：硫酸（0.005 mol/L） 液量：20 mL	真空フラスコ法 1 ～ 50 （2 ～ 100） 注射筒法 5 ～ 250 （10 ～ 510）	特になし
ナフチルエチレンジアミン吸光光度法（NEDA法）	試料ガス中のNO_xをアルカリ性吸収液に吸収させて亜硝酸イオンとし，スルファニルアミドおよびナフチルエチレンジアミン二塩酸塩溶液を加えて発色させ，吸光度（545 nm）を測定する．	真空フラスコ法または注射筒法 吸収液：アルカリ性過酸化水素水–ぎ酸ナトリウム溶液 液量：50 mL	真空フラスコ法 3 ～ 500 （5 ～ 1,000） 注射筒法 7 ～ 1,200 （13 ～ 2,500）	特になし
イオンクロマトグラフ法	試料ガス中のNO_xをオゾンまたは酸素で酸化し，吸収液に吸収させて硝酸イオンとする． イオンクロマトグラフに導入してクロマトグラムを記録する．	真空フラスコ法または注射筒法 吸収液：硫酸（0.005 mol/L） 過酸化水素水（1 ＋ 99） 液量：20 mL	真空フラスコ法 4 ～ 1,400 （8 ～ 2,800） 注射筒法 19 ～ 7,200 （39 ～ 14,000）	特になし
フェノールジスルホン酸吸光光度法（PDS法）	試料ガス中のNO_xをオゾンまたは酸素で酸化し，吸収液に吸収させて硝酸イオンとする．フェノールジスルホン酸を加えて発色させ吸光度（400 nm）を測定する．	真空フラスコ法または注射筒法 吸収液：硫酸（0.005 mol/L） 過酸化水素水（1 ＋ 99） 液量：20 mL	真空フラスコ法 10 ～ 300 （20 ～ 620） 注射筒法 12 ～ 4,200 （24 ～ 8,400）	試料ガス中に多量のハロゲン化合物などが共存するとその影響を受けるので，その影響を無視または除去できる場合に適用する．
ザルツマン吸光光度法	試料ガス中のNO_2を吸収発色液に通して発色させ，吸光度（545 nm）を測定する．	吸収瓶法 吸収発色液：スルファニル酸–ナフチルエチレンジアミン酢酸溶液 液量：25 mL	5 ～ 200 （10 ～ 400）	試料ガス中に多量のNOが共存するとその影響を受けるので，その影響を無視または除去できる場合に適用する．

表 3.8　NO_xの化学分析法の種類および概要（対象成分：$NO + NO_2$）[13]（つづき）

分析方法の種類	分析方法の概要			適用条件
	要旨	試料採取	定量範囲* volppm〔mg/m^2〕	
附属書 JA				
イオンクロマトグラフ法（SO_x, 塩化水素および窒素酸化物の同時分析法）	試料ガス中の NO_x, SO_x, 塩化水素を吸収液に吸収させて，イオンクロマトグラフに注入して，クロマトグラムを得る．	真空フラスコ法 吸収液：過酸化水素水（1＋99） 液量：20 mL 標準採取量：1 L	4 ～ 1,400 （8 ～ 2,800）	試料ガス中に硫化物などの還元性ガスが高濃度に共存すると影響を受けるので，その影響を無視または除去できる場合に適用する．
		注射筒法 吸収液：過酸化水素水（1＋99） 液量：20 mL 標準採取量：150 mL	19 ～ 7,200 （39 ～ 14,000）	

＊真空フラスコ（1 L）の場合約 1,000 mL，ただし，NEDA 法の場合 500 mL，注射筒法（200 mL）の場合 200 mL，吸収瓶の場合 100 mL の試料ガスを採取したときについて示す．NEDA 法の場合，濃度が 1,000 mg/m^3 を超える場合は分析用試料溶液を希釈又は分取によって 5,000 mg/m^3 まで測定できる．

（4）フェノールジスルホン酸吸光光度法の定量下限は，10 ppm である（表 3.8 参照）．
（5）ザルツマン吸光光度法（NO_2のみ）の定量下限は，5 ppm である（表 3.8 参照）．
　以上から（3）が正解．　▶答（3）

問題 4　【令和 3 年 問 15】

JIS の化学発光方式 NO_x 自動計測器において，NO の濃度が実際よりも高く測定される可能性がある場合はどれか．

（1）CO_2 の共存
（2）除湿器における NO_x の溶解損失
（3）コンバーターの NO_2–NO 変換効率の低下
（4）コンバーターのアンモニア変換効率の上昇
（5）オゾン発生器の性能低下

解説　化学発光方式 NO_x 自動計測器は，一酸化窒素（NO）とオゾン（O_3）との反応で二酸化窒素（NO_2）の一部が励起して，基底状態に戻るとき光を放出するので，これを測定に利用する方式である．

$$NO + O_3 \rightarrow NO_2^* + O_2$$

$$NO_2^* \rightarrow NO_2 + h\nu \text{（光）}$$

(1) 該当しない．二酸化炭素（CO_2）は，励起状態NO_2*のエネルギーを奪う性質（クエンチング効果）があるため，CO_2が共存すると負の効果，すなわちNOの濃度が低く測定される可能性がある．

(2) 該当しない．除湿器におけるNO_xの溶解損失は，主にNO_2であるが，NOに還元してNO_xを測定するので，NOの濃度が低く測定される可能性がある．

(3) 該当しない．コンバーターのNO_2–NO変換効率の低下は，NOの濃度が低くなるので，NOの濃度が低く測定される可能性がある．

(4) 該当する．コンバーターのアンモニア変換NH_3–NO効率の上昇があると，NOの濃度が高くなるので高く測定される可能性がある．なお，大気中には場所によってアンモニアが存在する．

(5) 該当しない．オゾン発生器の性能低下があると，次の反応が十分に進行せず，励起状態NO_2*の濃度が低下するので，NOの濃度が低く測定される可能性がある．

$$NO + O_3 \rightarrow NO_2^* + O_2$$

▶答（4）

問題5　【令和2年 問15】

JISによる排ガス中の窒素酸化物自動計測器に関する記述として，誤っているものはどれか．

(1) 化学発光分析計では，NO_2とオゾンとの反応で生じる発光を測定する．

(2) 赤外線ガス分析計では，NOの5.3 µm付近における吸収量変化を測定する．

(3) 紫外線吸収分析計では，NO又はNO_2の紫外線領域における吸収量変化を測定する．

(4) 差分光吸収方式による分析計では，NO又はNO_2の吸収ピークと端部との吸収信号の差から濃度を測定する．

(5) ガス透過性膜を通じて電解液中に拡散吸収されたNOを測定する．

解説 (1) 誤り．化学発光分析計は，一酸化窒素（NO）とオゾン（O_3）との反応で二酸化窒素（NO_2）の一部が励起して，基底状態に戻るとき光を放出するので，これを測定に利用する方式である．

$$NO + O_3 \rightarrow NO_2^* + O_2$$

$$NO_2^* \rightarrow NO_2 + h\nu \text{（光）}$$

(2) 正しい．赤外線ガス分析計では，NOの5.3 µm付近における吸収量変化を測定する．NO_2ではないことに注意．NO_2を計測するときは，白金触媒でNOに還元して測定する．

(3) 正しい．紫外線吸収分析計では，NOまたはNO_2の紫外線領域における吸収量変化を測定する（図3.35参照）．

(4) 正しい．差分光吸収方式による分析計では，NOでは215～226 nm付近，NO_2では330～550 nm付近の吸収ピークと端部との吸収信号の差から濃度を測定する．

(5) 正しい．ガス透過性膜を通じて電解液中に拡散吸収されたNOが定電位電解によって酸化されたときに得られる電解電流を測定する．NO_2はNOに変換して測定する．

▶答 (1)

問題6

【令和元年 問14】

JISによる排ガス中のNO_x又はNO_2を分析する方法のうち，試料ガスの採取に吸収瓶を使用するものはどれか．

(1) 亜鉛還元ナフチルエチレンジアミン吸光光度法

(2) ナフチルエチレンジアミン吸光光度法

(3) イオンクロマトグラフ法

(4) フェノールジスルホン酸吸光光度法

(5) ザルツマン吸光光度法

解説 (1) 使用しない．亜鉛還元ナフチルエチレンジアミン吸光光度法は，真空フラスコ法または注射筒法で試料を採取する（表3.8参照）．

(2) 使用しない．ナフチルエチレンジアミン吸光光度法は，真空フラスコ法または注射筒法で試料を採取する（表3.8参照）．

(3) 使用しない．イオンクロマトグラフ法は，真空フラスコ法または注射筒法で試料を採取する（表3.8参照）．

(4) 使用しない．フェノールジスルホン酸吸光光度法は，真空フラスコ法または注射筒法で試料を採取する（表3.8参照）．

(5) 使用する．ザルツマン吸光光度法は，吸収瓶法で試料を採取する（表3.8参照）．吸収瓶に発色液を入れ，試料ガスを吸収瓶に採取すると直ちに発色する．

▶答 (5)

問題7

【令和元年 問15】

JISによる排ガス中の赤外線吸収方式による窒素酸化物自動計測器に関する記述中，下線を付した箇所のうち，誤っているものはどれか．

NOの(1)波長5.3 μm付近における赤外線の吸収量変化を測定し，濃度を連続的に求める測定法である．NO_xとして測定する場合には，(2)コンバーターを用いる．試料セルはガスを連続的に流通する構造であり，セル窓には(3)石英板などのように赤外線を透過するものを用いる．(4)水分，CO_2，(5)炭化水素などは測定の妨害成分となる．

解説 (1) 正しい．波長5.3 μm付近の赤外線を使用する．

(2) 正しい．二酸化窒素（NO_2）の測定はできないので，NO_2 は白金触媒（コンバーター）で一酸化窒素（NO）に還元して測定する．

(3) 誤り．「石英ガラス」が正しい．

(4) 正しい．水分は赤外線を吸収するため妨害成分となる．

(5) 正しい．炭化水素は赤外線を吸収するため妨害成分となる． ▶答（3）

問題8 【平成30年 問15】

JISの排ガス中の窒素酸化物自動計測器の一つである化学発光分析計に関する記述として，誤っているものはどれか．

(1) 化学発光は，一酸化窒素とオゾンとの反応により生じる．

(2) 反応槽は，試料ガスとオゾンを含むガスが混合・反応する部分で，減圧形と常圧形がある．

(3) 分析に必要なオゾンは，空気中の酸素から無声放電，紫外線照射などで発生させる．

(4) 測光部は，プリズム，回折格子，光電変換素子，増幅回路などから成る．

(5) 反応槽から排出される排気中のオゾンは，接触熱分解などで処理される．

解説 (1) 正しい．化学発光分析計は，一酸化窒素（NO）とオゾン（O_3）との反応で二酸化窒素（NO_2）の一部が励起して，基底状態に戻るとき光を放出するので，これを測定に利用する方式である．

$$NO + O_3 \rightarrow NO_2{}^* + O_2$$

$$NO_2{}^* \rightarrow NO_2 + h\nu \text{（光）}$$

(2) 正しい．反応槽は，試料ガスとオゾンを含むガスが混合・反応する部分で，減圧形と常圧形がある．

(3) 正しい．分析に必要なオゾンは，空気中の酸素から無声放電，紫外線照射などで発生させる．

(4) 誤り．測光部は，光学フィルター，光電変換素子，増幅回路などから成る．プリズムや回折格子は不要である．

(5) 正しい．反応槽から排出される排気中のオゾンは，接触熱分解（MnO_2，Fe_2O_3，NiOなどの金属酸化物表面に接触して分解）などで処理される． ▶答（4）

第3章 大気特論

第4章

ばいじん・粉じん特論

4.1 処理計画

■ 4.1.1 ダストの特性・総合集じん率

問題 1 【令和 5 年 問 1】

含じんガスを分割（流量比 $F_1 : F_2 = 1 : 2$）した後，同じ性能の集じん装置 3 基を図のように配置して集じんし，再びガスを合一したところ，総合集じん率が 93.0% になった．集じん装置単体の集じん率は何% か．ただし，集じん率は集じん装置の設置位置によらず同一であるものとし，また，排ガスの分割によりばいじんも流量比に応じて分割されるものとする．

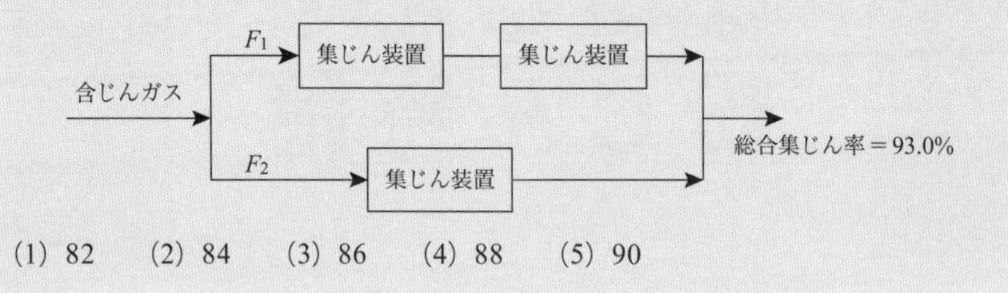

(1) 82　(2) 84　(3) 86　(4) 88　(5) 90

解説 含じんガス量を $V\,\mathrm{m^3_N/h}$，ばいじん濃度を $D\,\mathrm{mg/m^3_N}$ とする．F_1 ラインのガス量は $V/3\,\mathrm{m^3_N/h}$，F_2 ラインのガス量は $2V/3\,\mathrm{m^3_N/h}$ である．集じん装置単体の集じん率を η とすれば，集じん量は次のように表される．以下，$\mathrm{m^3_N/h}$ および $\mathrm{mg/m^3_N}$ の単位を省略する．

F_1 ライン（順に集じん装置 1，集じん装置 2 とする）

集じん装置 1 の集じん量

$$V/3 \times D \times \eta = VD\eta/3 \quad ①$$

集じん装置 2 の集じん量

集じん装置 1 のばいじんの通過量 $VD(1-\eta)/3$ に集じん装置 2 の集じん率を掛けたものとなる．

$$VD(1-\eta)/3 \times \eta = VD(1-\eta)\eta/3 \quad ②$$

F_2 ライン（集じん装置 3 とする）

集じん装置 3 の集じん量

$$2V/3 \times D \times \eta = 2VD\eta/3 \quad ③$$

総合集じん率

式①，式②，式③を使用して次のように表される．

総合集じん率＝集じん装置 1，2，3 で集じんしたばいじん量/入口のばいじん量

$= (式①+式②+式③)/(V \times D)$

$= (VD\eta/3 + VD(1-\eta)\eta/3 + 2VD\eta/3)/(VD)$

$= \eta/3 + (1-\eta)\eta/3 + 2\eta/3$ ④

式④の値が93.0％＝0.93であるから

$\eta/3 + (1-\eta)\eta/3 + 2\eta/3 = 0.93$ ⑤

式⑤を整理すると，

$\eta^2 - 4\eta + 0.93 \times 3 = 0$ ⑥

となる．

式⑥からηを求める．

$(\eta-2)^2 = 4 - 0.93 \times 3 = 1.21$

$\eta = \pm 1.1 + 2$ ⑦

式⑦において，$\eta < 1$だから

$\eta = -1.1 + 2 = 0.9$

となる．以上から$\eta = 0.9 = 90\%$である． ▶答（5）

問題2 【令和5年 問2】

図に示す部分集じん率をもつ集じん装置で，4種類の粒子径の粒子を表に示す割合で混合したダストを含む排ガスを処理した．全集じん率（％）が最も高くなるダストはどれか．

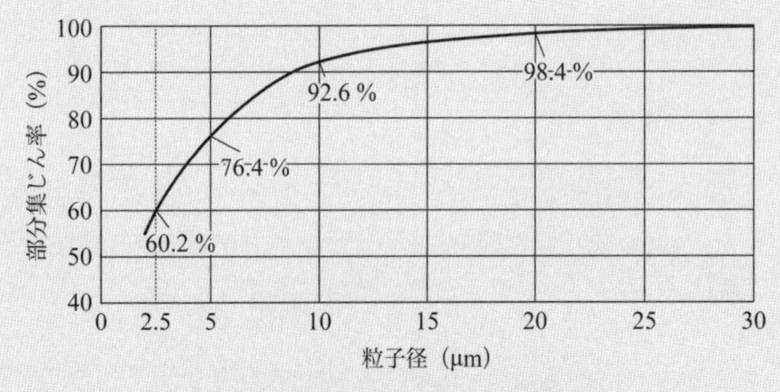

図 集じん装置の部分集じん率

表 ダストを構成する粒子の質量割合（％）

ダスト ＼ 粒子径（μm）	2.5	5.0	10	20
ダストA	40	30	20	10
ダストB	10	80	10	0
ダストC	25	25	25	25

表　ダストを構成する粒子の質量割合（%）（つづき）

粒子径（μm）／ダスト	2.5	5.0	10	20
ダストD	0	0	80	20
ダストE	0	30	30	40

(1) ダストA　(2) ダストB　(3) ダストC　(4) ダストD　(5) ダストE

解説　全集じん率は，粒径ごとの質量割合〔%〕と対応する粒径ごとの部分集じん率〔%〕を掛け合わせて，合計すればよい．

ダストAの全集じん率〔%〕

$= 40 \times 0.602 + 30 \times 0.764 + 20 \times 0.926 + 10 \times 0.984 = 75.36\%$

ダストBの全集じん率〔%〕

$= 10 \times 0.602 + 80 \times 0.764 + 10 \times 0.926 + 0 \times 0.984 = 76.4\%$

ダストCの全集じん率〔%〕$= 25 \times (0.602 + 0.764 + 0.926 + 0.984) = 81.9\%$

ダストDの全集じん率〔%〕

$= 0 \times 0.602 + 0 \times 0.764 + 80 \times 0.926 + 20 \times 0.984 = 93.76\%$

ダストEの全集じん率〔%〕

$= 0 \times 0.602 + 30 \times 0.764 + 30 \times 0.926 + 40 \times 0.984 = 90.06\%$

なお，このような計算をすべて行わなくても，ダストDかダストEのどちらかだと容易にわかるので，この2つだけの計算で時間が短縮できる．

以上からダストDが正解．

▶答（4）

問題3　【令和4年 問1】

ふるい上 R（%）がそれぞれ，図1と図2で示されるダストA，Bがある．これらのダストを質量比A：B＝1：2で混合した試料の頻度分布として，最も適切な図はどれか．

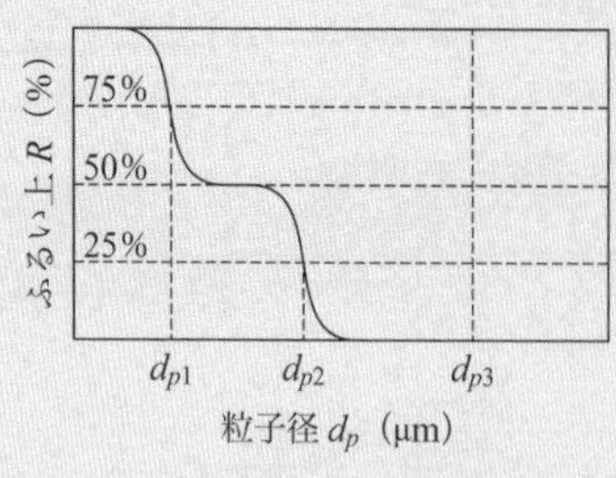

図1　ダストAのふるい上分布

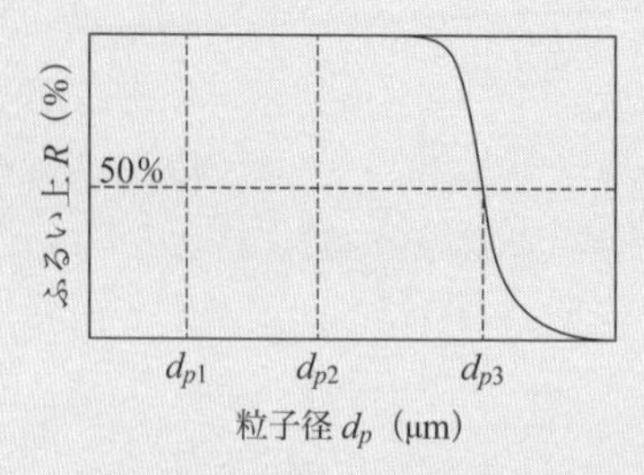

図2　ダストBのふるい上分布

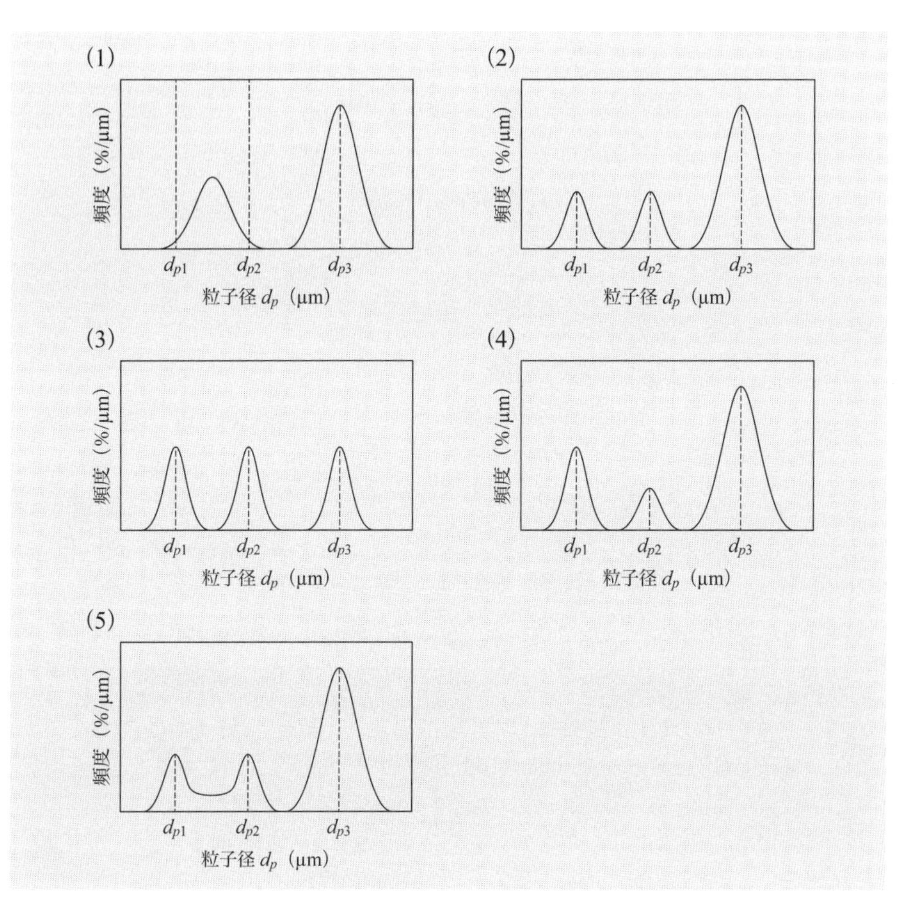

解説　頻度分布fは，ふるい上Rを微分した値で与えられる（**図4.1**参照）．

$$f = |\Delta R/\Delta d_p|$$

問題図1のd_{p1}およびd_{p2}に変曲点があるのでここにピーク点があり，これらの前後は水平となっているため，fはゼロとなる．よって（1）および（5）は除外される．また，変曲点の形がd_{p1}およびd_{p2}で同形であるため，ピークの高さは同じである．したがって，（4）は除外される．問題図2のBの50%の変曲点における微分値は，ピーク点を表すが，A：B＝1：2であるからピーク点の値は，問題図1のAのピーク点の2倍となる．よって（3）が除外される．

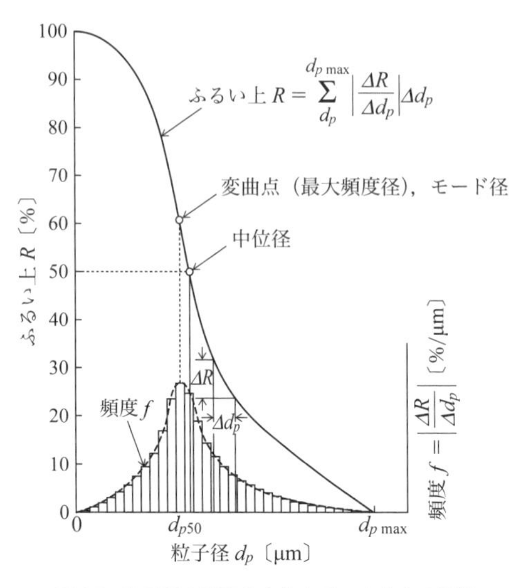

図 4.1　粒子径の頻度分布とふるい上分布の関係

以上から（2）が正解.　　▶答（2）

問題 4　【令和 3 年 問 1】

ダストの粒子径及び粒子径分布に関する記述として，誤っているものはどれか.

（1）一般に，粒子径分布の表示はふるい上（オーバーサイズ）で表されることが多い.

（2）頻度分布曲線において，ピークに対応する粒子径をモード径という.

（3）ふるい上曲線において，$R = 50\%$ に対応する粒子径を積算径という.

（4）一般に，粒子径分布を示すグラフは，横軸を対数目盛として表される.

（5）産業活動の過程で発生するダストの粒子径分布は，ロジン–ラムラー分布によく従う.

解説（1）正しい. 一般に，粒子径分布の表示はふるい上（オーバーサイズ：ふるいを振った後ふるいに残った粉じん）で表されることが多い.

（2）正しい. 頻度分布曲線（図 4.1 参照）において，ピークに対応する粒子径をモード径という. モード径は変曲点または最大頻度径ともいう.

（3）誤り. ふるい上曲線において，$R = 50\%$ に対応する粒子径を中位径という.

（4）正しい. 一般に，粒子径分布を示すグラフは，横軸を対数目盛として表される.

（5）正しい. 産業活動の過程で発生するダストの粒子径分布を表すロジン–ラムラー分布は次のように表される.

$$R = 100 \exp(-\beta {d_p}^n) \qquad ①$$

ここに，β：粒度特性係数，d_p：粒径，n：定数式①について，$e^{-\beta d_p{}^n} = 10^{-\beta' d_p{}^n}$ とおき，2度の常用対数をとると次のように変形される．

$$\log(2 - \log R) = \log\beta' + n\log d_p \qquad ②$$

式②について，$\log(2 - \log R)$ を縦軸に，$\log d_p$ を横軸にプロットすると，勾配 n の直線となり，切片は，$\log\beta'$ である（**図 4.2** 参照）．なお，n の値が大きいほど，ダストの粒子径範囲は狭くなる．

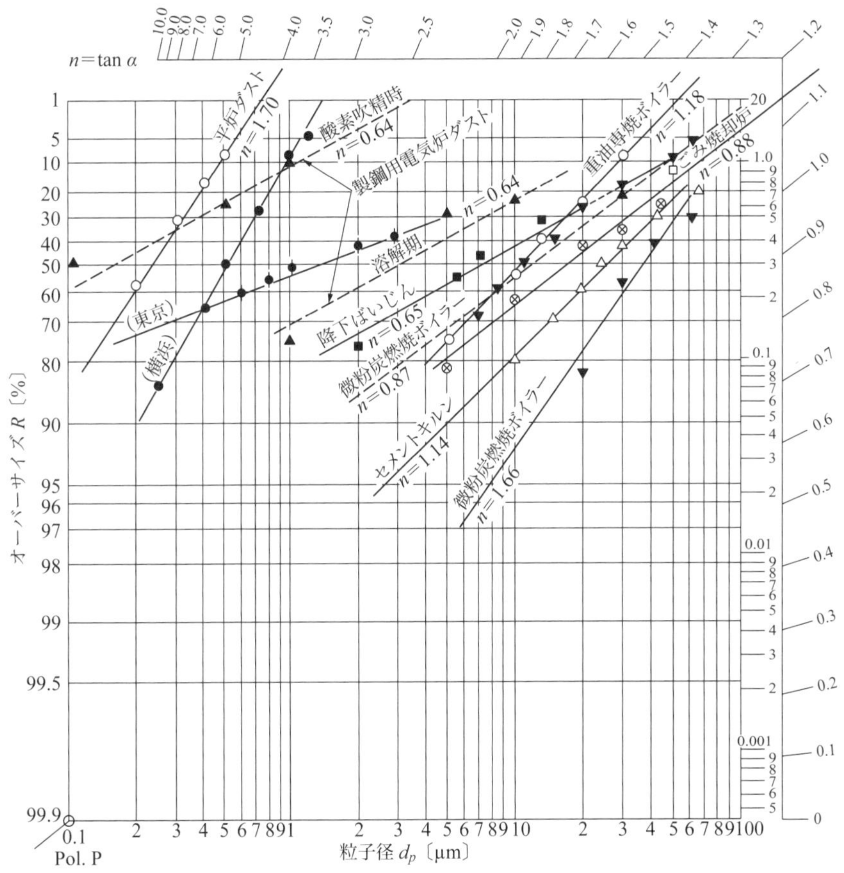

（注）分布曲線を Pol. P に平行移動すれば，線図外周の交点から n を求めることができる．

図 4.2　鉱工業における各種ダストの粒子径分布（ロジン-ラムラー線図）（JIS Z 8901）

▶ 答（3）

問題5 【令和3年 問2】

2種類の粒子（A，B）からなるダストを，並列に配置した2基の集じん装置により集じんする．入口ガス中のA粒子とB粒子のダスト濃度比（A：B）は2：1で，各集じん装置のA粒子，B粒子に対する集じん率は表の通りである．いま，ガス流量Q（m^3/h）を，集じん装置1へのガス流量Q_1（m^3/h）と集じん装置2へのガス流量Q_2（m^3/h）に分割したとき，出口ダスト濃度が最も低くなるガスの分配比（$Q_1：Q_2$）はどれか．ただし，ダストはガスの分割に伴い，その比率に等しく分割されるものとする．

各集じん装置の集じん率

集じん装置	集じん率（%）	
	A粒子	B粒子
1	95	80
2	85	95

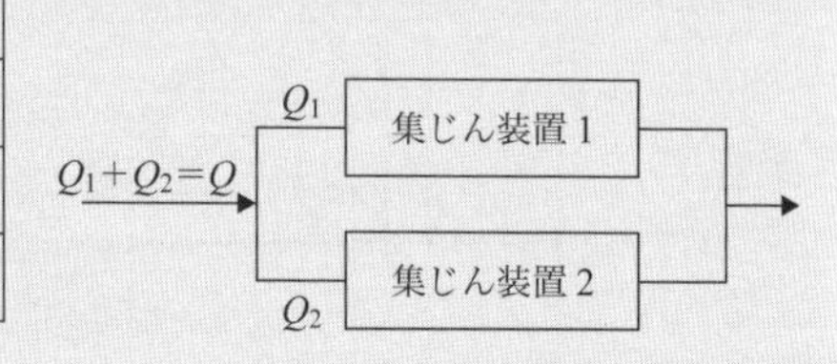

(1) 1：0　(2) 2：1　(3) 1：1　(4) 1：2　(5) 0：1

解説 (1) 集じん装置1を通過するダスト量は，入口ダスト量をCとすれば

$$Q_1 \times 2/3 \times (100-95)/100 \times C + Q_1 \times 1/3 \times (100-80)/100 \times C$$
$$= Q_1 \times 2/3 \times 0.05 \times C + Q_1 \times 1/3 \times 0.20 \times C = Q_1C \times 0.3/3 = 0.1Q_1C \quad ①$$

(2) 集じん装置2を通過するダスト量

$$Q_2 \times 2/3 \times (100-85)/100 \times C + Q_2 \times 1/3 \times (100-95)/100 \times C$$
$$= Q_2 \times 2/3 \times 0.15 \times C + Q_2 \times 1/3 \times 0.05 \times C = Q_2C \times 0.35/3 \fallingdotseq 0.12Q_2C \quad ②$$

(3) 集じん装置出口ダスト量（式①＋式②）Mの算出

$$M = 式① + 式② = 0.1Q_1C + 0.12Q_2C \quad ③$$
$$Q_1 + Q_2 = Q \quad ④$$

$Q_1：Q_2$を次のようにrで表す．

$$r = Q_1/Q_2 \ (Q_1 = rQ_2) \quad ⑤$$

式④と式⑤から

$$rQ_2 + Q_2 = Q,\ Q_2(r+1) = Q,\ Q_2 = Q/(r+1) \quad ⑥$$

式⑥を式⑤に代入して

$$Q_1 = rQ/(r+1) \quad ⑦$$

となる．

式⑥と式⑦を式③に代入する．

$$M = 0.1Q_1C + 0.12Q_2C = 0.1rQC/(r+1) + 0.12QC/(r+1)$$
$$= 0.1QC(r/(r+1) + 1.2/(r+1)) = 0.1QC \times (r+1.2)/(r+1) \quad ⑧$$

式⑧において，Mが最小になるrの値は，$r \to \infty$で$0.1QC$となる（**図 4.3** 参照）．すなわち，$r = Q_1/Q_2$において$Q_2 = 0$であることを表す．

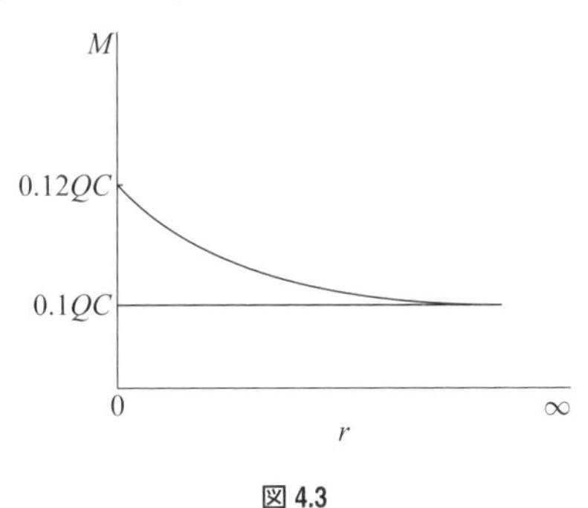

図 4.3

以上から（1）が正解．　▶答（1）

問題 6　【令和 2 年 問 1】

サイクロンとバグフィルターを直列につないだ集じん装置で排ガスを処理したとき，標準状態に換算した乾きガス中のダスト濃度が，入口で$4.0\,g/m^3$，出口で$8.0\,mg/m^3$であった．サイクロンの集じん率が 80% のとき，バグフィルターの集じん率（%）はいくらか．

（1）90.0　（2）98.0　（3）99.0　（4）99.8　（5）99.9

解説　直列に 2 つの集じん装置が連結されている場合，次の公式を使用する．

$$\eta_T = \eta_1 + (1 - \eta_1) \times \eta_2 \quad ①$$

ここに，η_T：全体の集じん率，η_1：サイクロンの集じん率，

η_2：バグフィルターの集じん率

η_Tは，次のように算出される．単位に注意．

$$(4.0\,g/m^3 - 8.0\,mg/m^3)/(4.0\,g/m^3)$$

$$= (4.0\,g/m^3 - 0.008\,g/m^3)/(4.0\,g/m^3) = 0.998 \quad ②$$

式①と式②から，次のようにη_2を算出する．ただし，$\eta_1 = 80/100 = 0.80$

$$0.998 = 0.80 + (1 - 0.80) \times \eta_2$$

$$\eta_2 = 0.99$$

したがって，$0.99 \times 100 = 99.0\%$である．

以上から（3）が正解．　▶答（3）

問題 7　【令和元年 問 1】

ダストの付着性に関する記述として，誤っているものはどれか．

(1) 付着の強さには，ファンデルワールス力が影響する．
(2) 付着力は，ダストの成分組成により異なる．
(3) 付着性が大きいほど，粒子同士が凝集しやすくなる．
(4) 粒子径が小さいほど，装置等に付着しやすくなる．
(5) ダストの見掛け電気抵抗率が高い場合には，静電気による付着力は小さくなる．

解説 (1) 正しい．付着の強さには，ファンデルワールス力（無極性分子間に作用するクーロン力）が影響する．
(2) 正しい．付着力は，ダストの成分組成により異なる（密度，電気抵抗，表面積，湿度などが異なるため）．
(3) 正しい．付着性が大きいほど，粒子同士が凝集しやすくなる．
(4) 正しい．粒子径が小さいほど，粒子径に対する粒子の表面積の割合が大きくなるため，装置等に付着しやすくなる．
(5) 誤り．ダストの見掛け電気抵抗率が高い場合には，静電気を保持しやすいため，静電気による付着力は大きくなる．

▶ 答 (5)

問題 8 【平成 30 年 問 1】

粒子径分布が以下のロジン–ラムラー式に従うダストがある．

$$\frac{R}{100} = 10^{-\beta' d_p{}^{1.5}}$$

中位径 d_{p50} が 2 μm であるとき，β' の値はおよそいくらか．ただし，β' は $\mu m^{-1.5}$ の次元をもつものとし，N の常用対数（$\log N$），自然対数（$\log_e N$），平方根（$\sqrt{N}$）は次のとおりである．

N	$\log N$	$\log_e N$	$\sqrt{N}$
2	0.3010	0.6931	1.4142
3	0.4771	1.0986	1.7321
5	0.6990	1.6094	2.2361
10	1.0000	2.3026	3.1623

(1) 0.0462　(2) 0.106　(3) 0.213　(4) 0.247　(5) 0.568

 与えられた式は

$$\frac{R}{100} = 10^{-\beta' d_p{}^{1.5}}$$

である．中位径 d_{p50}（$R = 50$）が 2 μm であるから，次のように表される．

$$50/100 = 10^{-\beta' \times 2^{1.5}} \quad ①$$

式①の両辺の常用対数をとる.

$$-\log 2 = -\beta' \times 2^{1.5} \quad ②$$

$$\beta' = \log 2/2^{1.5} \quad ③$$

ここで，表から

$$\log 2 = 0.3010$$

$$2^{1.5} = 2^{3/2} = 2 \times 2^{\frac{1}{2}} = 2 \times 1.4142 = 2.8284$$

である．式③からβ'は

$$\beta' = \log 2/2^{1.5} = 0.3010/2.8284 \fallingdotseq 0.106$$

以上から（2）が正解．　▶答（2）

■ 4.1.2　各種の発生源施設とダスト特性

問題1　【令和元年 問2】

各種発生源施設とそこから排出されるダストの特性の組合せとして，誤っているものはどれか．

	（発生源施設）	（ダスト特性）
(1)	重油燃焼ボイラー	カーボンブラックが30%前後含まれている．
(2)	黒液燃焼ボイラー	中位径が0.1～0.3μm程度の微細なダストである．
(3)	セメントキルン	CaO含有量が製品セメントより多い．
(4)	転炉	酸化鉄を主体とするダストである．
(5)	骨材乾燥炉	凝集性，親水性が小さいダストである．

解説　(1) 正しい．重油燃焼ボイラーの排ガス中には，カーボンブラックが30%前後含まれている．

(2) 正しい．黒液燃焼ボイラーの排ガスは，中位径が0.1～0.3μm程度の微細なダストである．なお，黒液とは，パルプの原料である木材や竹材を蒸解液（NaOHとNa_2Sの混合液）を入れた蒸解釜でリグニンを分離して，セルロースを取り出したあと煮詰めたもので黒い色をしている．

(3) 誤り．セメントキルンの排ガス中のCaO含有量は44.4～59.8%で，製品セメントのCaO含有量（65.0%）より少ない．

(4) 正しい．転炉（溶鉱炉から出た銑鉄に酸素を入れながら成分調整をする炉）の排ガスは，酸化鉄を主体とするダストである．

(5) 正しい．骨材乾燥炉の排ガスは，かなり多くの未燃カーボンと硫酸分などで構成されているため，凝集性，親水性が小さいダストである． ▶答（3）

問題2 【平成30年 問2】 

微粉炭燃焼ボイラーダストに関する記述として，誤っているものはどれか．

(1) 微粉炭燃焼ボイラーダストの主成分は，酸化カルシウム（CaO）と酸化マグネシウム（MgO）である．

(2) 微粉炭燃焼ボイラーダストの密度は，2,100 kg/m^{3}程度である．

(3) 酸化ナトリウムや未燃カーボンが少ないほど，微粉炭燃焼ボイラーダストの見掛け電気抵抗率は高くなる．

(4) 燃焼効率の高い最近の微粉炭燃焼ボイラーダストの見掛け電気抵抗率は，およそ10^8～10^{11} Ω·m程度である．

(5) およそ45 μm以下の微粉炭燃焼ボイラーダスト粒子は，きれいな球状である．

解説 (1) 誤り．微粉炭燃焼ボイラーダストの主成分は，二酸化けい素（シリカ：SiO_2）と酸化アルミニウム（アルミナ：Al_2O_3）である．

(2) 正しい．微粉炭燃焼ボイラーダストの密度は，2,100 kg/m^{3}程度である．

(3) 正しい．酸化ナトリウムや未燃カーボンが少ないほど，微粉炭燃焼ボイラーダストの見掛け電気抵抗率は高くなる．

(4) 正しい．燃焼効率の高い最近の微粉炭燃焼ボイラーダストの見掛け電気抵抗率は，およそ10^8～10^{11} Ω·m程度である．

(5) 正しい．およそ45 μm以下の微粉炭燃焼ボイラーダスト粒子は，いったん溶融し，温度降下によって凝固し生成するため，きれいな球状である． ▶答（1）

■ 4.1.3 集じん装置の特性・圧力損失・無次元数

問題1 【令和5年 問5】 

集じんに関連する無次元数の組合せのうち，どちらもダストの粒子径の2乗に比例する組合せはどれか．

(1) レイノルズ数と遮りパラメータ

(2) レイノルズ数と重力パラメータ

(3) 遮りパラメータとストークス数

(4) 重力パラメータと遮りパラメータ

(5) 重力パラメータとストークス数

 (1) 該当しない．レイノルズ数 $Re = d_p w \rho_p / \mu$，遮りパラメータ $N_R = d_p / d_f$，w：流体中の粒子速度，その他の記号の説明は**表 4.1** 参照．

表 4.1　ろ過集じん初期におけるダストの捕集機構 [11)]

捕集機構		備　考
(1) 慣性付着	$\vec{v}_a$	慣性パラメータ $\psi = \dfrac{{d_p}^2 \rho_p v_a}{18\mu d_f}$
(2) 遮り付着	→ d_f	遮りパラメータ $N_R = \dfrac{d_p}{d_f}$
(3) 拡散付着	→	拡散パラメータ $N_D = \dfrac{D_{BM}}{d_f v_a}$
(4) 重力付着	$\vec{v}_a$	重力パラメータ $G = \dfrac{{d_p}^2 \rho_p g}{18\mu v_a} = \dfrac{w_g}{v_a}$

(注) 黒印 (•) はダスト粒子，d_p：ダストの直径，ρ_p：密度

d_f ：繊維または合糸の直径

v_a ：繊維への接近速度 $= \dfrac{v}{\varepsilon_f}$

v ：見掛けろ過速度

ε_f ：ろ布またはフェルトの空間率

w_g：終末沈降速度

μ ：ガス粘度

g ：重力加速度

D_{BM}：拡散係数 $\cong \dfrac{kT}{3\pi\mu d_p}$

T ：絶対温度

k ：ボルツマン定数

(2) 該当しない．レイノルズ数 $Re = d_p w \rho_p / \mu$，重力パラメータ $G = {d_p}^2 \rho_p g / 18\mu v_a$

(3) 該当しない．遮りパラメータ $N_R = d_p / d_f$，ストークス数 $Stk = C_m \rho_p {d_p}^2 v_r / (9\mu d_f)$，$v_r$：ダストと捕集体の相対速度，なお，ストークス数は流体中の粒子について流体への追従性を記述するために用いられる無次元数．

(4) 該当しない．重力パラメータ $G = {d_p}^2 \rho_p g / 18\mu v_a$，遮りパラメータ $N_R = d_p / d_f$

(5) 該当する．重力パラメータ $G = {d_p}^2 \rho_p g / 18\mu v_a$，ストークス数 $Stk = C_m \rho_p {d_p}^2 v_r / (9\mu d_f)$

▶答 (5)

問題 2　　【令和 4 年 問 2】

各種集じん装置の基本流速を示す表において，(ア)〜(ウ)の ＿＿ の中に挿入すべき数値の組合せとして，正しいものはどれか．

集じん装置の形式	基本流速 (m/s)
重力沈降室	(ア)
ベンチュリスクラバー	(イ)
バグフィルター	(ウ)

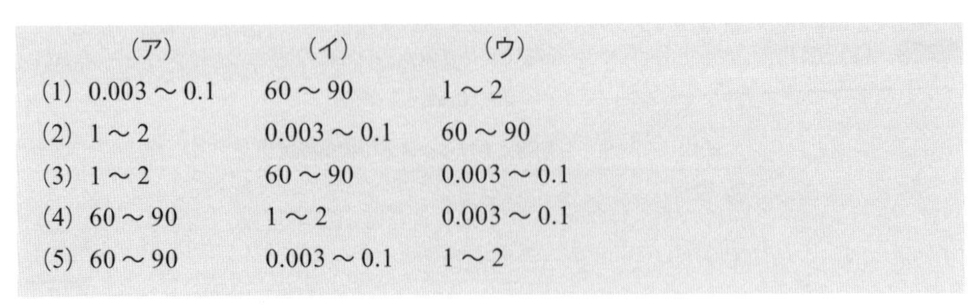

	(ア)	(イ)	(ウ)
(1)	0.003 ～ 0.1	60 ～ 90	1 ～ 2
(2)	1 ～ 2	0.003 ～ 0.1	60 ～ 90
(3)	1 ～ 2	60 ～ 90	0.003 ～ 0.1
(4)	60 ～ 90	1 ～ 2	0.003 ～ 0.1
(5)	60 ～ 90	0.003 ～ 0.1	1 ～ 2

解説 各集じん装置の基本流速については，**表 4.2** 参照.

表 4.2 各種集じん装置の基本流速 [16]

分類	形式	基本流速〔m/s〕
重力集じん	重力沈降室	1 ～ 2
慣性力集じん	ルーバー形	<15
	マルチバッフル形	1 ～ 5
遠心力集じん	接線流入式	7 ～ 20
	軸流式反転形	8 ～ 13
洗浄集じん	スプレー塔	1 ～ 2
	サイクロンスクラバー	1 ～ 2
	充塡塔	0.5 ～ 1
	ジェットスクラバー	10 ～ 20
	ベンチュリスクラバー	60 ～ 90
隔壁形式集じん	バグフィルター	0.003 ～ 0.1
電気集じん	湿式	1 ～ 3
	乾式	0.5 ～ 2

(ア)「1 ～ 2」である．重力沈降室については，**図 4.4** 参照.

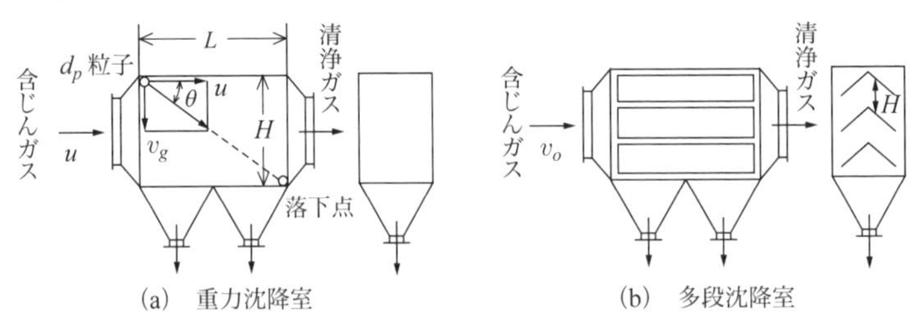

図 4.4 重力集じん装置 [4]

（イ）「60 ～ 90」である．ベンチュリスクラバーについては，**図 4.5** 参照．

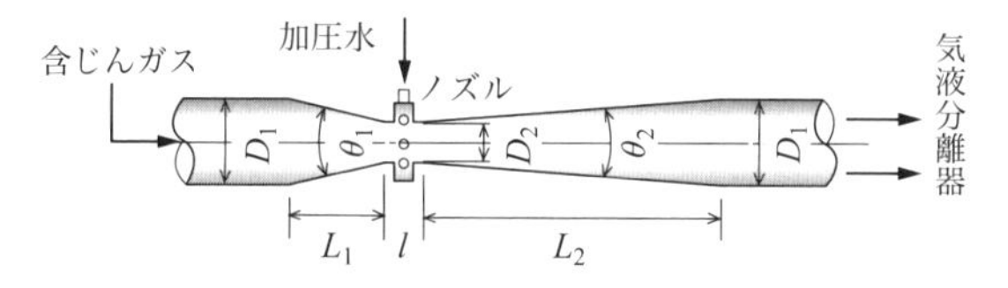

図 4.5　一段ベンチュリスクラバー

（ウ）「0.003 ～ 0.1」である．バグフィルターについては，**図 4.6** 参照．

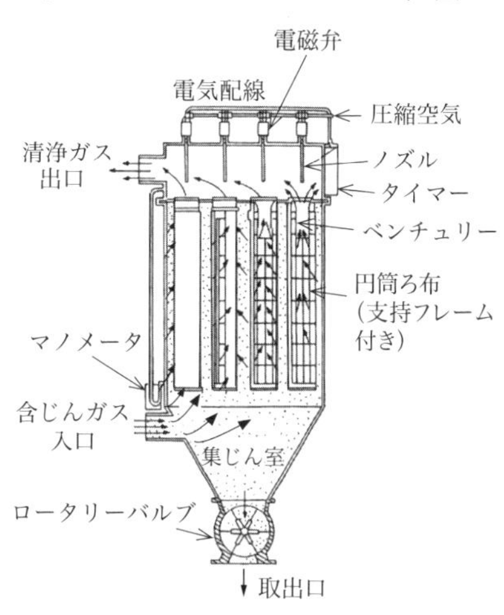

図 4.6　バグフィルター（パルスジェット形払い落とし装置の例）[1)]

以上から（3）が正解．

▶ 答（3）

問題 3　【令和 4 年 問 3】

ダストの拡散係数 D_{BM} を表す式として正しいものはどれか．ただし，C_m はカニンガムの補正係数，k はボルツマン定数，T は絶対温度，μ はガス粘度，d_p は粒子径である．

(1) $\dfrac{C_m kT}{3\pi\mu d_p}$　(2) $\dfrac{C_m \mu kT}{3\pi d_p}$　(3) $\dfrac{\mu d_p kT}{3\pi C_m}$

(4) $\dfrac{\mu kT}{3\pi C_m d_p}$　(5) $\dfrac{C_m d_p k}{3\pi\mu T}$

解説　ダストの拡散は，ガス粘度 μ が小さくなると大きくなり，粒子径 d_p が小さくなると大きくなるから，μ および d_p と反比例の関係にある．したがって，μ と d_p は分母に位置することになり，この点だけで（1）が正解と選択できる．また，温度Tが高いほど拡散は大きくなり，カニンガムの補正係数C_mは，ストークスの式で表される抵抗力を自由分子の大きさまで適用できるように拡張した補正係数でありd_pが小さいほど大きくなるから，分子に位置することになる．

以上から（1）が正解．

▶答（1）

題4　【令和4年 問4】

集じん装置の性能評価に関わる（ア）～（ウ）の用語と，それに密接に関連する集じん装置の組合せとして，正しいものはどれか．

（ア）ドイッチェの式

（イ）ストークス数

（ウ）液ガス比

	（ア）	（イ）	（ウ）
(1)	衝突式慣性力集じん装置	電気集じん装置	サイクロン
(2)	ベンチュリスクラバー	サイクロン	電気集じん装置
(3)	電気集じん装置	重力集じん装置	ベンチュリスクラバー
(4)	電気集じん装置	衝突式慣性力集じん装置	ベンチュリスクラバー
(5)	重力集じん装置	衝突式慣性力集じん装置	サイクロン

解説　（ア）ドイッチェの式は，電気集じん装置の電気集じん率ηを次の式で表したものである．

$$\eta = 1 - \exp(-\omega A/Q) \quad ①$$

ここに，ω：分離速度，A：有効全集じん面積，Q：処理ガス流量

（イ）ストークス数は，衝突式慣性力集じん装置に用いられ，次式で表される．

$$Stk = C_m \rho_p d_p{}^2 v_r/(9\mu d_c)$$

ここに，C_m：カニンガムの補正係数，ρ_p：ダストの密度，d_p：粒子径，v_r：ダストと捕集体の相対速度，d_c：液滴形

（ウ）液ガス比は，ベンチュリスクラバー（図4.5参照）のような洗浄集じん装置に用いられ，単位時間における使用水量とガス量の比〔L/m^3〕である（**表4.3**参照）．

表4.3　主な洗浄集じん装置の特徴[10)]

装置名称	基本流速〔m/s〕	液ガス比〔L/m^3〕	ポンプ圧〔kPa〕	圧力損失〔kPa〕	50%分離粒子径〔μm〕
スプレー塔	1～2	2～3	中	0.1～0.5	3
充塡塔	0.5～1	2～3	小	1～2.5	1

表 4.3　主な洗浄集じん装置の特徴 [10]　（つづき）

装置名称	基本流速〔m/s〕	液ガス比〔L/m^3〕	ポンプ圧〔kPa〕	圧力損失〔kPa〕	50% 分離粒子径〔μm〕
サイクロンスクラバー	1 ～ 2	0.5 ～ 2	中	1.2 ～ 1.5	1
タイゼンワッシャー	(300 ～ 750 回転/min)	0.7 ～ 2	小	−0.5 ～ −1.5	0.2
ジェットスクラバー	10 ～ 20	10 ～ 50	大	−1.5 ～ 0	0.2
ベンチュリスクラバー	60 ～ 90	0.5 ～ 1.5	小	3 ～ 8	0.1

以上から（4）が正解.

▶答（4）

問題 5　【令和 2 年 問 2】

集じん装置を選定する際の考え方として，誤っているものはどれか.

（1）燃えやすいダストを含む排ガスの場合，一次装置で，まずそれらを捕集して火災防止をはかる.

（2）ダストを捕集しやすくするために，一次装置で凝集・成長させることがある.

（3）乾式集じん装置は，酸露点を十分に上回る排ガス温度で使用する.

（4）洗浄集じん装置は，水などの液体により捕集を行うものであり，処理ガス温度は集じん率に影響しない.

（5）ダストの見掛け電気抵抗率が高い場合，乾式電気集じん装置では逆電離現象に留意する必要がある.

解説（1）正しい．燃えやすいダストを含む排ガスの場合，一次装置で，まずそれらを捕集して火災防止をはかる.

（2）正しい．ダストを捕集しやすくするために，一次装置で凝集・成長させることがある.

（3）正しい．乾式集じん装置は，酸露点を十分に上回る排ガス温度で使用する.

（4）誤り．洗浄集じん装置は，水などの液滴により捕集を行うものであり，処理ガス温度が低いほど液滴となる凝縮速度（**図 4.7** では S_v がマイナス）が大きくなるため，集じん率は向上する．したがって，処理ガス温度は集じん率に影響する.

（5）正しい．ダストの見掛け電気抵抗率が高い場合，**図 4.8** に示すように乾式電気集じん装置では逆電離現象に留意する必要がある．逆電離現象は，集じん板（正極）に集じんしたダスト（負に帯電）の電気的中和がこの電気抵抗領域（見掛け電気抵抗率 ρ_d が $5 \times 10^8\,\Omega\cdot m$ 以上）では遅くなるため，負の荷電量が次第に大きくなりダスト層の絶縁破壊が起こり反対に多量の正コロナが集じん空間に向かって放出される現象をいう.

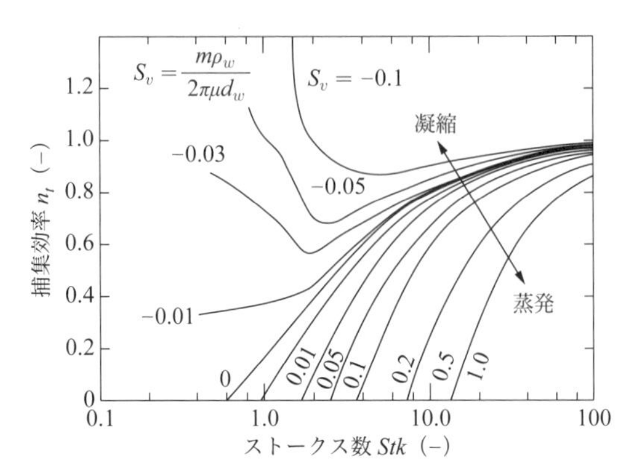

S_v：無次元蒸発あるいは凝縮速度〔kg/s〕
m：単位時間当たりに液滴から蒸発あるいは凝縮する蒸発量〔m^3/s〕
ρ_w：水の密度〔kg/m^3〕
μ ：ガス粘度〔Pa･s〕
d_w：液滴の直径〔m〕

図 4.7　蒸気の移動がある場合の粒子の慣性捕集効率（捕集球基準 $Re = 0.2$ の場合）
（出典：T. D. Placek, L. K. Peters : *J. Aerosol Sci.*, 11, 521（1980））

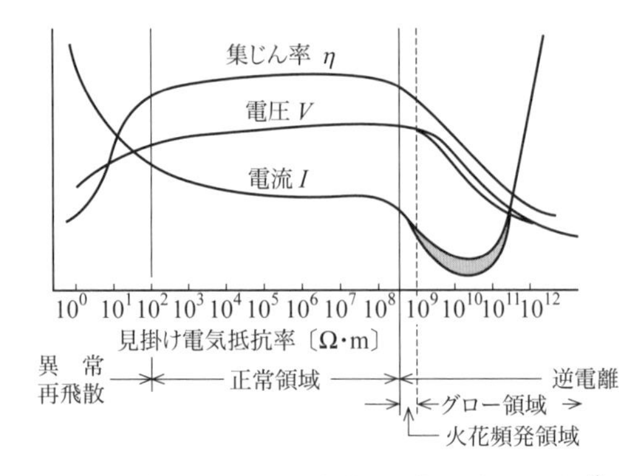

図 4.8　ダストの見掛け電気抵抗率の集じん率への影響 [1)]

▶答（4）

4.2 集じん装置の原理と構造および機能

■ 4.2.1 流通形式集じん装置

粒子を重力，遠心力，静電気力によって除去するもので，重力集じん装置，サイクロン，電気集じん装置などが該当する．

● 1 重力集じん装置

問題1 【令和3年 問3】

重力集じんにおける粒子の移動速度を表す式として，正しいものはどれか．なお，C_m はカニンガムの補正係数（－），ρ_p は粒子密度（kg/m^3），d_p は粒子径（m），g は重力加速度（m/s^2），μ はガスの粘度（Pa·s）である．

(1) $\dfrac{C_m \rho_p d_p g}{18\mu}$　(2) $\dfrac{C_m \rho_p d_p^2}{18\mu g}$　(3) $\dfrac{C_m \rho_p^2 d_p^2 g}{18\mu}$

(4) $\dfrac{C_m \rho_p d_p^2 g}{18\mu}$　(5) $\dfrac{C_m \rho_p d_p^3 g}{18\mu}$

解説 重力下における球形粒子の終末沈降速度（ここでの粒子の移動速度に該当）w は，粒子の下降力 F_g（重力 － 浮力）とガス流速の抵抗力 F_s とが釣り合うと考える．

(1) F_g の算出

$$F_g = 4/3 \times \pi(d_p/2)^3\rho_p g - 4/3 \times \pi(d_p/2)^3\rho_g g$$

$$= \pi/6 \times d_p^3\rho_p g - \pi/6 \times d_p^3\rho_g g = \pi/6 \times d_p^3(\rho_p - \rho_g)g \quad ①$$

ここに，d_p：粒子直径〔m〕，ρ_p：粒子密度〔kg/m^3〕，

ρ_g：空気密度〔kg/m^3〕，g：重力加速度〔m/s^2〕

式①において，$\rho_p \gg \rho_g$ として，$\rho_g \fallingdotseq 0$ とすれば，式①は次のように表される．

$$F_g = \pi/6 \times d_p^3\rho_p g \quad ②$$

(2) F_s の算出

ガス流速の抵抗力 F_s はストークスの抵抗力であり，次のように表される．

$$F_s = 3\pi\mu d_p w \quad ③$$

ここに，μ：ガスの粘度〔Pa·s〕，w：粒子の移動速度〔m/s〕

(3) w の算出

$F_g = F_s$ で式③＝式②から

$$3\pi\mu d_p w = \pi/6 \times d_p^3\rho_p g \quad ④$$

である．w を式④から求める．

$w = \rho_p d_p{}^2 g/(18\mu)$ ⑤

式⑤において，カニンガムの補正係数Cを掛けて補正を行うと，

$w = C_m \rho_p d_p{}^2 g/(18\mu)$ ⑥

なお，カニンガムの補正係数は，ストークスの式で表される抵抗力を自由分子の大きさまで適用できるように拡張した補正係数である．

以上から（4）が正解．　▶答（4）

問題2　【令和元年 問3】

図は，流通形式集じん装置内の流動状態が異なる場合について，その集じん率ηとwA/Qの関係を表している．装置内の流動状態の記述として，（ア）～（ウ）の［　　］の中に挿入すべき語句の組合せとして，正しいものはどれか．

ただし，w：粒子の分離速度，A：装置の全集じん面積，Q：処理ガス流量，とする．

(A) 気流が乱流で，装置内すべてにおいてダスト濃度が均一

(B) 気流が乱流で，流れ方向断面においてダスト濃度が均一

(C) 気流が層流

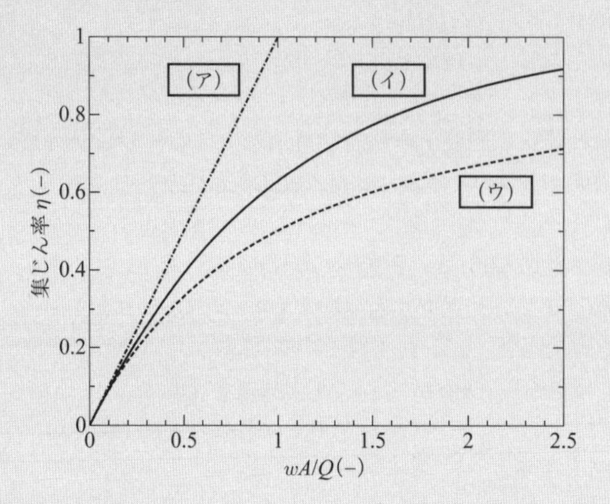

	（ア）	（イ）	（ウ）
(1)	(A)	(B)	(C)
(2)	(A)	(C)	(B)
(3)	(B)	(C)	(A)
(4)	(C)	(A)	(B)
(5)	(C)	(B)	(A)

解説　（ア）C：「気流が層流」である．$wA/Q \leqq 1$の場合で，$\eta = wA/Q$である（**図4.9**

参照).

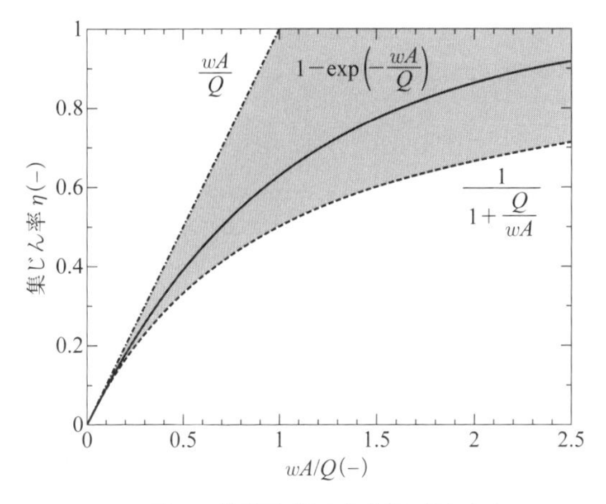

図 4.9 流通形式集じん装置の集じん率

(イ) B:「気流が乱流で,流れ方向断面においてダスト濃度が均一」である.

$\eta = 1 - \exp(-wA/Q)$ である.

(ウ) A:「気流が乱流で,装置内すべてにおいてダスト濃度が均一」である.

$\eta = 1/(1 + Q/(wA))$ である.

以上から (5) が正解.

▶答 (5)

● 2 遠心力集じん(サイクロン)装置

問題 1 【令和 3 年 問 4】

サイクロン内の半径位置 50 cm において,接線方向速度 10 m/s の粒子における遠心効果はおよそいくらか.

(1) 5.1 (2) 20 (3) 41 (4) 81 (5) 200

解説 遠心効果 Z は,サイクロンにおいて粒子の回転に伴う遠心加速度 ($u_\theta{}^2/R$) の粒子重力加速度に対する比をいい,次式で表される.

$$Z = (u_\theta{}^2/R)/g \quad ①$$

ここに,u_θ:半径位置における接線方向の粒子速度〔m/s〕,

R:粒子の回転半径〔m〕,g:重力加速度 (9.8 m/s^2)

式①に与えられた数値を代入する.

$$Z = (u_\theta{}^2/R)/g = (10^2/0.5)/9.8 = 100/(0.5 \times 9.8) \fallingdotseq 20$$

以上から (2) が正解.

▶答 (2)

題 2　【令和2年 問3】

遠心力集じん装置において，半径位置12 cmでの遠心効果が200であった．その位置での円周方向粒子速度（m/s）は，およそいくらか．

(1) 0.9　(2) 1.6　(3) 2.2　(4) 4.9　(5) 15.3

解説　遠心効果Zは，重力加速度gに対する遠心加速度（$u_\theta{}^2/R$）の比であるから，次のように表わされる．

$$Z = (u_\theta{}^2/R)/g \quad ①$$

ここに，u_θ：円周方向粒子速度〔m/s〕，R：粒子の回転半径〔m〕，

g：重力加速度（$9.8\,\mathrm{m/s^2}$）

式①を変形する．

$$u_\theta{}^2 = Z \times g \times R$$

$$u_\theta = (Z \times g \times R)^{1/2} \quad ②$$

式②に与えられた数値を代入し，u_θを算出する．ただし，$R = 12\,\mathrm{cm} = 0.12\,\mathrm{m}$である．

$$u_\theta = (200 \times 9.8 \times 0.12)^{1/2} \fallingdotseq 15.3\,\mathrm{m/s}$$

以上から（5）が正解．　▶答（5）

題 3　【令和元年 問4】

サイクロンに関する記述として，誤っているものはどれか．

(1) 半径の小さいサイクロンほど分離限界粒子径は小さくなる．

(2) 相似のサイクロンでは，接線方向の入口速度が同一の場合，大きなサイクロンほど圧力損失は小さくなる．

(3) マルチサイクロンでは，入口室，出口室及びホッパー室の大きさを十分にとり，各室内の静圧が均一となるようにする．

(4) マルチサイクロンの再飛散の防止には，ダスト放出口近くにダストをためない工夫を施す．

(5) 軸流式反転形マルチサイクロンの圧力損失は，基本流速12 m/sの場合で0.8 kPa程度である．

解説　(1) 正しい．半径$0.5D_1$の小さいサイクロンほど，遠心効果Zが大きくなり，分離限界粒子径は小さくなる．なお，遠心効果とは遠心分離力（加速度$v_\theta{}^2/(0.5D_1)$）と重力による分離力（加速度g）の比で，次のように表される（**図4.10**参照）．

$$Z = v_\theta{}^2/(0.5D_1 g)$$

(2) 誤り．幾何学的に相似のサイクロンでは，接線方向の入口速度が同一の場合，次に示すように圧力損失は同じである．

圧力損失 $\Delta P = F\rho v^2/2$　(F：圧力損失係数，ρ：ガス密度，v：入口速度)　①

$F = k(bh/D_2{}^2)(D_1/(H_1 + H_2))^{1/2}$　(図4.10参照)　②

幾何学的に相似であれば式②において F は同一であり，式①において同一のガス（ρ が同じ）で入口速度 v が同一であれば，2つのサイクロンの圧力損失 ΔP は同一となる．

(3) 正しい．マルチサイクロンでは，入口室，出口室およびホッパー室の大きさを十分にとり，各室内の静圧が均一となるようにする（**図4.11**参照）．

(4) 正しい．マルチサイクロンの再飛散の防止には，ダスト放出口近くにダストをためない工夫を施す．

(5) 正しい．軸流式反転形マルチサイクロンの圧力損失は，基本流速12 m/sの場合で0.8 kPa程度である．

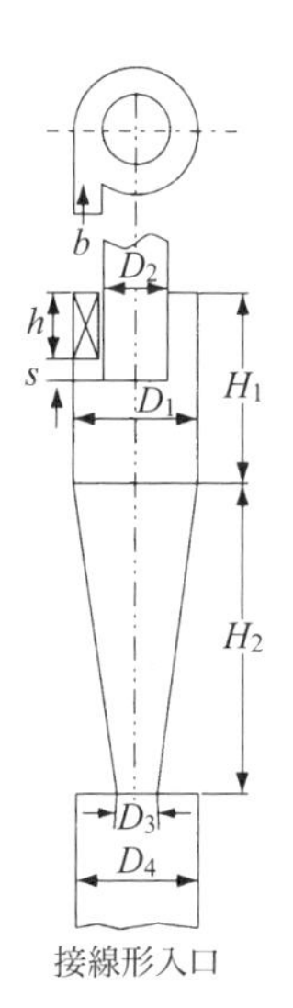

（注）寸法比
$b=0.2D_1$　$D_2=0.5D_1$　$H_1=1.5D_1$
$h=0.5D_1$　$D_3=0.375D_1$　$H_2=2.5D_1$
$s=0.25D_1$　$D_4=D_1$

図4.10　反転形サイクロンの典型的な寸法比[7)]

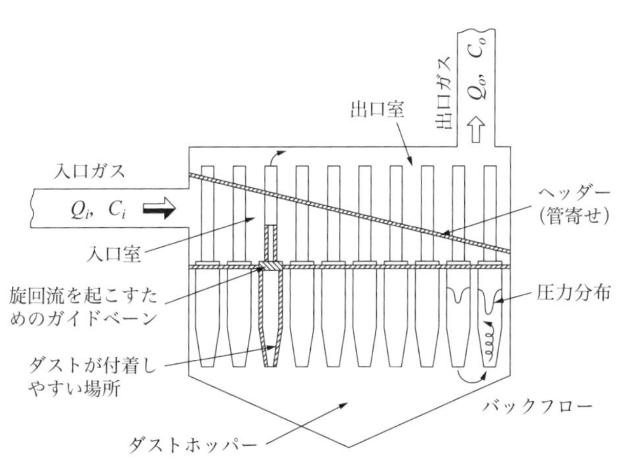

図4.11　軸流式反転形マルチサイクロン[13)]

▶答（2）

問題4 【平成30年 問3】

遠心力集じんにおいて，半径位置 R における球形粒子の外方向への遠心沈降速度の表現式として，正しいものはどれか．

ただし，ρ_p は粒子の密度，d_p は粒子径，v_θ は円周方向粒子速度，μ はガスの粘度である．

(1) $\dfrac{\rho_p^2 d_p^2 v_\theta}{18\mu R}$　(2) $\dfrac{\rho_p d_p^2 v_\theta}{18\mu R^2}$　(3) $\dfrac{\rho_p^2 d_p v_\theta{}^2}{18\mu R}$

(4) $\dfrac{\rho_p d_p^2 v_\theta{}^2}{18\mu R^2}$　(5) $\dfrac{\rho_p d_p^2 v_\theta{}^2}{18\mu R}$

解説 遠心力集じんにおいて，半径位置 R における球形粒子の外方向への遠心沈降速度 V_c は，遠心力 F_s と流体抵抗力 F_c の釣り合いから求めることができる．

遠心力　$F_s = 3\pi \times \mu \times d_p \times V_c$

流体抵抗力　$F_c = \pi/6 \times d_p{}^3 \times \rho_p \times v_\theta{}^2/R$

ここに，ρ_p：粒子の密度，d_p：粒子径，v_θ：円周方向粒子速度，μ：ガスの粘度

$F_s = F_c$ から

$$V_c = \rho_p \times d_p{}^2 \times v_\theta{}^2/(18\mu R)$$

以上から（5）が正解．

▶答（5）

3　電気集じん装置

問題1 【令和5年 問3】

流通形式集じん装置において，ガスの流れが層流であるとき，粒子の移動速度 v を表す式として，正しいものはどれか．ただし，F_D はガスの抵抗力，μ はガス粘度，d_p は粒子径，C_m はカニンガムの補正係数である．

(1) $v = \dfrac{C_m d_p F_D}{3\pi\mu}$　(2) $v = \dfrac{C_m d_p}{3\pi\mu F_D}$　(3) $v = \dfrac{C_m F_D}{3\pi\mu d_p}$

(4) $v = \dfrac{3\pi C_m F_D}{\mu d_p}$　(5) $v = \dfrac{d_p F_D}{3\pi C_m \mu}$

解説 粒子が，例えば，クーロン力で移動するときに受けるガス流体の抵抗力 F_D は，ストークスの法則により次のように表わされる．

$$F_D = 3\pi\mu d_p v/C_m \quad ①$$

ここに，μ：ガス粘度，d_p：粒子径，v：粒子の移動速度，C_m：カニンガムの補正係数

式①を変形すると，

$$v = C_m F_D / (3\pi\mu d_p)$$

となる.

以上から（3）が正解. ▶答（3）

問題2 【令和5年 問10】

電気集じん装置の逆電離現象に関する記述として，誤っているものはどれか.

(1) ダスト層の見掛け電気抵抗率が $10^9\,\Omega\cdot\mathrm{m}$ 以上と非常に高い場合に発生する.

(2) 定格電流付近における運転では，電圧値が正常時に比べて高くなる.

(3) 電流–電圧特性にヒステリシスを生じる.

(4) 間欠荷電は，現象の改善に効果がある.

(5) 電極上の固定ダスト層を除去すると起きにくくなる.

解説 (1) 正しい. 電気集じん装置では，**図4.12**に示すように，放電極（負極）と集じん極（正極）の間に高圧の直流電圧を掛けると，放電極から負イオン（コロナ放電）が発生し，この間をダストが通過すると，ダストに負イオンが付着する. その結果，ダストはクーロン力によって正極の集じん極（集じん板）に吸引され，気流から分離され集じんされることになる. ダストの見掛け電気抵抗率が適正（正常領域）であれば，集じん極でダストは電荷を失う. しかし，ダスト層の見掛け電気抵抗率が $10^9\,\Omega\cdot\mathrm{m}$ 以上と非常に高い場合，逆電離現象が発生する（図4.8参照）. なお，逆電離現象とは，ダストの見掛け電気抵抗率が約 $5 \times 10^8\,\Omega\cdot\mathrm{m}$ 以上の条件では，集じん板（正極）に集じんしたダスト（負に帯電）の電気的中和が行われず負の電荷が大きくなり，ついにはダスト層の絶縁破壊が起こり，反対に正コロナの逆電離が発生する現象をいう.

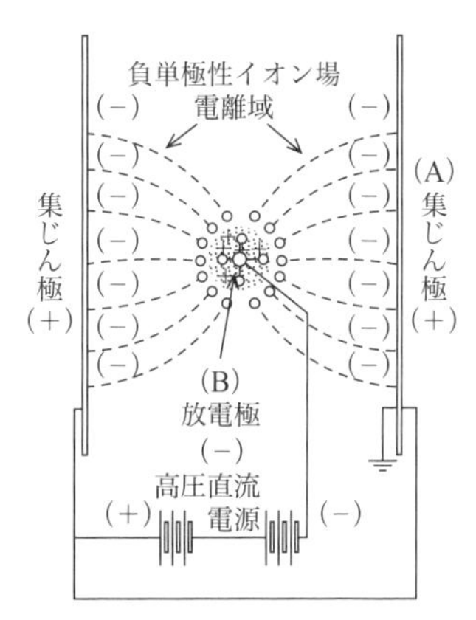

図4.12 電気集じん装置（平板形）[1]

(2) 誤り. 定格電流付近における運転では，**図4.13**に示すように，グロー領域（D）は，電圧値（$V_{ex} \sim V_c$）が正常時 V_c に比べて低くなる.

(3) 正しい. 電流–電圧特性にヒステリシス（履歴現象）を生じる. 図4.13のグロー領域（D）を参照.

(4) 正しい. 間欠荷電は，蓄積する負電荷が抑制されるので，現象の改善に効果がある.

(5) 正しい. 電極上の固定ダスト層を除去すると，負電荷の蓄積量が大きくなりにくいので，逆電離現象が起きにくくなる.

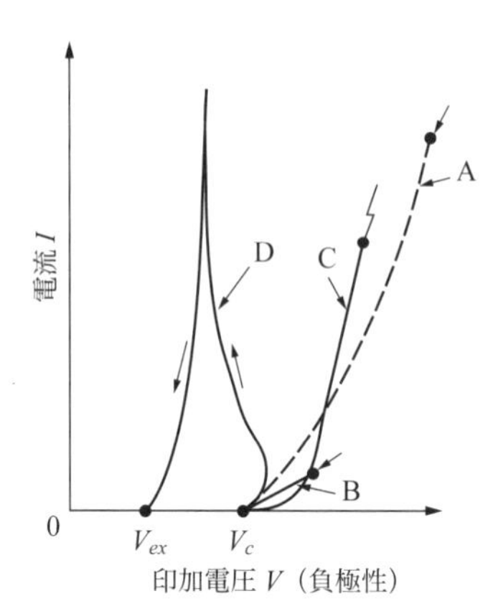

A：正常な負コロナ V-I 特性
B：火花頻発領域（$5\times10^8 < \rho_d < 10^9$ Ω・m）
C：中間領域（$10^9 < \rho_d < 10^{10} \sim 10^{11}$ Ω・m）
D：グロー領域（$\rho_d > 10^{10} \sim 10^{11}$ Ω・m）
（注）印加電圧がコロナ放電開始電圧 V_c 以上になると電流が異常増加し，電源が出力抵抗を持っているので，出力電圧が低下する．出力電圧を低下させると電流が減少するが，V_c 以下でも逆電離に伴うグロー放電*が持続して電流が流れ，V_{ex} になるとグロー放電が消滅する．
*陰極からの二次電子放出が熱電子放出より一層大きい放電のこと．

図 4.13　逆電離下の V-I 特性 [18)]

▶答（2）

問題 3　【令和 4 年 問 5】

電界中を移動する帯電粒子に働くクーロン力と，ガスの粘性抵抗力が釣り合うとき，粒子の移動速度が大きくなる条件として，誤っているものはどれか．

（1）粒子の帯電量が大きくなる．
（2）粒子径が大きくなる．
（3）電界強度が大きくなる．
（4）カニンガムの補正係数が大きくなる．
（5）ガス粘度が小さくなる．

解説　電界中を移動する帯電粒子に働くクーロン力（$F = qE$）と，ガスの粘性抵抗力（$F_s = 3\pi\mu d_p v_e / C_m$）が釣り合うとき，粒子の移動速度 v_e は，一定速度で移動することになり，次のように表すことができる．

$v_e = qEC_m/(3\pi\mu d_p)$

ここに，q：粒子の荷電量，E：電界強度，C_m：カニンガムの補正係数，

d_p：粒子径，μ：ガス粘度

(1) 正しい．粒子の帯電量qが大きくなると，上式から粒子の移動速度v_eは大きくなる．

(2) 誤り．粒子径d_pが大きくなると，上式から粒子の移動速度v_eは小さくなる．

(3) 正しい．電界強度Eが大きくなると，上式から粒子の移動速度v_eは大きくなる．

(4) 正しい．カニンガムの補正係数C_mが大きくなると，上式から粒子の移動速度v_eは大きくなる．

(5) 正しい．ガス粘度μが小さくなると，上式から粒子の移動速度v_eは大きくなる．

▶答 (2)

問題4 【令和4年 問6】

電気集じん装置に関する記述として，誤っているものはどれか．

(1) 一般には，円筒形よりも平板形の方が広く用いられる．

(2) 中容量以上のものでは，垂直形よりも水平形が用いられる．

(3) 一段式は，二段式に比べて再飛散防止に有効である．

(4) 湿式は，乾式に比べて集じん性能が高くなる．

(5) 10 μm程度の粒子では，電界荷電に比べて拡散荷電が支配的である．

解説 (1) 正しい．一般には，円筒形よりも平板形（図4.12参照）の方が広く用いられる．

(2) 正しい．中容量以上のものでは，垂直形（ガス流が下から上に流れるタイプ）よりも水平形（ガス流が水平に流れるタイプ）が用いられる．垂直形では，ガス流量が大きくなるとガスの均一な分布が困難になることによる．

(3) 正しい．一段式（荷電と集じんを同時に行う方式）は，二段式（荷電だけを行う荷電部を上流に設け，その下流に静電界による捕集のみを行う集じん部を設ける方式）に比べ，再飛散防止に有効（飛散しても再び荷電して集じん可能）である．

(4) 正しい．湿式（集じん側に常に液体を流して集じんしたばいじんを除去する方式）は，乾式（図4.12に示す集じん極に集じんしたばいじんを槌打方式によって除去する方式）に比べ，再飛散が生じないため，集じん率を高くできる．

(5) 誤り．10 μm程度の粒子では，電界荷電が拡散荷電より支配的である．拡散荷電が支配的なるのは粒径が2 μm以下である（**図4.14**参照）．

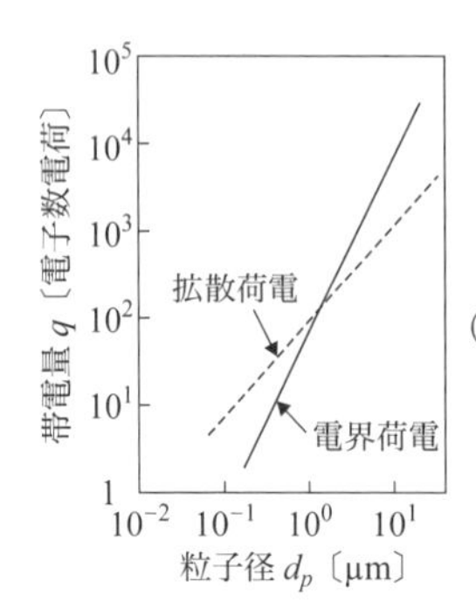

（注）それぞれ t=1 秒後の値で，
電界強度 $E_o=2\times10^5$ V/m
ガス温度 T=300 K
イオン濃度 $N=5\times10^{13}$〔イオン /m^3〕
誘電定数 Ψ=1.8

図 4.14　拡散荷電と電界荷電 [12)]

▶答（5）

問題 5　【令和 3 年 問 5】

電気集じん装置の特徴に関する記述として，誤っているものはどれか．

（1）構造が簡単で可動部分が少ない．

（2）爆発性ガスや可燃性ダストには適していない．

（3）コロナ電流密度は，一般に 0.3 mA/m^2 程度である．

（4）一般的な乾式電気集じん装置内の基本流速は，0.5 ～ 2 m/s 程度である．

（5）ダスト層の見掛け電気抵抗率が約 10^2 Ω·m 以下では，逆電離現象が生じやすい．

解説　電気集じん装置は，図 4.12 に示すように，放電極（負極）と集じん極（正極）の間に高圧の直流電圧を掛けると，放電極から負イオン（コロナ放電）が発生し，この間をダストが通過すると，ダストに負イオンが付着する．その結果，ダストはクーロン力によって正極の集じん極（集じん板）に吸引され，気流から分離され集じんされることになる．

（1）正しい．構造が簡単で可動部分が少ない．

（2）正しい．爆発性ガスや可燃性ダストには適していない．

（3）正しい．コロナ電流密度は，一般に 0.3 mA/m^2 程度で極めて低い値である．

（4）正しい．一般的な乾式電気集じん装置内の基本流速は，0.5 ～ 2 m/s 程度である．

（5）誤り．ダスト層の見掛け電気抵抗率が約 10^2 Ω·m 以下では，異常再飛散（図 4.8 および**図 4.15**）を起こすことがある．なお，異常再飛散とは，負に帯電したダストが正極（集じん板）に集じんすると直ちに電荷を失い，反対に正に荷電され，この正荷電ダストは集じん板の正極

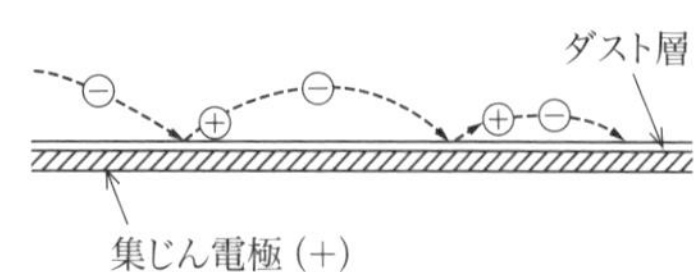

図 4.15　ダストの異常再飛散 [2)]

と反発するとともに電界に引かれるため，集じん板から飛散するが，また負に荷電されるため集じん板に捕集され，このような現象を繰り返すことをいう．なお，逆電離現象とは，ダストの見掛け電気抵抗率が約 $5 \times 10^8\,\Omega\cdot\mathrm{m}$ 以上の条件では，集じん板（正極）に集じんしたダスト（負に帯電）の電気的中和がこの電気抵抗領域では遅くなるため，負の荷電量が次第に大きくなりダスト層の絶縁破壊が起こり，反対に正コロナの逆電離が発生する現象をいう．

▶答（5）

問題6 【令和2年 問4】 

クーロン力とガスの粘性抵抗力とが釣り合った状態で，電界中を移動する帯電量 q の荷電粒子の移動速度に関する記述として，正しいものはどれか．

(1) 粒子径に比例する．
(2) 粒子濃度に反比例する．
(3) ガスの粘度に比例する．
(4) 電界強度に比例する．
(5) カニンガムの補正係数に反比例する．

解説 荷電粒子が電界中で受けるクーロン力 F は次のように表わされる．

$$F = qE \quad ①$$

ここに，q：粒子の帯電量，E：電界強度

一方，粒子がクーロン力で移動するときに受けるガス流体の抵抗力 F_s は，ストークスの法則により次のように表わされる．

$$F_s = 3\pi\mu d_p v / C_m \quad ②$$

ここに，μ：ガス粘度，d_p：粒子径，v：粒子の移動速度，C_m：カニンガムの補正係数

クーロン力とガスの粘性抵抗力が釣り合う（$F = F_s$）移動速度では，式①と式②から

$$3\pi\mu d_p v / C_m = qE \quad ③$$

である．

式③から v を算出する．

$$v = qE / (3\pi\mu d_p) \times C_m \quad ④$$

(1) 誤り．式④から粒子径に反比例する．
(2) 誤り．粒子濃度に関係しない．
(3) 誤り．式④からガスの粘度に反比例する．
(4) 正しい．式④から電解強度に比例する．
(5) 誤り．カニンガムの補正係数に比例する．なお，カニンガムの補正係数は，ストークスの式で表される抵抗力を自由分子の大きさまで適用できるように拡張した補正係数である．

▶答（4）

問題7

【令和2年 問5】

集じん性能がドイッチェの式に従う，集じん率95%の電気集じん装置において，処理ガス流量が半分になるとともに，有効全集じん面積が1.5倍になった場合，集じん率（%）はいくらか．

（1）77.6　（2）87.5　（3）90.00　（4）99.750　（5）99.9875

解説　電気集じん率は，次式で表されるドイッチェの式で表される．

$$\eta = 1 - \exp(-\omega A/Q) \quad ①$$

ここに，ω：分離速度，A：有効全集じん面積，Q：処理ガス流量

式①に与えられた数値を代入する．

$$95/100 = 1 - \exp(-wA/Q) \quad ②$$

式①を変形する．

$$\exp(-wA/Q) = 1 - 0.95 = 0.05 \quad ③$$

処理ガス量が半分になり，有効全集じん面積が1.5倍になると，式①は次のように表される．

$$\eta' = 1 - \exp(-w \times 1.5A/(0.5Q)) = 1 - \exp(-3wA/Q) = 1 - \{\exp(-wA/Q)\}^3 \quad ④$$

式④に式③の値を代入して整理すると，次のようにη'が算出される．

$$\eta' = 1 - \{\exp(-wA/Q)\}^3 = 1 - 0.05^3 = 1 - 0.000125 = 0.999875$$

したがって，集じん率は$0.999875 \times 100 = 99.9875$%となる．

以上から（5）が正解．

▶答（5）

問題8

【令和元年 問5】

電界荷電による球形粒子の帯電に関する記述として，誤っているものはどれか．

（1）粒子帯電量は，誘電定数に比例する．

（2）粒子帯電量は，粒子表面積に比例する．

（3）粒子帯電量は，電界強度に比例する．

（4）帯電に要する時間は，荷電空間のイオン量によらない．

（5）電界荷電が支配的となるのは，粒子径が約2 μm以上の粒子である．

解説　（1）正しい．粒子帯電量$q(t)$は，次に示すように誘電定数Ψに比例する．

$$q(t) = q_\infty \times t/(t + \tau) \quad ①$$

$$q_\infty = \varepsilon_0 \times 3\varepsilon_s/(\varepsilon_s + 2) \times \pi {d_p}^2 E = \varepsilon_0 \Psi S E \quad ②$$

ここに，$q(t)$：粒子帯電量，t：荷電時間，τ：電界荷電時定数，q_∞：飽和帯電量，
ε_0：真空中の誘電率，ε_s：粒子の比誘電率，d_p：粒子径，
Ψ：誘電定数 $= 3\varepsilon_s/(\varepsilon_s + 2)$，$S$：粒子表面積（$= \pi {d_p}^2$），$E$：電界強度

(2) 正しい．粒子帯電量$q(t)$は，式①と式②から粒子表面積Sに比例する．

(3) 正しい．粒子帯電量$q(t)$は，式①と式②から電界強度Eに比例する．

(4) 誤り．帯電に要する時間は，荷電空間のイオン量に関係し，イオン密度（コロナ電流密度）が高いほど短時間で帯電量が増加する．

(5) 正しい．電界荷電が支配的となるのは，粒子径が約2 μm以上の粒子である．それ以下の粒子では拡散荷電が主流となる（図4.14参照）．

▶答 (4)

問題9 【令和元年 問6】

電気集じん装置に関する記述として，誤っているものはどれか．

(1) 一般に，円筒形よりも平板形が広く用いられる．

(2) 中容量以上のものでは，垂直形よりも水平形が用いられる．

(3) 乾式は湿式に比べ，再飛散が生じないため，集じん率を高くできる．

(4) 一段式は二段式に比べ，再飛散防止に有効である．

(5) 対象粒子が硫酸ミストのように腐食性を持つときは，放電電極に鉛の被覆をすることがある．

解説 (1) 正しい．一般に，円筒形よりも平板形が広く用いられる．

(2) 正しい．ガス容量が大きくなるとガスの均一な分布が困難となるため，中容量以上のものでは，垂直型よりも容易な水平形が用いられる．

(3) 誤り．湿式（集じん側に常に液体を流して集じんしたばいじんを除去する方式）は乾式に比べ，再飛散が生じないため，集じん率を高くできる．

(4) 正しい．一段式（荷電と集じんを同時に行う方式）は二段式（荷電だけを行う荷電部を上流に設け，その下流に静電界による捕集のみを行う集じん部を設ける方式）に比べ，再飛散防止に有効（飛散しても再び荷電して集じん可能）である．

(5) 正しい．対象粒子が硫酸ミストのように腐食性を持つときは，放電電極に鉛の被覆をすることがある．

▶答 (3)

問題10 【令和元年 問7】

ドイッチェの式が成り立っている集じん率92.0%の電気集じん装置において，粒子の分離速度が2倍に，有効集じん面積と処理ガス流量が1/2になったときの集じん率（%）は，およそいくらか．

(1) 71.7　(2) 83.6　(3) 92.0　(4) 99.4　(5) 99.9

解説 ドイッチェの式は，次のように表される．

$$\eta = 1 - \exp(-wA/Q) \quad ①$$

ここに，η：集じん率，w：分離速度，A：有効集じん面積，Q：処理ガス流量
集じん率が92.0%では，式①は次のようになる．

$$0.92 = 1 - \exp(-wA/Q)$$

$$\exp(-wA/Q) = 0.08 \quad ②$$

次に与えられた条件を式①に代入して変形する．

$$\eta' = 1 - \exp\{-2w \times (A/2)/(Q/2)\} = 1 - \exp(-2wA/Q) = 1 - \{\exp(-wA/Q)\}^2 \quad ③$$

式③に式②の値を代入する．

$$\eta' = 1 - \{\exp(-wA/Q)\}^2 = 1 - (0.08)^2 \fallingdotseq 0.994 = 99.4\%$$

以上から（4）が正解．

▶答（4）

4.2 集じん装置の原理と構造および機能

問題11　【平成30年 問4】

コロナ放電により作られる単極性イオン場でのイオン輸送機構に関する記述中，（ア）～（ウ）の□の中に挿入すべき語句の組合せとして，正しいものはどれか．

電気力による電気力線に沿った輸送により荷電が行われる場合を（ア）という．この機構では，粒子帯電量は（イ）に比例し，粒子径が（ウ）μm以上の粒子で支配的となる．

	（ア）	（イ）	（ウ）
(1)	拡散荷電	粒子体積	0.1
(2)	拡散荷電	粒子表面積	0.1
(3)	電界荷電	粒子体積	0.1
(4)	電界荷電	粒子表面積	2
(5)	電界荷電	粒子体積	2

解説（ア）「電界荷電」である．
（イ）「粒子表面積」である．
（ウ）「2」である（図4.14参照）．
なお，2μm以下では，拡散荷電が支配的となる．
以上から（4）が正解．

▶答（4）

問題12　【平成30年 問5】

電気集じん装置の集じん性能に関わりの深いダストの見掛け電気抵抗率ρ_dに関する記述として，誤っているものはどれか．

(1) 一般に，温度が変化するとρ_dも変化する．
(2) ρ_dが10^2～約5×10^8 Ω·mの範囲では，ρ_dの相違による集じん性能への影響は小さい．

(3) 粒子表面への三酸化硫黄の付着などは，ρ_dに影響しない.
(4) ρ_dが$10^2\,\Omega\cdot m$以下では，異常再飛散により集じん性能が低下する.
(5) ρ_dが$5\times10^8\,\Omega\cdot m$以上では，逆電離現象により集じん性能が低下する.

解説 (1) 正しい．一般に，温度が変化するとρ_dも変化する（図6.13参照）.
(2) 正しい．ρ_dが10^2～約$5\times10^8\,\Omega\cdot m$の範囲では，$\rho_d$の相違による集じん性能への影響は小さい（図4.8参照）.
(3) 誤り．粒子表面への三酸化硫黄の付着などは，電気抵抗を低下させるので，ρ_dに影響する.
(4) 正しい．ρ_dが$10^2\,\Omega\cdot m$以下では，異常再飛散により集じん性能が低下する．異常再飛散とは，負に帯電したダストが正極（集じん板）に集じんすると直ちに電荷を失い，反対に正に荷電され，この正荷電ダストは集じん板の正極と反発するとともに電界に引かれるため，集じん板から飛散するが，再び負に荷電されて集じん板に再捕集される現象をいう（図4.8および図4.15参照）.
(5) 正しい．ρ_dが$5\times10^8\,\Omega\cdot m$以上では，逆電離現象により集じん性能が低下する．逆電離現象は，集じん板（正極）に集じんしたダスト（負に帯電）の電気的中和がこの電気抵抗領域では遅くなるため，負の荷電量が次第に大きくなり，ダスト層の絶縁破壊が起こり，反対に正コロナの逆電離が発生する現象をいう. ▶答 (3)

■ 4.2.2 障害物形式集じん装置

水滴，繊維，粒状捕集体などの障害物を気流中に置いて，慣性力，遠心力，拡散力，静電気力などで粒子を除去するもので，洗浄集じん装置，エアフィルター，粒子充填層フィルターなどが該当する.

● 1 洗浄集じん装置

問題1 【令和5年 問6】

加圧水式洗浄集じん装置に分類されないものはどれか.
(1) ジェットスクラバー
(2) 流動層スクラバー
(3) スプレー塔
(4) ベンチュリスクラバー
(5) サイクロンスクラバー

解説 (1) 分類される．ジェットスクラバーは加圧水式洗浄集じん装置に分類される．この装置は一種のガスブースターで，水エジェクターと同じである．洗浄水はらせん翼を持った噴霧ノズルから回転流となって高速で噴射されて，周囲の含じんガスを吸引しスロート部で加速され，拡大管を通過する間に気液の混合，液滴とダストの衝突，拡散などによってダストを分離する（**図 4.16** 参照）．

(2) 分類されない．流動層スクラバーは，非加圧式洗浄集じん装置である．この装置は，充塡層の上下グリッド間にプラスチック製の球を浮遊させ，球表面の水膜によって集じんする（**図 4.17** 参照）．

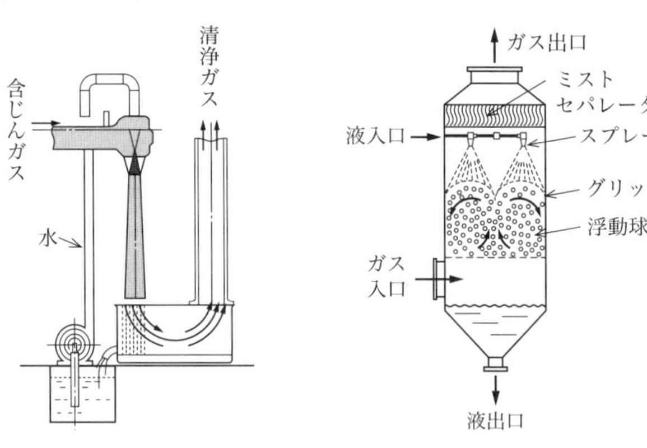

図 4.16　ジェットスクラバー　　**図 4.17　流動層スクラバー**

(3) 分類される．スプレー塔は，加圧水式洗浄集じん装置に分類される．この装置は塔上部に設置したノズルからミストを噴射することによりダストを分離する（**図 4.18** 参照）．

(4) 分類される．ベンチュリスクラバーは，加圧水式洗浄集じん装置に分類される．この装置では，細くなったところから加圧水をノズルで供給すると微細水滴が生成する．拡大管では，水滴と粉じんの相対速度は，基本流速が大きいほど大きくなり，洗浄集じん装置の中では最も大きく，その結果水滴と粉じんとの衝突が大きくなり微細ダストを捕集することができ，高い除去率が得られる（図 4.5 および表 4.3 参照）．

(5) 分類される．サイクロンスクラバーは，加圧水式洗浄集じん装置に分類される．この装置は，装置の中心のスプレーノズルで加圧されて水滴が供給されるとともに，接線方向から流入してきた含じんガスと旋回しながら除じんする（**図 4.19** 参照）．

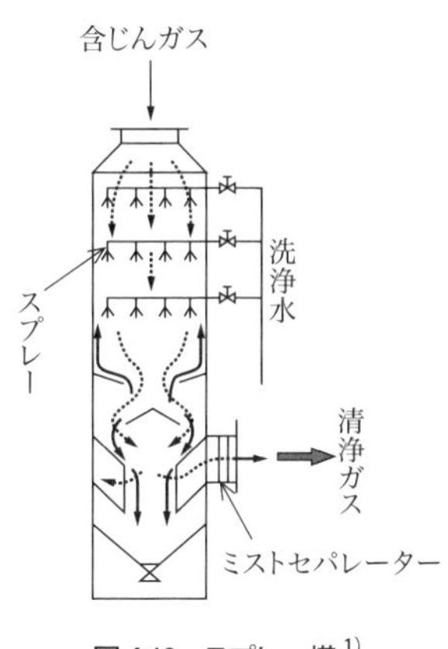

図 4.18　スプレー塔[1)]

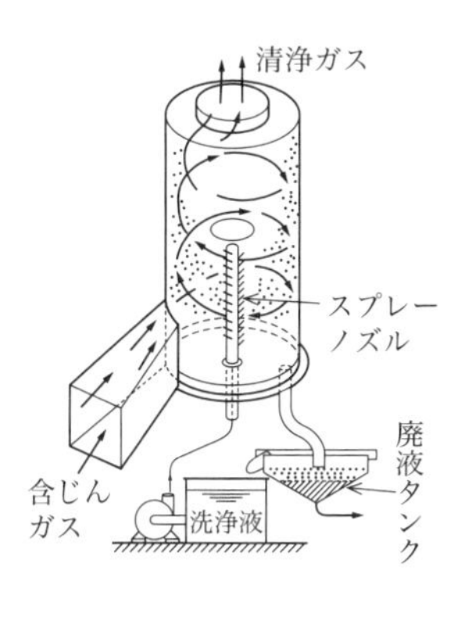

図 4.19　サイクロンスクラバー

▶答（2）

問題 2 【令和 3 年 問 6】

障害物形式の集じん装置の捕集に関する記述として，誤っているものはどれか．

(1) 粒子径が大きいほど，重力による分離速度は大きくなる．

(2) ストークス数が大きいほど，慣性力による捕集効率は小さくなる．

(3) 粒子径が 0.1 µm 以下のダストでは，一般に拡散作用による分離が支配的である．

(4) 捕集体の寸法に対する粒子径の比が大きいほど，遮りによる捕集効率は大きくなる．

(5) 遮りによる捕集は，ガス速度が小さいときに効果的である．

解説　障害物形式の集じん装置には，慣性力集じん装置（衝突式や反転式など），エアフィルター，洗浄集じん装置などがある．

(1) 正しい．粒子径が大きいほど，重力による分離速度は大きくなる．

(2) 誤り．次式で示すストークス数 Stk が大きいほど，慣性力による捕集効率（**図 4.20** 参照）は大きくなる．

$$Stk = C_m \rho_p d_p{}^2 v_r / (9 \mu d_c)$$

C_m：カニンガムの補正係数，ρ_p：ダスト密度〔kg/m^3〕，d_p：粒子径〔m〕，v_r：ダストと捕集体の相対速度〔m/s〕，μ：ガス粘度〔Pa·s〕，d_c：捕集体寸法〔m〕

(3) 正しい．粒子径が 0.1 µm 以下のダストでは，**表 4.4** に示すように拡散係数が極めて大きくなるため，一般に拡散作用による分離が支配的である．

(4) 正しい．捕集体の寸法 d_c に対する粒子径 d_p の比 R が大きいほど，遮りによる捕集効率は大きくなる．なお，$R = d_p / d_c$ は遮りパラメータという．

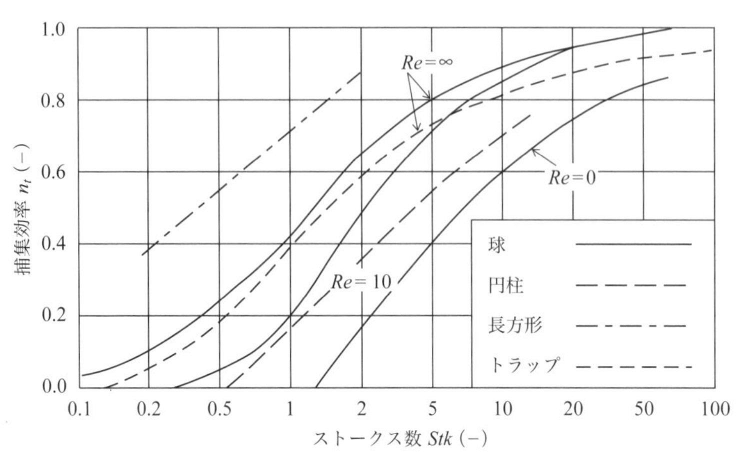

図 4.20　単一捕集体の慣性捕集効率

表 4.4　ダストの拡散係数[15]

粒子径 d_p〔μm〕	拡散係数 D_{BM}〔m^2/s〕
0.001	4.1×10^{-6}
0.01	6.07×10^{-8}
0.1	7.52×10^{-10}
1.0	2.81×10^{-11}
SO_2 分子	11.8×10^{-6}

(注) 20°C, 101.32 kPa

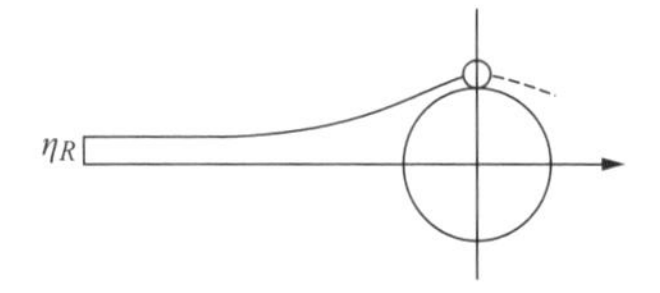

図 4.21　遮りによる捕集

(5) 正しい. 遮りによる捕集は, ダスト粒径が小さいのでダスト自身を保持するのに十分な付着力が働き, **図 4.21** のように捕集体に接触して捕集される. ガス速度が小さいときに効果的である.

▶ 答 (2)

問題 3　【令和 2 年 問 6】

多数の円柱状捕集体を持つ障害物形式の集じん装置の集じん率 η を表す式として, 正しいものはどれか. ただし, A : ダスト捕集体の全表面積, V : 捕集体が充塡(じゅうてん)されている装置の体積, L : 装置長さ, α : 捕集体充塡率, η_t : 単一捕集体捕集効率とする.

(1) $\eta = 1 - \exp\left(-\dfrac{1}{\pi(1-\alpha)}\dfrac{AL}{V}\eta_t\right)$　(2) $\eta = 1 - \exp\left(-\dfrac{1}{\pi(1-\alpha)}\dfrac{V}{AL}\eta_t\right)$

(3) $\eta = 1 - \exp\left(-\dfrac{(1-\alpha)}{\pi}\dfrac{AL}{V}\eta_t\right)$　(4) $\eta = 1 - \exp\left(-\dfrac{(1-\alpha)}{\pi}\dfrac{V}{AL}\eta_t\right)$

(5) $\eta = 1 - \exp\left(-\frac{1}{4\pi(1-\alpha)}\frac{AL}{V}\eta_t\right)$

解説 多数の円柱状捕集体を持つ障害物形式の集じん装置の集じん率ηは次のように表される．

$$\eta = 1 - \exp(-KAL\eta_t/V)$$

ここに，A：ダスト捕集体の全表面積，L：装置長さ，

η_t：単一捕集体捕集効率，V：捕集体が充塡されている装置の体積，

K：障害物の形状と装置内の充塡率αによって決まる定数，円柱状捕集体で $1/(\pi(1-\alpha))$，球状の捕集体で $1/(4(1-\alpha))$

以上から（1）が正解．

▶答（1）

問題4

【令和2年 問7】

洗浄集じん装置の集じん性能に与える処理ガス速度の影響に関する記述として，誤っているものはどれか．

(1) ため水式では，基本流速が大きいほど微細なダストを捕集することができる．

(2) ベンチュリスクラバーでは，基本流速が大きいほど微細なダストを捕集することができる．

(3) スプレー塔では，基本流速が小さいほど集じん率は高くなる．

(4) 充塡塔では，充塡層内のガスの流れが不均一であるほど集じん率は高くなる．

(5) 回転式では，一般に液ガス比が大きいほど集じん率は高くなる．

解説 (1) 正しい．ため水式では，基本流速が大きいほど細かい液滴が形成されるので，微細なダストを捕集することができる（**図4.22**参照）．

(2) 正しい．ベンチュリスクラバー（図4.5参照）では，基本流速が大きいほど細かい液滴が形成されること，およびガスと液滴の相対速度が大きいと液滴とダストの衝突効率が高くなることから，基本流速が大きいほど微細なダストを捕集することができる．

(3) 正しい．スプレー塔（図4.18参照）では，基本流速が小さいほど粉じんが水滴に接触（衝突ではないことに注意）する時間が長いため集じん率は高くなる．

(4) 誤り．充塡塔（**図4.23**参照）では，水膜と含じんガスが接触して捕集されるので，充塡層内のガスの流れが不均一であるほど，溢流や偏流が多くなるため，集じん率は低くなる．

(5) 正しい．回転式（**図4.24**参照）では，一般に液ガス比（排ガス $1\,m^3$ に対する噴霧水量〔L〕）が大きいほど，多くの液滴が生成されるため，集じん率は高くなる．

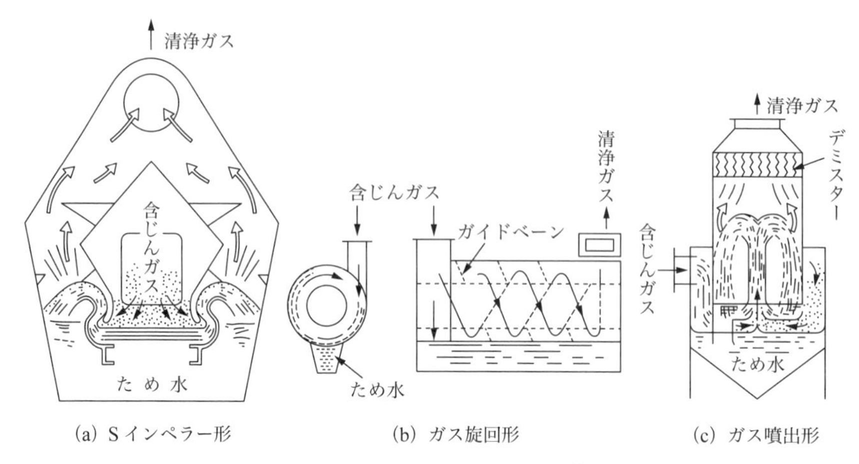

図 4.22　ため水式洗浄集じん装置 [14]

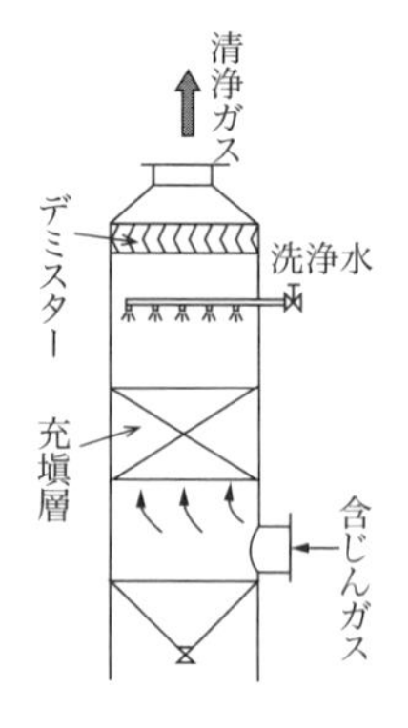

図 4.23　充塡塔

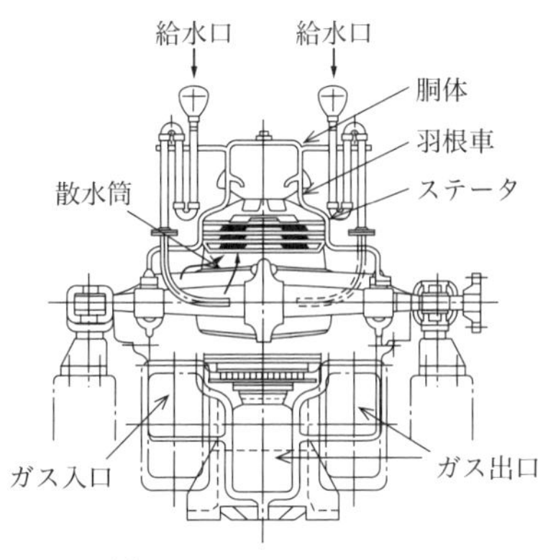

(a) タイゼンワッシャー

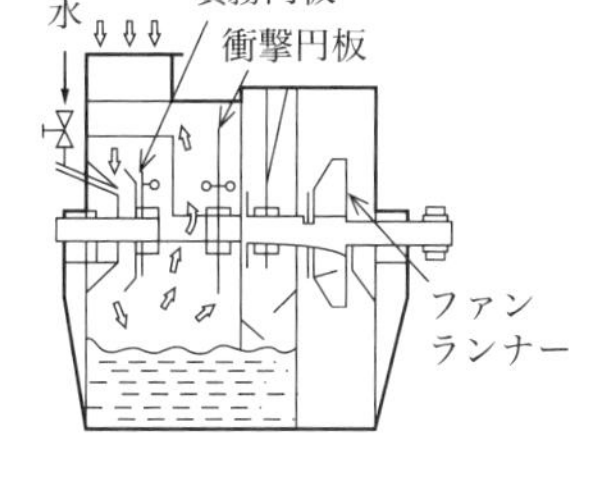

(b) インパルススクラバー

図 4.24　回転式洗浄集じん装置

▶答（4）

問題5　【平成30年 問6】

洗浄集じん装置に関する記述として，誤っているものはどれか．

(1) 液滴からの蒸発は，捕集に対し，負に寄与する．

(2) 充塡（じゅうてん）塔では，充塡層内のガスの流れが乱れているほど集じん率は高くなる．

(3) ベンチュリスクラバーでは，基本流速が大きいほど微細なダストを捕集することができる．

(4) スプレー塔では，基本流速が小さいほど集じん率は高くなる．

(5) 回転式では，液ガス比が大きいほど集じん率は高くなる．

解説 (1) 正しい．液滴からの蒸発は，凝集効果がなくなるため，捕集に対し，負に寄与する．

(2) 誤り．充塡塔では，充塡層内のガスの流れが乱れているほど（ガス流速が速いほど乱れは大きくなる），集じん率は低くなる．

(3) ベンチュリスクラバーでは，図4.5のように，細くなったところから加圧水をノズルで供給すると微細水滴が生成する．拡大管では，水滴と粉じんの相対速度は，基本流速が大きいほど大きくなり（洗浄集じん装置の中では最大），その結果水滴と粉じんとの衝突頻度が大きくなり，微細ダストを捕集することができ，高い除去率が得られる（表4.3参照）．

(4) 正しい．スプレー塔では，基本流速が小さいほど含じんガスの塔内の滞留時間が長くなるため，集じん率は高くなる．

(5) 正しい．回転式（ファンの回転を利用して，供給水と含じんガスを攪拌し，供給水によって形成された多数の水滴，水膜あるいは気泡によってダストを除去する方式：タイゼンワッシャーとインパルススクラバーなどがある）では，液ガス比が大きいほど，回転数が大きいほど，回転体に供給された水が，より多くの微細な液滴を生成するので，集じん率は高くなる（図4.24参照）．　▶答（2）

■ 4.2.3　隔壁形式集じん装置

ろ布などの表面（隔壁表面）に慣性力，遮り，拡散力，重力などで粒子を堆積して，ガス気流中から除去するものでバグフィルターが該当する．

● 1　捕集機構・漏抵抗

問題1　【令和5年 問4】

バグフィルターで集じんする際，ダスト層の圧力損失がコゼニー・カルマンの式に従う場合の特性として，誤っているものはどれか．

(1) ダストの比表面積径が大きくなると，圧力損失は大きくなる．
(2) ダスト層の厚さが大きくなると，圧力損失は大きくなる．
(3) ダスト層の空隙率が大きくなると，圧力損失は小さくなる．
(4) ダストの密度が大きくなると，圧力損失は小さくなる．
(5) ガスの粘度が大きくなると，圧力損失は大きくなる．

解説　バグフィルターにおけるダスト層の圧力損失Δp_dを表すコゼニー・カルマンの式は次のように表される．

$$\Delta p_d = 180/d_{ps}{}^2 \times (1-\varepsilon)m_d\mu u/(\varepsilon^3\rho_p) = 180/d_{ps}{}^2 \times (1-\varepsilon)^2 L\mu u/\varepsilon^3 \qquad ①$$

ここに，ε：ダストの空隙率，d_{ps}：ダストの比表面積径〔m〕，L：ダスト層厚〔m〕，
m_d：ダスト負荷〔kg/m^2〕，μ：ガス粘度〔Pa·s〕，u：ろ過速度〔m/s〕，
ρ_p：ダスト密度〔kg/m^3〕

なお，上式の変形には$m_d = \rho_p L(1-\varepsilon)$の関係が使用されている．

(1) 誤り．ダストの比表面積径d_{ps}が大きくなると，d_{ps}は式①の分母にあるから，圧力損失は小さくなる．

(2) 正しい．ダスト層の厚さLが大きくなると，Lは式①の分子にあるから，圧力損失は大きくなる．

(3) 正しい．ダスト層の空隙率εが大きくなると，$(1-\varepsilon)/\varepsilon^3$の値は小さくなるから，式①より圧力損失は小さくなる．

(4) 正しい．ダストの密度ρ_pが大きくなると，ρ_pは式①の分母にあるから，圧力損失は

小さくなる．

(5) 正しい．ガスの粘度μが大きくなると，μは式①の分子にあるから，圧力損失は大きくなる．

▶答 (1)

問題2 【令和4年 問7】

バグフィルターの圧力損失（ろ布とダスト層の圧力損失の和）が，ろ過速度uに比例する場合，以下の条件における圧力損失の値（Pa）は，およそいくらか．

ろ過速度u　　　　：$0.03\,\mathrm{m/s}$
ろ布の汚れ係数ξ_f　：$2.0 \times 10^8\,\mathrm{m}^{-1}$
ダスト層の比抵抗α：$5.0 \times 10^9\,\mathrm{m/kg}$
ダスト負荷m_d　　：$0.1\,\mathrm{kg/m^2}$
ガス粘度μ　　　：$1.83 \times 10^{-5}\,\mathrm{Pa{\cdot}s}$

(1) 110　(2) 275　(3) 285　(4) 384　(5) 769

解説 バグフィルターの圧力損失（ろ布Δp_fとダスト層の圧力損失Δp_dの和）Δpは，次のように表される．

$$\Delta p = \Delta p_f + \Delta p_d = (\xi_f + \alpha m_d)\mu u$$

ここに，Δp：バグフィルターの圧力損失，Δp_f，Δp_d：ろ布およびダスト層の圧力損失，ξ_f：ろ布の汚れ係数，α：ダスト層の比抵抗，m_d：ダスト負荷，μ：ガスの粘度，u：ろ過速度

与えられた数値を上式に代入して，Δpを算出する．

$$\Delta p = (\xi_f + \alpha m_d)\mu u = (2.0 \times 10^8 + 5.0 \times 10^9 \times 0.1) \times 1.83 \times 10^{-5} \times 0.03$$
$$= 7 \times 10^8 \times 1.83 \times 10^{-5} \times 3 \times 10^{-2} \fallingdotseq 384\,\mathrm{Pa}$$

以上から（4）が正解．

▶答 (4)

問題3 【令和3年 問7】

圧力損失がコゼニー・カルマンの式で表せるダスト層において，ダスト層空隙（くうげき）率が0.9から0.85に，ダスト層厚が2倍になると圧力損失はおよそ何倍になるか．

(1) 0.75　(2) 1.33　(3) 2.67　(4) 5.34　(5) 7.57

解説 バグフィルターにおけるダスト層の圧力損失Δp_dを表すコゼニー・カルマンの式は次のように表される．

$$\Delta p_d = 180/d_{ps}{}^2 \times (1-\varepsilon)m_d\mu u/(\varepsilon^3\rho_p) = 180/d_{ps}{}^2 \times (1-\varepsilon)^2 L\mu u/\varepsilon^3 \quad ①$$

ここに，ε：ダストの空隙率，d_{ps}：ダストの比表面積径〔m〕，L：ダスト層厚〔m〕，m_d：ダスト負荷〔$\mathrm{kg/m^2}$〕，μ：ガス粘度〔Pa·s〕，u：ろ過速度〔m/s〕，

ρ_p：ダスト密度〔kg/m^3〕

なお，上式の変形には $m_d = \rho_p L(1-\varepsilon)$ の関係が使用されている．

ダスト層空隙率 0.9 の圧力損失を $\Delta p_{0.9}$，空隙率 0.85 の圧力損失を $\Delta p_{0.85}$ とすれば，式①の右側の式を用いて，式①は次のように表される．

$$\Delta p_{0.9} = 180/d_{ps}{}^2 \times (1-0.9)^2 L\mu u/0.9^3 = 180 \times 0.1^2 L\mu u/0.9^3 \qquad ②$$

$$\Delta p_{0.85} = 180/d_{ps}{}^2 \times (1-0.85)^2 \times 2L\mu u/0.85^3 = 180 \times 0.15^2 \times 2L\mu u/0.85^3 \qquad ③$$

式②と式③を用いて，次の比を算出する．

$$式③/式② = \Delta p_{0.85}/\Delta p_{0.9} = (0.15^2 \times 2/0.85^3)/(0.1^2/0.9^3)$$
$$= 0.15^2 \times 2 \times 0.9^3/(0.85^3 \times 0.1^2) \fallingdotseq 5.34$$

以上から（4）が正解．　▶答（4）

問題 4　【令和 2 年 問 8】

ダスト層の圧力損失を表すコゼニー・カルマンの式に関する記述として，誤っているものはどれか．

（1）圧力損失は，ガスの粘度に比例する．

（2）圧力損失は，ガスの密度に比例する．

（3）圧力損失は，ダスト層の厚さに比例する．

（4）圧力損失は，ダストの比表面積径の 2 乗に反比例する．

（5）圧力損失は，ろ過速度に比例する．

解説　バグフィルターにおけるダスト層の圧力損失 Δp_d〔Pa〕を表すコゼニー・カルマンの式は次のように表される．

$$\Delta p_d = 180/d_{ps}{}^2 \times (1-\varepsilon) m_d \mu u/(\varepsilon^3 \rho_p) = 180/d_{ps}{}^2 \times (1-\varepsilon)^2 L\mu u/\varepsilon^3 \qquad ①$$

ここに，ε：ダストの空隙率，d_{ps}：ダストの比表面積径〔m〕，L：ダスト層厚〔m〕，
m_d：ダスト負荷〔kg/m^2〕，μ：ガス粘度〔Pa·s〕，u：ろ過速度〔m/s〕，
ρ_p：ダスト密度〔kg/m^3〕

なお，上式の変形には $m_d = \rho_p L(1-\varepsilon)$ の関係が使用されている．

(1) 正しい．圧力損失は，式①からガスの粘度 μ に比例する．

(2) 誤り．圧力損失は，式①からガスの密度には無関係である．

(3) 正しい．圧力損失は，式①からダスト層の厚さ L に比例する．

(4) 正しい．圧力損失は，式①からダストの比表面積径の 2 乗 $d_{ps}{}^2$ に反比例する．

(5) 正しい．圧力損失は，式①からろ過速度 u に比例する．　▶答（2）

問題 5　【令和元年 問 10】

バグフィルターのろ過抵抗を示すマノメーター指示値の変化と，その際に生じてい

る異常現象の組合せとして，誤っているものはどれか．

（指示値）　　（異常現象）

(1) 異常な増大　風量の過大
(2) 異常な減少　ろ布の破れによるダストの漏れ
(3) 異常な増大　払い落とし過剰
(4) 異常な減少　マノメーター導管の詰まり
(5) 異常な増大　ろ布の目詰まり

解説 (1) 正しい．マノメーター指示値の異常な増大は，風量の過大も原因の一つと考えられる．

(2) 正しい．異常な減少は，ろ布の破れによるダストの漏れも原因の一つと考えられる．

(3) 誤り．払い落とし過剰では，異常な減少が生じる．

(4) 正しい．異常な減少は，マノメーター導管の詰まりも原因の一つと考えられる．

(5) 正しい．異常な増大は，ろ布の目詰まりも原因の一つと考えられる．　▶答 (3)

問題6　【平成30年 問7】

バグフィルターのろ布上に形成されたダスト層の圧力損失が，コゼニー・カルマンの式で表せる場合に，ダスト層の圧力損失が大きくなる条件として，誤っているものはどれか．

(1) ダストの比表面積径が大きくなる．
(2) ダスト層の空隙（くうげき）率が小さくなる．
(3) ダスト層の厚さが大きくなる．
(4) ガスの粘度が大きくなる．
(5) ろ過速度が大きくなる．

解説 バグフィルターにおけるダスト層の圧力損失 Δp_d〔Pa〕を表すコゼニー・カルマンの式は次のように表される．

$$\Delta p_d = 180/d_{ps}{}^2 \times (1-\varepsilon)m_d\mu u/(\varepsilon^3\rho_p) = 180/d_{ps}{}^2 \times (1-\varepsilon)^2 L\mu u/\varepsilon^3 \quad ①$$

ここに，ε：ダストの空隙率，d_{ps}：ダストの比表面積径〔m〕，L：ダスト層厚〔m〕，
m_d：ダスト負荷〔kg/m^2〕，μ：ガス粘度〔Pa·s〕，u：ろ過速度〔m/s〕，
ρ_p：ダスト密度〔kg/m^3〕

なお，上式の変形には $m_d = \rho_p L(1-\varepsilon)$ の関係が使用されている．

(1) 誤り．ダストの比表面積径 d_{ps} が大きくなると，式①から2乗に反比例してダスト層の圧力損失が小さくなる．

(2) 正しい．ダスト層の空隙率 ε が小さくなると，式①から分子2乗，分母3乗で関係す

るから，分母の方が効き，ダスト層の圧力損失は大きくなる．

(3) 正しい．ダスト層の厚さLが大きくなると，式①から比例してダスト層の圧力損失は大きくなる．

(4) 正しい．ガスの粘度μが大きくなると，ダスト層の圧力損失は，式①から比例して大きくなる．

(5) 正しい．ろ過速度uが大きくなると，ダスト層の圧力損失は，式①から比例して大きくなる．

▶答 (1)

●2 ろ布の形式と特性

問題1 【令和5年 問7】

ろ布の表面加工法の目的を示す表において，（ア）～（ウ）の [　　] の中に挿入すべき語句の組合せとして，正しいものはどれか．

表　ろ布の表面加工の主な目的

加工法＼目的	捕集性	剥離性	耐食性	撥水・撥油性
（ア）	○	○		△
（イ）		△	○	○
（ウ）	○	○		

○：主な目的　　△：副次的に生じる効果

	（ア）	（イ）	（ウ）
(1)	コーティング加工	膜加工	ディッピング加工
(2)	膜加工	平滑加工	コーティング加工
(3)	ディッピング加工	コーティング加工	平滑加工
(4)	コーティング加工	ディッピング加工	膜加工
(5)	ディッピング加工	コーティング加工	膜加工

解説 (ア)「コーティング加工」である（**表4.5**参照）．

(イ)「ディッピング加工」である．

(ウ)「膜加工」である．

表 4.5　ろ布の表面加工の主な目的

加工法＼目的	捕集性	剥離性	耐食性	撥水・撥油性
コーティング加工	○	○		△
ディッピング加工		△	○	○
膜加工	○	○		
平滑加工		○		
毛焼き加工		○		

○：主な目的　△：副次的に生じる効果

以上から（4）が正解.

▶答（4）

問題 2　【令和 5 年 問 8】

バグフィルター用のろ布に関する記述として，誤っているものはどれか.

（1）織布の空隙率は，不織布のそれより小さい.

（2）長繊維製のものは，短繊維製のものより付着性ダストの剥離性がよい.

（3）未使用フィルターの部分集じん率は，運転時の払い落とし直後のフィルターのそれより低い.

（4）常用耐熱温度は，パイレン製よりアクリル製が高い.

（5）耐酸性は，アクリル製よりナイロン製が高い.

解説　（1）正しい．織布の空隙率（30 ～ 40%）は，不織布のそれ（70 ～ 80%）より小さい.

（2）正しい．長繊維製のものは，短繊維製のものより平面が平滑なため，付着性ダストの剥離性がよい.

（3）正しい．未使用フィルターの部分集じん率は，運転時の払い落とし直後のフィルターのそれより低い．未使用フィルターでは，払い落としをしても払い落とされない一次付着層がないためである（図 4.25 参照）.

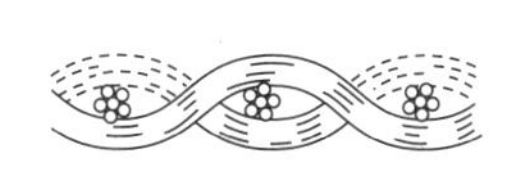
（a）新しいろ布

（b）一次付着層の形成期間

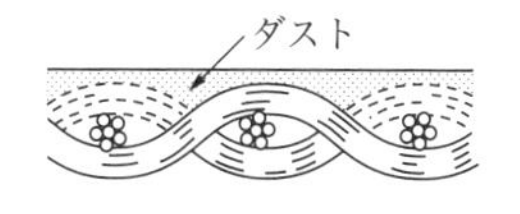

（c）ダスト堆積層のろ布全面への拡大期間

図 4.25　織布上でのダスト堆積層の形成過程 [16)]

（4）正しい．常用耐熱温度は，パイレン製（80°C）よりアクリル製（120°C）が高い

（表 4.6 参照）.

表 4.6　代表的なバグフィルターろ布材の使用例

（出典：金岡千嘉男，牧野尚夫編著『はじめての集じん技術 — 基礎から応用まで』，日刊工業新聞社（2013））

	名称	織り方	目付〔g/m²〕	密度〔本/2.54 cm〕		引張強度〔kg/cm²〕		通気度〔cm³·s⁻¹·cm⁻²〕	常用耐熱温度〔°C〕	耐酸	耐アルカリ	コスト比
				縦	横	縦	横					
織布	木綿	5 枚繻子織	325	75	57	80	57	5	60	×	△	1
織布	パイレン	5 枚繻子織	260	75	47	190	110	7	80	○	△	1.4
織布	ナイロン	5 枚繻子織	310	75	56	135	95	7	100	×	○	1.6
織布	耐熱ナイロン	5 枚繻子織	310	78	58	145	105	10	200	△	○	4.0
織布	ポリエステル	5 枚繻子織	335	78	58	220	170	8	140	△	△	1.2
織布	アクリル	5 枚繻子織	300	74	50	110	75	10	120	○	×	2.3
織布	四ふっ化エチレン（テフロン）	5 枚繻子織	350	88	79	50	47	20	250	○	○	22.0
織布	ガラス繊維	1/3 あや織	480	48	20	185	130	20	250	○	○	3.3
織布	ガラス繊維	二重特殊織	790	48	40	288	120	15	250	○	○	5.4
織布	PPS*	5 枚繻子織	300	100	50	180	95	6.2	190	○	○	6.5
不織布	ポリエステル	毛焼きまたは平滑	600	1.9		80	200	18	140	△	△	1.5
不織布	ポリエステル	膜加工	550	1.8		70	140	5	140	△	△	10.0
不織布	パイレン	毛焼き	500	1.8		70	180	15	80	○	△	1.9
不織布	アクリル	毛焼き	600	1.9		70	70	12	120	○	×	4.0
不織布	耐熱ナイロン	毛焼き	500	1.7		80	150	20	200	△	○	5.4
不織布	ガラス繊維	–	950	2.5		197	213	19	250	○	○	20.0
不織布	四ふっ化エチレン（テフロン）	–	840	1.3		71	108	9	250	○	○	55.0
不織布	PPS*	平滑	550	1.7		70	140	15	190	○	○	8.0
不織布	テファイヤ	–	710	1.3		60	50	15	250	○	○	21.0
不織布	ポリイミド	–	475	1.5		80	154	22	260	○	○	15.0

＊PPS：ポリフェニレンサルファイド

(5) 誤り．耐酸性は，アクリル製の方が，アミド結合（-CO-NH-）によるナイロン製より高い（表 4.6 参照）.

▶答 (5)

問題 3　【令和 4 年 問 8】

バグフィルターに関する記述として，誤っているものはどれか．

(1) ろ布自体の空隙（くうげき）率は，織布では 30 ～ 40% である．

(2) 振動形払い落とし装置は，間欠式払い落とし方式に分類される．

(3) パルスジェット形バグフィルターでは，含じんガスは常にろ布の外側から流入する.

(4) 織布を用いる場合の見掛けろ過速度は，不織布を用いる場合のそれより大きくとられる.

(5) 払い落とし直後は，一次付着層の一部が剥離するので，一時的に集じん率が低下する.

解説 (1) 正しい．ろ布自体の空隙率は，織布では 30 ～ 40% である．なお，不織布では 70 ～ 80% である.

(2) 正しい．振動形払い落とし装置（**図 4.26** 参照）は，気流を停止して，ろ布の上部，中央，下部付近を振動して堆積ダストを払い落とす方式で，間欠式払い落とし方式に分類される．払い落としは，15 ～ 60 秒間行われる.

(3) 正しい．パルスジェット形バグフィルターは，図 4.6 のように含じんガスが常にろ布の外側から流入し，払い落とし用の圧縮空気をろ布上部から瞬時に吹き込み払い落とす方式で，連続式払い落とし方式に分類される.

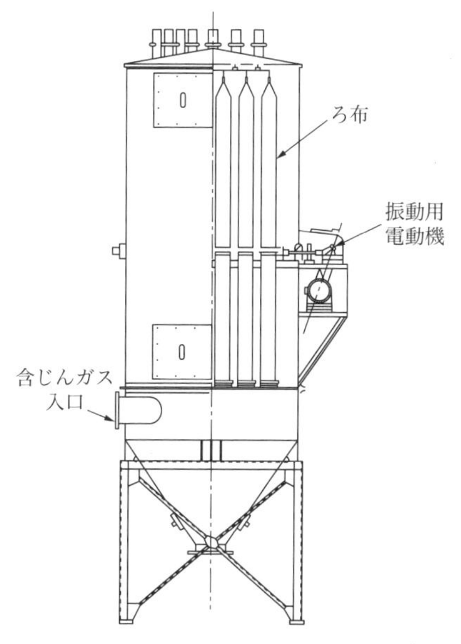

図 4.26 振動形払い落とし装置の例 [16)]

(4) 誤り．織布を用いる場合の見掛けろ過速度 (0.5 ～ 1.5 m/min) は，空隙率の大きい不織布を用いる場合のそれ (2.4 ～ 4.2 m/min) より小さくとられる．空隙率が大きいほど，見掛けろ過速度を大きくとることができる.

(5) 正しい．払い落とし直後は，一次付着層の一部が剥離するので，一時的に集じん率が低下する（図 4.25 参照).

▶ 答 (4)

問題 4 【令和 4 年 問 9】

常用耐熱温度が 200℃以上であり，耐酸性，耐アルカリ性ともに優れている織布用ろ布材はどれか.

(1) 木綿

(2) パイレン

(3) ナイロン

(4) ポリエステル

(5) ガラス繊維

解説 ろ布材の特徴は，表4.6を参照．

(1) 該当しない．木綿は，常用耐熱温度60°C，耐酸性は弱く，耐アルカリは中程度である．

(2) 該当しない．パイレン（ポリプロピレンの長繊維）は，常用耐熱温度80°C，耐酸性は強く，耐アルカリ性は中程度である．

(3) 該当しない．ナイロンは，常用耐熱温度100°C，耐酸性は弱く，耐アルカリ性は強い．

(4) 該当しない．ポリエステルは，常用耐熱温度140°C，耐酸性は中程度，耐アルカリ性も中程度である．

(5) 該当する．ガラス繊維は，常用耐熱温度250°C，耐酸性は強く，耐アルカリ性も強い．

▶答 (5)

問題5 【令和3年 問8】

ろ布の表面加工法に関する記述として，誤っているものはどれか．

(1) コーティング加工は，主に剥離性の向上を目的として，樹脂をスプレー等でろ布表面に付着，乾燥させる方法である．

(2) ディッピング加工は，主に耐食性，撥水・撥油性の向上を目的として，ろ材を薬液に浸漬した後，乾燥固着させる方法である．

(3) 膜加工は，主に捕集性，剥離性の向上を目的として，主に網状の薄膜を捕集側表面に張り付ける方法である．

(4) 平滑加工は，主に剥離性の向上を目的として，高温の二つの鏡面ドラムの間にフェルトろ布を通して，表面を鏡のように平滑に仕上げる方法である．

(5) 毛焼き加工は，主に耐食性の向上を目的として，ろ布表面の毛羽を焼き切って起毛を除く方法である．

解説 (1) 正しい．コーティング加工は，主に剥離性の向上を目的として，樹脂をスプレー等でろ布表面に付着，乾燥させる方法である（表4.5参照）．

(2) 正しい．ディッピング加工は，主に耐食性，撥水・撥油性の向上を目的として，ろ材を薬液に浸漬した後，乾燥固着させる方法である．

(3) 正しい．膜加工は，主に捕集性，剥離性の向上を目的として，主に網状の薄膜を捕集側表面に張り付ける方法である．

(4) 正しい．平滑加工は，主に剥離性の向上を目的として，高温の2つの鏡面ドラムの間にフェルトろ布を通して，表面を鏡のように平滑に仕上げる方法である．

(5) 誤り．毛焼き加工は，主に剥離性の向上を目的として，ろ布表面の毛羽を焼き切って起毛を除く方法である．

▶答 (5)

問題6　【令和3年 問9】

常用耐熱温度が最も高いバグフィルター用ろ布材はどれか.

(1) 耐熱ナイロン　(2) ポリエステル　(3) ポリイミド

(4) アクリル　(5) パイレン

解説 各バグフィルター用ろ布材の常用耐熱温度は次のとおりである（表4.6参照）.

(1) 耐熱ナイロン　200°C

(2) ポリエステル　140°C

(3) ポリイミド　260°C

(4) アクリル　120°C

(5) パイレン　80°C

なお，パイレンとはポリプロピレンの長繊維をいう.

以上から（3）が正解.

▶答（3）

問題7　【令和2年 問9】

バグフィルターに関する記述として，誤っているものはどれか.

(1) パルスジェット形払い落とし方式は，連続式払い落とし方式に分類される.

(2) ろ布の空隙率は，不織布では30～40%である.

(3) 見掛けろ過速度は，処理流量をろ布の有効ろ過面積で割った値である.

(4) ろ布に織布を用いる場合の見掛けろ過速度は1 m/min前後である.

(5) 長繊維製ろ布は，付着性の強いダストに適している.

解説 (1) 正しい．パルスジェット形払い落とし方式は，図4.6のように含じんガスが常にろ布の外側から流入し，払い落とし用の圧縮空気をろ布上部から瞬時に吹き込み払い落とす方式で，連続式払い落とし方式に分類される.

(2) 誤り．ろ布の空隙率は，不織布では70～80%である．なお，織布では30～40%である.

(3) 正しい．見掛けろ過速度は，処理流量をろ布の有効ろ過面積で割った値である.

(4) 正しい．ろ布に織布を用いる場合の見掛けろ過速度は1 m/min前後（2 cm/s前後）である．なお，不織布では空隙率が大きいため，2.4～4.2 m/min（4～7 cm/s）に設定される.

(5) 正しい．長繊維製ろ布は，毛羽が少ないため，付着性の強いダストに適している.

▶答（2）

問題8 【令和元年 問8】

バグフィルターのろ布材として，耐酸性，耐アルカリ性ともに優れ，200℃で使用できるものはどれか.

(1) アクリル　(2) 四ふっ化エチレン　(3) 木綿
(4) パイレン　(5) ナイロン

解説 (1) 該当しない．アクリルは，常用耐熱温度120℃，耐酸であるが，耐アルカリではない（表4.6参照）.
(2) 該当する．四ふっ化エチレンは，常用耐熱温度250℃，耐酸であり耐アルカリでもある.
(3) 該当しない．木綿は，常用耐熱温度60℃，耐酸ではなく耐アルカリも十分ではない.
(4) 該当しない．パイレン（ポリプロピレンの長繊維）は，常用耐熱温度80℃，耐酸であるが，耐アルカリは十分ではない.
(5) 該当しない．ナイロンは，常用耐熱温度100℃，耐酸でなく耐アルカリである.

▶答 (2)

問題9 【平成30年 問8】

バグフィルター用ろ布の表面加工法の中で，主要目的が耐食性及び撥水・撥油性の向上である加工法はどれか.

(1) 毛焼き加工　(2) 平滑加工　(3) 膜加工
(4) ディッピング加工　(5) コーティング加工

解説 (1) 該当しない．毛焼き加工は，剥離性を主な目的に行われる（表4.5参照）.
(2) 該当しない．平滑加工は，剥離性を主な目的に行われる.
(3) 該当しない．膜加工は，捕集性と剥離性を主な目的に行われる.
(4) 該当する．ディッピング加工は，薬液中にろ布を浸漬する加工法で，耐食性および撥水・撥油性のいずれにも効果的な方法である.
(5) 該当しない．コーティング加工は，繊維の表面を加工するため，捕集性と剥離性を主な目的に行われる.

▶答 (4)

●3 ダストの払い落としおよび運転・事故対策・維持（保守）管理

問題1 【令和5年 問9】

バグフィルターにおけるダストの払い落としに関する記述として，誤っているものはどれか.

(1) 一般に払い落とし直後の集じん率は，直前のそれに比べて低い.

(2) 連続式払い落とし方式では，ダストの清浄ガス中への逸出が起きることがある.
(3) パルスジェット形払い落とし方式は，内面ろ過式に用いられる.
(4) 振動形払い落とし装置では，振動数が大きいと微細ダストの剥離に逆効果となることがある.
(5) 逆圧方式は，剥離性のよいダストに用いられる.

解説 (1) 正しい．一般に払い落とし直後の集じん率は，一次付着層のダストの上に堆積した二次付着層が払い落とされるため，直前のそれに比べて低い（図4.25参照).

(2) 正しい．連続式払い落とし方式では，ダストの清浄ガス中への逸出が起きることがある.

(3) 誤り．パルスジェット形払い落とし方式は，含じんガスが円筒ろ布の外側から内側に通過する方式であるから，外面ろ過式に用いられる（図4.6参照).

(4) 正しい．振動形払い落とし装置では，振動数が大きいと振動がろ布全体に広がるのでダストを一様に剥離するのに有効であるが，粗大ダストを含まない微細ダストや凝集性ダストの剥離に逆効果となることがある．なお，振幅が大きいほどダスト層に大きな亀裂を生じやすく剥離に有効であるが，ろ材自身に大きなせん断力がかかり，ろ材の損傷を招くおそれがある.

(5) 正しい．逆圧方式（ろ過方向とは逆向きの清浄空気を逆流させて払い落とす方式）は，払い落とし効果が小さいため，剥離性のよいダストに用いられる．古くからセメントや鉄鋼などで使用されている.

▶答 (3)

問題2 【令和4年 問10】

バグフィルターの保守管理において，一般に点検間隔を最も短くすべき項目はどれか.

(1) マノメーター指示値
(2) ろ布の取り付け，劣化，損傷の有無
(3) 本体シール部の空気漏れ
(4) ファンの運転状況
(5) 塗装（発錆，腐食，摩耗）

解説 バグフィルターの保守管理については，**表4.7**を参照.

(1) 該当する．マノメーター指示値は，毎日点検を行う．なお，指示値の値は1,000～2,000 Paである.

(2) 該当しない．ろ布の取り付け，劣化，損傷の有無は，1月ごとに点検を行う.

(3) 該当しない．本体シール部の空気漏れは，3月ごとに点検を行う.

(4) 該当しない．ファンの運転状況は，3月ごとに点検を行う．

(5) 該当しない．塗装（発錆，腐食，摩耗）は，3月ごとに点検を行う．

表 4.7 バグフィルターの保守管理チェックリスト[16]

点検箇所		点検間隔							備考
		適時	毎日	週	1月	3月	半年	1年	
基本性能	マノメーター指示値		○						標準値 1,000 ～ 2,000 Pa
基本性能	排気口のダスト漏れ	○							目視点検
本体	ろ布の取り付け，劣化，損傷の有無				○			△	排気口で目視　内部点検
本体	ダスト排出装置	○					△		作動確認，ダスト付着，詰まりの清掃
本体	本体シール部の空気漏れ					○			シール部の点検
本体	ホッパー部				○	△			付着，堆積の点検
本体	払い落とし部（エアバルブなど）	○							パルス音，シェーキング音で点検
付属装置	ファン運転					○		△	異常音，軸受温度，ベルト張力，振動の点検，電流・電圧の測定記録
付属装置	制御盤，タイマー作動	○							表示灯の作動点検および動作点検 タイマー作動点検
付属装置	コンプレッサー運転	○			○				ドレン排出，給油点検，ベルト張り点検
付属装置	空気圧力	○							設定値 300 ～ 500 kPa
配管系	マノメーター配管				○	△			水の点検，配管清掃
配管系	配管空気漏れ（ホース部）					○			配管系統点検
配管系	圧縮空気ドレン抜き	○				○			ドレン排出

表 4.7　バグフィルターの保守管理チェックリスト[16]（つづき）

点検箇所		点検間隔							備考
		適時	毎日	週	1月	3月	半年	1年	
その他	各ねじ，ボルトの緩み			○		○			増し締め
	塗装（発錆，腐食，摩耗）					○		△	塗装の良否，膜厚測定，穴あきの有無
	給油およびグリース注入			○	△				駆動装置の軸受，オイラー点検
	雨水の浸入						○	△	ダクト，点検扉，ふた，継続部のシール点検，集じん装置本体内の点検

○運転時点検　　△定修時整備

▶答（1）

問題 3　【令和 3 年 問 10】

バグフィルターの運転中に，マノメーターの指示（ろ過抵抗）が異常に増大するとともに，排気よりダストが漏れる現象が発生した．考えられる原因はどれか．ただし，原因となる事象は1つだけとする．

(1) 結露によりダストが固着した．
(2) マノメーター導管が詰まった．
(3) 払い落としが過剰だった．
(4) 風量が過大になった．
(5) ろ布が脱落した．

解説 (1) 該当しない．結露によりダストが固着した場合，ろ布の目詰まりであるからマノメーターの指示は異常に増大するが，排気からのダストの漏れはない．

(2) 該当しない．マノメーター導管が詰まった場合，バグフィルター前後の圧力差を表示しないのでマノメーターの指示は減少する．排気からのダストの漏れはない．

(3) 該当しない．払い落としが過剰だった場合，ろ過抵抗が減少するのでマノメーターの指示は減少する．排気からのダストの漏れはない．

(4) 該当する．風量が過大になった場合，バグフィルター前後の圧力差が大きくなるので，マノメーターの指示は異常に増大する．また，ダストの除去率も低下するため排気からのダストの漏れがある．

(5) 該当しない．ろ布が脱落した場合，バグフィルター前後の圧力差は減少するのでマノメーターの指示は減少する．排気からのダストの漏れがある．

▶答（4）

題4 【令和2年 問10】

バグフィルターの運転時，マノメーターの指示値が異常に減少したときに考えられる原因として，誤っているものはどれか．

(1) ホッパー内捕集ダストの再飛散
(2) マノメーター導管の詰まり
(3) 風量の減少
(4) 払い落とし過剰
(5) ろ布の破れ

解説 (1) 誤り．ホッパー内捕集ダストが再飛散すると，円筒ろ布の外側に堆積するため，マノメーターの指示値は増加する（図4.6参照）．
(2) 正しい．マノメーター導管の詰まりは，圧力損失（静圧）を測定していないので，マノメーターの指示値を異常に減少させると考えられる．
(3) 正しい．風量の減少は，圧力損失が小さくなるため，マノメーターの指示値を異常に減少させると考えられる．
(4) 正しい．払い落とし過剰は，圧力損失が減少するので，マノメーターの指示値を異常に減少させると考えられる．
(5) 正しい．ろ布の破れは，圧力損失が減少するので，マノメーターの指示値を異常に減少させると考えられる．

▶答 (1)

問題5 【令和元年 問9】

振動形払い落とし方式のバグフィルターに関する記述として，誤っているものはどれか．

(1) 気流を停止せずに，ろ布を振動させて堆積ダストを払い落とす．
(2) ろ布の上部，中央部，下部付近を振動させて払い落とす．
(3) 一般に，振動数が大きいと振動がろ布全体に広がり，ダストを一様に剥離するのに有効である．
(4) 振幅が大きいほど剥離に有効であるが，ろ材の損傷を招くおそれがある．
(5) 払い落としは15～60秒間程度行われる．

解説 (1) 誤り．振動形払い落とし方式は，気流を停止して，ろ布を振動させて堆積ダストを払い落とす．
(2) 正しい．ろ布の上部，中央部，下部付近を振動させて払い落とす．
(3) 正しい．一般に，振動数が大きいと振動がろ布全体に広がり，ダストを一様に剥離するのに有効である．なお，大きい振動数は，ダストを一様に剥離するのに有効であるが，粗大ダストを含まない微細ダストや凝集性ダストでは逆効果となる．

(4) 正しい．振幅が大きいほど剥離に有効であるが，ろ材の損傷を招くおそれがある．

(5) 正しい．払い落としは15～60秒間程度行われる．

▶答 (1)

問題6 【平成30年 問9】

バグフィルターの逆洗形払い落とし方式に関する記述として，誤っているものはどれか．

(1) 間欠式の払い落とし方式の一種である．

(2) ろ過方向と逆向きに清浄空気を流して払い落とす．

(3) 古くからセメント，鉄鋼などで使用されてきた．

(4) 払い落とし効果が強い．

(5) ガラス織布を使って，非鉄金属製錬などにも用いられている．

解説 (1) 正しい．逆洗形は，ろ過方向と逆向きに清浄空気を逆流させて払い落としを行う方式で，逆洗中は処理ガスの流入を中断するため間欠式である（**図4.27**参照）．

(2) 正しい．ろ過方向と逆向きに清浄空気を流して払い落とす．

(3) 正しい．古くからセメント，鉄鋼などで使用されてきた．

(4) 誤り．払い落とし効果が弱いので，剥離性の強いダストに使用される．

(5) 正しい．ガラス織布を使って，非鉄金属製錬などにも用いられている．

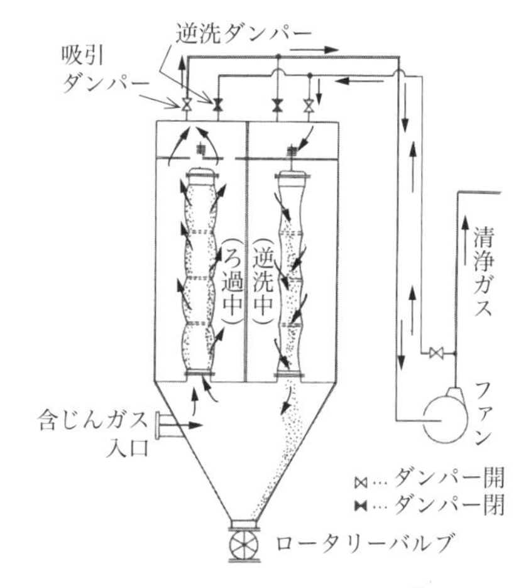

図4.27 逆洗形払い落とし例 [1)]

▶答 (4)

問題7 【平成30年 問10】

バグフィルターの運転における事故対策として，誤っているものはどれか．

(1) バグフィルターの手前で着火源を除去しておく．

(2) バグフィルターの内部は堆積物の生じない構造とする．

(3) ダクトやバグフィルター本体は電気的に絶縁しておく．

(4) モーター部などの摩擦発熱や衝撃火花に注意を払う．

(5) 爆発事故に備え，爆圧放散口を取り付ける．

解説 (1) 正しい．バグフィルターの手前で着火源を除去しておく．

(2) 正しい．バグフィルターの内部は堆積物の生じない構造とする．

(3) 誤り．静電気による電気花火は着火源となるので，ダクトやバグフィルター本体はアースおよびボンディングを確実に設置し，電気的に絶縁のない状態とする（図 4.28 参照）．

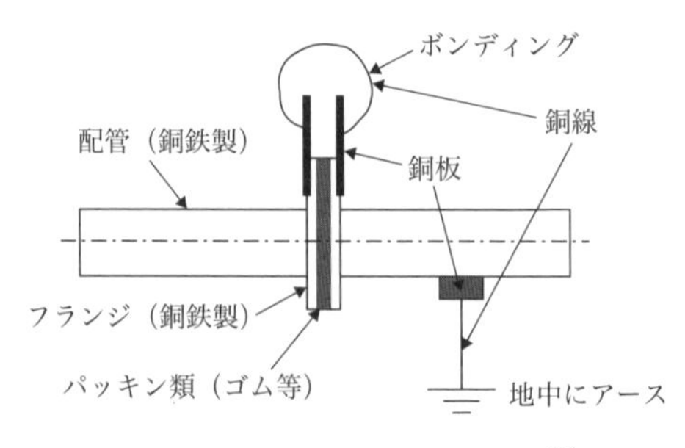

図 4.28 アースおよびボンディング[12)]

(4) 正しい．モーター部などの摩擦発熱や衝撃火花に注意を払う．

(5) 正しい．爆発事故に備え，爆圧放散口を取り付ける．

▶答 (3)

4.3 特定粉じん

■ 4.3.1 特　性

問題1 【令和4年 問11】

各種石綿の特性を示す表において，(ア)～(ウ)の［　　］の中に挿入すべき石綿の種類の組合せとして，正しいものはどれか．

	［(ア)］	［(イ)］	［(ウ)］
主な成分	けい素，マグネシウム	けい素，鉄，マグネシウム	けい素，鉄，マグネシウム，ナトリウム
電気抵抗率（MΩ·m）	0.003 ～ 0.15	<500	0.2 ～ 0.5
耐酸性	劣	良	優

	(ア)	(イ)	(ウ)
(1)	クリソタイル	クロシドライト	アモサイト
(2)	クロシドライト	クリソタイル	アモサイト
(3)	クリソタイル	アモサイト	クロシドライト
(4)	クロシドライト	アモサイト	クリソタイル
(5)	アモサイト	クリソタイル	クロシドライト

クリソタイル，アモサイト，クロシドライトについては，**表4.8**および**表4.9**を参照．

表4.8　各種石綿の化学組成[16]　（単位：wt%）

	SiO_2	Al_2O_3	Fe_2O_3	FeO	MgO	CaO	Na_2O	H_2O
クリソタイル	41 ～ 38	3.4 ～ 0.4	2.8 ～ 0.4	1.1 ～ 3	44 ～ 40	0.4 ～ 0.1	0.07 ～ 0.02	13 ～ 11
アモサイト	49 ～ 51	0.6 ～ 0.4	1.9 ～ 0.03	39 ～ 34	2.5 ～ 0.2	1.0 ～ 0.3	0.09 ～ 0.03	2.3 ～ 1.8
クロシドライト	52 ～ 48	0.08 ～ 0.06	19 ～ 17	20 ～ 17	4.2 ～ 2.3	1.3 ～ 0.9	6.2 ～ 5.3	2.5 ～ 2.3

表4.9　各種石綿の物理的特性[16]

物性＼種類	クリソタイル	アモサイト	クロシドライト
硬度	2.5 ～ 4.0	5.5 ～ 6.0	4
密度（$\times 10^3$ kg/m^3）	2.55	3.43	3.37
抗張力〔kg/cm^2〕	31,000	25,000	35,000
電気抵抗率〔MΩ·m〕	0.003 ～ 0.15	<500	0.2 ～ 0.5
柔軟性	優	良	優
耐酸性	劣	良	優
耐アルカリ性	優	優	優
脱構造水温度〔°C〕*	550 ～ 700	600 ～ 800	400 ～ 600
耐熱性	良．450°C くらいからもろくなる	クリソタイルよりやや良	クリソタイルと同様

*脱構造水温度は空気中での値である．

（ア）クリソタイルについて，主な成分はけい素（詳しくはSiO_2）とマグネシウム（詳しくはMgO），電気抵抗率は0.003 ～ 0.15 MΩ·m，耐酸性は劣である．

（イ）アモサイトについて，主な成分はけい素（詳しくはSiO_2），鉄（詳しくはFeOおよびFe_2O_3）とマグネシウム（詳しくはMgO），電気抵抗率は<500 MΩ·m，耐酸性は良である．

（ウ）クロシドライトについて，主な成分はけい素（詳しくはSiO_2），鉄（詳しくはFeOおよびFe_2O_3），マグネシウム（詳しくはMgO）とナトリウム（詳しくはNa_2O），電気抵抗率は0.2 ～ 0.5 MΩ·m，耐酸性は優である．

以上から（3）が正解．

▶答（3）

■ 4.3.2 フード形式

問題1 【令和2年 問11】 

石綿粉じんの一般的な対策に関する記述として，誤っているものはどれか．

(1) 粉じんの捕集には，バグフィルターが用いられることが多い．

(2) 粉じん濃度が高い場合には，遠心力集じん装置を前処理として設置することが望ましい．

(3) 開袋・投入・取り出し作業には，一般にブース形フードが用いられる．

(4) ベルトコンベヤーやバケットコンベヤーを用いた移送作業には，キャノピーフードが用いられる．

(5) シート切断機を用いた切断作業には，囲い形フードが用いられる．

解説 (1) 正しい．粉じんの捕集には，バグフィルターが用いられることが多い．

(2) 正しい．粉じん濃度が高い場合には，遠心力集じん装置（**図 4.29** 参照）を前処理として設置することが望ましい．

(3) 正しい．開袋・投入・取り出し作業には，一般にブース形フード（**図 4.30** 参照）が用いられる．

(4) 誤り．ベルトコンベヤーやバケットコンベヤーを用いた移送作業には，コンベヤーを囲んだ囲い形が使用される．キャノピーフード（**図 4.31** 参照）は，溶解炉等の熱源から発生するばいじん等の捕集に用いられる．

(5) 正しい．シート切断機を用いた切断作業には，囲い形フード（発生源を全面的に覆ったもの）（**図 4.32** 参照）が用いられる．

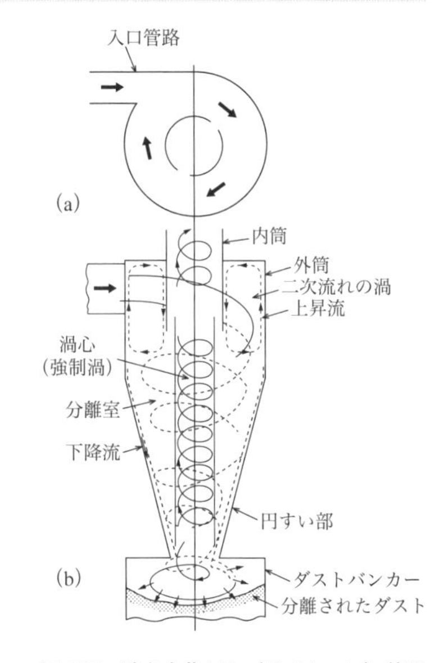

図 4.29　遠心力集じん（サイクロン）装置

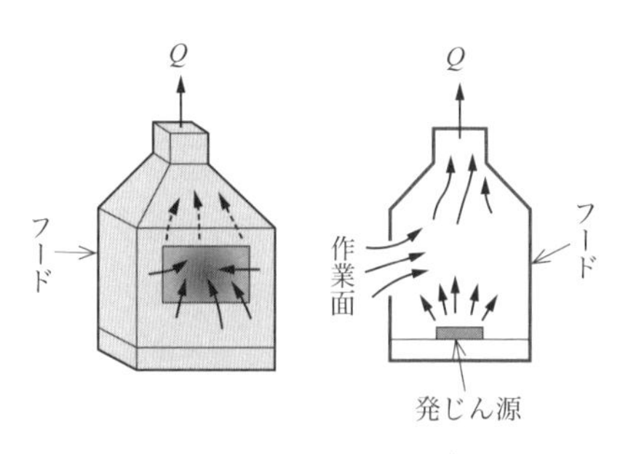

図 4.30　ブース形フード 1)

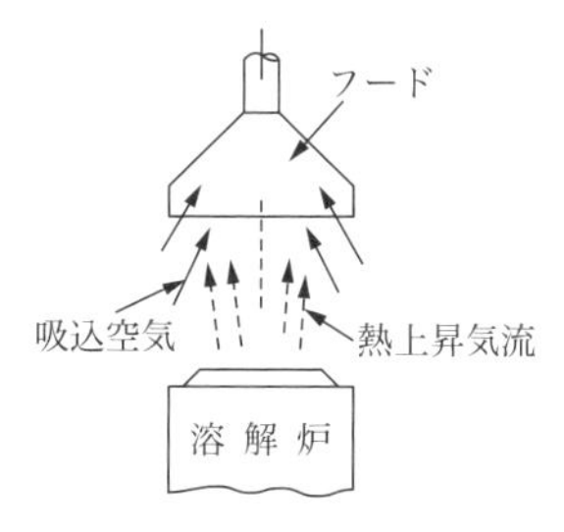

図 4.31　キャノピーフード 1)

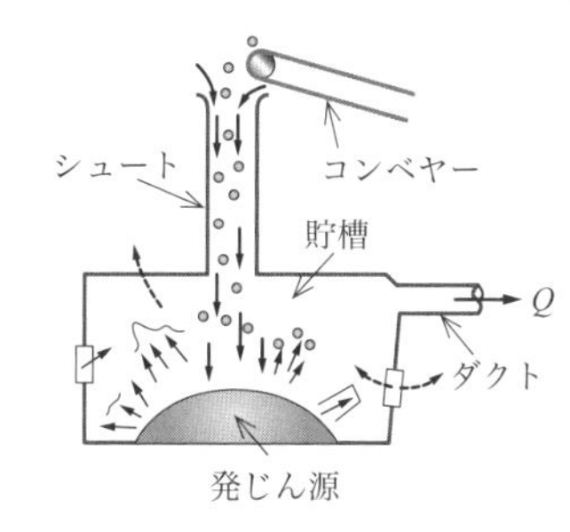

図 4.32　粉体の貯槽に用いられる囲い形フードの一例 1)

▶答（4）

4.4 ばいじん・粉じんの測定

■ 4.4.1　等速吸引・流速測定

問題1　【令和5年 問13】（一部修正）

温度147°C，流速10.0 m/sで流れるガスの，ピトー管による動圧測定値（Pa）はおよそいくらか．なお，ピトー管係数は0.96，大気圧は101.0 kPa，静圧（ゲージ圧）は2.5 kPa，標準状態のガス密度は1.30 kg/m^{3}とする．

（1）24.1　（2）28.4　（3）46.8　（4）111　（5）183

解説　ピトー管に関する次の式から動圧P_dを算出する．

$$v = C\sqrt{2P_d/\rho_g} \quad ①$$

ここに，v：ガス流速〔m/s〕，C：ピトー管係数，P_d：ピトー管の動圧〔Pa〕，
ρ_g：ガス密度〔kg/m^3〕

ガス密度1.30 kg/m$^3{}_N$（標準状態）に対し，温度が147°Cであるから温度補正と，静圧

が2.5 kPaであるから圧力補正が必要である．なお，静圧がプラス2.5 kPaであるから，大気圧より高い気圧である．1 m^3_Nの標準を考えると，温度147℃では体積が膨張するから

$$1\,m^3_N \times (147 + 273)\,K/273\,K = 1 \times 420/273\,m^3 \quad ②$$

静圧が2.5 kPaであるから，式②の体積は次のように圧縮されている．

$$式② \times 101.0\,kPa/(101.0 + 2.5)\,kPa = 1 \times 420/273 \times 101.0/103.5\,m^3 \quad ③$$

式③の体積の質量が1.30 kgであるから，ガス密度ρ_gは1 m^3では，

$$\rho_g = 1.30\,kg/式③ = 1.30 \times 273/420 \times 103.5/101.0 \fallingdotseq 0.866\,kg/m^3 \quad ④$$

式①に与えられた値と式④の値を代入してP_dを算出する．

$$10.0 = 0.96\sqrt{2P_d/0.866} \quad ⑤$$

$$P_d = 10.0^2 \times 0.866/(0.96^2 \times 2) \fallingdotseq 47.0\,Pa$$

したがって，選択肢の中で一番近い（3）が正解．

なお，本問は出題された問題文に誤りがあったが，本書収録にあたり修正した（一般社団法人産業環境管理協会公害防止管理者試験センター「お知らせ（公害防止管理者等国家試験における試験問題の一部誤りについて）」（2023年10月19日）参照）．　▶答（3）

問題2　【令和4年 問13】

吸引ノズルによる排ガス中のダスト採取に関する記述として，誤っているものはどれか．

（1）吸引速度がダクト内の排ガス流速よりも大きいと，測定濃度は真のダスト濃度よりも大きくなる．

（2）非等速吸引によるダスト濃度の誤差を推定する式として，デービスの式がある．

（3）測定点における排ガスの流れ方向と吸引ノズルの方向に偏りがあると，吸引速度を排ガス流速に一致させても，測定濃度は真のダスト濃度よりも小さくなる．

（4）JISでは，吸引ノズルから吸引するガスの流速は，測定点における排ガスの流速に対して相対誤差 −5 ～ +10%の範囲内とすると規定されている．

（5）等速吸引を行う方法として，普通形試料採取装置を用いる方法と，平衡形試料採取装置を用いる方法がある．

解説　(1) 誤り．吸引速度がダクト内の排ガス流速よりも大きいと，**図4.33**から等速吸引の場合に比べて吸引した粉じん量は同じでもガス吸引量が多いため，測定濃度は真のダスト濃度よりも小さくなる．

(2) 正しい．非等速吸引によるダスト濃度の誤差を推定する式として，次に示すデービスの式がある．

$$\frac{C_n}{C} = \frac{v}{v_n} - \frac{1}{1+Stk}\left(\frac{v}{v_n} - 1\right)$$

$$Stk = \frac{d_p{}^2 \rho_p v}{9\mu d}$$

ここに，C_n：非等速吸引でダストを採取したときのダスト濃度〔$g/m^3{}_N$〕，

C：等速吸引でダストを採取したときのダスト濃度〔$g/m^3{}_N$〕，

v：測定点のガス流速〔m/s〕，v_n：吸引ノズルの吸引ガス速度〔m/s〕，

Stk：ストークス数，d_p：ダスト直径〔cm〕，ρ_p：ダスト密度〔g/cm^3〕，

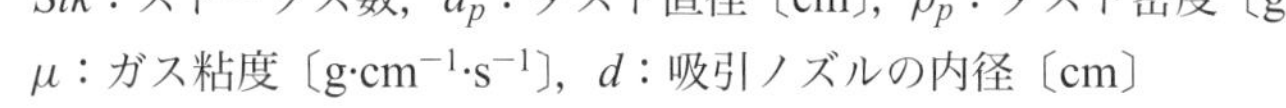

μ：ガス粘度〔$g \cdot cm^{-1} \cdot s^{-1}$〕，$d$：吸引ノズルの内径〔cm〕

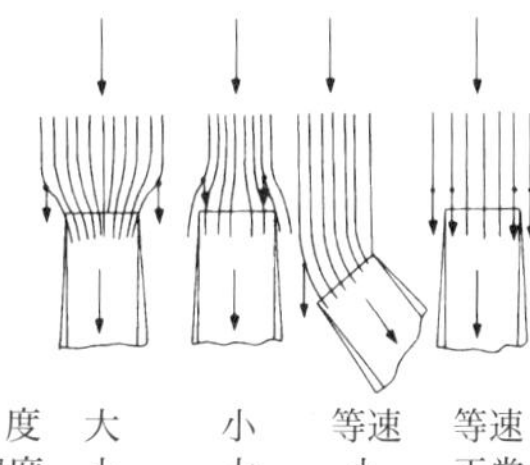

図 4.33　吸引速度とダスト濃度との関係 [7)]

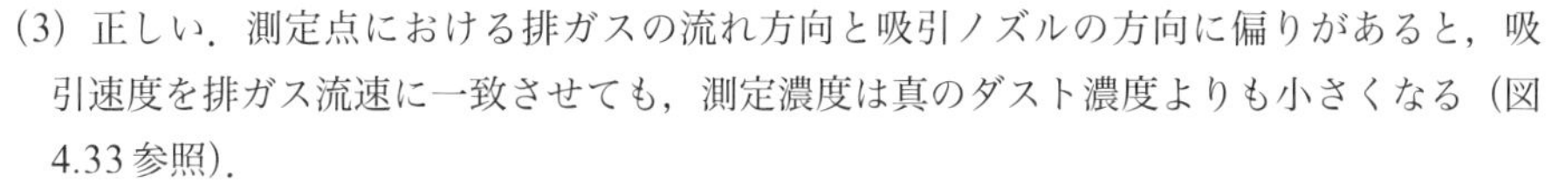

(3) 正しい．測定点における排ガスの流れ方向と吸引ノズルの方向に偏りがあると，吸引速度を排ガス流速に一致させても，測定濃度は真のダスト濃度よりも小さくなる（図4.33参照）．

(4) 正しい．JISでは，吸引ノズルから吸引するガスの流速は，測定点における排ガスの流速に対して相対誤差 −5 ～ +10% の範囲内とすると規定されている．プラス側の方が大きいことに注意．

(5) 正しい．等速吸引を行う方法として，普通形試料採取装置（**図 4.34** 参照）を用いる方法（あらかじめガス流速を測定して等速吸引となるように吸引ガス流量調整が必要）と，平衡形試料採取装置を用いる方法がある．なお，平衡形試料採取装置は，ピトー管と試料採取管の動圧（ベンチュリー管で測定）を同一にさせ，排ガス流が変化してもそれに応じてガス吸引量が追従して等速吸引（**図 4.35** 参照）が行われる装置であるから，等速吸引流量をあらかじめ求める必要はない．

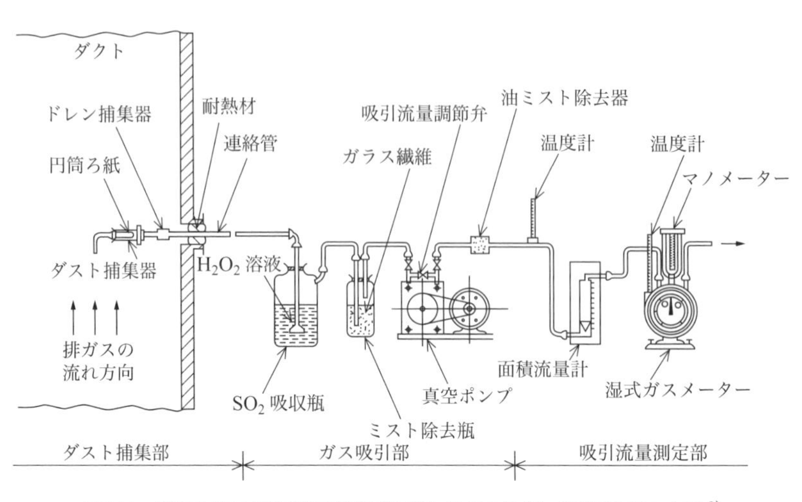

図 4.34　普通形ダスト濃度測定装置の構成例（1 形の場合）（JIS Z 8808 による）[2]

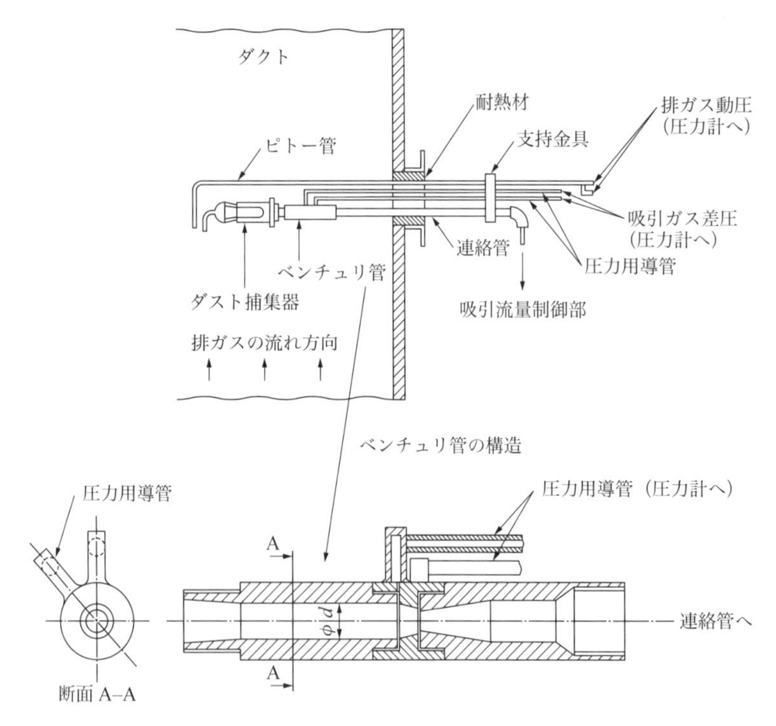

図 4.35　等速吸引機構の構造および構成例（動圧式）（JIS Z 8808）

▶答（1）

題3　【令和2年 問13】

ダスト濃度測定における吸引速度に関する記述として，誤っているものはどれか．

(1) 非等速吸引によるダスト濃度の測定誤差を推定する式として，デービスの式がある．

(2) ガスの粘度が大きいほど，非等速吸引時のダスト濃度の測定誤差は大きくなる．

(3) ダストの粒子径が大きいほど，非等速吸引時のダスト濃度の測定誤差は大きくなる．

(4) ダストの密度が大きいほど，非等速吸引時のダスト濃度の測定誤差は大きくなる．

(5) 吸引速度が排ガスの流速よりも小さいと，測定ダスト濃度は真の濃度よりも大きくなる．

解説 (1) 正しい．非等速吸引によるダスト濃度の測定誤差を推定する式として，デービスの式がある．

$$\frac{C_n}{C} = \frac{v}{v_n} - \frac{1}{1+2Stk}\left(\frac{v}{v_n} - 1\right)$$

$$Stk = \frac{{d_p}^2 \rho_p v}{9\mu d}$$

ここに，C_n：非等速吸引でダストを採取したときのダスト濃度〔$g/m^3{}_N$〕，
C：等速吸引でダストを採取したときのダスト濃度〔$g/m^3{}_N$〕，
v：測定点のガス流速〔m/s〕，v_n：吸引ノズルの吸引ガス速度〔m/s〕，
Stk：ストークス数，d_p：ダスト直径〔cm〕，ρ_p：ダスト密度〔g/cm^3〕，
μ：ガス粘度〔$g \cdot cm^{-1} \cdot s^{-1}$〕，$d$：吸引ノズルの内径〔cm〕

(2) 誤り．ガスの粘度μが大きいほど，Stkが小さくなり，C_nはCに近づくため非等速吸引時のダスト濃度の測定誤差は小さくなる．なお，$Stk \to 0$とすれば，$C_n = C$となる．

(3) 正しい．ダストの粒子径d_pが大きいほど，Stkが大きくなり，非等速吸引時のダスト濃度の測定誤差は大きくなる．

(4) 正しい．ダストの密度ρ_pが大きいほど，Stkが大きくなり，非等速吸引時のダスト濃度の測定誤差は大きくなる．なお，$Stk \to \infty$とすれば$C_n = \dfrac{v}{v_n}C$となり，$v = v_n$でないかぎり測定誤差は大きくなる．

(5) 正しい．図4.33から吸引速度が排ガスの流速よりも小さいと，等速吸引の場合に比べ吸引した粉じん量は同じでもガス吸引量が少ないため，測定ダスト濃度は真の濃度よりも大きくなる．

▶答 (2)

題4　【令和2年 問15】

ダクト中を流れる密度1.30 kg/m^3のガスの流速を，ピトー管係数0.95のピトー管

を用いて測定したところ，12.0 m/s だった．このとき，ピトー管で得られた動圧（Pa）はいくらか．

(1) 8.2　(2) 19.4　(3) 103.7　(4) 207.4　(5) 241.5

解説　ピトー管に関する次の式から動圧 P_d を算出する．

$$v = C\sqrt{2P_d/\rho_g} \quad ①$$

ここに，v：ガス流速〔m/s〕，C：ピトー管係数，P_d：ピトー管の動圧〔Pa〕，
ρ_g：ガス密度〔kg/m^3〕，

式①を2乗して整理する．

$$v^2 = C^2 \times 2P_d/\rho_g$$

$$P_d = v^2 \times \rho_g/(2 \times C^2) \quad ②$$

式②に与えられた数値を代入して P_d を求める．

$$P_d = v^2 \times \rho_g/(2 \times C^2) = 12.0^2 \times 1.30/(2 \times 0.95^2) \fallingdotseq 103.7 \text{〔Pa〕}$$

以上から（3）が正解．　▶答（3）

問題5　【令和元年 問13】

排ガス中ダスト試料採取時の吸引速度に関する記述として，誤っているものはどれか．

(1) 測定点のガス流速より大きい流速で吸引すると，測定濃度は真濃度より大きくなる．
(2) サンプリングプローブがガス流に直面していないと，吸引速度が等速でも，測定濃度は真濃度より小さくなる．
(3) 非等速吸引に伴うダスト濃度の測定誤差は，ダスト粒子径が大きいほど大きくなる．
(4) JIS で許容される吸引流速の排ガス流速との相対誤差は，−5～+10% である．
(5) 非等速吸引に伴うダスト濃度測定誤差を推定する式としてデービスの式がある．

解説　(1) 誤り．測定点のガス流速より大きい流速で吸引すると，ガスは吸引されるがダストは慣性力があり吸引されないため，測定濃度は真濃度より小さくなる（図4.33参照）．

(2) 正しい．サンプリングプローブがガス流に直面していないと，吸引速度が等速でも，ダストが正しく吸引されないため，測定濃度は真濃度より小さくなる．

(3) 正しい．非等速吸引に伴うダスト濃度の測定誤差は，ダスト粒子径が大きいほど慣性力が大きくなるので，大きくなる．

(4) 正しい．JIS で許容される吸引流速の排ガス流速との相対誤差は，−5～+10% である．

(5) 正しい．非等速吸引に伴うダスト濃度測定誤差を推定する式として，次のデービスの式がある．なお，デービスの式で補正を行うことは，JISでは認められていない．

$$\frac{C_n}{C} = \frac{v}{v_n} - \frac{1}{1 + 2Stk}\left(\frac{v}{v_n} - 1\right)$$

$$Stk = \frac{{d_p}^2 \rho_p v}{9\mu d}$$

ここに，C_n：非等速吸引でダストを採取したときのダスト濃度〔$g/m^3{}_N$〕，
C：等速吸引でダストを採取したときのダスト濃度〔$g/m^3{}_N$〕，
v：測定点のガス流速〔m/s〕，v_n：吸引ノズルの吸引ガス速度〔m/s〕，
Stk：ストークス数，d_p：ダスト直径〔cm〕，ρ_p：ダスト密度〔g/cm^3〕，
μ：ガス粘度〔$g \cdot cm^{-1} \cdot s^{-1}$〕，$d$：吸引ノズルの内径〔cm〕　▶答（1）

問題6　【平成30年 問13】

非等速吸引によるダスト濃度の誤差を推定するデービスの式で用いられるストークス数（Stk）に関する記述として，誤っているものはどれか．

(1) ダストの粒子径の2乗に比例する．

(2) ダストの密度に比例する．

(3) 測定点のガス流速に比例する．

(4) 吸引ノズルの内径に比例する．

(5) ガスの粘度に反比例する．

解説 デービスの式は，次のとおりである．

$$\frac{C_n}{C} = \frac{v}{v_n} - \frac{1}{1 + 2Stk}\left(\frac{v}{v_n} - 1\right)$$

$$Stk = \frac{{d_p}^2 \rho_p v}{9\mu d}$$

ここに，C_n：非等速吸引でダストを採取したときのダスト濃度〔$g/m^3{}_N$〕，
C：等速吸引でダストを採取したときのダスト濃度〔$g/m^3{}_N$〕，
v：測定点のガス流速〔m/s〕，v_n：吸引ノズルの吸引ガス速度〔m/s〕，
Stk：ストークス数，d_p：ダスト直径〔cm〕，ρ_p：ダスト密度〔g/cm^3〕，
μ：ガス粘度〔$g \cdot cm^{-1} \cdot s^{-1}$〕，$d$：吸引ノズルの内径〔cm〕

(1) 正しい．ストークス数（Stk）はダストの粒子径d_pの2乗に比例する．

(2) 正しい．ストークス数（Stk）はダストの密度ρ_pに比例する．

(3) 正しい．ストークス数（Stk）は測定点のガス流速vに比例する．

(4) 誤り．ストークス数（Stk）は吸引ノズルの内径dに反比例する．

(5) 正しい．ストークス数（Stk）はガスの粘度μに反比例する．　▶答（4）

問題7　【平成30年 問15】

ピトー管係数0.95のピトー管で，ガス流速8.0 m/sで流れるガスの動圧を求めたら29.9 Paであった．大気圧が101.0 kPa，静圧（ゲージ圧）2.5 kPaのとき，ガス温度（°C）はおよそいくらか．ただし，標準状態のガス密度は，1.30 kg/m^{3}とする．

(1) 139　(2) 157　(3) 430　(4) 551　(5) 587

解説　ピトー管に関する次の式からガス密度ρ_gを算出して，（排）ガス温度θ_sを求める．

$$v = C\sqrt{2P_d/\rho_g} \quad ①$$

$$\rho_g = \rho_0 \times 273/(273 + \theta_s) \times (p_a + p_s)/101.3 \quad ②$$

ここに，C：ピトー管係数，P_d：ピトー管による動圧測定値〔Pa〕，

ρ_g：ガス密度〔kg/m^3〕，

ρ_0：標準状態（0°C，101.3 kPa）におけるガス密度〔kg/m^3〕，

θ_s：実際の燃焼排ガス温度〔°C〕，p_a：大気圧〔kPa〕，

p_s：静圧（ゲージ圧）〔kPa〕

式①を変形する．

$$\rho_g = 2 \times C^2 \times P_d/v^2 \quad ③$$

与えられた数値を式③に代入して，ρ_gを求める．

$$\rho_g = 2 \times 0.95^2 \times 29.9/8.0^2$$
$$= 0.843\ \mathrm{kg/m^3}$$

式②を変形して，排ガス温度θ_sを求める．

$$273 + \theta_s = \rho_0 \times 273/\rho_g \times (p_a + p_s)/101.3$$
$$\theta_s = \rho_0 \times 273/\rho_g \times (p_a + p_s)/101.3 - 273 \quad ④$$

式④に与えられた数値を代入する．

$$\theta_s = 1.30 \times 273/0.843 \times (101.0 + 2.5)/101.3 - 273$$
$$\fallingdotseq 157\ \mathrm{°C}$$

以上から（2）が正解．　▶答（2）

■ 4.4.2 水分量の測定

問題1　【令和4年 問14】

排ガス中のダスト濃度測定時の水分量測定に関する記述として，誤っているものはどれか．

(1) 測定には，共通すり合わせU字管，又はシェフィールド形吸湿管が用いられる．
(2) 排ガスの吸引流量は，1本の吸湿管内で吸湿剤1g当たり0.1 m³/minとなるように設定する．
(3) 吸湿された水分が100 mg～1 gになるように吸引ガス量を選ぶ．
(4) 天びんは，感量10 mg以下のものを用いる．
(5) JISでは，燃料組成などを基に計算によって水分量を求める方法も規定されている．

解説 (1) 正しい．測定には，共通すり合わせU字管，またはシェフィールド形吸湿管（図4.36参照）が用いられる．
(2) 誤り．排ガスの吸引流量は，1本の吸湿管内で吸湿剤1g当たり0.1 L/min以下となるように設定する．「0.1 m³/min」が誤り．
(3) 正しい．吸湿された水分が，100 mg～1 gになるように吸引ガス量を選ぶ．
(4) 正しい．天びんは，感量10 mg以下のものを用いる．
(5) 正しい．JISでは，燃料組成などを基に計算によって水分量を求める方法も規定されている．

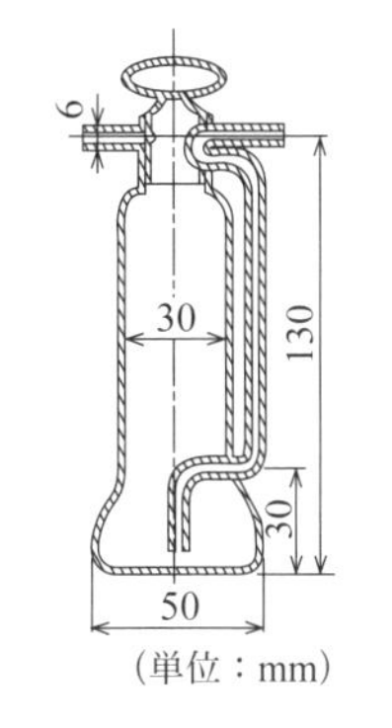

図 4.36　シェフィールド形吸湿管

▶答 (2)

問題2 【令和3年 問13】

ダスト濃度測定に伴う排ガス中の水分量の測定に関する記述として，誤っているものはどれか．
(1) 平衡形試料採取装置を用いる場合は，あらかじめ水分量を知る必要はない．
(2) 測定においては，ダクト断面の中心部に近い1点だけから採取してよい．
(3) 測定には，共通すり合わせU字管又はシェフィールド形吸湿管が用いられる．
(4) 二酸化炭素を含むガスに対して酸化バリウムは使用できない．
(5) 使用燃料の量や組成などから計算により水分量を求める方法は，JISでは認められていない．

解説 (1) 正しい．平衡形試料採取装置（図4.35参照）は，ピトー管と試料採取管の動圧（ベンチュリー管で測定）を同一にさせ，排ガス流が変化してもそれに応じてガス吸引量が追従して等速吸引が行われる装置であるから，あらかじめ水分量を求める必要はない．なお，水分量の測定は，非平衡形試料採取装置を使用して等速吸引（排ガス流速とノズルの吸引流速を同一にすること）を行う場合に必要である．

(2) 正しい．水分量の測定においては，均一濃度としてよいため，ダクト断面の中心部に近い1点だけから採取してよい．

(3) 正しい．水分量の測定には，共通すり合わせU字管またはシェフィールド形吸湿管(図4.36参照）が用いられる．

(4) 正しい．酸化バリウム（BaO）は二酸化硫黄（SO_2），塩化水素（HCl），二酸化炭素(CO_2）などと反応するため，二酸化炭素を含むガスに対して酸化バリウムは使用できない．

(5) 誤り．使用燃料の量や組成などから計算により水分量を求める方法は，JISで認められている．湿式集じん装置の出口では，排ガス中の水分がその温度で飽和しているとして計算してよいが，排ガス温度が100°C以下の場合に限られる．　▶答（5）

問題3　【令和2年 問14】

JISによるダスト濃度測定のための水分量測定に関する記述として，誤っているものはどれか．

(1) 等速吸引の必要はない．

(2) ダクトの中心部に近い1点だけから試料を採取してよい．

(3) 吸湿剤を通す排ガスの吸引流量が，1本の吸収管内で吸湿剤1g当たり0.2～1 L/minとなるように吸引する．

(4) 吸湿剤で吸湿した水分が0.1～1gとなるように吸引ガス量を選ぶ．

(5) 使用燃料の量や組成及び送入空気の量，湿分などから計算により求めた排ガス中の水分量を測定値に代えて用いることができる．

解説 (1) 正しい．水分は均一濃度であるため，等速吸引の必要はない．

(2) 正しい．ダクトの中心部に近い1点だけから試料を採取してよい．

(3) 誤り．吸湿剤を通す排ガスの吸引流量が，1本の吸収管内で吸湿剤1g当たり0.1 L/min以下となるように吸引する．

(4) 正しい．吸湿剤で吸湿した水分が0.1～1gとなるように吸引ガス量を選ぶ．

(5) 正しい．使用燃料の量や組成および送入空気の量，湿分などが明らかなときは，計算により求めた排ガス中の水分量を測定値に代えて用いることができる．　▶答（3）

問題4　【令和元年 問14】

JISによる水分量の測定に関する記述として，誤っているものはどれか．

(1) 測定には，共通すり合わせU字管又はシェフィールド形吸湿管が用いられる．

(2) 二酸化炭素を含むガスには，無水塩化カルシウム（粒状）を吸湿剤として使用できない.
(3) ダクトの中心部に近い一点だけから試料ガスを採取してよい.
(4) 等速吸引を行う必要はない.
(5) 使用燃料の量や組成，送入空気の量などから，計算により求める方法も規定されている.

解説 (1) 正しい．測定には，共通すり合わせU字管またはシェフィールド形吸湿管が用いられる（図4.36参照）.
(2) 誤り．二酸化炭素を含むガスには，塩化カルシウムと反応しないため，無水塩化カルシウム（粒状）を吸湿剤として使用できる.
(3) 正しい．ダクトの中心部に近い一点だけから試料ガスを採取してよい.
(4) 正しい．等速吸引を行う必要はない.
(5) 正しい．使用燃料の量や組成，送入空気の量などから，計算により求める方法も規定されている.

▶答 (2)

問題5 【平成30年 問14】

排ガス中のダスト濃度測定時における水分量測定に関する記述として，誤っているものはどれか.
(1) 平衡形試料採取装置を使う場合には，試料採取前にあらかじめ水分量を知る必要はない.
(2) ダクト断面の中心部に近い1点だけから試料ガスを採取してよい.
(3) 等速吸引をしなければならない.
(4) 共通すり合わせU字管又はシェフィールド形吸湿管に吸湿剤を充填して計測する.
(5) 使用燃料の量や組成，送入空気の量や湿分などから計算によって求めてもよい.

解説 (1) 正しい．平衡形試料採取装置を使う場合には，試料採取前にあらかじめ水分量を知る必要はない．平衡形試料採取装置は，ピトー管と試料採取管の静圧または動圧を同一にさせ，排ガス流が変化してもそれに応じてガス吸引量が追従して等速吸引が行われる装置であるから，あらかじめ水分量を求める必要はない．なお，水分量の測定は，非平衡試料採取装置を使用して等速吸引（排ガス流速とノズルの吸引流速を同一にすること）を行う場合に必要である.
(2) 正しい．水分量は均一に分布していると考えられるから，ダクト断面の中心部に近い1点だけから試料ガスを採取してよい.
(3) 誤り．水分量の採取は，水分が気体であるから等速吸引を行わなくてもよい.
(4) 正しい．共通すり合わせU字管またはシェフィールド形吸湿管（図4.36参照）に吸湿剤（塩化カルシウム：$CaCl_2$）を充填し，吸湿後との質量差から水分量を計測する.

(5) 正しい．使用燃料の量や組成，送入空気の量や湿分などがわかっているものについては，計算によって求めてもよい．

▶答 (3)

■ 4.4.3 ろ紙・ノズルおよびダスト濃度測定・濃度（ダスト量を含む）計算

問題1 【令和5年 問14】

JISによる排ガス中ダスト試料の採取に関する記述中，（ア），（イ）の［　　］の中に挿入すべきろ紙の種類の組合せとして，正しいものはどれか．

JISでは，「排ガス中に硫酸ミストなどを含み，測定値に影響を及ぼすおそれがある場合は，これらとの反応を起こさない［（ア）］，又は硫酸で処理した［（イ）］を用い，試料を採取したろ紙は250℃程度で約2時間加熱し，デシケーター中で室温まで冷却した後，ひょう量する．」とされている．

	（ア）	（イ）
(1)	ふっ素樹脂ろ紙	シリカ繊維ろ紙
(2)	ふっ素樹脂ろ紙	メンブレンろ紙
(3)	ふっ素樹脂ろ紙	ガラス繊維ろ紙
(4)	メンブレンろ紙	ガラス繊維ろ紙
(5)	メンブレンろ紙	シリカ繊維ろ紙

解説 （ア）「ふっ素樹脂ろ紙」である（**表4.10**参照）．

表4.10 ダスト捕集器のろ過材の性能（JIS Z 8808）

項目	ろ紙を用いるダスト捕集器			
	ガラス繊維	シリカ繊維	ふっ素樹脂	メンブレン
使用温度	500℃以下	1,000℃以下	250℃以下	110℃以下
捕集率	99％以上			
圧力損失	1.96 kPa未満		5.88 kPa未満	
吸湿性	1％未満		0.1％未満	1％未満

（注）この表の数値の試験方法は，JIS K 0901の5.「性能試験方法」による．

（イ）「シリカ繊維ろ紙」である．

JIS Z 8808：2013参照．

以上から（1）が正解．

▶答 (1)

問題2　【令和5年 問15】

JISによる，温度80°Cの排ガス中ダスト濃度測定のための試料採取で，円形ろ紙を用いる場合の記述として，誤っているものはどれか．

(1) 有効直径30 mm以上のものを用いる．

(2) ろ紙はあらかじめ105～110°Cで，十分乾燥する．

(3) ろ紙を通るガス流速が1 m/s以上になるように，吸引ノズル口径及びろ紙の寸法を選ぶ．

(4) 吸引ガス量は，ろ紙の捕集面積1 cm^2あたりのダスト捕集量が0.5 mg程度になるように設定する．

(5) ひょう量用の天びんは，感量0.1 mg以下のものを用いる．

解説 (1) 正しい．有効直径30 mm以上のものを用いる．

(2) 正しい．ろ紙はあらかじめ105～110°Cで，十分乾燥する．

(3) 誤り．ろ紙を通るガスの見掛け流速が0.5 m/s以下になるように，吸引ノズル口径およびろ紙の寸法を選ぶ．

(4) 正しい．吸引ガス量は，ろ紙の捕集面積1 cm^2あたりのダスト捕集量が0.5 mg程度になるように設定する．

(5) 正しい．ひょう量用の天びんは，感量0.1 mg以下のものを用いる．　▶答 (3)

問題3　【令和4年 問15】

ダスト濃度測定において，ダクト断面をA区画，B区画，C区画に三分割して測定した．各区画の断面積，排ガス流速及びダスト濃度の測定値は下表のようになった．このときの平均ダスト濃度（g/m^3）は，およそいくらか．

区画	断面積 (m^2)	排ガス流速 (m/s)	ダスト濃度 (g/m^3)
A	5.0	10.0	3.5
B	7.0	8.0	4.3
C	8.0	12.0	5.2

(1) 4.2　(2) 4.5　(3) 4.7　(4) 4.9　(5) 5.1

解説 平均ダスト濃度〔g/m^3〕は，各区画のダスト量〔g/s〕を求めて合計し，その値を各区画を通過するガス流量〔m^3/s〕の合計量で除して算出する．

【1】ダスト量の合計〔g/s〕

A区画のダスト量＝断面積〔m^2〕×排ガス流速〔m/s〕×ダスト濃度〔g/m^3〕

$= 5.0 \times 10.0 \times 3.5 = 175\,\mathrm{g/s}$

B区画のダスト量 $= 7.0 \times 8.0 \times 4.3 = 240.8\,\mathrm{g/s}$

C区画のダスト量 $= 8.0 \times 12.0 \times 5.2 = 499.2\,\mathrm{g/s}$

合計ダスト量 $= 915\,\mathrm{g/s}$　①

【2】ガス流量の合計〔$\mathrm{m^3/s}$〕

A区画のガス流量＝断面積〔$\mathrm{m^2}$〕×排ガス流速〔m/s〕$= 5.0 \times 10.0 = 50.0\,\mathrm{m^3/s}$

B区画のガス流量 $= 7.0 \times 8.0 = 56.0\,\mathrm{m^3/s}$

C区画のガス流量 $= 8.0 \times 12.0 = 96.0\,\mathrm{m^3/s}$

合計ガス流量 $= 202\,\mathrm{m^3/s}$　②

【3】平均ダスト濃度〔$\mathrm{g/m^3}$〕

平均ダスト濃度＝式①/式②＝915〔g/s〕/202〔$\mathrm{m^3/s}$〕≒ $4.5\,\mathrm{g/m^3}$

以上から（2）が正解．　▶答（2）

問題4　【令和3年 問14】

ダスト捕集器に使用するろ過材の特性を示す表において，（ア）～（ウ）の［　］の中に挿入すべき語句の組合せとして，正しいものはどれか．

ろ過材	特性
（ア）	耐熱性が高く，ガスの吸着性が少ない．
（イ）	ろ過抵抗が大きく，耐熱性が250°Cまでと低い．
（ウ）	孔径が一定で小さく，捕集率が高い．

	（ア）	（イ）	（ウ）
(1)	シリカ繊維ろ紙	メンブレンろ紙	ふっ素樹脂ろ紙
(2)	シリカ繊維ろ紙	ふっ素樹脂ろ紙	メンブレンろ紙
(3)	ふっ素樹脂ろ紙	ガラス繊維ろ紙	シリカ繊維ろ紙
(4)	ガラス繊維ろ紙	ふっ素樹脂ろ紙	メンブレンろ紙
(5)	メンブレンろ紙	シリカ繊維ろ紙	ガラス繊維ろ紙

解説　（ア）「シリカ繊維ろ紙」である．シリカ繊維ろ紙は，耐熱性が高く，ガスの吸着性が少ない．

（イ）「ふっ素樹脂ろ紙」である．ふっ素樹脂ろ紙は，ろ過抵抗が大きく，耐熱性が250°Cまでと低い．

（ウ）「メンブレンろ紙」である．メンブレンろ紙は，孔径が一定で小さく，捕集率が高い（表4.10参照）．

以上から（2）が正解．　▶答（2）

問題5　【令和3年 問15】

湿り排ガス流量 8,000 m^3/h のダクトにおいて，測定されたダスト濃度は，標準状態（温度0°C，圧力101.3 kPa）の乾きガス基準で 5.0 mg/m^3 であった．このダクトを流れるダストの総流量（g/h）は，およそいくらか．なお，ダクト内の排ガス温度は180°C，静圧（ゲージ圧）は−4.8 kPa，排ガス中の水分の体積分率は13%，大気圧は101.3 kPaとする．

（1）20　（2）25　（3）30　（4）40　（5）55

解説　湿り排ガス流量を温度0°C，圧力101.3 kPaの乾き排ガスとして算出し，濃度測定値を掛ければ求めることができる．

【1】乾き排ガス量

$$8{,}000\ m^3/h \times (100 - 13)/100 = 8{,}000 \times 0.87\ m^3/h \qquad ①$$

【2】温度0°Cの排ガス量

式①の温度補正を行う．

$$式① \times 273/(273 + 180) = 8{,}000 \times 0.87 \times 273/453\ m^3/h \qquad ②$$

【3】圧力101.3 kPaに換算した排ガス量

$$式② \times (101.3 - 4.8)\ kPa/101.3\ kPa$$
$$= 8{,}000 \times 0.87 \times 273/453 \times 96.5/101.3\ m^3/h$$
$$\fallingdotseq 4{,}000\ m^3/h \qquad ③$$

【4】ダスト総流量

$$式③ \times 5.0\ mg/m^3 = 4{,}000 \times 5.0\ mg/h = 4{,}000 \times 5.0 \times 10^{-3}\ g/h = 20\ g/h$$

以上から（1）が正解．　▶答（1）

問題6　【令和元年 問15】

ガス温度155°C，大気圧が101.3 kPaで煙道内静圧（ゲージ圧）−5.4 kPa，水分量10%（体積基準）を含む湿りガス 2.0 m^3 中に，ダストが5.7 mg含まれていた．このとき，標準状態（0°C，101.3 kPa）の乾き排ガス中のダスト濃度（mg/m^3）は，およそいくらか．

（1）3.8　（2）4.2　（3）4.7　（4）5.2　（5）5.8

解説　155°C，静圧−5.4 kPaの湿り排ガス量 2.0 m^3 を0°C，101.3 kPaに換算する．

$$2.0\ m^3 \times 273\ K/(155 + 273)\ K \times (101.3 - 5.4)\ kPa/101.3\ kPa \fallingdotseq 1.21\ m^3_N$$

乾き排ガス量は，水分量が10%であるから，この値に $(100 - 10)/100 = 0.9$ を掛ければよいので，ダスト濃度は次のように算出される．

$$5.7\,\mathrm{mg}/(1.21\,\mathrm{m^3_N} \times 0.9) \fallingdotseq 5.2\,\mathrm{mg/m^3_N}$$

以上から（4）が正解．　▶答（4）

■ 4.4.4　石綿および石綿の測定

問題1　【令和5年 問11】

石綿繊維数の判定方法に関する記述として，誤っているものはどれか．ただし，判定は「アスベストモニタリングマニュアル（第4.2版）」及び「作業環境測定ガイドブック1鉱物性粉じん・石綿」の規定に従うものとする．

(1) 単繊維が曲がっている場合には，繊維の直線部分を目安にして曲がっている部分に沿って真の長さを推定して判定する．

(2) 枝分かれした繊維の場合には，一つの繊維から枝分かれした部分を含む全体を1本と数える．

(3) 数本の繊維が交差している場合には，交差しているそれぞれの繊維を1本と数える．

(4) 繊維がからまって正確に数を読みとることができない場合には，まとめて1本と数える．

(5) 粒子が付着している繊維の場合は，粒子を無視して計数する．

解説　(1) 正しい．単繊維が曲がっている場合には，繊維の直線部分を目安にして曲がっている部分に沿って真の長さ（5 μm以上）を推定して判定する（**図4.37**参照）．

(2) 正しい．枝分かれした繊維の場合には，一つの繊維から枝分かれした部分を含む全体を1本と数える．

(3) 正しい．数本の繊維が交差している場合には，交差しているそれぞれの繊維を1本と数える．

(4) 誤り．繊維がからまって正確に数を読みとることができない場合（図4.37の⑯）には，数えない．

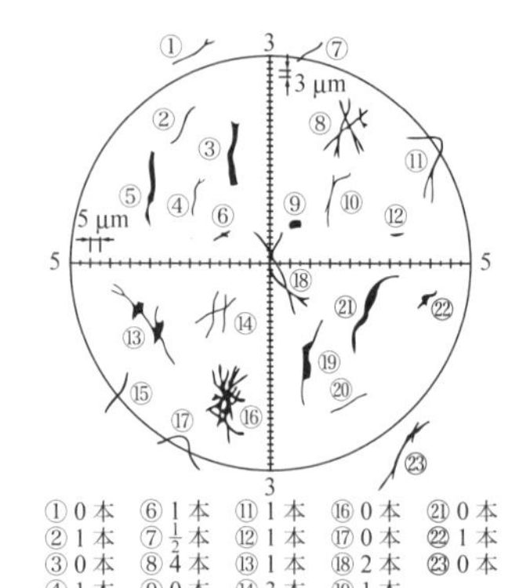

図4.37　アスベストの数の判断例 [10)]

(5) 正しい．粒子が付着している繊維の場合は，粒子を無視して計数する．　▶答（4）

問題2 【令和5年 問12】

平成元年環境庁告示第93号に基づいて石綿濃度の測定を行い，以下の条件で53本の石綿繊維が計数された．このときの石綿濃度（本/L）は，およそいくらか．

捕集用ろ紙の有効ろ過面の面積 ： 962 mm^2
顕微鏡の視野の面積 ： 0.07065 mm^2
計数を行った視野の数 ： 100 視野
採気量 ： 2,400 L

(1) 0.09　(2) 0.33　(3) 1.6　(4) 3.0　(5) 19

解説 次の公式を利用する．

$$F = AN/(anV)$$

ここに，F：石綿の濃度〔本/L〕，A：捕集用ろ紙の有効ろ過面積〔cm^2〕，
N：計数繊維数の合計〔本〕，a：顕微鏡の計測した1視野の面積〔cm^2〕，
n：計数した視野の数，V：採気量〔L〕

与えられた数値を代入すると（A と a は単位が同じであればよいので，公式の cm^2 を mm^2 と読み換える），

$$F = 962 \times 53/(0.07065 \times 100 \times 2400) \fallingdotseq 3.0 \text{ 本/L}$$

以上から（4）が正解．

▶答（4）

問題3 【令和4年 問12】

平成元年環境庁告示第93号に基づき，石綿濃度の測定を行い，以下の条件で156本の石綿繊維が計数された．このときの石綿濃度（本/L）はいくらか．

捕集用ろ紙の有効ろ過面の面積：10 cm^2
顕微鏡の視野の面積 ：0.001 cm^2
計数を行った視野の数 ：100 視野
採気量 ：2,400 L

(1) 0.3　(2) 4.6　(3) 6.5　(4) 13　(5) 15.6

解説 次の公式を利用する．

$$F = AN/(anV)$$

ここに，F：石綿の濃度〔本/L〕，A：捕集用ろ紙の有効ろ過面積〔cm^2〕，
N：計数繊維数の合計〔本〕，a：顕微鏡の計測した1視野の面積〔cm^2〕，
n：計数した視野の数，V：採気量〔L〕

与えられた数値を代入すると，

$F = 10 \times 156/(0.001 \times 100 \times 2{,}400) = 6.5$ 本/L

以上から（3）が正解.　　▶答（3）

問題4　【令和3年 問11】

平成元年環境庁告示第93号に基づく石綿濃度の測定において，用いられる装置，器具及び試薬として，誤っているものはどれか.

(1) 直径が47 mm，平均孔径が0.8 μmの円形のガラス繊維製の捕集用ろ紙

(2) 捕集用ろ紙をホルダーに装着した状態で既定の流量が得られる電動式吸引ポンプ及び流量計

(3) 倍率40倍の対物レンズ及び倍率10倍の接眼レンズを使用する光学顕微鏡（位相差顕微鏡及び生物顕微鏡としての使用が可能なものに限る.）

(4) 接眼レンズに装着することにより顕微鏡によって観測される繊維の大きさを計測できるアイピースグレイティクル

(5) フタル酸ジメチル及びシュウ酸ジエチル，又はアセトン及びトリアセチン

解説 (1) 誤り．直径が47 mm，平均孔径が0.8 μmの円形のセルロースエステル製のメンブランフィルターである.「ガラス繊維製の捕集用ろ紙」が誤り.

(2) 正しい．捕集用ろ紙をホルダーに装着した状態で既定の流量が得られる電動式吸引ポンプおよび流量計を使用する.

(3) 正しい．倍率40倍の対物レンズおよび倍率10倍の接眼レンズを使用する光学顕微鏡（位相差顕微鏡および生物顕微鏡としての使用が可能なものに限る）を使用する.

(4) 正しい．接眼レンズに装着することにより顕微鏡によって観測される繊維の大きさを計測できるアイピースグレイティクルを使用する．なお，アイピースグレイティクルとは，接眼レンズに装着することによって顕微鏡によって観測される繊維の大きさを計測し得るもので，物差しが視野に表示される.

(5) 正しい．フタル酸ジメチルおよびシュウ酸ジエチル，またはアセトンおよびトリアセチンをフィルターの透明化に使用する.　　▶答（1）

問題5　【令和3年 問12】

平成元年環境庁告示第93号に基づき，石綿濃度の測定を行い，以下の条件で204本の石綿繊維が計数された．このときの石綿濃度（本/L）は，およそいくらか.

捕集用ろ紙の有効ろ過面の面積	9.62 cm^2
顕微鏡の視野の面積	0.000707 cm^2
計数を行った視野の数	40 視野
採気量	2,450 L

(1) 3.3　(2) 7.0　(3) 14　(4) 28　(5) 56

解説　次の公式を利用する.

$$F = AN/(anV)$$

ここに, F：石綿の濃度〔本/L〕, A：捕集用ろ紙の有効ろ過面積〔cm^2〕,
N：計数繊維数の合計〔本〕, a：顕微鏡の計測した1視野の面積〔cm^2〕,
n：計数した視野の数, V：採気量〔L〕

与えられた数値を代入すると,

$$F = 9.62 \times 204/(0.000707 \times 40 \times 2{,}450) \fallingdotseq 28 \text{本/L}$$

以上から (4) が正解.

▶答 (4)

問題6

【令和2年 問12】

平成元年環境庁告示第93号に基づき, 石綿濃度の測定を行い, 以下の条件で120本の石綿繊維が計数された. このときの石綿濃度 (本/L) はいくらか.

捕集用ろ紙の有効ろ過面の面積	10 cm^2
顕微鏡の視野の面積	0.001 cm^2
計数を行った視野の数	100視野
採気量	2,400 L

(1) 0.2　(2) 3.5　(3) 5　(4) 10　(5) 12

解説　次の公式を利用する.

$$F = AN/(anV)$$

ここに, F：石綿の濃度〔本/L〕, A：捕集用ろ紙の有効ろ過面積〔cm^2〕,
N：計数繊維数の合計〔本〕, a：顕微鏡の計測した1視野の面積〔cm^2〕,
n：計数した視野の数, V：採気量〔L〕

与えられた数値を代入すると,

$$F = 10 \times 120/(0.001 \times 100 \times 2{,}400) = 5 \text{本/L}$$

以上から (3) が正解.

▶答 (3)

問題7

【令和元年 問11】

石綿の一種であるクリソタイル, アモサイト, クロシドライトに関する記述中, (ア) ～ (ウ) の［　　］の中に挿入すべき語句の組合せとして, 正しいものはどれか.

［(ア)］は, 硬度, 密度とも, 最も高い.

［(イ)］は, 耐酸性に最も優れている.

［(ウ)］は, マグネシウム含有率が高く, 現在まで我が国で工業的に最も多く使用

されてきた．

	(ア)	(イ)	(ウ)
(1)	クリソタイル	アモサイト	クロシドライト
(2)	クリソタイル	クロシドライト	アモサイト
(3)	クロシドライト	アモサイト	クリソタイル
(4)	クロシドライト	クリソタイル	アモサイト
(5)	アモサイト	クロシドライト	クリソタイル

解説 (ア)「アモサイト」である．主成分はけい素，鉄，マグネシウムであるが，耐酸性は良，耐アルカリ性は優である（表4.8および表4.9参照）．

(イ)「クロシドサイト」である．けい素がクリソタイルより多く，マグネシウムはクリソタイルの約1/10である．耐酸性，耐アルカリ性とも優である．

(ウ)「クリソタイル」である．蛇紋石族の層状けい酸塩で，主成分はけい素とマグネシウムである．マグネシウム（40～44%）が特に多いため耐酸性に劣るが，耐アルカリ性は優である．

以上から（5）が正解．

▶答（5）

問題8 【令和元年 問12】

平成元年環境庁告示第93号に基づき，石綿濃度の測定を行い，以下の条件で230本の石綿繊維が計数された．このときの石綿濃度（本/L）は，およそいくらか．

捕集用ろ紙の有効ろ過面の面積：8.0 cm²
顕微鏡の視野の面積：0.001 cm²
計数を行った視野の数：60
採気量：2,400 L

(1) 1.6　(2) 5.2　(3) 12.8　(4) 254　(5) 718

解説 次の公式を使用する．

$$F = AN/(anV) \quad ①$$

ここに，F：石綿の濃度〔本/L〕，A：捕集用ろ紙の有効ろ過面積〔cm^2〕，
N：計数繊維数の合計〔本〕，a：顕微鏡の計測した1視野の面積〔cm^2〕，
n：計数した視野の数，V：採気量〔L〕

式①に与えられた数値を代入する．

$$F = 8.0 \times 230/(0.001 \times 60 \times 2{,}400) \fallingdotseq 12.8 \text{ 本/L}$$

以上から（3）が正解．

▶答（3）

問題 9 【平成30年 問11】

JISにより石綿繊維の計数を行う場合の，数の判定方法に関する記述として，誤っているものはどれか．

(1) 単繊維が曲がっている場合には，繊維の直線部分を目安にして曲がっている部分に沿って真の長さを推定して判定する．

(2) 枝分かれした繊維の場合には，一つの繊維から枝分かれした部分を含む全体を1本と数える．

(3) 数本の繊維が交差している場合には，交差しているそれぞれの繊維状粒子を1本と数える．

(4) 繊維がからまって正確に数を読み取れない場合には，数えない．

(5) 計数視野領域の境界内に片方の端が入っていれば，1本と数える．

解説 (1) 正しい．単繊維が曲がっている場合には，繊維の直線部分を目安にして曲がっている部分に沿って真の長さを推定して判定する（図4.37参照）．

(2) 正しい．枝分かれした繊維の場合には，一つの繊維から枝分かれした部分を含む全体を1本と数える．

(3) 正しい．数本の繊維が交差している場合には，交差しているそれぞれの繊維状粒子を1本と数える．

(4) 正しい．繊維がからまって正確に数を読み取れない場合には，数えない．

(5) 誤り．計数視野領域の境界内に片方の端が入っていれば，1/2本と数え（図4.37の⑮参照），両端が入っていれば，1本と数える（図4.37の⑪参照）．

▶答 (5)

問題 10 【平成30年 問12】

平成元年環境庁告示第93号に基づき，石綿濃度の測定を行い，以下の条件で120本の石綿繊維が計数された．このときの石綿濃度（本/L）はいくらか．

捕集用ろ紙の有効ろ過面の面積	10 cm^2
顕微鏡の視野の面積	0.001 cm^2
計数を行った視野の数	50視野
採気量	2,400 L

(1) 2.0 (2) 10 (3) 20 (4) 100 (5) 200

解説 次の公式を利用する．

$$F = AN/(anV)$$

ここに，F：石綿の濃度〔本/L〕，A：捕集用ろ紙の有効ろ過面積〔cm^2〕，
N：計数繊維数の合計〔本〕，a：顕微鏡の計測した1視野の面積〔cm^2〕，

n：計数した視野の数，V：採気量〔L〕

与えられた数値を代入すると，

$F = 10 \times 120/(0.001 \times 50 \times 2{,}400) = 10$〔本/L〕

以上から（2）が正解．　▶答（2）

第5章

大気有害物質特論

5.1 有害物の特徴と発生過程

■ 5.1.1 カドミウムおよびその化合物

問題1 【令和5年 問1】 

カドミウム及びその化合物に関する記述として，誤っているものはどれか．

(1) カドミウムは白色で光沢のある金属であり，その沸点は767℃である．

(2) カドミウムの化合物として，塩化カドミウム，酸化カドミウム，シアン化カドミウムなどがある．

(3) 閃亜鉛鉱には少量の硫化カドミウムが含まれている．

(4) 閃亜鉛鉱の焙焼炉から排出されるダスト中には，1～21%の硫酸カドミウムが含まれている．

(5) 硫化カドミウムを主成分とするカドミウムイエローは，色調が鮮明で着色性，耐熱性に優れた顔料である．

解説 (1) 正しい．カドミウムは白色で光沢のある金属であり，その沸点は767℃である．

(2) 正しい．カドミウムの化合物として，塩化カドミウム，酸化カドミウム，シアン化カドミウムなどがある．

(3) 正しい．閃亜鉛鉱（(Zn,Fe)S）には少量の硫化カドミウム（CdS）が含まれている．

(4) 誤り．閃亜鉛鉱の焙焼炉から排出されるダスト中には，ヒュームとなったカドミウムが揮散し，煙灰中で濃縮され，1～21%のカドミウムが含まれている．

(5) 正しい．硫化カドミウムを主成分とするカドミウムイエローは，色調が鮮明で着色性，耐熱性に優れた顔料である．

▶答 (4)

問題2 【令和元年 問1】 

カドミウム及びその化合物に関する記述として，誤っているものはどれか．

(1) カドミウムは白色の光沢ある金属であり，その沸点は亜鉛，マンガン，銅よりも低い．

(2) カドミウムの化合物としては，塩化カドミウム，硫酸カドミウム，シアン化カドミウムなどがある．

(3) 代表的な亜鉛鉱である閃亜鉛鉱中には，酸化カドミウムとして含まれている．

(4) 焙焼炉で亜鉛精鉱を900℃程度で加熱分解して得られる焼結鉱には，カドミウムは0.04～0.07%程度含まれる．

(5) 焙焼炉から排出されるダスト中には，カドミウムが濃縮されており，カドミウムスポンジの原料となる.

解説 (1) 正しい. カドミウムは白色の光沢ある金属であり, その沸点 (767°C) は亜鉛 (907°C), マンガン (2,061°C), 銅 (2,562°C) よりも低い.

(2) 正しい. カドミウムの化合物としては, 塩化カドミウム, 硫酸カドミウム, シアン化カドミウムなどがある.

(3) 誤り. 代表的な亜鉛鉱である閃亜鉛鉱中には, 硫化カドミウム (CdS) として含まれている.

(4) 正しい. 焙焼炉で亜鉛精鉱を900°C程度で加熱分解して得られる焼結鉱には, カドミウムは0.04～0.07%程度含まれる.

(5) 正しい. 焙焼炉から排出されるダスト中には, カドミウムが濃縮されており, カドミウムスポンジの原料となる.

▶答 (3)

5.1.2 鉛およびその化合物

問題1 【令和3年 問1】 

鉛及びその化合物に関する記述として, 誤っているものはどれか.

(1) 鉛は300°C程度から蒸発が盛んになり, 鉛フュームとなる.

(2) 方鉛鉱の製錬では, 焼結炉で硫黄は二酸化硫黄として除かれる.

(3) 焼結炉で得られた鉛の酸化物は, 溶鉱炉でコークスによって還元されて粗鉛となる.

(4) 焼結炉, 溶鉱炉からの排ガスに含まれるダストの60～70%は, 酸化鉛である.

(5) 粗鉛に含まれる金, 銀などの有価金属を回収する工程では, 鉛が揮散する.

解説 (1) 誤り. 鉛 (融点327°C, 沸点1,750°C) は, 400～500°C程度から蒸発が盛んになり, 鉛フューム (蒸気となった鉛が冷却されて鉛の微細な粒子となったもの) が発生する.

(2) 正しい. 方鉛鉱 (主成分PbS) の製錬では, 焼結炉で硫黄は二酸化硫黄として除かれる.

(3) 正しい. 焼結炉で得られた鉛の酸化物は, 溶鉱炉でコークスによって還元されて粗鉛となる.

(4) 正しい. 焼結炉, 溶鉱炉からの排ガスに含まれるダストの60～70%は, 酸化鉛である.

(5) 正しい. 粗鉛に含まれる金, 銀などの有価金属を回収する工程では, 鉛が揮散する.

▶答 (1)

問題2 【平成30年 問1】 

鉛及びその化合物に関する記述として，誤っているものはどれか．

(1) 鉛の沸点は，カドミウムより約1,000℃高いが，400～500℃程度から蒸発が盛んになり，鉛フュームが発生する．

(2) 鉛精鉱に含まれる硫黄は，焼結炉中で二酸化硫黄として除去される．

(3) 焼結で得られる塊状化した鉛の酸化物は，溶鉱炉でコークスを加えて還元されて粗鉛になる．

(4) 焼結炉，溶鉱炉の排ガス中のダストには，酸化鉛が60～70％含まれている．

(5) 粗鉛を精製して金，銀などを回収する工程では，硫酸鉛が揮散する．

解説 (1) 正しい．鉛の沸点（1,750℃．融点は327℃）は，カドミウムの沸点（767℃．融点は320.9℃）より約1,000℃高いが，400～500℃程度から蒸発が盛んになり，鉛フュームが発生する．

(2) 正しい．鉛精鉱に含まれる硫黄は，焼結炉中で二酸化硫黄として除去される．

(3) 正しい．焼結で得られる塊状化した鉛の酸化物は，溶鉱炉でコークスを加えて還元されて粗鉛になる．

(4) 正しい．焼結炉，溶鉱炉の排ガス中のダストには，酸化鉛が60～70％含まれている．

(5) 誤り．粗鉛を精製して金，銀などを回収する工程では，鉛が揮散する．「硫酸鉛」が誤り．

▶答 (5)

■ 5.1.3 ふっ素，ふっ化水素およびふっ化けい素

問題1 【令和5年 問2】 

ふっ化水素に関する記述として，誤っているものはどれか．

(1) 常温で無色の発煙性の気体である．

(2) 水溶液は弱酸であるが，多くの金属を溶解・腐食する．

(3) 水溶液は，二酸化けい素やけい酸化合物を溶かす性質がある．

(4) 耐圧容器に詰めて，液体として取り扱われる．

(5) 空気との混合物は爆発性が高い．

解説 (1) 正しい．ふっ化水素（HF）は，常温で無色の発煙性の気体である．

(2) 正しい．水溶液は弱酸であるが，多くの金属を溶解・腐食する．

(3) 正しい．水溶液は，二酸化けい素やけい酸化合物を溶かす性質がある．

(4) 正しい．耐圧容器に詰めて，液体として取り扱われる．

(5) 誤り．空気との混合物は爆発性がない．なお，引火性もない． ▶答 (5)

問題2 【令和2年 問2】

ふっ素に関する記述として，誤っているものはどれか．

(1) 蛍石を硫酸で分解すると発生する．

(2) 常温で淡黄色の有毒な気体である．

(3) ほとんどすべての元素と直接反応して，ふっ素化合物をつくる．

(4) 水と激しく反応し，ふっ化水素，オゾン，過酸化水素などを生じる．

(5) 排ガス中のふっ素を硫黄と反応させて回収する方法がある．

解説 (1) 誤り．蛍石（CaF_2）を硫酸（H_2SO_4）で分解するとふっ化水素（HF）が発生する．

$$CaF_2 + H_2SO_4 \rightarrow 2HF + CaSO_4$$

(2) 正しい．ふっ素（F_2）は常温で淡黄色の有毒な気体である．

(3) 正しい．ほとんどすべての元素と直接反応して，ふっ素化合物をつくる．

(4) 正しい．水と激しく反応し，ふっ化水素（HF），オゾン（O_3），過酸化水素（H_2O_2）などを生じる．

(5) 正しい．排ガス中のふっ素を硫黄と反応させて六ふっ化硫黄（SF_6）として回収する方法がある． ▶答 (1)

問題3 【平成30年 問2】

我が国でりん鉱石から製造される製品として，その製造工程におけるりん鉱石中のふっ素の揮散率が最も高いものはどれか．

(1) りん酸

(2) 過りん酸石灰

(3) 重過りん酸石灰

(4) 焼成りん肥

(5) 溶成りん肥

解説 (1) りん酸は，りん鉱石と硫酸を用いて90～95℃で分解して製造する．

$$CaF_2 \cdot 3Ca_3(PO_4)_2 + 10H_2SO_4 + 20H_2O \rightarrow 6H_3PO_4 + 10[CaSO_4 \cdot 2H_2O] + 2HF$$

りん鉱石中のふっ素は35％揮散し，45％がりん酸へ，20％が石こう中に移動する例がある．

(2) 過りん酸石灰は，りん鉱石と硫酸を用いて110～120℃で分解して製造する．

$$CaF_2 \cdot 3Ca_3(PO_4)_2 + 7H_2SO_4 + 3H_2O \rightarrow 3CaH_4(PO_4)_2 \cdot H_2O + 7CaSO_4 + 2HF$$

ふっ化水素（揮散），けい酸分と反応した四ふっ化けい素（SiF_4）（揮散），ヘキサフルオロけい酸（H_2SiF_6）などが生成するが，ヘキサフルオロけい酸は過りん酸石灰中に残る．

(3) 重過りん酸石灰は，りん鉱石にりん酸を加え90°C程度で処理して製造される．

$$CaF_2 \cdot 3Ca_3(PO_4)_2 + 14H_3PO_4 + 10H_2O \rightarrow 10CaH_4(PO_4)_2 \cdot H_2O + 2HF$$

排ガス中のふっ素揮散は，過りん酸石灰の製造の場合と同様である．

(4) 焼成りん肥は，焼成法で製造されるが，脱ふっ素法ではりん鉱石に炭酸ナトリウム（Na_2CO_3）とりん酸を添加し，回転窯の水蒸気（脱ふっ素反応用）気流中において，1,200～1,500°Cで焼成して製造する．ふっ素はほとんど100%除去される．

(5) 溶成りん肥は，融解法で製造されるもので，原料（りん鉱石＋蛇紋石またはフェロニッケルスラグ）を1,400～1,500°Cで加熱溶融し，水砕急冷して製造するが，高温溶融層のため溶融層からのふっ化水素の脱離速度が遅く，ふっ素の揮発率は電気炉法で10～30%，平炉法で40～50%であり，製品中には1.0～1.5%含まれている．

以上から（4）が正解．　▶答（4）

5.1.4　塩素および塩化水素

問題1　【令和4年 問2】 

塩化水素との反応によって製造される無機塩素化合物として，誤っているものはどれか．

(1) 塩化銅(II)
(2) 塩化鉄(II)
(3) 塩化亜鉛
(4) 塩化バリウム
(5) 塩化マグネシウム

解説 (1) 誤り．塩化銅(II)は，$Cu + Cl_2 \rightarrow CuCl_2$で製造され，塩素（$Cl_2$）を使用する．

(2) 正しい．塩化鉄(II)は，$Fe + 2HCl \rightarrow FeCl_2 + H_2$で製造され，塩化水素（HCl）を使用する．

(3) 正しい．塩化亜鉛は，$ZnO + 2HCl \rightarrow ZnCl_2 + H_2O$で製造され，塩化水素を使用する．

(4) 正しい．塩化バリウムは，$BaS + 2HCl + 2H_2O \rightarrow BaCl_2 \cdot 2H_2O + H_2S$で製造され，塩化水素を使用する．なお，他の方法として重晶石（$BaSO_4$）を石炭と共に過熱還元，水で浸出，塩化水素を作用させて製造する方法がある．いずれも塩化水素を使用する．

(5) 正しい．塩化マグネシウムは，$MgCO_3$（マグネサイト）$+ 2HCl + 6H_2O \rightarrow MgCl_2 \cdot 6H_2O + H_2CO_3$で製造され，塩化水素を使用する．　▶答（1）

問題2

【令和3年 問2】

塩素に関する記述として，誤っているものはどれか．

(1) 塩素は，常温で褐色の刺激臭のある有毒な気体である．

(2) 塩素は，加熱又は光照射により，水素と速やかに反応して塩化水素が生成する．

(3) 塩素の発生源として，ソーダ工業，染料，無機及び有機化学工業がある．

(4) 塩素の製造法として，イオン交換膜法による食塩水の電気分解がある．

(5) さらし粉の製造法として，水酸化カルシウムと塩素の反応によるものがある．

解説 (1) 誤り．塩素（Cl_2）は，常温で黄緑色の刺激臭のある有毒な気体である．なお，塩素の沸点は−34.1°Cである．

(2) 正しい．塩素は，加熱または光照射により，水素と速やかに反応して塩化水素が生成する．

$$Cl_2 + H_2 \rightarrow 2HCl$$

(3) 正しい．塩素の発生源として，ソーダ工業，染料，無機および有機化学工業がある．

(4) 正しい．塩素の製造法として，イオン交換膜法による食塩水の電気分解がある．

(5) 正しい．さらし粉（主成分：$CaCl_2 \cdot Ca(OCl) \cdot 2H_2O$）の製造法として，水酸化カルシウム（$Ca(OH)_2$）と塩素の反応によるものがある．

▶答 (1)

問題3

【令和2年 問1】

製品とその製造過程で発生又は製品中に含まれる有害物質との組合せとして，誤っているものはどれか．

	（製品）	（有害物質）
(1)	りん酸（湿式法）	ふっ化水素
(2)	過りん酸石灰	ヘキサフルオロけい酸
(3)	活性炭（塩化亜鉛活性化法）	塩素
(4)	クリスタルガラス	鉛
(5)	中性子遮断ガラス	カドミウム

解説 (1) 正しい．りん酸（湿式法）は，りん鉱石と硫酸を用いて90～95°Cで分解して製造するが，ふっ化水素を発生する．

$$CaF_2 \cdot 3Ca_3(PO_4)_2 + 10H_2SO_4 + 20H_2O \rightarrow 6H_3PO_4 + 10[CaSO_4 \cdot 2H_2O] + 2HF$$

りん鉱石中のふっ素は35%揮散し，45%がりん酸へ，20%が石こう中に移動する例がある．

(2) 正しい．過りん酸石灰は，りん鉱石と硫酸を用いて110～120°Cで分解して製造するが，ヘキサフルオロけい酸（H_2SiF_6）も生成する．

$$CaF_2 \cdot 3Ca_3(PO_4)_2 + 7H_2SO_4 + 3H_2O \rightarrow 3CaH_4(PO_4)_2 \cdot H_2O + 7CaSO_4 + 2HF$$

$$SiO_2 + 4HF \rightarrow SiF_4 + 2H_2O$$

$$3SiF_4 + 2H_2O \rightarrow 2H_2SiF_6 + SiO_2$$

生成したヘキサフルオロけい酸は過りん酸石灰中に残る．なお，りん酸（湿式法）製造では，生成したりん酸が酸性でHFが揮散するので上式のようにけい酸（SiO_2）と反応しないため，ヘキサフルオロけい酸は生成されない．

(3) 誤り．活性炭（塩化亜鉛活性化法）は，$ZnCl_2$を使用するため，塩化水素（HCl）が発生する．塩素（Cl_2）ではない．

(4) 正しい．クリスタルガラスには鉛が30％以上含まれていることがあり，クリスタルガラス製造工程から鉛が発生する．

(5) 正しい．中性子遮断ガラスにはカドミウムが含まれているため，これらのガラス製造の焼成炉や溶融炉からカドミウムが発生する．

▶答（3）

問題4 【令和元年 問2】

塩化水素の発生や製造に関する記述として，誤っているものはどれか．

(1) 食塩水の電気分解によって直接製造される．

(2) 塩素と水素との反応で直接合成される．

(3) 活性炭を製造する際に発生する場合がある．

(4) エタンなどの炭化水素類を塩素化する際に発生する．

(5) HFC-134aのような代替フロンを製造する際に発生する．

解説 (1) 誤り．食塩水の電気分解によって直接製造される物質は塩素（Cl_2）である．

(2) 正しい．塩化水素（HCl）は，塩素と水素との反応で直接合成される．

$$H_2 + Cl_2 \rightarrow 2HCl$$

(3) 正しい．活性炭を製造する際に塩化亜鉛を使用するため，HClの発生する場合がある．

(4) 正しい．エタンなどの炭化水素類を塩素化する際に発生する．

$$CH_3CH_3 + Cl_2 \rightarrow CH_3CH_2Cl + HCl$$

(5) 正しい．HFC-134aのような代替フロンを製造する際に，塩素を含むフロンに水素を反応させて塩素をHClとして取り出すため発生する．

▶答（1）

■ 5.1.5 混合問題

問題1 【令和4年 問1】

製品とその製造過程で発生する有害物質の組合せとして，誤っているものはどれか．

(製品)	(有害物質)
(1) リサージ	鉛
(2) 亜鉛	カドミウム
(3) 溶成りん肥	塩化水素
(4) アルミニウム	ふっ化水素
(5) 中性子遮断ガラス	カドミウム

解説 (1) 正しい．リサージの化学式は PbO であるから，リサージの製造工程で鉛が発生する．

(2) 正しい．亜鉛は亜鉛鉱を精製して得られるが，カドミウムは周期表で亜鉛と同じ 12 族に属しているため，必ずカドミウムが発生する．

(3) 誤り．溶成りん肥の製造は，りん鉱石（$CaF_2 \cdot 3Ca_3(PO_4)_2$）に蛇紋石またはフェロニッケルスラグを加えて 1,400 ～ 1,500°C で加熱溶融し，水で水砕急冷して製造するが，溶融工程でふっ化水素が発生する．

(4) 正しい．アルミニウム精錬では，氷晶石（Na_3AlF_6）を使用するので，高温（約 1,000°C）でこれが熱分解して，次のようにふっ化水素が発生する．

$$5NaAlF_4 \rightarrow 5NaF \cdot 3AlF_3 + 2AlF_3$$

$$2AlF_3 + 3H_2O \rightarrow Al_2O_3 + 6HF$$

(5) 正しい．中性子遮断ガラスにはカドミウムが含まれているため，これらのガラス製造の焼成炉や溶融炉からカドミウムが発生する．

▶ 答 (3)

5.2 有害物質処理方式

■ 5.2.1 ガス吸収および吸収装置

問題 1 【令和 5 年 問 3】

水に対して比較的溶けやすいガスとして，誤っているものはどれか．

(1) 一酸化炭素
(2) ふっ化水素
(3) 二酸化硫黄
(4) ホルムアルデヒド
(5) アンモニア

解説 (1) 誤り．一酸化炭素（CO）は，水に難溶である．

(2) 正しい．ふっ化水素（HF）は，水に比較的溶けやすい．

(3) 正しい．二酸化硫黄（SO_2）は，水に比較的溶けやすい．

(4) 正しい．ホルムアルデヒド（HCHO）は，水に比較的溶けやすい．

(5) 正しい．アンモニア（NH_3）は，水に比較的溶けやすい．　▶答 (1)

題2　【令和5年 問6】

塩化水素の吸収に関する記述中，（ア）～（ウ）の［　　］の中に挿入すべき語句の組合せとして，正しいものはどれか．

塩化水素の水に対する溶解度は大きく，かつ水との反応速度も大きいので，塩化水素の水による吸収は完全に［（ア）］である．ガス中の塩化水素濃度が高いときは，吸収装置としては［（イ）］が用いられ，ガス中の塩化水素濃度が低いときは［（ウ）］が用いられる．

	（ア）	（イ）	（ウ）
(1)	液側境膜抵抗支配	ぬれ壁塔	気泡塔
(2)	液側境膜抵抗支配	漏れ棚塔	気泡塔
(3)	液側境膜抵抗支配	ぬれ壁塔	充塡塔
(4)	ガス側境膜抵抗支配	漏れ棚塔	充塡塔
(5)	ガス側境膜抵抗支配	ぬれ壁塔	充塡塔

解説 (ア)「ガス側境膜抵抗支配」である．溶解度の大きいガスの場合，液表面のガスはすみやかに溶解し，液表面のガスが希薄となるので，ガスがガス側から液表面まで移動することがガス吸収に必要となり，物質移動の抵抗はガス側の境膜（ガス境膜）にある（ガス側境膜抵抗支配）ことになる．したがって，ガス吸収はガス側抵抗によってほぼ決まることになる．このような場合，液体をガス側に分散すれば効率よく吸収することができるから，液分散形を選ぶ（**図 5.1** 参照）．

(イ)「ぬれ壁塔」である（**図 5.2** 参照）．ぬれ壁塔は，垂直円管の内壁に沿って液を液膜上に流し，管中心部を上昇するガスと接触させ，管の外側は冷却水を流す液分散形の方式である．長所として，大きな発熱を伴うガス吸収に有効，ガスの冷却が容易，発熱性のガスに適している，ガスの圧力損失が小さい，などがある．短所として，大量のガス処理の場合，多数の垂直管が必要になり均一分散が難しい，塔の高さが高くなる，などがある（**表 5.1** 参照）．

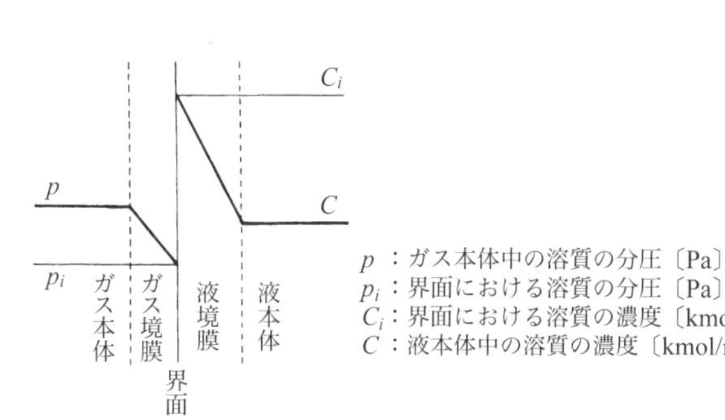

図 5.1　二重境膜[7)]

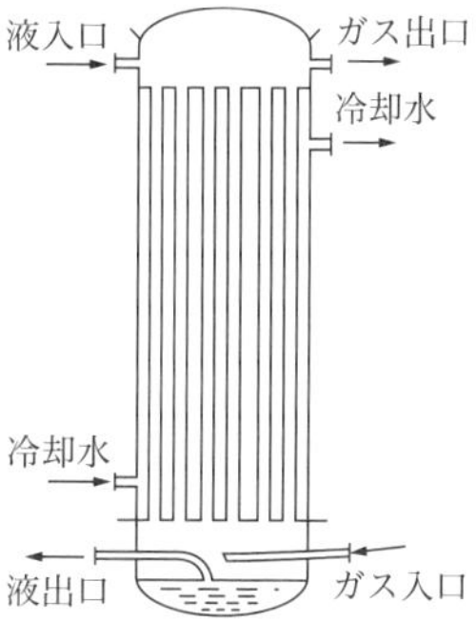

図 5.2　多管式ぬれ壁塔[2)]

表 5.1　ガス吸引装置の特徴

（出典：化学工学会編『改訂七版　化学工学便覧』，丸善出版（2011）（一部加筆））

タイプ	接触装置	長所	短所
液分散形	充塡塔	構造が簡単で広く使用されている． 気液負荷変動に融通性がある． 圧力損失が大きくない． 装置製作が容易．	ガス速度が大き過ぎるとフラッディングを生じる． 液に固形分を含むと固着・目詰まりを生じる．
	スプレー塔	構造が簡単で製作が容易． ガスの圧力損失が小さい． ガス中の粉じんも除去できる．	液をノズルで噴霧するためのポンプ動力が大． 固形物によるスプレーの目詰まりを生じる． 気液接触効率があまりよくない． 偏流を生じやすい． 噴霧液滴の塔均一分布が得難い．
	サイクロンスクラバー	ガス処理量が大きい． 構造が比較的簡単．	吸収液噴霧ノズルの目詰まりを起こしやすい． ノズルへの吸収液の供給に高い水圧を要する．
	ベンチュリスクラバー	粉じんを含んだガスを処理できる． 小形でガス処理量が大きい． 吸収効率が高い．	ガスの圧力損失が大きく，送風機動力費が大． 飛沫同伴が大きい．
	ぬれ壁塔	ガスの圧力損失が小さい． ガスの冷却が容易で発熱性のガスに適す．	大量のガスを処理するとき，多数の垂直管が必要になり，均一分散が難しい． 塔の高さが高くなる．
	十字流接触装置	充塡塔に比べて空塔速度が大きくとれる．	飛沫同伴が大きい．

表 5.1　ガス吸引装置の特徴（つづき）

タイプ	接触装置	長所	短所
ガス分散形	段塔	吸収液の使用量が小さい.	圧力損失が大きい. 塔高が高くなる. ガス流速の変動に対して適合が小さい.
	気泡塔	液側容量係数が大きい. 構造が簡単で製作が容易. 熱の供給・除去が容易.	圧力損失が大きい. ガス処理量が小さい.
	漏れ棚塔	構造が簡単. 空塔速度を大きくできる.	ガス処理量の変動に適合が小さい. 圧力損失が大きい.

（ウ）「充塡塔」である（**図 5.3** 参照）. 充塡塔は充塡層に充塡物を詰めた塔内に液を上部から流し，ガスと向流に接触させる方式で，充塡物の表面の液膜で有害物質を溶解して除去する（**図 5.4** 参照）.

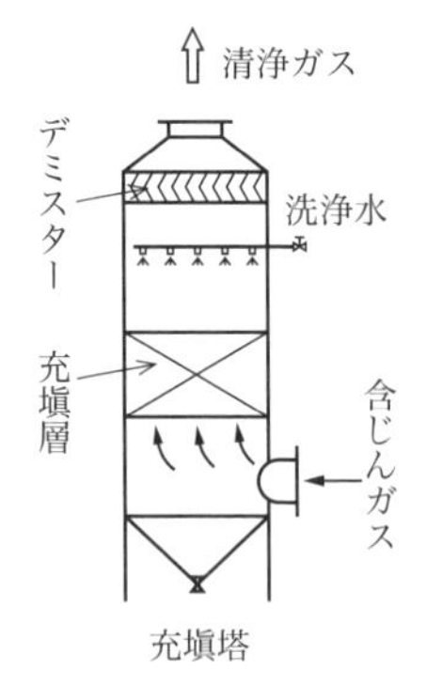

図 5.3　充塡層式洗浄集じん装置 [1)]

図 5.4　充塡物の種類 [1)]

以上から（5）が正解.

▶ 答（5）

問題 3

【令和 4 年 問 3】

充塡（じゅうてん）塔に関する記述中，（ア）～（ウ）の ［　　］ の中に挿入すべき語句の組合せとして，正しいものはどれか.

充塡塔の ［（ア）］ 操作において，液の流量速度を一定としてガスの速度を増加させていったとき，ガス速度がある値を超えると，ガスの圧力損失は急激に増大し，充塡層の液保有量も増大し始める. このガス速度を ［（イ）］ 速度と呼ぶ. さらにガス速度が高くなると，液保有量が急増し，あるガス速度では液が流下できなくなり塔頂から溢れ出す．このガスの速度を（ウ）速度と呼ぶ．

	（ア）	（イ）	（ウ）
(1)	向流	ローディング	オーバーロード
(2)	向流	ローディング	フラッディング
(3)	向流	ホールディング	フラッディング
(4)	並流	ホールディング	オーバーロード
(5)	並流	ローディング	オーバーロード

解説（ア）「向流」である．充塡塔については，図5.3を参照．なお，向流とは，液の流れとガス流が互いに逆向きであることをいう．

（イ）「ローディング」である．充塡塔内のガスの圧力損失が急激に増大し，充塡層の液保有量が増大し始める現象をいう．

（ウ）「フラッディング」である．充塡塔内の液保有量が急増し，塔頂から液が溢れ出す現象をいう．

以上から（2）が正解．

▶答（2）

問題4 【令和4年 問4】

ガス吸収装置の種類とその長所に関する記述として，誤っているものはどれか．

	（種類）	（長所）
(1)	気泡塔	構造が簡単で，液相物質移動容量係数が大きい．
(2)	スプレー塔	ガスの圧力損失が小さい．
(3)	ぬれ壁塔	発熱性のガスに適する．
(4)	ベンチュリスクラバー	液ガス比が小さく，吸収効率が高い．
(5)	サイクロンスクラバー	液を噴霧する動力が小さい．

解説（1）正しい．気泡塔は，**図5.5**に示すように，液にガスを分散するガス分散形の方式（液によく溶解しない有害物質の場合に適用）である．長所には，構造が簡単で液相物質移動容量係数が大きい，熱の供給・除去が容易などが挙げられる．短所には，圧力損失が大きい，処理ガス量が小さいなどが挙げられる（表5.1参照）．

（2）正しい．スプレー塔は，**図5.6**に示すように，ガス中に液を多数の微細な液滴として噴霧する液分散型の方式（液によく溶解する有害物質の場合に適用）である．長所には，ガスの圧力損失が小さい，構造が簡単で製作が容易，ガス中の粉じんも除去できるなどが挙げられる．短所には，ポンプ動力が大きい，スプレーの目詰まりを生じる，気液接触効率があまりよくない，偏流を生じやすい，噴霧液滴の塔均一分布が得難いなどが挙げられる．

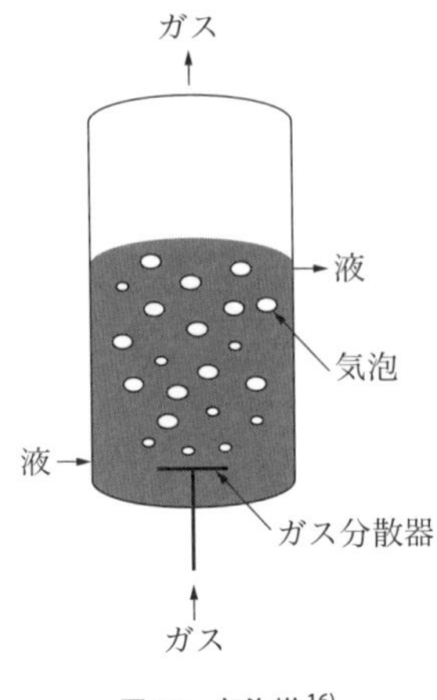

図 5.5　気泡塔[16)]

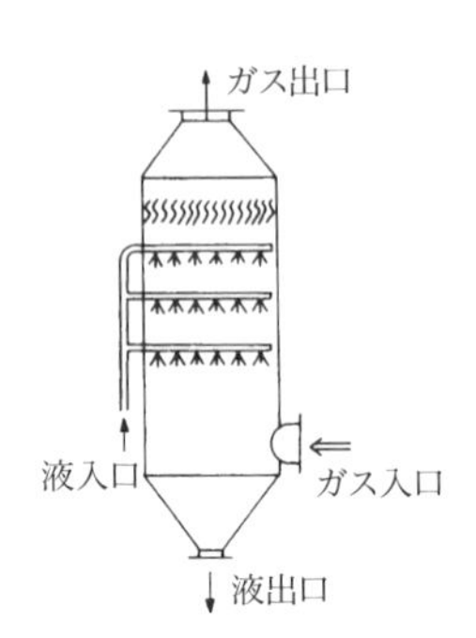

図 5.6　スプレー塔[7)]

(3) 正しい．ぬれ壁塔は，図 5.2 に示すように，垂直円管の内壁に沿って液を液膜上に流し，管中心部を上昇するガスと接触させ，管の外側は冷却水を流す液分散形の方式である．長所には，大きな発熱を伴うガス吸収に有効，ガスの冷却が容易であり発熱性のガスに適する，ガスの圧力損失が小さいなどが挙げられる．短所には，大量のガス処理の場合に多数の垂直管が必要になり均一分散が難しい，塔の高さが高くなるなどが挙げられる．

(4) 正しい．ベンチュリスクラバーは，**図 5.7** に示すように，細くなったところから加圧水をノズルで供給する液分散形の方式である．長所として，拡大管において生成する微細液滴と有害ガスの相対速度が洗浄装置の中で最大となるので最も高い吸収効率が得られる，液ガス比が小さく粉じんを含んだガスも処理できる，などが挙げられる．短所として，ガスの圧力損失が大きく送風機動力費が大きい，飛沫同伴が大きい，などが挙げられる．

(5) 誤り．サイクロンスクラバーは，**図 5.8** に示すように，円筒状の塔内を旋回上昇するガスと，塔中心の垂直管にある多数の噴霧孔から半径方向に噴霧される液滴とを接触させる液分散形の方式である．長所には，ガス処理量が大きい，構造が比較的簡単などが挙げられる．短所には，高い水圧を必要とするため，液の噴霧にかなりの動力を必要とする，ノズルの目詰まりを起こしやすいなどが挙げられる．

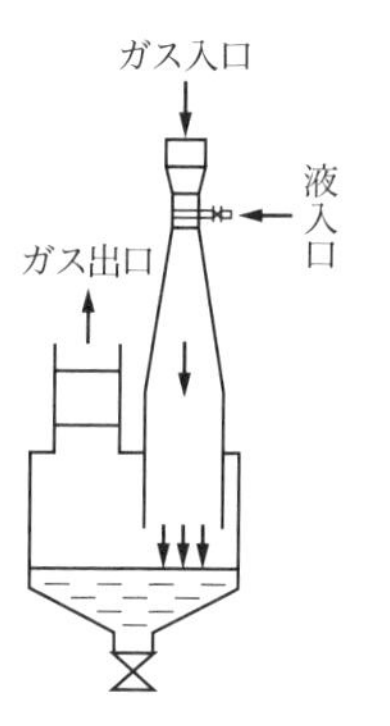

図 5.7　ベンチュリスクラバー[1)]

図 5.8　サイクロンスクラバー[1)]

▶答（5）

問題 5

【令和 3 年 問 3】

次のガス吸収装置のうち，ガス分散形のものはどれか．

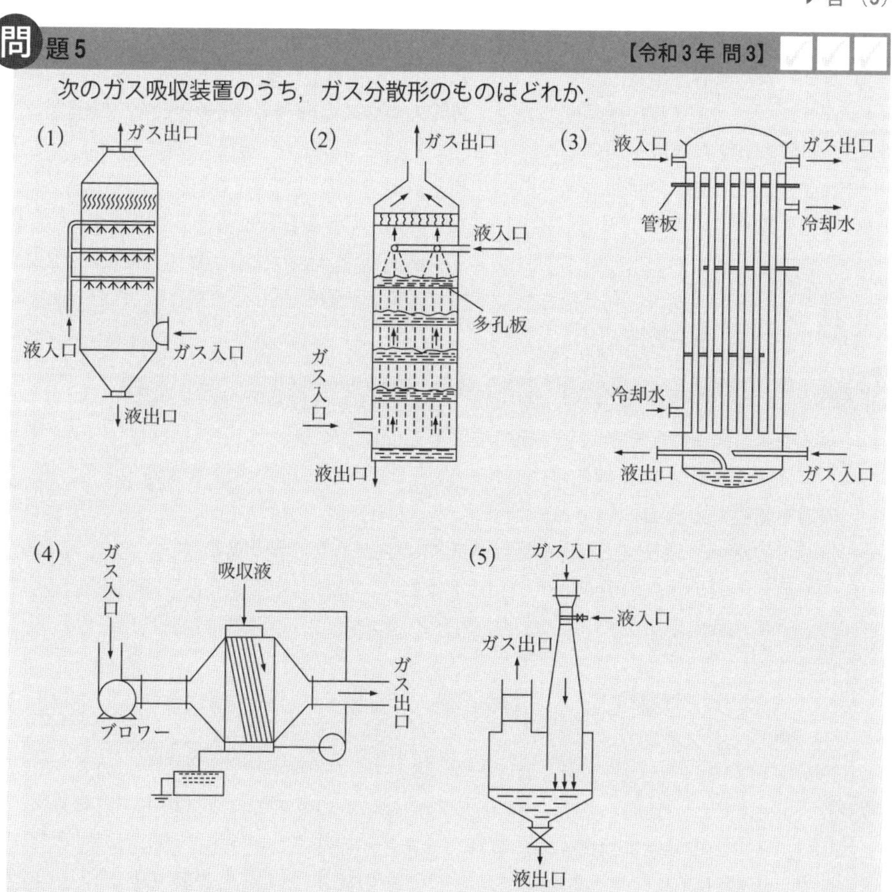

解説 ガス分散形ガス吸収装置は，溶解度の小さいガスの場合に用いるものである．図5.1において，ガス境膜内には溶解速度が小さいためガスが存在するが，液境膜にはガスは低い濃度でしか存在しない．この場合には，ガスを液本体側に分散させて効率よく吸収する装置を用いる．液分散形ガス吸収装置は，溶解度の大きいガスの場合に用いるもので，図5.1において，ガス境膜内には溶解速度が大きいためガスが存在せず，液境膜には溶解した物質が高い濃度で存在する．この場合には，液（液本体）をガス側に分散させて効率よく吸収する装置を用いることになる．

(1) 該当しない．スプレー塔であり，液分散形である．

(2) 該当する．漏れ棚塔であり，棚の上の液層の中をガスが分散して通過するためガス分散形である．

(3) 該当しない．多管式ぬれ壁塔であり，管の内側壁を吸収液が流下し，その中を吸収物質を含むガスが上昇し，また管の外側は発生した吸収熱を下げる冷却水が流れる構造である．液分散形である．

(4) 該当しない．十字流接触装置であり，装置内の中に金網等の網を傾斜させて配置し，この網に沿って吸収液を連続的に流下させて生じる液膜をガスが十字流に横切り，液を分散させて気液接触させる方式である．液分散形である．

(5) 該当しない．ベンチュリスクラバーであり，細くなったところから加圧水をノズルで供給すると，微細な水の粒子が生成する．拡大部では水の粒子は慣性力によって速度が減少しないが，ガスは遅くなるので，相対速度が大きくなり，水滴に除去成分が溶解しやすくなる．液分散形である．

▶答 (2)

問題6 【令和2年 問3】

ガス吸収に関する記述として，誤っているものはどれか．

(1) 酸素のように水に比較的溶けにくいガスでは，気相中の溶解ガスの分圧は，その液中濃度に比例する．

(2) 塩素の水への吸収は，塩化水素が選択的に生成する化学吸収である．

(3) 一酸化炭素の水への吸収は化学反応を伴わないので，物理吸収と呼ばれる．

(4) ふっ化水素の水酸化ナトリウム水溶液への吸収では，ガスの平衡分圧は0としてよい．

(5) 二酸化硫黄の亜硫酸ナトリウム水溶液への吸収では，液組成や温度などで決まる一定の分圧を示す．

解説 (1) 正しい．酸素のように水に比較的溶けにくいガスでは，気相中の溶解ガスの分圧は，その液中濃度に比例する．これをヘンリーの法則という．

(2) 誤り．塩素（Cl_2）の水への吸収は，塩化水素（HCl）と次亜塩素酸（HClO）が生成する化学吸収である.

(3) 正しい. 一酸化炭素（CO）の水への吸収は化学反応を伴わないので，物理吸収と呼ばれる.

(4) 正しい. ふっ化水素（HF）の水酸化ナトリウム（NaOH）水溶液への吸収は，HF + NaOH → NaF + H_2O の化学反応であり，一方的に右側に反応が進むので，ガスの平衡分圧は0としてよい.

(5) 正しい. 二酸化硫黄（SO_2）の，弱アルカリ性を示す亜硫酸ナトリウム（Na_2SO_3）水溶液への吸収では，液組成や温度などで決まる一定の分圧を示す. ▶答（2）

問題7 【令和2年 問4】

ガス吸収における二重境膜説に関する記述として，誤っているものはどれか.

(1) ガス側にも液側にも乱れのない薄い境膜が形成される.

(2) 気液界面での物質移動の抵抗は無視できる.

(3) 気液界面では常に非定常状態で吸収が行われる.

(4) ガス境膜内での被吸収物質の拡散の推進力は，ガス本体と界面の分圧の差である.

(5) 液境膜内での被吸収物質の濃度は，界面から液本体に向かって直線的に変化する.

解説 (1) 正しい. 図5.1に示すようにガス側にも液側にも乱れのない薄い境膜が形成される.

(2) 正しい. 気液界面での物質移動の抵抗は無視できる. すなわち，ガス境膜を通った物質は直ちに液側に移動することを表す.

(3) 誤り. 気液界面では常に定常状態で吸収が行われる.「非定常状態」が誤り.

(4) 正しい. ガス境膜内での被吸収物質の拡散の推進力は，ガス本体と界面の分圧の差（$p - p_i$）である（図5.1参照）.

(5) 正しい. 液境膜内での被吸収物質の濃度 C_i は，$C_i \rightarrow C$ のように界面から液本体（液本体濃度 C）に向かって直線的に変化する（図5.1参照）. ▶答（3）

問題8 【令和2年 問5】

サイクロンスクラバーに関する記述中，下線を付した箇所のうち，誤っているものはどれか.

円筒状の塔内を (1)旋回上昇するガスと (2)塔中心の垂直管にある多数の噴霧孔から (3)半径方向に噴霧される液滴とを接触させる方式であり，液滴の大部分は塔壁部で捕集される. (4)難溶性ガスの吸収に適しているが，サイクロン径が (5)大きくなるとガスの吸収効率は低下する.

解説 (1) 正しい(図 5.8 参照).

(2) 正しい. 同上.

(3) 正しい. 同上.

(4) 誤り.「易溶性ガス」である.

(5) 正しい. サイクロン径が大きくなると, ガス流速が小さくなり, 液滴との接触効率が減少するため吸収効率は低下する.

▶答 (4)

問題 9 【令和元年 問 3】

気液向流の吸収塔では, 下に示す X–Y 線図において, 塔頂, 塔底の状態を表す T 点 (x_2, y_2), B 点 (x_1, y_1) を結んだ線が操作線となる. 他方, 平衡関係は曲線 OE で表される. ここで, 液ガス比を表す式として, 正しいものはどれか.

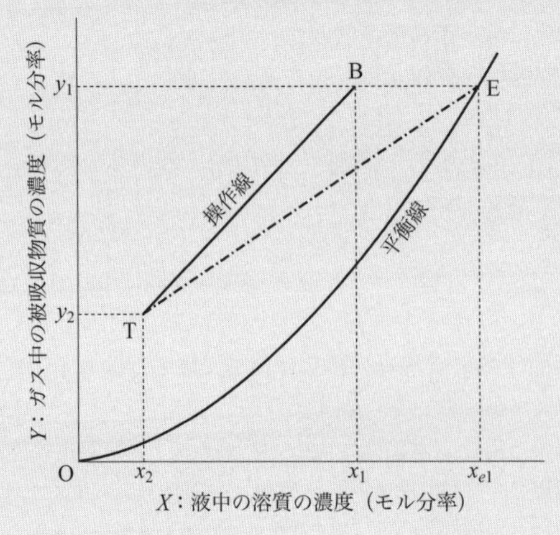

(1) $\dfrac{y_2}{x_2}$ (2) $\dfrac{y_1}{x_1}$ (3) $\dfrac{y_1}{x_{e1}}$ (4) $\dfrac{y_1 - y_2}{x_{e1} - x_2}$ (5) $\dfrac{y_1 - y_2}{x_1 - x_2}$

解説 液相のモル分率 x および気相のモル分率 y は, L_M および G_M を液相と気相の全モル速度〔$mol \cdot m^{-2} \cdot s^{-1}$〕とすれば, 物質収支(気相で減少した量だけ液相で増加)から

$$L_M(x_1 - x_2) = G_M(y_1 - y_2) \quad ①$$

となる. 式①を次のように変形する.

$$L_M/G_M = (y_1 - y_2)/(x_1 - x_2) \quad ②$$

L_M/G_M は, 液ガス比であるから, (5) が正解となる.

▶答 (5)

問題10 【令和元年 問4】

液分散形ガス吸収装置の一般的な運転条件において，圧力損失の最も小さいものはどれか.

(1) サイクロンスクラバー　(2) スプレー塔
(3) ベンチュリスクラバー　(4) 充塡(じゅうてん)塔
(5) 十字流接触装置

解説 (1) サイクロンスクラバー　1.2 ～ 1.5 kPa（図 5.8 参照）
(2) スプレー塔　0.1 ～ 0.5 kPa（図 5.6 参照）
(3) ベンチュリスクラバー　3 ～ 8 kPa（図 5.7 参照）
(4) 充塡塔　1 ～ 2.5 kPa（図 5.3 参照）
(5) 十字流接触装置　1 段当たり約 0.5 kPa（**図 5.9** 参照）

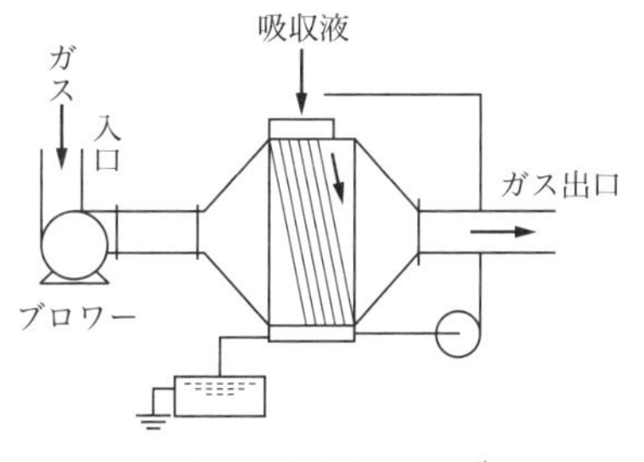

図 5.9　十字流接触装置 [5)]

以上から（2）が正解.　▶答（2）

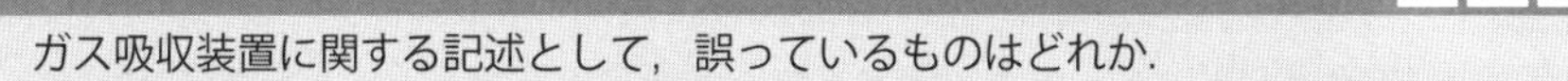

問題11 【平成30年 問3】

ガス吸収装置に関する記述として，誤っているものはどれか.

(1) 溶解度が大きなガスではガス側の抵抗支配となるので，ガス分散形を選ぶ.
(2) 液分散形では，有効接触面積を大きくするために，液を小滴にする.
(3) ガス分散形では，気泡を乱流状態にするように工夫する.
(4) 吸収装置の形式や材料の選定に際しては，ガスや液の腐食性，吸収液の発泡性を考慮する.
(5) 装置の閉塞が起こりにくく，維持管理が容易なことが必要である.

解説 (1) 誤り．溶解度の大きいガスの場合，液表面のガスはすみやかに溶解し，液表面のガスが希薄となるので，ガスがガス側から液表面まで移動することがガス吸収に必要となり，物質移動の抵抗はガス側の境膜（ガス境膜）にあることになる．したがって，ガス吸収はガス側抵抗によってほぼ決まることになる．このような場合，液体をガス側に分散すれば効率よく吸収することができるから，液分散形を選ぶ（図 5.1 参照）．

(2) 正しい．液分散形では，有効接触面積を大きくするために，液を小滴にする．

(3) 正しい．ガス分散形では，気泡を乱流状態にするように工夫する．

(4) 正しい．吸収装置の形式や材料の選定に際しては，ガスや液の腐食性，吸収液の発泡性を考慮する．

(5) 正しい．装置の閉塞が起こりにくく，維持管理が容易なことが必要である．▶答 (1)

■ 5.2.2　ガス吸着および吸着装置

問題1　【令和5年 問4】

ガス吸着に関する記述として，誤っているものはどれか．

(1) 吸着等温線は，一定温度におけるガス濃度と平衡な吸着量の関係を表すものである．

(2) 脱着とは，被吸着物質の分圧が下がるか，温度が上昇したときに，被吸着物質が吸着剤から脱離して気相に出てくる現象をいう．

(3) シリカゲルは活性炭に比べて極性が小さく，その吸着力はファンデルワールス力による．

(4) 吸着剤表面での化学反応を伴う吸着は，化学吸着と呼ばれている．

(5) 被吸着物質にハロゲン系化合物を含む場合は，吸着剤である活性炭の表面が分解触媒として働き，腐食性ガスを生じることがある．

解説 (1) 正しい．吸着等温線は，一定温度におけるガス濃度と平衡な吸着量の関係を表すものである．

(2) 正しい．脱着とは，被吸着物質の分圧が下がるか，温度が上昇したときに，被吸着物質が吸着剤から脱離して気相に出てくる現象をいう．

(3) 誤り．シリカゲルは活性炭に比べて極性が大きく，その吸着力は水素結合など化学的吸着による．再生は可能である．なお，活性炭のように極性が小さいものは物理的吸着であるファンデルワールス力（分子間に働く力）による．

(4) 正しい．吸着剤表面での化学反応を伴う吸着は，化学吸着と呼ばれている．なお，再生はできない．

(5) 正しい．被吸着物質にハロゲン系化合物を含む場合は，吸着剤である活性炭の表面が分解触媒として働き，腐食性ガスを生じることがある．▶答 (3)

題2 【令和4年 問5】

活性炭によるガス吸着処理に関する記述として，誤っているものはどれか．

(1) 炭素数の大きい炭化水素を吸着しやすい．

(2) 非極性物質よりは極性物質の吸着に優れている．

(3) アンモニアなど塩基性ガスの吸着には，酸性成分添着炭が有効である．

(4) 排ガスの処理や有機溶剤の回収には，主にガス賦活炭が用いられる．

(5) 破過時間は，活性炭の交換時期を知るための重要な情報となる．

解説 (1) 正しい．炭素数の大きい炭化水素を吸着しやすい．

(2) 誤り．活性炭は極性が他の吸着剤に比べて小さく，吸着はファンデルワールス力（無極性分子間に作用する力）によるため，極性物質よりは非極性物質の吸着に優れている．「非極性物質」と「極性物質」が逆である．

(3) 正しい．アンモニアなど塩基性ガスの吸着には，酸性成分添着炭が有効である．

(4) 正しい．排ガスの処理や有機溶剤の回収には，主にガス賦活炭（900°C前後で水蒸気，空気などにより賦活するもの）が用いられる．なお，他に薬品賦活があるが，これは木質原料を塩化亜鉛またはりん酸などの薬品に浸漬した後，炭化させるものである．

(5) 正しい．破過曲線において，吸着質の濃度が通常，入口濃度の5～10%に達した点を破過点といい，それまでに要した時間を破過時間という（**図5.10**参照）．破過時間は，活性炭の交換時期を知るための重要な情報となる．

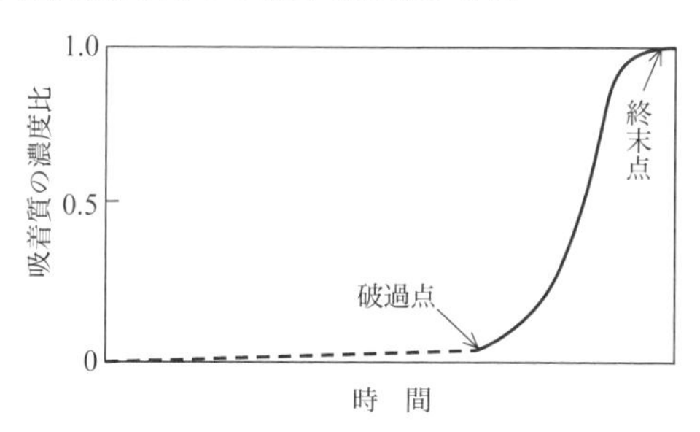

図5.10　吸着時間と出入口ガス中の吸着質の濃度比との関係（破過曲線）[9]

▶答 (2)

問題3 【令和3年 問4】

ガス吸着に関する記述中，(ア)～(ウ)の［　　］の中に挿入すべき語句の組合せとして，正しいものはどれか．

吸着剤を充塡（じゅうてん）した層に吸着される物質（吸着質）を含む流体を流したときの，層出口における流体中の吸着質の濃度変化曲線を［(ア)］といい，一般に［(イ)］になる．

（ア） では，吸着質の濃度が通常，入口濃度の5～10%に達した点が （ウ） と呼ばれる.

	（ア）	（イ）	（ウ）
(1)	吸着等温線	S字形曲線	終末点
(2)	吸着等温線	対数曲線	終末点
(3)	破過曲線	対数曲線	破過点
(4)	破過曲線	S字形曲線	終末点
(5)	破過曲線	S字形曲線	破過点

解説 （ア）「破過曲線」である（図5.10参照）.

（イ）「S字形曲線」である.

（ウ）「破過点」である.

以上から（5）が正解.

▶答（5）

問題4 【令和3年 問5】

ガス吸着装置に関する記述として，誤っているものはどれか.

(1) 固定層吸着装置には，吸着剤の取り出しが容易なカートリッジ式がある.

(2) 固定層吸着装置で，濃度の高いガスの連続的な吸着を行う場合は，2基以上の吸着塔を用い，吸着–脱着のサイクルを繰り返す必要がある.

(3) 移動層吸着装置では，吸着剤を充塡状態で下部から上部へ移動させ，ガスを向流あるいは十字流に接触させる.

(4) 移動層吸着装置の一種であるハニカム形ローター式吸着装置は，低濃度ガスの濃縮に使用される.

(5) 流動層吸着装置は，移動層吸着装置よりガス速度を大きくとることができて処理量が大きいが，吸着剤の摩損も大きい.

解説 (1) 正しい．固定層吸着装置には，吸着剤の取り出しが容易なカートリッジ式がある（**図5.11**参照）.

(2) 正しい．固定層吸着装置で，濃度の高いガスの連続的な吸着を行う場合は，2基以上の吸着塔を用い，吸着–脱着のサイクルを繰り返す必要がある．固定層吸着装置の種類については**図5.12**参照.

(3) 誤り．移動層吸着装置（クロスフロー式：**図5.13**参照）では，吸着剤を充塡状態で上部から下部へ移動させ，ガスを十字流に接触させる.

(4) 正しい．移動層吸着装置の一種であるハニカム形ローター式吸着装置（**図5.14**参照）は，円筒形に成型した吸着層を連続回転させて吸着と脱着を連続して行うもので，脱着では，低濃度ガスの濃縮に使用される．

(5) 正しい．流動層吸着装置は，移動層吸着装置よりガス速度を大きくとることができて処理量が大きいが，吸着剤の摩損も大きい．

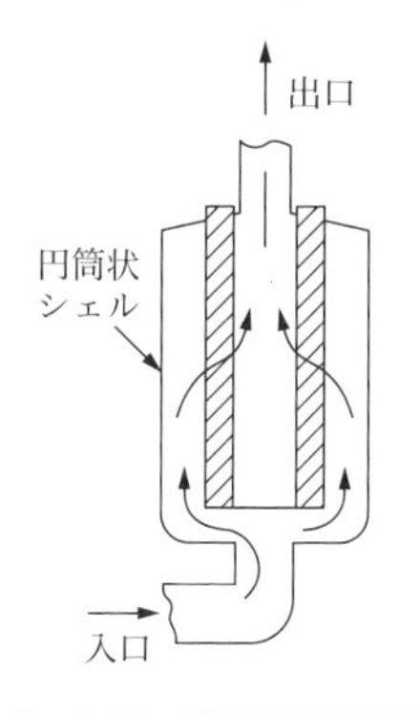

図 5.11　カートリッジ式固定層吸着装置[15)]

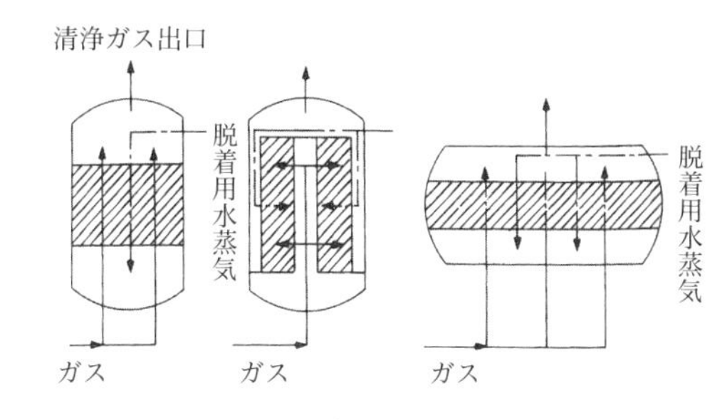

図 5.12　固定層吸着装置の形式

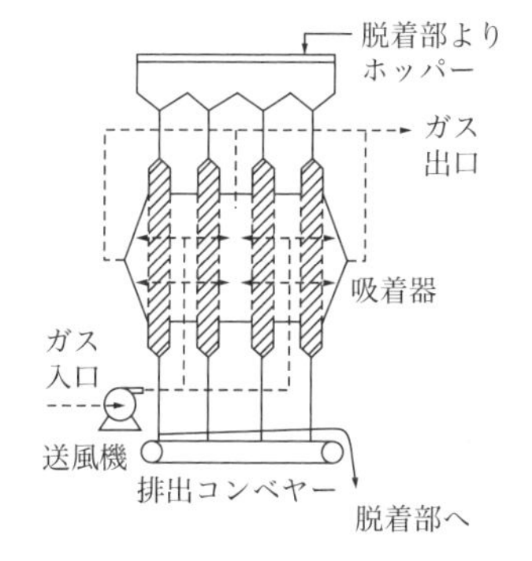

図 5.13　連続クロスフロー式移動層吸着装置

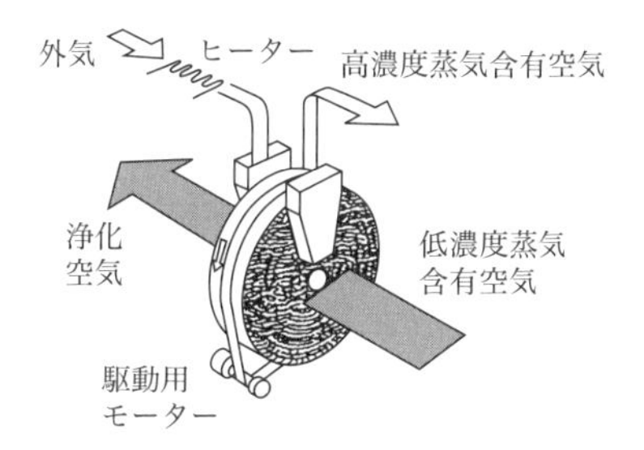

図 5.14　回転式ハニカム活性炭による濃縮装置

▶答 (3)

問題 5　【令和元年 問 5】

ガス吸着に関する記述として，誤っているものはどれか．

(1) 吸着量は，ガス濃度（分圧）と温度により変化する．

(2) 吸着等温線は，一定温度におけるガス濃度（分圧）と平衡にある吸着量の関係を表すものである．

(3) ラングミュアーの式は，吸着層が単分子層からなるものと仮定して，理論的に導かれたものである．

(4) フロインドリッヒの式は，低濃度域の実験値の整理に適用され，比表面積の算出によく用いられる.
(5) BETの式は，吸着層の上にさらに吸着が生じる，多分子層吸着をモデル化している.

解説 (1) 正しい．吸着量は，ガス濃度（分圧）と温度により変化し，ガス濃度が高いほど，温度が低いほど多い.
(2) 正しい．吸着等温線は，一定温度におけるガス濃度（分圧）と平衡にある吸着量の関係を表すものである.
(3) 正しい．ラングミュアーの式は，吸着層が単分子層からなるものと仮定して，次のように理論的に導かれたものである．ガスの吸着速度V_a，ガスの脱着速度V_dとすると，次のように表される.

$$V_a = k_a a(1 - r)p \quad ①$$

$$V_d = k_d ar \quad ②$$

ここに，k_a：吸着速度係数，
a：吸着サイトの全数（未吸着サイト数＋吸着されているサイト数），
r：吸着されているサイトの割合，k_d：脱着速度係数，p：吸着されるガス分圧

吸着平衡が成立しているとすれば，式①＝式②であるから

$$k_a a(1 - r)p = k_d ar$$

$$k_a/k_d = r/(p - rp) \quad ③$$

$K = k_a/k_d$とすると（Kは定数），

$$K = r/(p - rp)$$

$$r = Kp/(1 + Kp) \quad ④$$

式④の両辺にaを掛けると，arは吸着されているサイト数，すなわち吸着量に変換できるから，これをqとすれば，

$$q = ar = aKp/(1 + Kp)$$

となる.
(4) 誤り．フロイントリッヒの式は，低濃度域の実験値の整理に適用されるが，比表面積の算出には用いられない.

$$q = kp^{1/n}$$

ここに，q：平衡吸着量，kおよびn：定数，p：ガス分圧
両辺の対数をとると，

$$\log q = \log k + (1/n)\log p$$

となる.
(5) 正しい．BETの式は，吸着層の上にさらに吸着が生じる，多分子層吸着をモデル化

している．　▶答（4）

問題6　【平成30年 問4】

ガス吸着における吸着等温線を表すラングミュアーの式として，正しいものはどれか．

ただし，pはガス分圧（Pa），qはpと平衡な吸着量（kg/kg）であり，aとKは定数とする．

（1）$q = aKp\,(1 + ap)$

（2）$q = \dfrac{K(1 + ap)}{ap}$

（3）$q = \dfrac{aKp}{1 + Kp}$

（4）$q = \dfrac{K}{1 + ap}$

（5）$q = (1 + ap)(1 + Kp)$

解説　ガスの吸着速度V_a，ガスの脱着速度V_dとすると，次のように表される（ただし，吸着サイトは単分子層とする）．

$$V_a = k_a a(1 - r)p \quad ①$$

$$V_d = k_d ar \quad ②$$

ここに，k_a：吸着速度係数，
a：吸着サイトの全数（未吸着サイト数＋吸着されているサイト数），
r：吸着されているサイトの割合，k_d：脱着速度係数，p：吸着されるガス分圧

吸着平衡が成立しているとすれば，式①＝式②であるから

$$k_a a(1 - r)p = k_d ar$$

$$k_a/k_d = r/(p - rp) \quad ③$$

$K = k_a/k_d$とすると（Kは定数），

$$K = r/(p - rp)$$

$$r = Kp/(1 + Kp) \quad ④$$

式④の両辺にaを掛けると，arは吸着されているサイト数，すなわち吸着量に変換できるから，これをqとすれば，

$$q = ar = aKp/(1 + Kp)$$

となる．

よって，（3）が正解である．　▶答（3）

■ 5.2.3 ふっ素，ふっ化水素および四ふっ化けい素

題1 【令和4年 問6】 

ふっ素化合物の性質，処理に関する記述として，誤っているものはどれか．

(1) ふっ素を含む排ガスの処理には，水酸化ナトリウムの水溶液が吸収剤として用いられる．

(2) ふっ化水素の解離定数は比較的小さく，その水溶液は弱い酸性である．

(3) ふっ化水素の水による吸収では，ガス側境膜抵抗が吸収速度を支配する．

(4) 四ふっ化けい素を含む排ガスの処理には，密な充塡物を用いた充塡塔が使用される．

(5) ふっ化水素水溶液の処理装置には，ステンレス鋼など耐食性の材料が使用される．

解説 (1) 正しい．ふっ素を含む排ガスの処理には，水酸化ナトリウムの水溶液が吸収剤として用いられる．$F_2 + 2NaOH \rightarrow 2NaF + H_2O + 1/2O_2$

(2) 正しい．ふっ化水素の解離定数は比較的小さく，その水溶液は弱い酸性である．

(3) 正しい．ふっ化水素の水による吸収では，ガス側境膜抵抗が吸収速度を支配する．溶解度の大きいガスの場合，液表面のガスはすみやかに溶解し，液表面のガスが希薄となるので，ガスがガス側から液表面まで移動することがガス吸収に必要となり，物質移動の抵抗はガス側の境膜（ガス境膜）（図5.1参照）にあることになる．したがって，ガス吸収は，ガス側抵抗によってほぼ決まることになる．このような場合，液体をガス側に分散すれば効率よく吸収することができるから，液分散形を選ぶ．なお，反対に水に容易に溶解しない吸収では，抵抗は液側の境膜にあり液側境膜抵抗となり，ガス分散形となる．

(4) 誤り．四ふっ化けい素（SiF_4）を含む排ガスの処理には，次のように二酸化けい素（SiO_2）が生成して析出するため，密な充塡物を用いた充塡塔の使用は避ける．

$$SiF_4 + 2H_2O \rightarrow SiO_2 + 4HF \quad ①$$

$$2HF + SiF_4 \rightarrow H_2SiF_6 \quad ②$$

式①と式②を合わせると，

$$3SiF_4 + 2H_2O \rightarrow 2H_2SiF_6\ (\text{水に溶解}) + SiO_2\ (\text{析出})$$

である．

(5) 正しい．ふっ化水素水溶液の処理装置には，ステンレス鋼など耐食性の材料が使用される．

▶答 (4)

題2 【令和元年 問6】 

ふっ素，ふっ化水素及び四ふっ化けい素の処理に関する記述として，誤っているも

のはどれか.

(1) ふっ素の処理には水酸化カリウムや水酸化ナトリウムの水溶液が用いられる.

(2) ふっ化水素は水への溶解度が大きいので，水洗吸収によって除去することができる.

(3) ふっ化水素を硫黄と反応させて，六ふっ化硫黄等として回収する方法がある.

(4) ふっ化水素を含む洗浄水の処理法として，水酸化カルシウムで中和する方法がある.

(5) 四ふっ化けい素を含む排ガスの処理装置では，二酸化けい素の析出による閉塞を考慮する必要がある.

解説 (1) 正しい．ふっ素の処理には水酸化カリウムや水酸化ナトリウムの水溶液が用いられる.

$$F_2 + 2NaOH \rightarrow 2NaF + H_2O + 1/2O_2$$

$$F_2 + 2KOH \rightarrow 2KF + H_2O + 1/2O_2$$

(2) 正しい．ふっ化水素は水への溶解度が大きいので，水洗吸収によって除去することができる.

(3) 誤り．六ふっ化硫黄（SF_6）はふっ素と硫黄を反応させて生成する．ふっ化水素ではない.

(4) 正しい．ふっ化水素を含む洗浄水の処理法として，水酸化カルシウムで中和する方法がある.

$$2HF + Ca(OH)_2 \rightarrow CaF_2 + 2H_2O$$

(5) 正しい．四ふっ化けい素（SiF_4）を含む排ガスの処理装置では，二酸化けい素の析出による閉塞を考慮する必要がある．したがって，密な充塡物を用いた充塡塔の使用は避けるべきである.

$$3SiF_4 + 2H_2O \rightarrow 2H_2SiF_6\ (\text{水に溶解}) + SiO_2\ (\text{析出})$$

▶答 (3)

■ 5.2.4 塩素および塩化水素

問題1 【令和5年 問5】

塩素に関する記述として，誤っているものはどれか.

(1) 塩素は，常温で水素と速やかに反応して，塩化水素が生じる.

(2) イオン交換膜法で製造された塩素の液化装置からは，塩素を20～50% 含有する排ガス（sniffガス）が生じる.

(3) sniffガス中の塩素をシリカゲルに吸着させ，次いで加熱脱着して濃厚な塩素を回収する方法がある.

(4) sniffガスの塩素-水系の吸収装置の材料には，耐酸性及び耐酸化性が要求される.

(5) 排ガス量が多く塩素濃度が低い場合は，石灰乳又は水酸化ナトリウム溶液を吸収剤として用い，次亜塩素酸塩として回収する方法がある.

解説 (1) 誤り．塩素（Cl_2）は，加熱または光照射により水素（H_2）と速やかに反応して，塩化水素（HCl）が生じる．$Cl_2 + H_2 \rightarrow 2HCl$ 「常温で」が誤り.

(2) 正しい．イオン交換膜法で製造された塩素の液化装置からは，塩素を20～50％含有する排ガス（sniffガス）が生じる.

(3) 正しい．sniffガス中の塩素をシリカゲルに吸着させ，次いで加熱脱着して濃厚な塩素を回収する方法がある.

(4) 正しい．sniffガスの塩素-水系の吸収装置の材料には，耐酸性および耐酸化性が要求される.

(5) 正しい．排ガス量が多く塩素濃度が低い場合は，石灰乳または水酸化ナトリウム溶液を吸収剤として用い，次亜塩素酸塩（OClのある塩）として回収する方法がある.

$$2Ca(OH)_2 + 2Cl_2 \rightarrow CaCl_2 \cdot Ca(OCl)_2 \cdot 2H_2O$$（さらし粉）

$$2NaOH + Cl_2 \rightarrow NaCl + NaOCl + H_2O$$

▶答 (1)

問題2 【平成30年 問5】

ガス中の塩化水素の処理に関する記述中，(ア)～(ウ)の［　］の中に挿入すべき語句の組合せとして，正しいものはどれか.

塩化水素の水に対する溶解熱は［(ア)］，ガス中の塩化水素濃度が高いときには吸収装置として［(イ)］が用いられ，ガス中の塩化水素濃度が低いときには［(ウ)］が用いられる.

	(ア)	(イ)	(ウ)
(1)	大きく	ぬれ壁塔	充塡（じゅうてん）塔
(2)	大きく	漏れ棚塔	充塡塔
(3)	大きく	漏れ棚塔	段塔
(4)	小さく	漏れ棚塔	段塔
(5)	小さく	ぬれ壁塔	充塡塔

解説 (ア)「大きく」である.

(イ)「ぬれ壁塔」である．ぬれ壁塔は，図5.2に示すように，垂直円管の内壁に沿って液を液膜上に流し，管中心部を上昇するガスと接触させ，管の外側は冷却水を流す．大きな発熱を伴うガス吸収に有効である．ガスの冷却が容易であり，発熱性のガスに適する．

(ウ)「充塡塔」である．充塡塔は，図5.3に示すように装置に充塡材（図5.4参照）を使用したもので，構造が簡単で広く使用されているが，液に固形分を含むと固着・目詰まりを生じる．

以上から（1）が正解．

▶答（1）

5.3 特定物質の事故時の措置

5.3.1 特定物質および性状

問題1 【令和4年 問7】 

次に示す特定物質のうち，その水溶液がアルカリ性を呈するものはどれか．

（1）シアン化水素

（2）ピリジン

（3）フェノール

（4）硫化水素

（5）二酸化硫黄

解説 （1）該当しない．シアン化水素は，水溶液中では次のようにH^+を放出して，酸性となる．

$$HCN \rightleftarrows H^+ + CN^-$$

（2）該当する．ピリジンは，ピリジンのNの2s軌道にある2個の非結合電子対に，次のように水分子のH^+が配位するためOH^-を放出して，アルカリ性となる．

$$C_5H_5N: + H_2O \rightleftarrows C_5H_5N:H^+ + OH^-$$

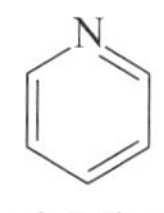

ピリジン

（3）該当しない．フェノールは，次のように一部が解離して，酸性を示す．

OH　⇄　O^-　$+ H^+$

フェノール

(4) 該当しない．硫化水素は，次のように一部が解離して，酸性を示す．

$$H_2S \rightleftarrows H^+ + HS^-$$

(5) 該当しない．二酸化硫黄は，次のように一部が水と反応して，酸性を示す．

$$SO_2 + H_2O \rightleftarrows H^+ + HSO_3^-$$

▶答 (2)

問題2 【令和3年 問6】

次の特定物質と空気との混合物で，爆発限界が最も広いものはどれか．

(1) アクロレイン（アクリルアルデヒド）
(2) 一酸化炭素
(3) シアン化水素
(4) ホルムアルデヒド
(5) メタノール

解説 各特定物質と空気との混合物で，爆発限界は次のとおりである．

(1) アクロレイン（アクリルアルデヒド）　下限 2.8%　上限 31%
(2) 一酸化炭素　下限 12.5%　上限 74%
(3) シアン化水素　下限 6%　上限 41%
(4) ホルムアルデヒド　下限 7.0%　上限 73%
(5) メタノール　下限 7.3%　上限 36%

以上から (4) が正解．

▶答 (4)

問題3 【令和2年 問6】

次の特定物質のうち，引火点が最も高いものはどれか．

(1) シアン化水素
(2) メタノール
(3) 二硫化炭素
(4) ベンゼン
(5) フェノール

解説 選択肢の特定物質の引火点（空気と可燃性の混合気を作ることができる最低温度．燃焼には点火源が必要）は次のとおりである．

(1) シアン化水素　−17.8°C
(2) メタノール　11.1°C
(3) 二硫化炭素　−30°C
(4) ベンゼン　−11°C

(5) フェノール　　79.4°C

以上から (5) が正解.

▶答 (5)

問題4 【令和2年 問7】

特定物質を，常温における水に対する溶解度の大きいものから順に並べたとき，正しいものはどれか.

(1) $HF > SO_2 > H_2S > NH_3$

(2) $HF > NH_3 > SO_2 > H_2S$

(3) $NH_3 > HF > SO_2 > H_2S$

(4) $H_2S > SO_2 > HF > NH_3$

(5) $SO_2 > HF > H_2S > NH_3$

解説 常温における水に対する溶解度は次のとおりである.

HF　無限に溶解

SO_2　11.28 g/100 g (20°C)

H_2S　0.38 g/100 g (20°C)

NH_3　52.6 g/100 g (20°C)

したがって，水に対する溶解度の大きいものから順に並べると次のとおりである.

$HF > NH_3 > SO_2 > H_2S$

以上から (2) が正解.

▶答 (2)

問題5 【令和元年 問7】

次に記述されている性質を持つ特定物質はどれか.

常温で気体であるが，加圧すれば容易に液化する. 空気に対する比重は1より小さい. 空気中では燃えにくいが，爆発性の混合気をつくる. 水溶液はアルカリ性を呈する.

(1) アンモニア　(2) シアン化水素　(3) ピリジン

(4) ホスゲン　(5) 二酸化硫黄

解説 (1) 該当する. アンモニア (NH_3) は，沸点−33.4°C，常温で気体，容易に液化し，空気に対する比重は0.58で空気より軽い. 燃焼性で水溶液はアルカリ性を呈する.

(2) 該当しない. シアン化水素 (HCN) は，沸点26°C，常温で液体，空気に対する比重は0.93で，爆発性の混合気を生じる. 水に無限に溶解し水溶液は弱酸性である.

(3) 該当しない. ピリジン (C_5H_5N) は，沸点115.3°C，常温で液体，空気に対する比重は2.75，爆発性の混合気をつくる. 水と任意の割合で溶解し水溶液は弱いアルカリ性である.

(4) 該当しない. ホスゲン ($COCl_2$) は，沸点8.2°C，常温で気体，空気に対する比重は

3.43，爆発性はない．水と反応してCO_2と塩酸（HCl）を生じる．水溶液は強い酸性を示す．

(5) 該当しない．二酸化硫黄（SO_2）は，沸点－10℃，常温で気体，容易に液化し，空気に対する比重は2.22，不燃性で爆発性はない．水溶液は弱い酸性を示す．　▶答（1）

問題6　【平成30年 問6】 

次に記述されている性質を持つ特定物質はどれか．

常温で無色～淡黄色の液体であり，不燃性で爆発性もない．ほとんどの金属と反応して水素を発生する．水に対する溶解熱は極めて大きい．

(1) ふっ化水素
(2) シアン化水素
(3) 塩化水素
(4) クロロ硫酸（クロルスルホン酸）
(5) 二硫化炭素

解説 (1) 該当しない．ふっ化水素（HF）は，常温で無色の気体，沸点19.4℃，不燃性で爆発性もない．ほとんどの金属と反応して水素を発生する．これが爆発の原因となる場合がある．

(2) 該当しない．シアン化水素（HCN）は，常温で無色透明な揮発性の液体，沸点26℃，爆発性の混合気をつくる．水に無限に溶け，水溶液は弱酸性である．

(3) 該当しない．塩化水素（HCl）は，常温で激しい刺激臭を持つ気体，沸点－85℃，不燃性で爆発性もないが，水分が存在すると金属と反応して水素を発生し，これが爆発することがある．

(4) 該当する．クロロ硫酸（クロルスルホン酸）（HSO_3Cl）は，常温で無色～淡黄色の液体であり，不燃性で爆発性もない．空気中の水分と反応して塩酸（HCl）と硫酸（H_2SO_4）に分解してフュームをつくる．ほとんどの金属と反応して水素を発生する．可燃性物質と接触すると発熱して発火することがある．水に対する溶解熱は極めて大きい．

(5) 該当しない．二硫化炭素（CS_2）は，沸点46.2℃，常温で無色～淡黄色の揮発性液体，引火点は－30℃で極めて低い．爆発性の混合気をつくる．水に対する溶解度は小さい．　▶答（4）

■ 5.3.2　事故時の措置

問題1　【令和5年 問7】 

特定物質とその漏洩（ろうえい）時の措置の組合せとして，誤っているものはどれか．

(特定物質)	(措置)
(1) ホスゲン	被害を及ぼすと考えられる区域への立ち入りの禁止
(2) メルカプタン	着火源となるものの速やかな除去
(3) ふっ化水素	炭酸ナトリウムによる中和
(4) シアン化水素	硫酸鉄(II)の水酸化ナトリウム溶液による処理
(5) クロルスルホン酸	漏洩箇所への注水

解説 (1) 正しい．ホスゲン（$COCl_2$）は有毒物質であるため，漏洩したときは，被害を及ぼすと考えられる区域への立ち入りの禁止を行う．

(2) 正しい．メルカプタン（HSH（H_2S）やCH_3SHなどの-SH化合物）は可燃性物質であるため，漏洩したときは，着火源となるものの速やかな除去を行う．

(3) 正しい．ふっ化水素（HF）は水溶液が酸性であるから，漏洩したときは，炭酸ナトリウム（Na_2CO_3）による中和を行う．

(4) 正しい．シアン化水素（HCN）が漏洩したときは，硫酸鉄(II)の水酸化ナトリウム（NaOH）溶液による処理を行う．

(5) 誤り．クロルスルホン酸（HSO_3Cl）は水に対する溶解熱が極めて大きいので，漏洩したときに漏洩箇所へ注水を行うことは適当ではない．水酸化カルシウム（$Ca(OH)_2$）や炭酸ナトリウム（Na_2CO_3）の散布や中和により吸収させる．

▶答 (5)

問題2 【令和3年 問7】

特定物質の事故時の措置に関する記述として，誤っているものはどれか．

(1) 特定物質が漏洩又は飛散した場合，被害を及ぼすと考えられる区域内の人々に警告し，風下の人々は速やかに風上の安全な場所に退避させる．

(2) ガス状の物質又は揮発性の物質では，空気より重いものは低所を漂う傾向があるので，拡散が速やかに行われるように措置する．

(3) 引火・爆発の危険のある物質については，着火源となるものを速やかに取り除くとともに，爆発性混合気をつくらないように措置する．

(4) 特有のにおいを有する物質の場合は，においを嗅ぐことにより漏洩箇所や漏洩の度合いを探知する．

(5) 水に対する溶解度が大きい物質の場合は，一般に多量の水により水洗除去する．

解説 (1) 正しい．特定物質が漏洩または飛散した場合，被害を及ぼすと考えられる区域内の人々に警告し，風下の人々は速やかに風上の安全な場所に退避させる．

(2) 正しい．ガス状の物質または揮発性の物質では，空気より重いものは低所を漂う傾向があるので，拡散が速やかに行われるように措置する．

(3) 正しい．引火・爆発の危険のある物質については，着火源となるものを速やかに取り除くとともに，爆発性混合気をつくらないように措置する．

(4) 誤り．特有のにおいを有する物質は，有害物質もあり，においを嗅ぐことは危険であるため，漏洩箇所や漏洩の度合いを探知するためには検知管や検知紙を用いる．

(5) 正しい．水に対する溶解度が大きい物質の場合は，一般に多量の水により水洗除去する．

▶答 (4)

問題3 【平成30年 問7】

特定物質とその漏洩（ろうえい）時の措置の組合せとして，誤っているものはどれか．

	（特定物質）	（措置）
(1)	ホスゲン	被害を及ぼすと考えられる区域への立ち入りの禁止
(2)	メルカプタン	着火源となるものの速やかな除去
(3)	ふっ化水素	炭酸ナトリウムによる中和
(4)	シアン化水素	硫酸鉄(II)の水酸化ナトリウム溶液による処理
(5)	一酸化炭素	水酸化カルシウム水溶液の散布

解説 (1) 正しい．ホスゲン（$COCl_2$）は，有毒であるから，被害を及ぼすと考えられる区域への立ち入りを禁止とする．

(2) 正しい．メルカプタン（C_2H_5SH：エチルメルカプタンなど）は，特有の臭いがあり，可燃性物質であるから，着火源となるものは速やかに除去する．

(3) 正しい．ふっ化水素（HF）は，酸性であるから，炭酸ナトリウムで中和する．

(4) 正しい．シアン化水素（HCN）は，鉄と不溶性錯体を生成するので，硫酸鉄(II)の水酸化ナトリウム溶液による処理を行う．

(5) 誤り．一酸化炭素（CO）は，水に溶解せず，またアルカリ性の水酸化カルシウム水溶液の散布でも除去できない．爆発性があるので，着火源となるものは速やかに除去する．

▶答 (5)

5.4 有害物質の測定

■ 5.4.1 排ガス中のふっ素化合物分析方法

問題1 【令和4年 問8】

JISによる排ガス中のふっ素化合物分析方法に関する記述として，誤っているものはどれか.

(1) 吸収液には水酸化ナトリウム溶液を用いる.

(2) アルミニウム(Ⅲ)の共存が影響を及ぼす場合は，水蒸気蒸留操作によってふっ化物イオンを分離する.

(3) 定量範囲の下限が最も大きいのは，ランタン–アリザリンコンプレキソン吸光光度法である.

(4) イオン電極法では，イオン強度調整用緩衝液を用いる.

(5) イオンクロマトグラフ法では，吸収液に陽イオン交換樹脂を加える操作がある.

解説 (1) 正しい．吸収液には，水酸化ナトリウム溶液を用いる.

(2) 正しい．アルミニウム(Ⅲ)の共存が影響を及ぼす場合は，水蒸気蒸留操作によってふっ化物イオンを分離する．なお，水蒸気蒸留とは，蒸留器に水蒸気を吹き込み，水蒸気とともにその化合物を留出させる方法である.

(3) 誤り．定量範囲は，ランタン–アリザリンコンプレキソン吸光光度法で 1.2 ～ 14.8 ppm，イオン電極法で 7.4 ～ 737 ppm，イオンクロマトグラフ法で 0.3 ～ 14.8 ppm であるから，定量範囲の下限が最も大きいのは，イオン電極法である.

(4) 正しい．イオン電極法では，イオン強度調整用緩衝液を用いる．なお，イオン濃度調整用緩衝液は，試料のイオン濃度を一定にして，イオン電極での電圧を安定化させるために使用する.

(5) 正しい．イオンクロマトグラフ法では，吸収液に陽イオン交換樹脂を加える操作がある．この操作は，ふっ素イオン（陰イオン）として測定するため，陽イオンを除去して陰イオンだけのピークとするために行う．なお，イオンクロマトグラフ法の原理は，イオン交換樹脂が充填されたカラムに試料を通すと吸着し，次に溶離液を流すと溶離するが，溶離する度合いがイオン種によって異なるため，それを検出するものである.

▶ 答 (3)

問題2 【令和2年 問8】

JIS のイオン電極法による排ガス中のふっ素化合物分析方法に関する記述として，誤っているものはどれか.

(1) 吸収液として，水酸化ナトリウム溶液を用いる.

(2) 標準液の調製には，ふっ化ナトリウムが用いられる.

(3) 妨害物質（Fe^{3+}，Al^{3+}）の影響は，濃度の極端に異なる 2 種類のイオン強度調整用緩衝液を用いて判定する.

(4) 分析用試料溶液にイオン強度調整用緩衝液を加え，ふっ化物イオン電極及び参照電極を浸して，電位を測定する.

(5) 検量線は両対数方眼紙を用いて作成する.

解説 (1) 正しい. 吸収液として，水酸化ナトリウム溶液を用いる.

(2) 正しい. 標準液の調製には，ふっ化ナトリウムが用いられる.

(3) 正しい. 妨害物質（Fe^{3+}，Al^{3+}）の影響は，濃度の極端に異なる2種類のイオン強度調整用緩衝液を用いて判定する.

(4) 正しい. 分析用試料溶液にイオン強度調整用緩衝液を加え，ふっ化物イオン電極および参照電極を浸して，電位を測定する.

(5) 誤り. 検量線は片対数方眼紙を用い，ふっ化物イオン標準液の濃度を片対数軸に，電位を均等軸にとり作成する.

▶答 (5)

問題3 【令和元年 問8】

JISの排ガス中のふっ素化合物分析方法に関する記述として，誤っているものはどれか.

(1) ガス状の無機ふっ素化合物をふっ化物イオンとして分析する.

(2) 0.1 mol/Lの水酸化ナトリウム溶液を吸収液として用いる.

(3) ふっ化物イオン標準原液は，ふっ化水素酸を用いて調製する.

(4) 定量は，ふっ化物イオン量と測定値の関係線を用いる検量線法による.

(5) アルミニウム(Ⅲ)の共存が影響を及ぼす場合は，水蒸気蒸留操作によって分離する.

解説 (1) 正しい. ガス状の無機ふっ素化合物をふっ化物イオンとして分析する.

(2) 正しい. 0.1 mol/Lの水酸化ナトリウム溶液を吸収液として用いる.

(3) 誤り. ふっ化物イオン標準原液は，ふっ化ナトリウム（NaF）を用いて調製する.

(4) 正しい. 定量は，ふっ化物イオン量と測定値の関係線を用いる検量線法による.

(5) 正しい. アルミニウム(Ⅲ)の共存が影響を及ぼす場合は，水蒸気蒸留操作によって分離する. なお，水蒸気蒸留とは，水蒸気を連続的に蒸留器に入れ，沸点の高い化合物を沸点以下で蒸留することをいう.

▶答 (3)

■ 5.4.2 排ガス中の塩素分析方法

問題1 【令和5年 問8】

JISによる排ガス中の塩素分析方法に関する記述中，下線を付した箇所のうち，誤っているものはどれか.

試料ガス中の塩素を(1)<u>*p*-トルエンスルホンアミド吸収液</u>に吸収して，(2)<u>クロラミン</u>

Tに変えた液を分析用試料溶液とする．これに少量の(3)シアン化カリウム溶液と水酸化カリウム溶液を加えて(4)塩化シアンとした後，(5)イオンクロマトグラフ法で測定し，試料ガス濃度を求める．

解説 (1)～(3) 正しい．

(4) 誤り．正しくは「シアン酸イオン」である．化学式はCNO^-である．これをイオンクロマトグラフ法で測定する（**表5.2**参照）．塩化シアン（N≡C–Cl）は，4-ピリジンカルボン酸-ピラゾロン酸吸光光度法による塩素の分析方法において生成するものである．

なお，イオンクロマトグラフ法では，CNO^-を含む多種類の陰イオン（または陽イオン）を最初陰イオン交換樹脂（または陽イオン交換樹脂）に吸着させ，次に溶離液を流して溶離させる．溶離の程度がイオンによって異なるので，混合した陰イオン（または陽イオン）が分離することになる．この分離したイオンを検出器（多くは電気伝導度）で検出する．

(5) 正しい．

表5.2　排ガス中の塩素分析方法の種類および概要[16)]

分析方法の種類[*3]	分析方法の概要		
	要旨	試料採取	定量範囲[*1] mg/m³[*2]〔vol ppm〕
2,2′-アジノビス（3-エチルベンゾチアゾリン-6-スルホン酸）吸光光度法（ABTS吸光光度法）	試料ガス中の塩素を2,2′-アジノビス（3-エチルベンゾチアゾリン-6-スルホン酸）吸収液に吸収発色させ，吸光度（400 nm）を測定し，試料ガス濃度を求める．	吸収瓶法 吸収液：ABTS溶液（0.1 g/L） 吸収液量：20 mL × 2 標準採取量：20 L	0.10 ～ 2.0 (0.03 ～ 0.63)
4-ピリジンカルボン酸-ピラゾロン吸光光度法（PCP吸光光度法）	試料ガス中の塩素を*p*-トルエンスルホンアミド吸収液に吸収して，クロラミンTに変えた液を分析用試料溶液とする．これに少量のシアン化カリウム溶液を加えて塩化シアンとした後，4-ピリジンカルボン酸-ピラゾロン溶液で発色させ，吸光度（638 nm）を測定し，試料ガス濃度を求める．	吸収瓶法 吸収液：*p*-トルエンスルホンアミド溶液（1.0 g/L） 吸収液量：20 mL × 2 標準採取量：20 L	0.25 ～ 5.0 (0.08 ～ 1.6)

第5章　大気有害物質特論

表 5.2　排ガス中の塩素分析方法の種類および概要[16]（つづき）

分析方法の種類*3	分析方法の概要		
	要旨	試料採取	定量範囲*1 mg/m3*2〔vol ppm〕
イオンクロマトグラフ法（IC法）	試料ガス中の塩素を*p*-トルエンスルホンアミド吸収液に吸収して，クロラミンTに変えた液を分析用試料溶液とする．これに少量のシアン化カリウム溶液と水酸化カリウム溶液を加えシアン酸イオンとした後，イオンクロマトグラフ法で測定し，試料ガス濃度を求める．	吸収瓶法 吸収液：*p*-トルエンスルホンアミド溶液（1.0 g/L） 吸収液量：20 mL × 2 標準採取量：20 L	1.3 ～ 25 (0.40 ～ 7.9)

*1　試料ガスを通した吸収液（40 mL）を 50 mL に薄めて分析用試料溶液とした場合．ここに示した定量範囲は，試料ガスの標準採取量，分析用試料溶液および検量線の最適範囲から求めたものである．定量範囲を超える濃度を測定する場合には，分析用試料溶液を定量範囲内に入るよう希釈して測定する．

*2　この表に示す mg/m^3 および volppm は，標準状態［273.15 K（0°C），101.32 kPa］における質量濃度および体積濃度である．

*3　この表の方法のほかに，二塩化 3,3′-ジメチルベンジジニウム吸光光度法（*o*-トリジン吸光光度法）（附属書A）および検知管法（附属書B）がある．

▶答（4）

問題 2　【令和4年 問9】

JIS による排ガス中の塩素分析方法を，定量範囲の下限の小さい順に並べたとき，正しいものはどれか．

IC法：イオンクロマトグラフ法

PCP吸光光度法：4-ピリジンカルボン酸-ピラゾロン吸光光度法

ABTS吸光光度法：2,2′-アジノビス（3-エチルベンゾチアゾリン-6-スルホン酸）吸光光度法

(1) IC法 ＜ PCP吸光光度法 ＜ ABTS吸光光度法
(2) IC法 ＜ ABTS吸光光度法 ＜ PCP吸光光度法
(3) ABTS吸光光度法 ＜ IC法 ＜ PCP吸光光度法
(4) PCP吸光光度法 ＜ ABTS吸光光度法 ＜ IC法
(5) ABTS吸光光度法 ＜ PCP吸光光度法 ＜ IC法

解説　各分析法の定量範囲は次のとおりである（各塩素分析方法の概要は表 5.2 を参照）．

IC法：イオンクロマトグラフ法　0.40 ～ 7.9 ppm

PCP吸光光度法：4-ピリジンカルボン酸-ピラゾロン吸光光度法　0.08 ～ 1.6 ppm

ABTS吸光光度法：2,2′-アジノビス（3-エチルベンゾチアゾリン-6-スルホン酸）吸光光度法　0.03 ～ 0.63 ppm

以上から定量範囲の下限の小さい順は，次のとおりである．

ABTS吸光光度法 < PCP吸光光度法 < IC法

以上から（5）が正解．

▶答（5）

問題3

【令和3年 問8】

JISによる排ガス中の塩素分析方法に関する記述中，下線を付した箇所のうち，誤っているものはどれか．

試料ガス中の塩素を(1)水酸化ナトリウム溶液に吸収した液を分析用試料溶液とする．これに少量の(2)シアン化カリウム溶液と(3)水酸化カリウム溶液を加え(4)シアン酸イオンとした後，(5)イオンクロマトグラフ法で測定し，試料ガス濃度を求める．

解説（1）誤り．「*p*-トルエンスルホンアミド」である．

（2）～（5）正しい．

イオンクロマトグラフ法は，シアン酸イオン（OCN^-）を陰イオン交換樹脂でいったん吸着し，次に溶離液でその吸着を溶離させるが，溶離の程度がイオンによって異なるため，イオンが分離する現象を利用した分析方法である．

▶答（1）

問題4

【平成30年 問8】

JISのイオンクロマトグラフ法による排ガス中の塩素分析方法に関する記述として，誤っているものはどれか．

（1）吸収液中で生成する塩化物イオンを測定する．

（2）溶離液の例として，炭酸水素塩–炭酸塩溶液がある．

（3）サプレッサーは，バックグラウンドとなる溶離液の電気伝導度を低減する装置である．

（4）塩素標準液中の有効塩素は，チオ硫酸ナトリウム溶液による滴定で求める．

（5）硫化物などの還元性ガスの影響を受けるが，NO_2の影響は受けない．

解説（1）誤り．塩素のイオンクロマトグラフ法は，塩素がすべて水中でイオンとならないので，塩素と*p*-トルエンスルホンアミドとの反応で生成した塩化シアンをシアン酸イオンに酸化した後に，シアン酸イオンのピーク面積から塩素ガス濃度を求める．塩化物イオンではない．

（2）正しい．溶離液（いったん陰イオン樹脂に吸着したシアン酸イオンを脱離するための溶液）の例として，炭酸水素塩–炭酸塩溶液がある．

(3) 正しい．サプレッサー（多数の陽イオンがあるので目的イオンのピークが不明確となるのを防ぐための装置）は，バックグラウンドとなる溶離液の電気伝導度を低減する装置である．
(4) 正しい．塩素標準液中の有効塩素は，チオ硫酸ナトリウム溶液による滴定で求める．
(5) 正しい．硫化物などの還元性ガスの影響を受けるが，NO_2の影響は受けない．

▶答（1）

■ 5.4.3 排ガス中の塩化水素分析方法

問題1 【令和5年 問9】

JISによる排ガス中の塩化水素分析方法に関する記述として，誤っているものはどれか．

(1) イオンクロマトグラフ法では，試料ガス中の塩化水素を水に吸収させる．
(2) 硝酸銀滴定法では，試料ガス中の塩化水素を水酸化カリウム溶液に吸収させる．
(3) イオン電極法では，試料ガス中の塩化水素を硝酸カリウム溶液に吸収させる．
(4) イオンクロマトグラフ法では，塩化物イオン，硝酸イオン，亜硝酸イオン，硫酸イオンなどを同時に定量できる．
(5) 硝酸銀滴定法では，チオシアン酸アンモニウム溶液が滴定に用いられる．

解説 (1) 正しい．イオンクロマトグラフ法では，試料ガス中の塩化水素（HCl）を水に吸収させる．Cl^-を測定することになる（**表5.3**参照）．

表5.3 排ガス中の塩化水素分析方法の種類および概要 [18)]

分析方法の種類	分析方法の概要			適用条件
	要旨	試料採取	定量範囲 vol ppm〔mg/m^3〕	
イオンクロマトグラフ法	試料ガス中の塩化水素を水に吸収させた後，イオンクロマトグラフに注入し，クロマトグラムを記録する．	吸収瓶法 吸収液：水 液量：25 mL*1 × 2本 または 50 mL*2 × 2本 試料ガス採取量：20 L	0.4 ～ 7.9*3 (0.6 ～ 13) 6.3 ～ 160 (10 ～ 260)	試料ガス中に硫化物等の還元性ガスが高濃度に共存するとその影響を受けるので，その影響を無視または除去できる場合

表 5.3　排ガス中の塩化水素分析方法の種類および概要[18]（つづき）

分析方法の種類	分析方法の概要			適用条件
	要旨	試料採取	定量範囲 vol ppm〔mg/m^3〕	
硝酸銀滴定法	試料ガス中の塩化水素を水酸化ナトリウム溶液に吸収させた後，微酸性にして硝酸銀溶液を加え，チオシアン酸アンモニウム溶液で滴定する．	吸収瓶法 吸収液：0.1 mol/L 水酸化ナトリウム溶液 液量：50 mL*2 × 2 本 試料ガス採取量：80 L	140 ～ 2,800*4 (230 ～ 4,600)	試料ガス中に二酸化硫黄，他のハロゲン化物，シアン化物，硫化物などが共存すると影響を受けるので，その影響を無視または除去できる場合
イオン電極法	試料ガス中の塩化水素を硝酸カリウム溶液に吸収させた後，酢酸塩緩衝液を加え，塩化物イオン電極を用いて測定する．	吸収瓶法 吸収液：0.1 mol/L 硝酸カリウム溶液 液量：50 mL*2 × 2 本 試料ガス採取量：40 L	40 ～ 40,000*4 (64 ～ 64,000)	試料ガス中に他のハロゲン化物，シアン化物，硫化物などが共存すると影響を受けるので，その影響を無視または除去できる場合

*1　容量 100 mL の吸収瓶を用いたときの吸収液量．

*2　容量 250 mL の吸収瓶を用いたときの吸収液量．

*3　試料ガスを通した吸収液 50 mL を 100 mL に希釈して分析用試料溶液とした場合．ここに示した定量範囲は，試料ガスの標準採取量，分析用試料液量および検量線の最適範囲から求めたものである．この定量範囲以下の濃度を測定する場合には，濃縮カラムを用いて測定する．定量範囲を超える濃度を測定する場合には，分析用試料溶液を定量範囲内に希釈して測定する．

*4　試料ガスを通した吸収液 100 mL を 250 mL に希釈して分析用試料溶液とした場合．ここに示した定量範囲は，試料ガスの標準採取量，分析用試料液量および検量線や滴定量の最適範囲から求めたものである．

(2) 誤り．硝酸銀滴定法では，試料ガス中の塩化水素を水酸化ナトリウム（NaOH）溶液に吸収させる．「水酸化カリウム」が誤り．反応は次のとおりである．

$NaOH + HCl \rightarrow NaCl + H_2O$　水酸化ナトリウム溶液で吸収

$NaCl + AgNO_3 \rightarrow AgCl + NaNO_3$　微酸性にした硝酸銀（$AgNO_3$）を過剰添加

$AgNO_3 + NH_4SCN \rightarrow NH_4NO_3 + AgSCN$　過剰の $AgNO_3$ をチオシアン酸アンモニウム（NH_4SCN）で滴定，指示薬は Fe^{3+}（硫酸アンモニウム鉄(Ⅲ)）

$NH_4SCN + Fe^{3+} \rightarrow Fe(SCN)^{2+} + NH_4^+$　溶液の微赤色が終点で $AgNO_3$ の量から対応する HCl 濃度を求める．

(3) 正しい．イオン電極法では，試料ガス中の塩化水素を硝酸カリウム（KNO_3）溶液に吸収させる．なお，イオン電極法は，塩化物イオン電極を塩素イオンを含む溶液に浸すと塩化物イオン活量（ネルンストの式に当てはまるように修正した値）に対数比例した電位を発生することを利用した測定方法である．

(4) 正しい．イオンクロマトグラフ法では，塩化物イオン，硝酸イオン，亜硝酸イオン，硫酸イオンなどを保持時間が異なることにより分離できるので，それぞれのピークから同時に定量できる．

(5) 正しい．硝酸銀滴定法では，チオシアン酸アンモニウム（NH_4SCN）溶液が滴定に用いられる．

▶答（2）

題2 【令和3年 問9】

JISのイオンクロマトグラフ法による排ガス中の塩化水素分析方法に関する記述として，誤っているものはどれか．

(1) 塩化物イオン，亜硝酸イオン，硝酸イオン，硫酸イオンなどの陰イオンを同時に定量できる．

(2) 試料ガス中に硫化物などの還元性ガスが高濃度に共存するとその影響を受ける．

(3) 試料ガス中の塩化水素の吸収液には，水が使用される．

(4) 塩化物イオン標準液（Cl^-：1 mg/mL）の調製には，塩化カリウムが用いられる．

(5) 検出器には，電気伝導度検出器が使用される．

解説 (1) 正しい．イオンクロマトグラフ法はイオンであれば塩化物イオン，亜硝酸イオン，硝酸イオン，硫酸イオンなどの陰イオンを同時に定量できる．

(2) 正しい．試料ガス中に硫化物などの還元性ガスが高濃度に共存するとその影響を受ける．

(3) 正しい．試料ガス中の塩化水素の吸収液には，水が使用される．

(4) 誤り．塩化物イオン標準液（Cl^-：1 mg/mL）の調製には，塩化ナトリウムが用いられる．

(5) 正しい．検出器には，電気伝導度検出器が使用される．この検出器の原理は，溶離液の電気伝導度を連続で測定しているとき，そこに塩化物イオンが入ってくれば電気伝導度が上昇することになるためピークが生じるので，このピークの大きさから濃度を知るものである．

▶答（4）

問題3 【令和2年 問9】

JISによる排ガス中の塩化水素分析方法を，定量下限の小さいものから順に並べたとき，正しいものはどれか．

(1) 硝酸銀滴定法 ＜ イオンクロマトグラフ法 ＜ イオン電極法

(2) 硝酸銀滴定法 ＜ イオン電極法 ＜ イオンクロマトグラフ法

(3) イオン電極法 ＜ 硝酸銀滴定法 ＜ イオンクロマトグラフ法

(4) イオンクロマトグラフ法 ＜ イオン電極法 ＜ 硝酸銀滴定法

(5) イオンクロマトグラフ法 ＜ 硝酸銀滴定法 ＜ イオン電極法

解説 塩化水素の各分析法の定量下限は，次のとおりである．

硝酸銀滴定法	140 ppm
イオンクロマトグラフ法	0.4 ppm
イオン電極法	40 ppm

以上から（4）が正解．

▶答（4）

題 4 【平成 30 年 問 9】

JIS による排ガス中の塩化水素分析方法に関する記述として，誤っているものはどれか．

（1）イオンクロマトグラフ法では，試料ガス中の塩化水素を水に吸収させる．

（2）イオン電極法では，塩化水素の吸収液として，水酸化ナトリウム溶液が使用される．

（3）イオンクロマトグラフ法では，塩化物イオン，硝酸イオン，亜硝酸イオン，硫酸イオンなどを同時に定量できる．

（4）イオン電極法では塩化物イオン電極が，イオンクロマトグラフ法では電気伝導度検出器が，検出器として使用される．

（5）硝酸銀滴定法は，イオンクロマトグラフ法よりも定量範囲の下限値が高い．

解説（1）正しい．イオンクロマトグラフ法では，試料ガス中の塩化水素を水に吸収させる．

（2）誤り．イオン電極法では，塩化水素の吸収液として，硝酸カリウム溶液が使用される．

（3）正しい．イオンクロマトグラフ法では，イオンの種類ごとに分離するので，塩化物イオン，硝酸イオン，亜硝酸イオン，硫酸イオンなどを同時に定量できる．

（4）正しい．イオン電極法では塩化物イオン電極が，イオンクロマトグラフ法では電気伝導度検出器が，検出器として使用される．

（5）正しい．硝酸銀滴定法（測定範囲：140 ～ 2,800 vol ppm）は，イオンクロマトグラフ法（0.4 ～ 160 vol ppm）よりも定量範囲の下限値が高い．

▶答（2）

■ 5.4.4 排ガス中のカドミウムおよび鉛の分析方法

題 1 【令和 5 年 問 10】

JIS による排ガス中のカドミウム分析方法（ICP 質量分析法）に関する記述として，誤っているものはどれか．

（1）カドミウムの質量/荷電数におけるイオンカウントを測定する．

（2）内標準物質として硝酸パラジウム（II）を用いる．

(3) JISに規定されたカドミウム分析方法の中で，適用濃度範囲の下限が最も小さい.
(4) 酸化モリブデンは妨害成分である.
(5) 鉛，ニッケル，マンガン及びバナジウムを同時に定量できる.

解説 ICP質量分析法は，ICP（Inductively Coupled Plasma：誘導結合プラズマ）の高温のプラズマ中で金属をイオン化し，電場または磁場によって目的イオンを質量差（質量/荷電数）で分離して検出する．内標準物質（または内標準元素）（イットリウム）は目的元素と物理・化学的性質がよく似たもので，同時測定から目的元素と内標準物質の吸光度比を求めて検量線（内標準法）を作成する（**図 5.15**(b) 参照）.

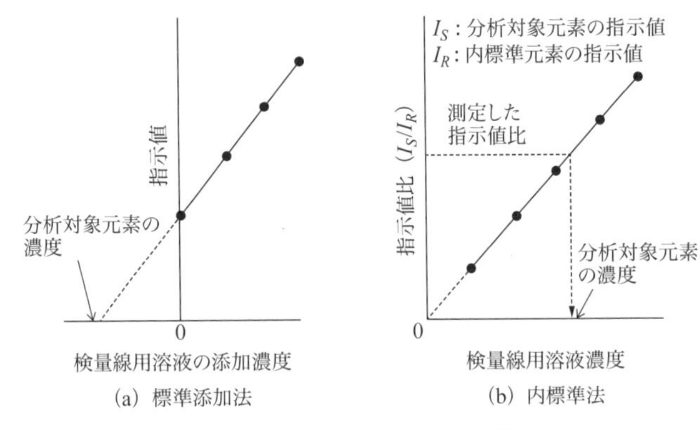

図 5.15　標準添加法と内標準法 [10)]

(1) 正しい．カドミウムの質量/荷電数におけるイオンカウントを測定する.
(2) 誤り．ICP質量分析法の検量線で使用する内標準物質（または内標準元素）はイットリウム（Y）溶液を用いる．硝酸パラジウム(II)（$Pd(NO_3)_2$）は，電気加熱原子吸光度の検量線である標準添加法（分析対象元素が異なった濃度として含まれるように検量線用溶液を試料に添加し，図 5.15(a) のグラフを作成し，検量線の延長線が横軸と交わる点から分析対象元素の濃度を求めるもの）に用いる.
(3) 正しい．JISに規定されたカドミウム分析方法の中で，ICP質量分析法が適用濃度範囲の下限（0.3 μg/L）が最も小さい（**表 5.4** 参照）.
(4) 正しい．酸化モリブデン（MoO_3）は妨害成分である．なお，すずも妨害成分である.
(5) 正しい．鉛，ニッケル，マンガンおよびバナジウムを同時に定量できる.

表5.4　カドミウム，鉛の分析方法の概要[18]

		測定原理	適用濃度範囲	測定条件	妨害成分
フレーム原子吸光法	カドミウム	加熱によって解離した原子による光の吸収を測定する．	0.05 ～ 2 mg/L	使用炎：アセチレン–空気 波長 228.8 nm	アルカリ金属（カドミウムの場合，塩化ナトリウム）
	鉛	同上	1 ～ 20 mg/L	使用炎：アセチレン–空気 波長 283.3 nm	
電気加熱原子吸光法	カドミウム	電気加熱炉中でのカドミウムによる原子吸光を測定する．	0.5 ～ 10 μg/L	波長 228.8 nm	酸，塩の種類および濃度に依存
	鉛	電気加熱炉中での鉛による原子吸光を測定する．	5 ～ 100 μg/L	波長 283.3 nm	
ICP発光分光分析法	カドミウム	誘導結合プラズマ中でのカドミウムの発光を測定する．	0.010 ～ 2 mg/L	波長 214.438 nm	ナトリウム，カリウム，マグネシウム，カルシウム（高濃度）
	鉛	誘導結合プラズマ中での鉛の発光を測定する．	0.1 ～ 2 mg/L	波長 220.351 nm	ナトリウム，カリウム，マグネシウム，カルシウム（高濃度）
ICP質量分析法	カドミウム	誘導結合プラズマ中でのカドミウムおよび内標準物質のそれぞれの質量/荷電数におけるイオンカウントを測定する．	0.3 ～ 500 μg/L		酸化モリブデン，すず
	鉛	誘導結合プラズマ中での鉛および内標準物質のそれぞれの質量/荷電数におけるイオンカウントを測定する．	0.3 ～ 500 μg/L		酸化白金

注）妨害成分に関しては代表的なものを示す．また，妨害成分があっても試料調整等により同時測定できるものがあるためJIS参照のこと．

▶答（2）

問題2　【令和4年 問10】

JISによる排ガス中のカドミウム分析方法（電気加熱原子吸光法）に関する記述として，誤っているものはどれか．

(1) 測定波長はフレーム原子吸光法の場合と同じである．

(2) マトリックスモディファイヤーとして硝酸パラジウム(II)を用いる．

(3) 試料注入後，乾燥，灰化，原子化し，波長228.8 nmにおける指示値（吸光度又はその比例値）を読み取る．
(4) 検量線法によって定量する．
(5) JISに規定されるカドミウム分析方法の中で，適用濃度範囲の上限が最も小さい．

解説 (1) 正しい．電気加熱原子吸光法におけるカドミウムの測定波長（228.8 nm）は，フレーム原子吸光法の場合と同じである．なお，フレーム原子吸光法は，アセチレン・空気フレームの中に試料を噴霧すると，高温中でカドミウムが原子状態となり，カドミウムの吸収波長（測定波長）に相当する光を通すと，光を濃度に比例して吸収（吸光度の場合）することから濃度を測定する方法である．電気加熱原子吸光法は，フレームの代わりに，黒鉛や耐熱金属を発熱体とする炉を用い，電気的に加熱して試料溶液を乾燥，灰化，原子化して検出するものであり，フレームがないので高い感度が得られる．

(2) 正しい．マトリックスモディファイヤー（分析対象以外の物質による影響を抑制して感度や再現性を向上させるもの）として硝酸パラジウム(II)を用いる．

(3) 正しい．試料注入後，乾燥，灰化，原子化し，波長228.8 nmにおける指示値（吸光度またはその比例値）を読み取る．

(4) 誤り．定量は，標準添加法（図5.15参照）による．標準添加法は，分析対象元素が異なった濃度として含まれるように検量線用溶液を試料に添加し，図5.15のグラフを作成し，検量線の延長線が横軸と交わる点から分析対象元素の濃度を求めるものである．なお，検量線法（**図5.16**参照）は，濃度の異なった3種類以上の標準液をフレーム中に導入して，その吸光度を測定して濃度と吸光度の関係線（検量線）を作成し，次に試料溶液の吸光度から検量線を用いて定量するものである．

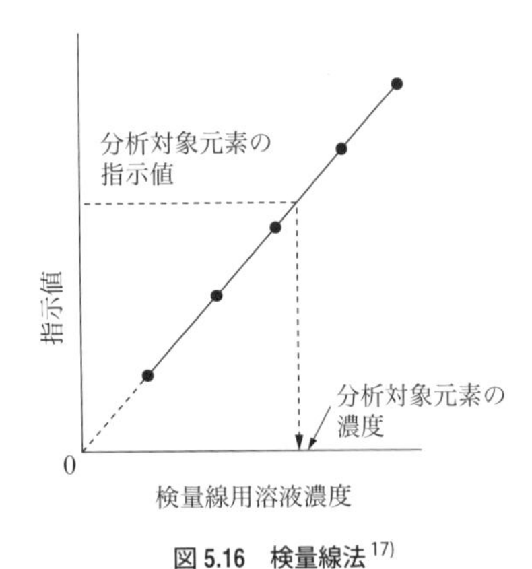

図5.16 検量線法 [17]

(5) 正しい．各カドミウム分析方法の適用濃度範囲は，次のとおりである．

フレーム原子吸光法	0.05 ～ 2 mg/L
電気加熱原子吸光法	0.5 ～ 10 μg/L
ICP発光分光分析	0.010 ～ 2 mg/L
ICP質量分析	0.3 ～ 500 μg/L

以上から，電気加熱原子吸光法の適用濃度範囲の上限が最も小さい．

▶答 (4)

問題3 【令和3年 問10】

JISによる排ガス中のカドミウム分析方法を，その適用濃度範囲の下限の小さい順に並べたとき，正しいものはどれか.

(1) フレーム原子吸光法 < ICP質量分析法 < ICP発光分光分析法
(2) ICP発光分光分析法 < ICP質量分析法 < フレーム原子吸光法
(3) ICP発光分光分析法 < フレーム原子吸光法 < ICP質量分析法
(4) ICP質量分析法 < フレーム原子吸光法 < ICP発光分光分析法
(5) ICP質量分析法 < ICP発光分光分析法 < フレーム原子吸光法

解説 JISによる排ガス中のカドミウム分析方法の測定原理と，その適用濃度範囲は次のとおりである.

1. フレーム原子吸光法は，高温のアセチレン–空気のフレームで原子状態になったカドミウムが，波長228.8 nmの紫外線を吸収して励起状態に遷移するが，濃度に応じて吸収程度が異なることを利用した分析法である．適用濃度範囲は0.05～2 mg/Lである.
2. ICP（Inductively Coupled Plasma：誘導結合プラズマ）発光分光分析法では，試料溶液を誘導結合プラズマ中に噴霧し，高温でカドミウムを励起状態（イオン状態）にして，それらが基底状態に戻るときに発光する紫外線214.438 nmを測定する方法である．適用濃度範囲は0.010～2 mg/Lである.
3. ICP質量分析は，ICPの中でカドミウムをイオン化し，電場または磁場によって目的イオンを質量差で分離して検出する装置である．適用濃度範囲は0.3～500 μg/Lである.

以上から（5）が正解.

▶答（5）

問題4 【令和2年 問10】

JISによる排ガス中の鉛分析方法と分析操作に用いる部品，試薬等との組合せとして，誤っているものはどれか.

	（分析方法）	（部品，試薬等）
(1)	電気加熱原子吸光法	硝酸インジウム
(2)	フレーム原子吸光法	アセチレン–空気
(3)	フレーム原子吸光法	鉛中空陰極ランプ
(4)	ICP発光分光分析法	トーチ及び誘導コイル
(5)	ICP質量分析法	イットリウム溶液

解説 (1) 誤り．鉛の電気加熱原子吸光法では，試料溶液のマトリックスモディファイヤー（試料中の妨害成分による干渉を抑制する物質）として硝酸パラジウムを使用す

る．「硝酸インジウム」ではない．

(2) 正しい．フレーム原子吸光法では，フレームにアセチレン–空気を使用する．

(3) 正しい．フレーム原子吸光法では，鉛を鉛中空陰極ランプに使用する．中空陰極ランプは，**図 5.17** のように陰極が中空となって分析対象金属またはその合金で作成されており，電流を通じると陰極から金属原子が放出され，アルゴンまたはネオンなどの封入ガスと衝突して励起状態になり，それが基底状態に遷移するとき，その金属固有の線スペクトルを放出するものである．

(4) 正しい．ICP発光分光分析法は，アルゴンガスを流しながらトーチ上部の高周波誘導コイル（**図 5.18** 参照）によって高周波をかけ，アルゴンのプラズマを発生させるものである．

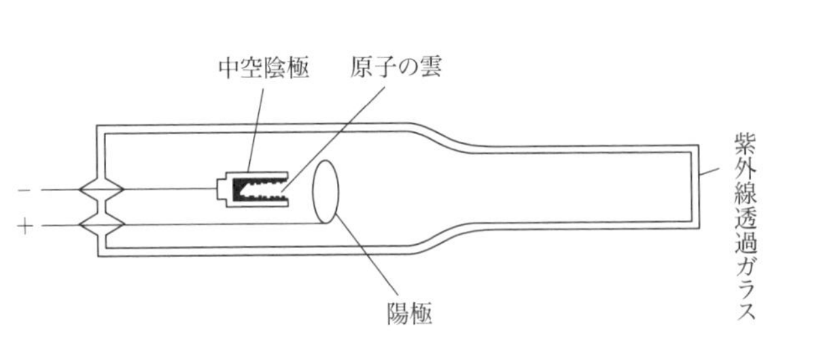

図 5.17　中空陰極放電ランプ

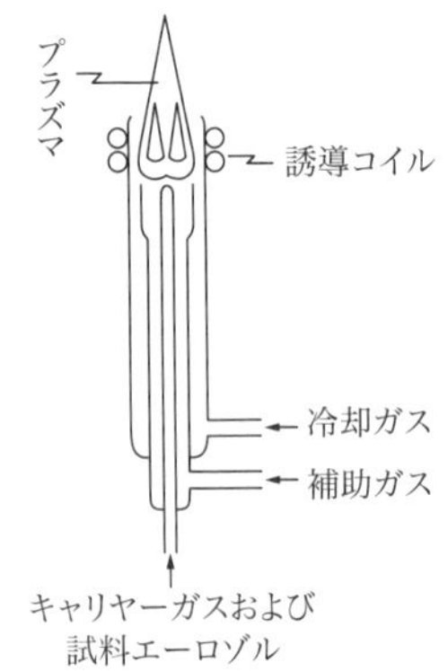

図 5.18　プラズマトーチの構成図

(5) 正しい．ICP質量分析法では，内標準物質としてイットリウム溶液を使用する．なお，内標準物質とは，分析試料中に加える物質で目的元素と物理・化学的性質がよく似たもので，目的元素との吸光度比を求める同時測定から検量線（内標準法，図 5.15 (b) 参照）を作成する場合に使用する物質である．　▶答（1）

問題 5　【令和元年 問 9】

JISのフレーム原子吸光法による排ガス中のカドミウムの分析方法に関する記述中，下線を付した箇所のうち，誤っているものはどれか．

試料溶液を(1)アセチレン–空気フレーム中に噴霧し，カドミウムによる原子吸光を波長 228.8 nm で測定する．光源には通常(2)重水素ランプが使用される．カドミウムの濃度が低いときは，(3)溶媒抽出濃縮を行い，得られた溶液について(4)吸光度を測定する．あらかじめ作成した(5)検量線を用いて，カドミウム濃度を算出する．

 (1) 正しい．

(2) 誤り．中空陰極ランプを使用する．中空陰極ランプは，図 5.17 のように陰極が中空となって分析対象金属またはその合金で作成されており，電流を通じると陰極から金属原子が放出され，アルゴンまたはネオンなどの封入ガスと衝突して励起状態になり，それが基底状態に遷移するとき，その金属固有の線スペクトルを放出するものである．

(3) ～ (5) 正しい． ▶答 (2)

問題6 【令和元年 問10】

JIS の ICP 質量分析法による排ガス中の鉛の分析方法に関する記述として，誤っているものはどれか．

(1) 試料溶液は，硝酸の最終濃度が 0.1 ～ 0.5 mol/L になるように調整する．

(2) 内標準物質として，試料溶液にイットリウム溶液を加える．

(3) 鉛及び内標準物質のそれぞれの質量／荷電数におけるイオンカウントを測定し，その比を求めて鉛を定量する．

(4) ニッケルやマンガンなども同時に定量できる．

(5) 他の鉛の分析方法と比べて，適用濃度範囲の下限が最も高い．

解説 (1) 正しい．試料溶液は，硝酸の最終濃度が 0.1 ～ 0.5 mol/L になるように調整する．

(2) 正しい．ICP 質量分析法は，ICP（Inductively Coupled Plasma：誘導結合プラズマ）の高温のプラズマ中で金属をイオン化し，電場または磁場によって目的イオンを質量差で分離して検出する方法である．内標準物質（イットリウム）は標的元素と物理・化学的性質がよく似たもので，同時測定から目的元素と内標準物質の吸光度比を求めて検量線を作成する（内標準法）（図 5.15(b) 参照）．

(3) 正しい．鉛および内標準物質のそれぞれの質量／荷電数におけるイオンカウントを測定し，その比を求めて鉛を定量する．

(4) 正しい．鉛と質量が異なるため，ニッケルやマンガンなども同時に定量できる．

(5) 誤り．他の鉛の分析方法（フレーム原子吸光法，電気加熱原子吸光法，ICP 発光分光分析法）と比べて，適用濃度範囲の下限（0.3 μg/L）が最も低い． ▶答 (5)

問題7 【平成30年 問10】

JIS の ICP 発光分光分析法による排ガス中のカドミウム分析方法に関する記述として，誤っているものはどれか．

(1) 試料の採取は，排ガス中のダスト濃度の測定方法に準じて行う．

(2) 分析用試料溶液の調製には一般に湿式分解が用いられる．

(3) プラズマを形成するためのガスには，ヘリウムを用いる．

(4) 試料溶液は，誘導結合プラズマ中にミストとして導入される．
(5) カドミウムの他に，鉛，ニッケルなどを同時に定量することができる．

解説 (1) 正しい．試料の採取は，排ガス中のダスト濃度の測定方法に準じて行う．
(2) 正しい．分析用試料溶液の調製には一般に湿式分解（硝酸を使用して溶解する方法）が用いられる．
(3) 誤り．プラズマを形成するためのガスには，アルゴンを用いる（図5.18参照）．
(4) 正しい．試料溶液は，誘導結合プラズマ中にミストとして導入される．
(5) 正しい．ICP（Inductively Coupled Plasma：誘導結合プラズマ）発光分析法は，試料溶液を誘導結合プラズマ中に噴霧し，カドミウムまたは鉛を高温で励起状態にして，それらが基底状態に戻るときの発光を測定する方法である．発光波長は，金属の種類によって異なるため，カドミウムの他に，鉛，ニッケルなどを同時に定量することができる．

▶答 (3)

第6章

大規模大気特論

6.1 大気拡散の基礎的取扱い

問題1 【令和5年 問1】

ダウンウォッシュの発生に関する記述として，誤っているものはどれか．

(1) 煙が煙突の背後や，付近の建造物によって発生する渦に巻き込まれ，下降する現象である．

(2) 発生した場合，非発生時に比べ着地濃度が高くなる．

(3) 発生の有無は，煙の吐出速度や排出口高さの風速の影響を受ける．

(4) 周囲の建造物の影響を避けるには，煙突高さがその2.5倍以上あることが望ましい．

(5) 煙突や付近の建造物による発生の有無の判定に関しては，ブリッグスによる簡易推定法がある．

解説 (1) 正しい．ダウンウォッシュとは，**図6.1**のように，煙が煙突の背後や，付近の建造物によって発生する渦に巻き込まれ，下降する現象である．なお，建物で発生する場合は，ダウンドラフトとも呼ばれる．

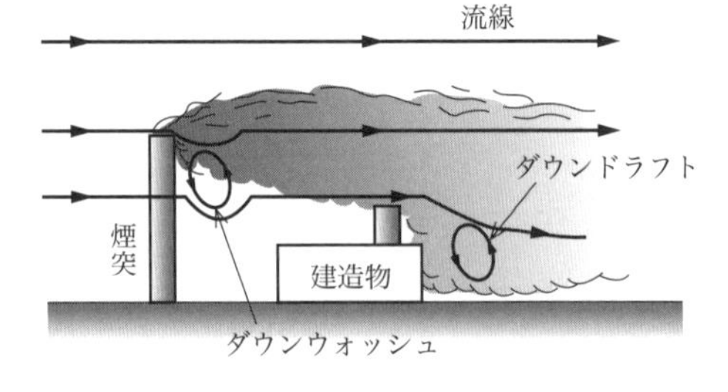

図6.1 ダウンウォッシュ，ダウンドラフト

(2) 正しい．発生した場合，非発生時に比べ着地濃度が高くなる．

(3) 正しい．発生の有無は，煙の吐出速度や排出口高さの風速の影響を受ける．発生を防ぐには，煙の吐出速度を風速の1.5倍以上にすることが有効とされている．

(4) 正しい．周囲の建造物の影響を避けるには，煙突高さがその2.5倍以上あることが望ましい．

(5) 誤り．煙突による発生の有無の判定に関しては，ブリッグスによる簡易推定法がある．「付近の建造物」が誤り．

$$H' = H + 2D(v_g/u - 1.5) \qquad v_g < 1.5u$$

$$H' = H \qquad v_g \geqq 1.5u$$

ここに，H'：ダウンウォッシュのある煙突高さ，H：煙突高さ，D：煙突直径，v_g：排ガスの吐出速度，u：風速

▶答 (5)

問題2

【令和4年 問3】

水平方向の煙の拡散幅に関する記述中，（ア）～（ウ）の ＿＿ の中に挿入すべき語句の組合せとして，正しいものはどれか．

風向の時間変化や [（ア）] は水平方向の煙の拡散幅を増大させ，その拡散幅は [（イ）] とともに大きくなる．これらは時間スケールの大きな乱流の一種であるが，総観的な気圧配置や風上の [（ウ）] に起因する場合がある．

	（ア）	（イ）	（ウ）
(1)	風速の乱れ	平均化時間	海面や湖面の存在
(2)	風速の乱れ	変動周期	雷雨などの局地現象
(3)	気流の波動	気温の低下	山岳などの地形
(4)	気流の蛇行	平均化時間	山岳などの地形
(5)	気流の蛇行	気温の低下	海面や湖面の存在

解説 （ア）「気流の蛇行」である．

（イ）「平均化時間」である．

（ウ）「山岳などの地形」である．

以上から（4）が正解．

▶ 答（4）

問題3

【令和4年 問4】

煙突から排出される煙の上昇，及び上昇高さの計算式に関する記述として，誤っているものはどれか．

(1) ダウンウォッシュを起こさずに大気中に排出された煙は，運動量と浮力の効果で上昇しながら，風に流されつつ拡散する．

(2) 大容量火力発電所から排出された煙は，風下距離1～2 kmまで上昇し続けることが，観測により確認されている．

(3) モーゼスとカーソンの式及びコンカウの式では，大気安定度の影響が考慮されている．

(4) ボサンケらの式は，式の煩雑さの反面，精度がよくないことが知られている．

(5) 無風時を対象としたブリッグスの式では，大気の温位勾配に応じて上昇高さが変化する．

解説 (1) 正しい．ダウンウォッシュは，図6.1に示すように風速がある一定を超えると，煙突の風下で煙が煙突の背後を下降する現象である．ダウンウォッシュを起こさずに大気中に排出された煙は，運動量と浮力の効果で上昇しながら，風に流されつつ拡散する．

(2) 正しい．大容量火力発電所から排出された煙は，風下距離 1 ～ 2 km まで上昇し続けることが，観測により確認されている．

(3) 誤り．モーゼスとカーソンの式には，次に示すように大気安定度が考慮されている．コンカウの式では，大気安定度の影響が考慮されておらず，排出熱量と平均風速だけである．

モーゼスとカーソン（Moses&Carson）の式

$$\Delta H = (C_1 v_g D + C_2 Q_H{}^{1/2})/u$$

ここに，C_1，C_2：安定度によって決まる係数，v_g：吐出速度，D：煙突出口径，
Q_H：排出熱量，u：平均風速

運動量の項は，$C_1 v_g D$ であり，浮力の項は $C_2 Q_H{}^{1/2}$ である．

コンカウ（CONCAWE）の式

$$\Delta H = 0.0854 Q_H{}^{1/2}/u^{3/4}$$

ここに，Q_H：排出熱量，u：平均風速

(4) 正しい．ボサンケらの式は，次の式で示されるが，式の煩雑さの反面，精度がよくないことが知られている．

$$H_m = 4.77/(1 + 0.43u/v_g) \times \sqrt{Q_{T1} v_g}/u$$

$$H_t = 6.37g \times Q_{T1} \Delta T/(u^3 T_1) \times (\ln J^2 + 2/J - 2)$$

$$J = u^2/\sqrt{Q_{T1} v_g} \times (0.43\sqrt{T_1/(g(\mathrm{d}\theta/\mathrm{dz}))} - 0.28 v_g/g \times T_1/\Delta T) + 1$$

ここに，H_m：運動量による上昇高さ〔m〕，H_t：浮力による上昇高さ〔m〕，
u：平均風速〔m/s〕，v_g：吐出速度〔m/s〕，
Q_{T1}：温度 T_1 における排ガス量〔$\mathrm{m^3/s}$〕，
T_1：排ガス密度が大気密度と等しくなる温度〔K〕
（普通 T_1 は大気温度と考えてよい），
ΔT：排ガス温度と T_1 との温度差〔°C〕，g：重力加速度（$= 9.81\ \mathrm{m/s^2}$），
$\mathrm{d}\theta/\mathrm{dz}$：大気の温位勾配〔°C/m〕

(5) 正しい．ブリッグスの式では，無風時に次のように表され，大気の温位勾配に応じて上昇高さが変化する．

$$\Delta H = 0.98 Q_H{}^{1/4} (\mathrm{d}\theta/\mathrm{dz})^{-3/8}$$

ここに，Q_H：排出熱量，$\mathrm{d}\theta/\mathrm{dz}$：温位勾配

▶答（3）

問題 4　【令和 3 年 問 1】

ダウンウォッシュが起きない場合の煙の上昇に関する記述として，誤っているものはどれか．

(1) 排煙は通常，煙突の真上の有効煙突高さから，水平方向に風で運ばれながら拡散するものとみなされる．

(2) 実煙突高さに煙の上昇高さを加えたものが有効煙突高さである.
(3) 上昇高さは，一般に排出口における運動量と浮力の効果を見積もった上昇式で計算される.
(4) 上昇式によっては，浮力の効果を無視している場合もあるが，運動量の効果は必ず含まれる.
(5) 風速は，常に上昇高さを小さくする効果を持つ一方，無風に近いときは有風時と異なる体系の上昇式が必要になる.

解説 ダウンウォッシュは，図6.1に示すように風速がある一定を超えると，煙突の風下で煙が煙突の背後を下降する現象をいう．なお，建物の場合はダウンドラフトと呼んでいる．

(1) 正しい．排煙は通常，**図6.2**に示すように煙突の真上の有効煙突高さ（H_e）から，水平方向に風で運ばれながら拡散するものとみなされる．

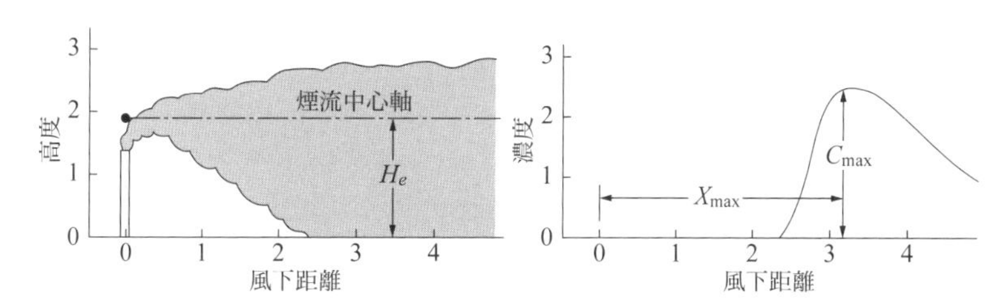

H_e：有効煙突高さ
C_{max}：最大着地濃度
X_{max}：C_{max}の出現する風下距離
濃度，風下距離，高度は比例単位である．

図 6.2 煙突の風下軸上における着地濃度 [5)]

(2) 正しい．実煙突高さ（H_0）に煙の上昇高さ（ΔH）を加えたものが有効煙突高さ（H_e）である．$H_e = H_0 + \Delta H$

(3) 正しい．モーゼスとカーソンの上昇高さは，次式で示すように一般に排出口における運動量と浮力の効果を見積もった上昇式で計算される．

$$\Delta H = (C_1 v_g D + C_2 Q_H^{1/2})/u$$

ここに，C_1，C_2：安定度によって決まる係数，v_g：吐出速度，
D：煙突出口径，Q_H：排出熱量，u：平均風速

運動量の項は，$C_1 v_g D$であり，浮力の項は$C_2 Q_H^{1/2}$である．

(4) 誤り．上昇式によっては，運動量の効果を無視している場合もあるが，浮力の効果は必ず含まれる．

① コンカウ（CONCAWE）の次の式は，浮力のみ含まれ，有風時に使用される．

$$\Delta H = 0.0854 Q_H{}^{1/2} / u^{3/4}$$

ここに，Q_H：排出熱量，u：平均風速

② ブリッグスの無風時用の排ガス上昇式は次のように，浮力の効果で表される．

$$\Delta H = 0.98 Q_H{}^{1/4} (\mathrm{d}\theta/\mathrm{d}z)^{-3/8}$$

ここに，Q_H：排出熱量，$\mathrm{d}\theta/\mathrm{d}z$：温位勾配

(5) 正しい．風速は，常に上昇高さを小さくする効果を持つ一方，無風に近いときは有風時と異なる体系の上昇式が必要になる．上述のブリッグスの式で有風時では次の式が与えられている．

安定時　$\Delta H = 2.6 F^{1/3} (g/T \times \mathrm{d}\theta/\mathrm{d}z)^{-1/3} u^{-1/3}$

中立・不安定　$\Delta H = 1.6 F^{1/3} u^{-1} x_*{}^{2/3}$

ここに，F：浮力フラックス（$= 8.83 \times 10^{-6} Q_H$），$g$：重力加速度，
x_*：排煙が最大高さに達する風下距離

▶答（4）

問題5　【令和2年 問1】

大気の熱的性質に関する記述中，（ア）～（ウ）の [　　] の中に挿入すべき語句・数値の組合せとして，正しいものはどれか．

任意の高度にある気塊（きかい）を断熱的に，仮に地面付近（気圧 1,000 hPa の高度）に持ってきたときの温度θを，その気塊の [（ア）] と定義する．[（ア）] が一定な低層大気層の気温減率は，一般に記号γ_dで表される [（イ）] に等しく，その数値（絶対値）はおおむね [（ウ）]（°C/m）である．

	（ア）	（イ）	（ウ）
(1)	地上標準温度	標準大気	0
(2)	地上標準温度	断熱昇温率	1
(3)	基準面温度	乾燥断熱減率	0.1
(4)	基準面温度	断熱減率	0.01
(5)	温位	乾燥断熱減率	0.01

解説（ア）「温位」である．

（イ）「乾燥断熱減率」である．

（ウ）「0.01」である．

以上から（5）が正解．

▶答（5）

題6　【令和2年 問2】

風向変動と気流の蛇行に関する記述中，（ア）～（ウ）の [　　] の中に挿入すべき

語句・数値の組合せとして，正しいものはどれか．

風向の時間変化，気流の蛇行は時間スケールの大きな乱流の一種であり，煙流の水平拡散幅σ_yは（ア）が増すとともに（ア）のx乗に比例して増大する．（ア）の値が，SO_x，NO_xなどの大気汚染物質の拡散現象にかかわる（イ）の範囲では，xの値は約（ウ）とされている．

	（ア）	（イ）	（ウ）
(1)	平均化時間	3分から1時間	0.2
(2)	平均化時間	1時間から半日程度	1.5
(3)	渦スケール	100 m から 1 km	2.5
(4)	渦スケール	100 m から 1 km	1.5
(5)	追跡距離	100 m から 10 km	0.2

解説　（ア）「平均化時間」である．

（イ）「3分から1時間」である．

（ウ）「0.2」である．なお，平均化時間が1～100時間では0.25～0.3である．

以上から（1）が正解．

▶答（1）

問題7　【令和元年 問1】

煙の拡散に関連する記号の説明として，誤っているものはどれか．

(1) 有効煙突高さH_eは，実煙突高さに煙上昇高さを加えたものである．

(2) C_{max}は通常，煙源の風下の最大着地濃度を意味する．

(3) γ_dは気温鉛直分布における乾燥断熱減率を表す．

(4) 温位θは，気圧の低い上層などの大気を，標準気圧（1,000 hPa）のもとへ断熱的に移動したときの温度に相当する．

(5) 排出熱量Q_Hは，排ガス量と排ガスの絶対温度の積である．

解説　(1) 正しい．有効煙突高さH_eは，実煙突高さH_oに煙上昇高さ（排ガスの運動量による補正高さH_mと温度による補正高さH_tの和）を加えたものである．

$$H_e = H_o + (H_m + H_t)$$

(2) 正しい．C_{max}は通常，煙源の風下の最大着地濃度を意味する（図6.2参照）．

(3) 正しい．γ_dは気温鉛直分布における乾燥断熱減率を表す．$\gamma_d = 0.0098$°C/m で100 m上昇すれば，温度が0.98°C低下する．

(4) 正しい．温位θは，気圧の低い上層などの大気を，標準気圧（1,000 hPa）のもとへ断熱的に移動したときの温度に相当する．

(5) 誤り．排出熱量Q_H〔W〕は，排ガス量Q_v〔m^3/s〕，排ガスの定圧比熱C_p〔J/(g·K)〕，

密度ρ〔g/m^3〕および温度差ΔT〔K〕の積である.

$$Q_H = Q_v \times C_p \times \rho \times \Delta T$$

▶答 (5)

問題8 【令和元年 問2】

ダウンウォッシュに関する記述として，誤っているものはどれか.

(1) 煙突頂部で発生する場合はダウンドラフトとも呼ばれる.

(2) 発生を避けるには，煙突出口の上向き吐出速度を風速の1.5倍以上にすることが有効である.

(3) 同じ吐出速度でも，煙突出口付近の形状が複雑な場合，発生しやすくなる.

(4) 付近の建造物によっても発生することがあり，煙突高さをそれらよりも2.5倍以上高くする必要がある.

(5) ダウンウォッシュが発生すると，そうでない場合に比べ，着地濃度が高くなる.

解説 (1) 誤り．煙突頂部で発生する場合はダウンウォッシュと呼ばれる．なお，建物で発生する場合は，ダウンドラフトとも呼ばれる（図6.1参照）.

(2) 正しい．発生を避けるには，煙突出口の上向き吐出速度を風速の1.5倍以上にすることが有効である.

(3) 正しい．同じ吐出速度でも，煙突出口付近の形状が複雑な場合，発生しやすくなる.

(4) 正しい．付近の建造物によっても発生することがあり，煙突高さをそれらよりも2.5倍以上高くする必要がある.

(5) 正しい．ダウンウォッシュが発生すると，そうでない場合に比べ，着地濃度が高くなる.

▶答 (1)

問題9 【平成30年 問1】

大気汚染物質の環境濃度に関する記述中，下線を付した箇所のうち，誤っているものはどれか.

粒子状物質や(1)反応性のガスなど，汚染物質によっては(2)拡散過程に加えて(3)地物への沈着，(4)雨によるダウンウォッシュ，光化学反応などによる(5)二次汚染物質の生成などの諸過程が環境濃度を変化させる.

解説 (1)～(3) 正しい.

(4) 誤り．正しくは「雨によるウォッシュアウト」である．ダウンウォッシュは，図6.1に示すように煙が煙突や建物の影響で下降する現象をいう.

(5) 正しい．二次汚染物質は，オゾン，過酸化物質，硫酸アンモニアや硝酸アンモニア

などが代表的である．　▶答（4）

6.2 大気境界層

問題1　【令和5年 問2】

大気境界層に関する記述中，（ア）～（ウ）の［　　］の中に挿入すべき語句の組合せとして，正しいものはどれか．

高度1～2kmまでの大気層は，地表面の熱的影響や力学的影響を直接に受ける．天候が本曇りになると，昼間でも夜間でも，大気安定度は［（ア）］に近づき，［（ア）］境界層内では［（イ）］勾配によって乱流が作られる．［（ア）］境界層の厚さは，一般に数百m以下であり，高さ方向の風速分布は［（ウ）］分布則やべき乗則で表される．

	（ア）	（イ）	（ウ）
(1)	安定	風速	対数
(2)	安定	温度	指数
(3)	中立	風速	対数
(4)	中立	温度	対数
(5)	中立	風速	指数

解説　（ア）「中立」である．天候が本曇り（空一面に雲が広がった状態）になると，地表面から上空（数百m以下）にかけて温度差が小さくなるため，大気安定度は中立に近づく．

（イ）「風速」である．

（ウ）「対数」である．

対数分布則は $u(z) = (u^*/k) \times \log_e(z/z_0)$

ここに，$u(z)$：高度zでの風速〔m/s〕，u^*：摩擦速度〔m/s〕，

k：カルマン定数（＝0.41），z_0：空気力学的な地表面粗度長〔m〕

べき乗則は $u(z) = u(z_1) \times (z/z_1)^p$

ここに，$u(z_1)$：基準高度z_1における風速〔m/s〕，p：べき数．大気安定度によって変わる．

以上から（3）が正解．　▶答（3）

題2　【令和4年 問2】 

風速の鉛直分布は，以下のべき乗則を用いて，近似的に表すことができる．

$$u(z) = u(z_1)\left(\frac{z}{z_1}\right)^p$$

ここで，$u(z)$ は高度 z における風速（m/s），$u(z_1)$ は高度 z_1 における風速（m/s），p はべき数で，大気の熱的安定度によって変わる．

本曇の日中に，東京の市街地において高度10mで計測した風速が2m/sであった場合，同じ地点における高度100mの風速（m/s）はおよそいくらか．ただし，p の値は下表に従うものとする．

安定度	強不安定	並不安定	弱不安定	中立	弱安定	並安定
都市の p	0.15	0.15	0.20	0.25	0.40	0.60
郊外の p	0.07	0.07	0.10	0.15	0.35	0.55

なお，$10^{0.07} = 1.2$，$10^{0.10} = 1.3$，$10^{0.15} = 1.4$，$10^{0.20} = 1.6$，$10^{0.25} = 1.8$，$10^{0.35} = 2.2$，$10^{0.40} = 2.5$，$10^{0.55} = 3.5$，$10^{0.60} = 4.0$ とする．

(1) 2.4　(2) 2.8　(3) 3.2　(4) 3.6　(5) 5.0

解説　東京の市街地であるから都市の p であり，安定度は本曇なので**表6.1**からD：中立となる．したがって，$p = 0.25$ である．

表6.1　パスキルの安定度分類[13]

地上風速〔m/s〕	日中			日中と夜間	夜間	
	日射量〔W/m²〕					
	強 ≧580	並 579～290	弱 ≦289	本曇 (8～10)	上層雲（5～10） 中・下層雲量 (5～7) 0～−59	雲量 (0～4) <−60
<2	A	A–B	B	D	—*	—*
2～3	A–B	B	C	D	E	F
3～4	B	B–C	C	D	D	E
4～6	C	C–D	D	D	D	D
>6	C	D	D	D	D	D

A：強不安定　B：並不安定　C：弱不安定　D：中立　E：弱安定　F：並安定
（注）夜間の雲量の下欄数字は純放射量〔W/m²〕
＊［—］をGとする考え方もある．

与えられた式に数値を代入すると，次のように算出される．

$$u(100) = u(10) \times (100/10)^{0.25} = 2 \times 10^{0.25} = 2 \times 1.8 = 3.6\,\text{m/s}$$

以上から（4）が正解.　▶答（4）

問題3　【令和3年 問3】

安定度が中立の大気境界層に関する記述として，誤っているものはどれか.

（1）風速がきわめて弱いとき，通常は中立境界層は出現しない.
（2）風速が強くなるにつれて，多くの場合に中立境界層が出現する.
（3）中立境界層では，風速勾配によって乱流が作り出される.
（4）中立境界層の厚さは，一般に数百m以下である.
（5）中立境界層の気温減率は，おおむね乾燥断熱減率に近い.

解説　（1）誤り．風速がきわめて弱いときでも，曇天や日射のない場合，中立境界層は出現する.
（2）正しい．風速が強くなるにつれて，多くの場合に中立境界層が出現する.
（3）正しい．中立境界層では，風速勾配によって乱流が作り出される.
（4）正しい．中立境界層の厚さは，一般に数百m以下である.
（5）正しい．中立境界層の気温減率は，おおむね乾燥断熱減率に近い.　▶答（1）

問題4　【令和2年 問3】

内部境界層の構造と煙の拡散に関する記述として，正しいものはどれか.

（1）滑らかで冷たい海上からの安定な風にのった煙が，陸上の乱流に応じて拡散幅を変化させる.
（2）谷間や盆地の内部に冷気がたまると，煙は地上近くに滞留しやすい.
（3）低層大気は平均的には弱安定だが，晴れた日中には地表面が暖められ，安定な大気は下方から侵食される.
（4）高気圧圏内では，上層大気の沈降による断熱昇温により，下層大気との間に逆転層が形成され，上層への拡散が抑えられる.
（5）陸上で夜間に形成される安定層は，多くの場合，厚さがせいぜい100m程度であり，地上近くの煙の拡散にかかわる.

解説　（1）正しい．内部境界層中では，**図6.3**に示すように熱対流によって乱流は大きく乱れているため，滑らかで冷たい海上からの安定な風にのった煙が，陸上の乱流に応じて煙の拡散幅を変化させる．選択肢（1）は内部境界層の構造と煙の拡散についての記述である.
（2）誤り．内部境界層中では陸上の乱流のため煙が拡散される．選択肢（2）の煙が地上近くに滞留しやすい構造と乱流のない煙の拡散とは異なる.

(3) 誤り．内部境界層中では，熱対流や風と地面の摩擦による強制対流のため乱流は大きく乱れている．選択肢（3）の安定な大気が次第に侵食される構造と煙の拡散とは異なる．

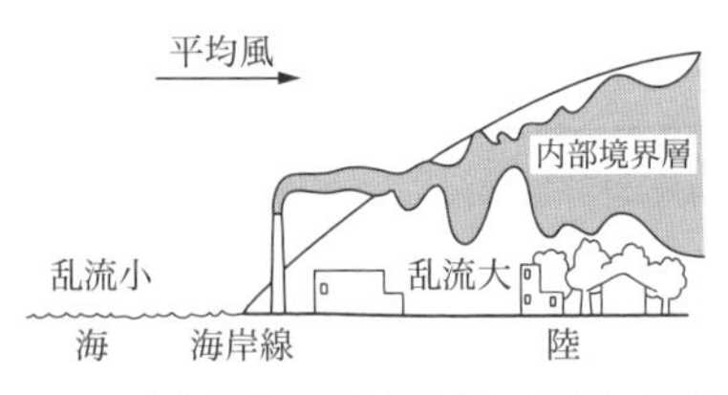

図 6.3　内部境界層と煙突排ガスの拡散の様相

(4) 誤り．内部境界層中では，乱流は大きく乱れている．選択肢（4）の下層大気との間に逆転層が形成され，上層への拡散が抑えられる構造と煙の拡散とは異なる．

(5) 誤り．内部境界層中では，日射によって生じる海風と陸上の大きな乱流の構造と煙の拡散が生じる．選択肢（5）の夜間に陸面の温度が海面に比べてしばしば下がり，陸上から海上に向かって風（陸風）が吹き，安定層の厚さも薄くせいぜい 100 m 程度である構造と煙の拡散とは異なる．

▶答（1）

問題 5　【令和元年 問 3】

海陸風などの局地現象に関する記述として，誤っているものはどれか．

(1) 海風時に形成される内部境界層は，ヒュミゲーションの原因となる．
(2) 海風は，季節風が弱くなる夏季の昼間に多く出現する．
(3) 内陸のヒュミゲーションは，夕方近くなって混合層の衰退過程で起こる．
(4) 陸風は，陸上の大気成層が安定な夜間に出現する．
(5) 都市のヒートアイランド現象は，冬季の夜間に顕著に現れる．

解説　(1) 正しい．海風時に形成される内部境界層は，大きな乱れが発生し地上濃度が上昇する現象が発生し，ヒュミゲーション（いぶし現象）の原因となる（図 6.3 参照）．

(2) 正しい．海風は，季節風が弱くなる夏季の昼間に多く出現する．

(3) 誤り．内陸のヒュミゲーションは，日中において内陸の気温が上昇すると気圧が下がるため，海上から内陸に海風が侵入して内部境界層が形成されて発生する．

(4) 正しい．陸上の大気成層が安定な夜間は，内陸の温度が海上より低下することがあり，この場合，陸から海への陸風となる．

(5) 正しい．都市のヒートアイランド現象は，冬季の夜間に顕著に現れる．

▶答（3）

6.3　大気拡散と気象条件

問題 1　【令和 5 年 問 3】

安定層や逆転層に関する記述として，誤っているものはどれか．

(1) 晴れた微風の夜間，大気層の放射冷却により放射性逆転層が発生する．

(2) 逆転層中は強い安定状態になっていて，拡散速度は遅い．
(3) 放射性逆転層の厚さは，普通は200 m以下である．
(4) 谷間や盆地に冷気がたまった場合などに発生するのを地形性逆転層という．
(5) 滑らかで冷たい海上を吹いてくる風は安定層を形成していて，乱れが小さい．

解説 (1) 誤り．晴れた微風の夜間，地表面の放射冷却により放射性逆転層が発生する．「大気層」が誤り．晴夜放射逆転ともいう（**表6.2**参照）．

表6.2 逆転層の成因と特徴[18)]

逆転の種類	生成原因および特徴
地形性逆転	盆地や谷状地形地で夜間周囲の斜面から冷気が流れてきて地上付近にできる逆転．冷気湖を生成する場合もある．また山地の風下側に冷気がたまっている状況で山越え気流が沈降し，強い逆転層を生成する場合もある（沈降性逆転に分類する場合もある）．
前線性逆転	前線の存在により，下層に寒気が，上層に暖気がくるため発生．一般には短寿命であるが，前線が停滞するとき大気汚染はひどくなる．
沈降性逆転	高気圧圏内では空気の下降により，気温が断熱上昇し，このため発生する逆転で昼夜区別なく出現する．ロサンゼルススモッグはこれによる．
放射性逆転	晴れた夜から朝にかけて地表面の放射冷却により発生．晴夜放射逆転ともいう．
移流性逆転	冷たい地表面上に暖かい空気が流れ込み，下層から気温が下降して発生．しばしば霧を伴う．

(2) 正しい．逆転層中は，上空ほど気温が高いので強い安定状態になっていて，拡散速度は遅い．
(3) 正しい．放射性逆転層の厚さは，普通は200 m以下である．
(4) 正しい．谷間や盆地に冷気がたまった場合などに発生するのを地形性逆転層という．
(5) 正しい．滑らかで冷たい海上を吹いてくる風は安定層を形成していて，乱れが小さい．

▶答 (1)

問題2

【令和4年 問1】 

低層大気の熱的な性質に関する記述として，誤っているものはどれか．
(1) 温位は，気塊を断熱的に1,000 hPaの状態に移したときの温度変化幅で定義される．
(2) 断熱的に気塊の高度を変化させるとき，乾燥空気では100 m上昇すると温度が0.98°C下がる．
(3) 高さ100 mごとに温度が0.98°C下がる温度勾配（絶対値）を，乾燥断熱減率という．
(4) 高さ100 mごとに温度が0.6°C下がる大気層は熱的に安定である．
(5) 高さ100 mごとに温位が0.1°C下がる大気層は熱的に不安定である．

解説 (1) 誤り．温位γは，気塊を断熱的に1,000 hPaの状態に移したときの温度で定義される．「温度変化幅」ではない．

(2) 正しい．断熱的に気塊の高度を変化させるとき，乾燥空気では100 m上昇すると温度が0.98°C下がる．1 mで0.0098°Cである．

(3) 正しい．高さ100 mごとに温度が0.98°C下がる温度勾配（絶対値）を，乾燥断熱減率（γ_d）という．$\gamma_d = 0.0098$°C/m

(4) 正しい．高さ100 mごとに温度が0.6°C下がる大気層は，温位γが乾燥断熱減率γ_dより小さいので，熱的に安定（**図 6.4** の (b) 参照）である．$\gamma_d > \gamma = 0.6°\mathrm{C}/(100\,\mathrm{m}) = 0.006°\mathrm{C/m}$

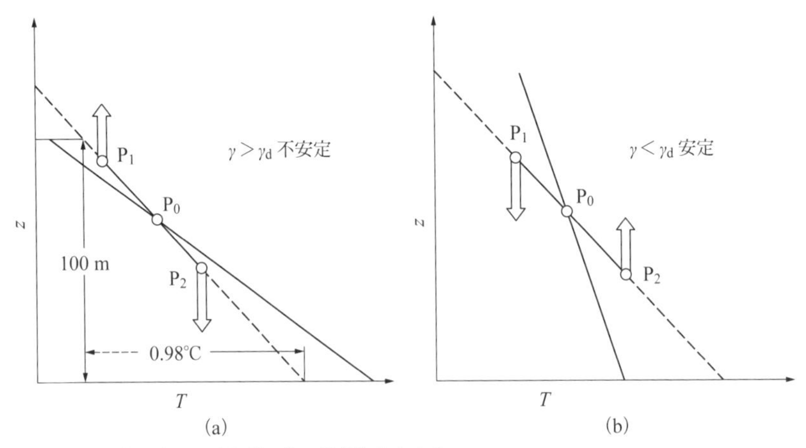

点線は乾燥断熱減率の温度勾配を持つ温度分布を表す．

図 6.4　気温の勾配と気塊に働く力 [16)]

(5) 正しい．高さ100 mごとに温位が0.1°C下がる場合，$d\theta/dz = -0.1°\mathrm{C}/(100\,\mathrm{m}) = -0.001°\mathrm{C/m}$である．高度$z$〔m〕の温度が$T$〔°C〕であったとすれば，その温位$\theta$〔°C〕は，近似的に次式で表される．

$$d\theta/dz = \gamma_d + dT/dz$$

$$-0.001 = 0.0098 + dT/dz$$

$$dT/dz = -0.0108°\mathrm{C/m} = -\gamma$$

$\gamma > \gamma_d$であるから図6.4の(a)に該当するため，不安定である．　▶答（1）

問題 3　【令和3年 問2】

典型的な煙の形と地表面付近の気温勾配の関係を示す図において，（ア）～（ウ）の□の中に挿入すべき語句の組合せとして，正しいものはどれか．

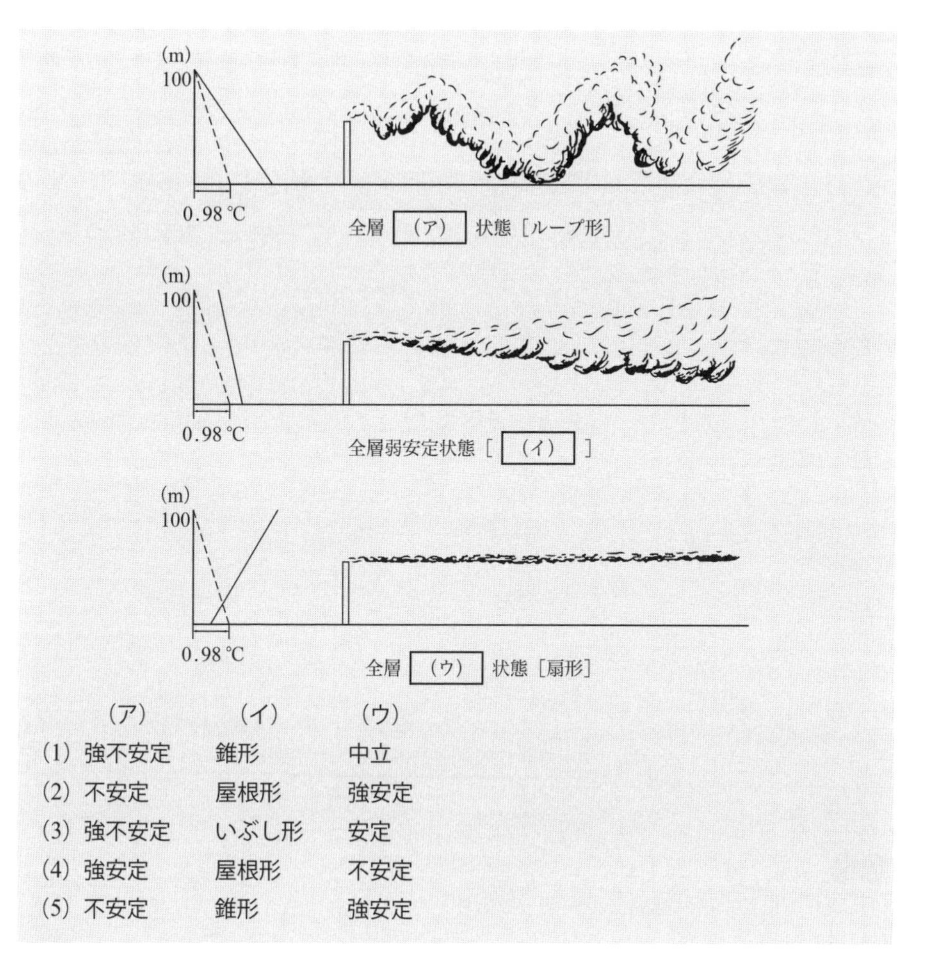

	(ア)	(イ)	(ウ)
(1)	強不安定	錐形	中立
(2)	不安定	屋根形	強安定
(3)	強不安定	いぶし形	安定
(4)	強安定	屋根形	不安定
(5)	不安定	錐形	強安定

解説 (ア)「不安定」である．全層不安定状態「ループ形」とは，上空ほど気温が大きく低下（乾燥断熱減率以上：問題の図の左端のグラフで破線が乾燥断熱減率を示す）する気温状態をいう．最初温度の高い煙は，浮力や運動量で少し上昇するが，気温の低い上空で冷却され，密度が高くなるため下降する．下降すると気温の高い下層で煙が温められ，再び上昇する．上昇するとまた気温の低い上層で冷却され下降する．このような現象を繰り返して風下に移動することになる．

(イ)「錐形」である．全層弱安定状態「錐(すい)形」とは，上空ほど気温は低下するがその低下がわずか（乾燥断熱減率より小さい）である場合，煙はわずかに上下に拡散しながら風下に流されるので，錐のように煙突出口が細い形状となる．

(ウ)「強安定」である．全層強安定状態「扇形」とは，上空ほど気温が高い状態（上空ほど軽い空気）であるから，大気は安定しており煙は上下に変動しない．水平には拡散するため，煙の拡散状態は扇形となる．

以上から（5）が正解．　▶答（5）

問題4　【平成30年 問3】

気温の鉛直分布と大気安定度の関係に関する記述中，下線を付した箇所のうち，誤っているものはどれか．

気温の鉛直分布が下図の実線A–Bで表されるような強い(1)逓減分布であるとき，P_0の気塊がP_1へ移動すると，破線で示した(2)乾燥断熱減率に従って周囲の大気よりも(3)温度が高くなり，またP_0からP_2へ移動すると逆方向の変化が生じる．この状態を(4)熱的に安定という．実線A–Bと異なり，上空に向かって気温が高くなる場合を(5)逆転分布という．

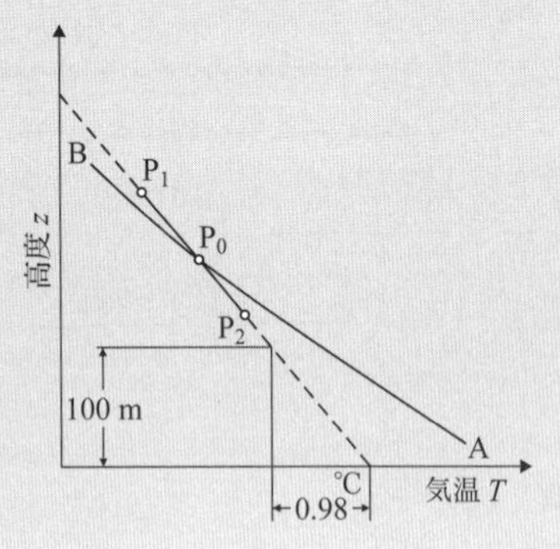

解説（1）～（3）正しい．

（4）誤り．正しくは「熱的に不安定」である．

（5）正しい．

なお，P_1点の気塊は周囲の温度より高いので上昇し，P_2点の気塊は周囲の温度より低いので下降するため，不安定となる．　▶答（4）

6.4 拡散濃度の計算法および最大着地濃度

問題1　【令和5年 問4】

有効煙突高さH_eの排出源から風下方向の距離xに応じた煙の拡散濃度を与える正規形プルーム式において，プルーム中心軸の濃度として，正しいものはどれか．

ただし，横風方向と鉛直方向の拡散幅をそれぞれ$\sigma_y = Ax^p$，$\sigma_z = Bx^p$で表せると仮定し，地表面での煙の反射はないものとする．なお，Qは単位時間排出量，uは風速である．

(1) $\left(\frac{1}{AB}\right)\frac{Q}{2\pi u H_e^2}$　(2) $\left(\frac{B}{A}\right)\frac{2Q}{\pi u H_e^{2p}}$　(3) $\left(\frac{B}{A}\right)\frac{2Q}{\pi u x^{2p}}$

(4) $\left(\frac{1}{AB}\right)\frac{Q}{2\pi u x^2}$　(5) $\left(\frac{1}{AB}\right)\frac{Q}{2\pi u x^{2p}}$

解説 正規形プルーム式Cは，次のように表される．

$$C = Q/(2\pi u\sigma_y\sigma_z) \times \exp(-y^2/(2\sigma_y{}^2)) \times (\exp(-(H_e - z)^2/(2\sigma_z{}^2)) + \exp(-(H_e + z)^2/(2\sigma_z{}^2))) \quad ①$$

ここに，C：点 (x, y, z) のばい煙量〔$\mathrm{m^3/s}$〕，u：x軸方向の風速〔m/s〕，σ_yおよびσ_z：y軸およびz軸方向の拡散幅〔m〕，H_e：有効煙突高さ〔m〕．なお，最後の項 $(\exp(-(H_e + z)^2/(2\sigma_z{}^2)))$ はばい煙が地表面で反射して拡散することを表す（**図6.5**参照）．選択肢ではこの項はないとしているから0とするため，**図6.6**のような拡散図となる．

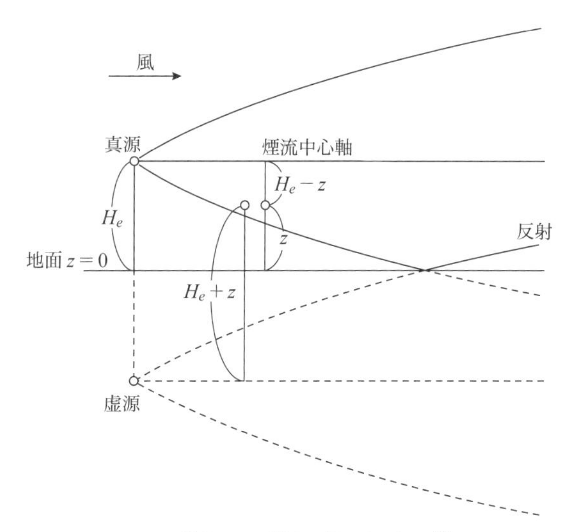

図6.5　地表面で反射する煙の取り扱い [18)]

題意から求める濃度は，高さ H_e のプルーム軸の煙流中心軸の濃度で，$y=0$，$z=H_e$ であるから式①は次のように表される．

$$C=Q/(2\pi u\sigma_y\sigma_z)\times(\exp(-0^2/(2\sigma_y{}^2))\times(\exp(-(H_e-H_e)^2/(2\sigma_z{}^2))+0)) \quad ②$$

式②を整理すると

$$C=Q/(2\pi u\sigma_y\sigma_z) \quad ③$$

となる．式③に $\sigma_y=Ax^p$，$\sigma_z=Bx^p$ を代入して整理する．

$$C=Q/(2\pi uAx^pBx^p)=1/(AB)\times Q/(2\pi ux^{2p}) \quad ④$$

図 6.6　正規形プルーム・パフモデル
（時間平均をとった煙流，座標軸の取り方）[13]

以上から（5）が正解．　▶答（5）

問題2　【令和4年 問5】

下図は安定度がDの場合の，パスキルの拡散幅に基づく正規化着地濃度の変化を示したものである．排出量 $Q=3.6\,\mathrm{m^3/h}$，有効煙突高さ $H_e=20\,\mathrm{m}$，風速 $u=3\,\mathrm{m/s}$ のとき，最大着地濃度（ppm）に最も近いものはどれか．

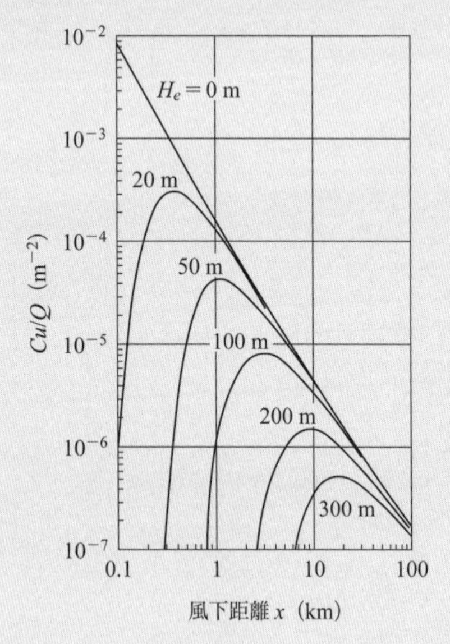

（1）0.1　（2）0.7　（3）1　（4）3.5　（5）7

解説 $H_e = 20\,\mathrm{m}$の最大着地濃度（ピーク点）は，風下距離約0.4 kmである．

ピーク点に対応する縦軸の値は

$$Cu/Q = 3.0 \times 10^{-4}\,\mathrm{m}^{-2} \qquad ①$$

である．式①からC〔$\mathrm{m}^3/\mathrm{m}^3$〕の値を求め，その値に$10^6$を掛けて$C$〔ppm〕を算出する．

$$C = 3.0 \times 10^{-4} \times Q/u\ 〔\mathrm{m}^3/\mathrm{m}^3〕 = 3.0 \times 10^{-4} \times Q/u \times 10^6\ 〔\mathrm{ppm}〕 \qquad ②$$

式②に与えられた値を代入してC〔ppm〕を求める．

$$C = 3.0 \times 10^{-4} \times 3.6/3{,}600 \times 1/3 \times 10^6\,\mathrm{ppm}$$
$$= 3.0 \times 3.6/(3{,}600 \times 3) \times 10^2\,\mathrm{ppm}$$
$$= 0.1\,\mathrm{ppm}$$

以上から（1）が正解．

▶答（1）

問題3

【令和3年 問4】

煙突頂部で起きるダウンウォッシュの効果を見積もるブリッグスの方法は，次式で表される．ただし，H'が補正された煙突高さ，Hが実煙突高さである．この式に関する記述として，誤っているものはどれか．

$$H' = H + 2D\left(\frac{B}{A} - C\right)$$

（1）右辺のカッコ内の分数は，上向き排ガス吐出速度と風速の比を表す．

（2）右辺のカッコ内が負の値になるとき，ダウンウォッシュが起きる．

（3）右辺のカッコ内が正の値になるとき，この式によらず$H' = H$とする．

（4）Cは定数であり，その値は1.5とされている．

（5）Dは実煙突高さに応じて決まる定数である．

解説（1）正しい．右辺のかっこ内の分数について，Aは風速u，Bは上向き排ガス吐出速度v_gを表すからB/Aは上向き排ガス吐出速度と風速の比v_g/uを表す．

（2）正しい．右辺のかっこ内が負の値になるとき，ダウンウォッシュが起きる．すなわち，補正された煙突高さH'は実煙突高さHより低くなる．

（3）正しい．右辺のかっこ内が正の値になるとき，この式によらず$H' = H$とする．

（4）正しい．Cは定数であり，その値は1.5とされている．

（5）誤り．Dは煙突の直径である．

$$H' = H + 2D(v_g/u - 1.5) \qquad v_g < 1.5u$$
$$H' = H \qquad v_g \geqq 1.5u$$

ここに，H'：補正された煙突高さ，H：実煙突高さ，D：煙突の直径，v_g：排ガスの吐出速度，u：風速

▶答（5）

問題4 【令和3年 問5】

パスキルの安定度分類と拡散幅推定法に関する記述として，誤っているものはどれか．ただし，煙源から風下方向の距離をxとする．

(1) 地上風速と，日射量又は雲量の組合せにより，大気安定度の階級を判定する．

(2) 夜間は風速によらず，雲量が少ないときよりも，多いときのほうが相対的に強い安定となる．

(3) 安定度が決まると，水平及び鉛直拡散幅はxのみの関数として与えられる．

(4) 一定の位置xにおける水平及び鉛直拡散幅は，安定度が変わらない限り変化しない．

(5) 地上風速が6 m/sを超える場合，日射量が強の日中以外は安定度D（中立）と判定される．

解説 (1) 正しい．地上風速と，日射量または雲量の組合せにより，大気安定度の階級（A，B，C，D，E，F）を判定する（表6.1参照）．

(2) 誤り．夜間は風速が小さい場合，雲量が少ないときの方が，放射冷却があるため，雲量が多いときよりも相対的に強い安定となる（表6.1参照）．

(3) 正しい．安定度が決まると，水平および鉛直拡散幅は，**図6.7**に示すようにxのみの関数として与えられる．

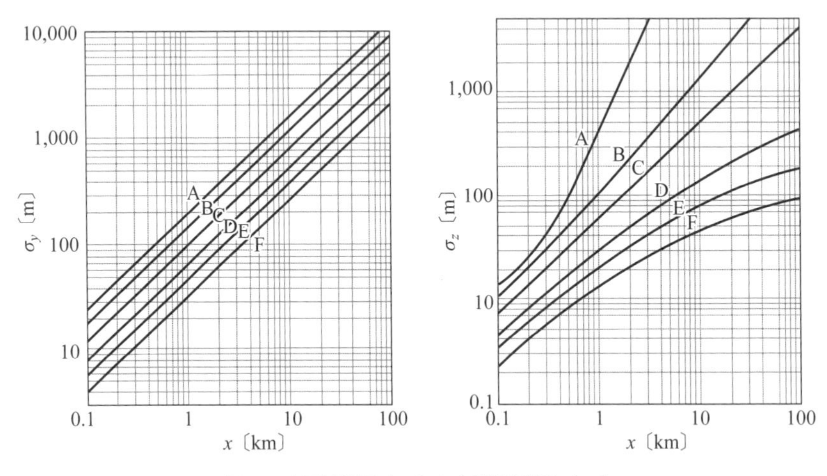

図6.7 水平拡散幅（σ_y）および鉛直拡散（σ_z）

(4) 正しい．一定の位置xにおける水平および鉛直拡散幅は，安定度が変わらない限り変化しない．

(5) 正しい．地上風速が6 m/sを超える場合，日射量が強の日中以外は安定度D（中立）と判定される（表6.1参照）．

▶答 (2)

題5 【令和2年 問4】

固定点源から排出され，x方向に流れる煙流について，x軸と直交するy軸上の濃度分布の，一般に採用されている形状を図に示す．この分布形に関する記述として，誤っているものはどれか．

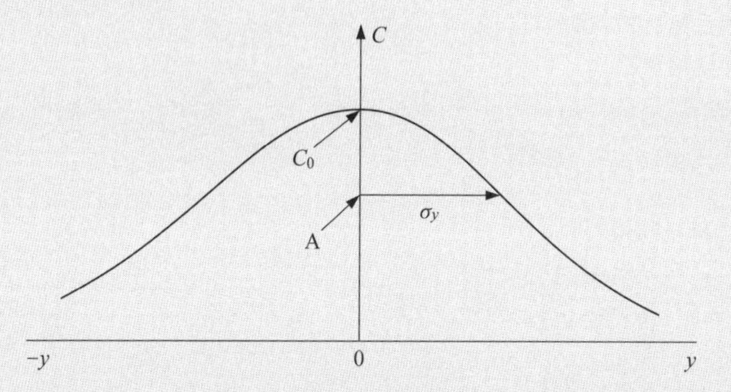

(1) この分布形は$C = C_0 \exp\left(-\dfrac{y^2}{2{\sigma_y}^2}\right)$と表される．

(2) この分布形は正規分布と呼ばれている．

(3) 拡散幅σ_yは，数学的には標準偏差である．

(4) 点源からの距離xの大きさにかかわらず，σ_yは一定である．

(5) 縦軸上のAの位置の高さは約$0.61C_0$である．

解説 (1) 正しい．この分布形は$C = C_0 \exp\left(-\dfrac{y^2}{2{\sigma_y}^2}\right)$と表される．

(2) 正しい．この分布形は正規分布（またはガウス分布）と呼ばれている．

(3) 正しい．拡散幅σ_yは，数学的には標準偏差である．

(4) 誤り．図6.7に示したように点源からの距離xの大きさによって，σ_yは大きく異なる．

(5) 正しい．縦軸上のAの位置の高さは，Cをyで2回微分し，$C = 0$として求めたyの値に対するC値で，次のように算出される．

$$C = C_0 \exp(-y^2/(2{\sigma_y}^2)) \quad ①$$

式①において，

$$X = -y^2/(2{\sigma_y}^2) \quad ②$$

と置くと，式①は

$$C = C_0 e^X \quad ③$$

となる．

式③を2回微分する．

1回微分

$$C' = C_0 X' e^X \quad ④$$

2回微分

$$C'' = C_0 X'' e^X + C_0 X' \times X' e^X \quad ⑤$$

$C'' = 0$からyを算出.

式⑤を整理する.

$$0 = X'' + (X')^2 \quad ⑥$$

ここで

$$X' = (-y^2/2\sigma_y{}^2)' = -y/\sigma_y{}^2 \quad ⑦$$

$$X'' = -1/\sigma_y{}^2 \quad ⑧$$

であるから，これらを式⑥に代入する.

$$0 = (-1/\sigma_y{}^2) + (-y/\sigma_y{}^2)^2$$

$$y^2 = \sigma_y{}^2 \quad ⑨$$

式⑨の値を式①に代入する．ただし，$e \fallingdotseq 2.7$

$$C = C_0 \exp(-y^2/2\sigma_y{}^2) = C_0 \exp(-\sigma_y{}^2/2\sigma_y{}^2) = C_0 \exp(-1/2)$$

$$= C_0 e^{(-1/2)} \fallingdotseq C_0/\sqrt{2.7} \fallingdotseq C_0/1.64 \fallingdotseq 0.61 C_0$$

▶答（4）

問題6 【令和2年 問5】

着地濃度をC，単位時間当たり汚染物質排出量をQ，風速をuとすると，パスキル安定度がDの場合，有効煙突高さH_eごとのCu/Qは図のように与えられる．$Q = 0.3\,m^3/s$，$u = 4\,m/s$のとき，風下側における最大着地濃度を0.6 ppmより低くするためには，何m以上の煙突高さが必要か．ただし，排煙の上昇高さは20 mとする．

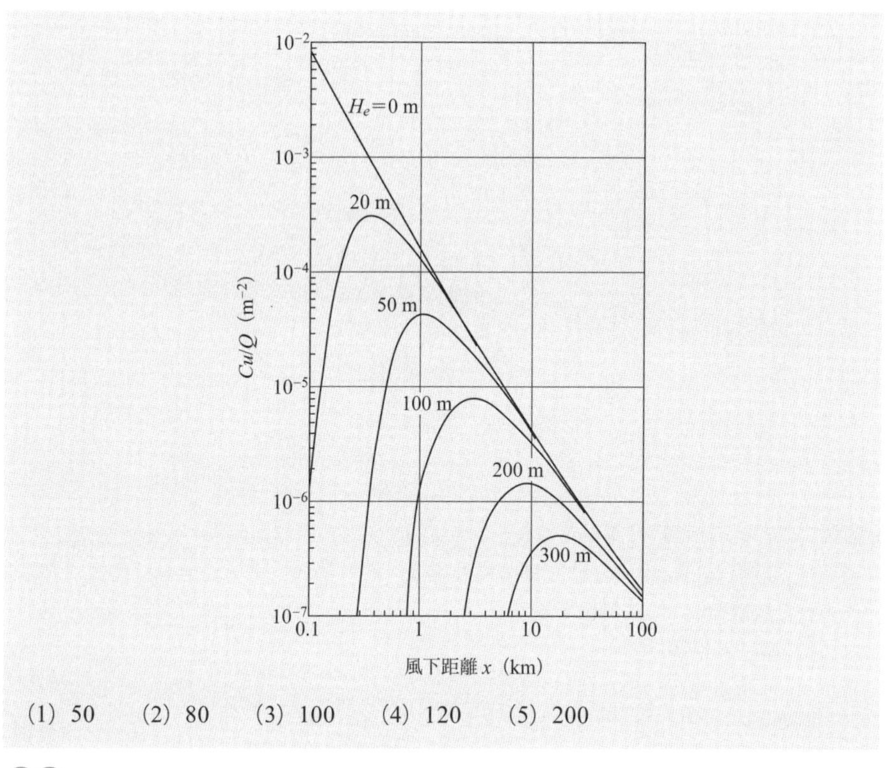

(1) 50　　(2) 80　　(3) 100　　(4) 120　　(5) 200

解説 縦軸のCu/Qに与えられた数値を代入する．ただし，Cはppmの単位で与えられているため，m^3/m^3に変更するので10^{-6}を掛ける．

$$Cu/Q = 0.6 \times 10^{-6} \times 4/0.3 = 8 \times 10^{-6} \qquad ①$$

式①の値に相当するH_eは図からちょうど100 mである．

実煙突の高さは排煙の上昇高さ20 mを引くこととなる．

$$100\,\mathrm{m} - 20\,\mathrm{m} = 80\,\mathrm{m}$$

以上から（2）が正解．

▶答（2）

問題7

【令和元年 問4】

有効煙突高さが100 mとして，パスキルの方法に従って計算した煙軸直下の正規化着地濃度（Cu/Q）は図のような分布となる．ただし，A～Fは安定度分類である．本曇りの昼間で，風速$u = 4$ m/s，排出量$Q = 1$ m^3/sのとき，最大着地濃度（ppm）として最も近い値はどれか．

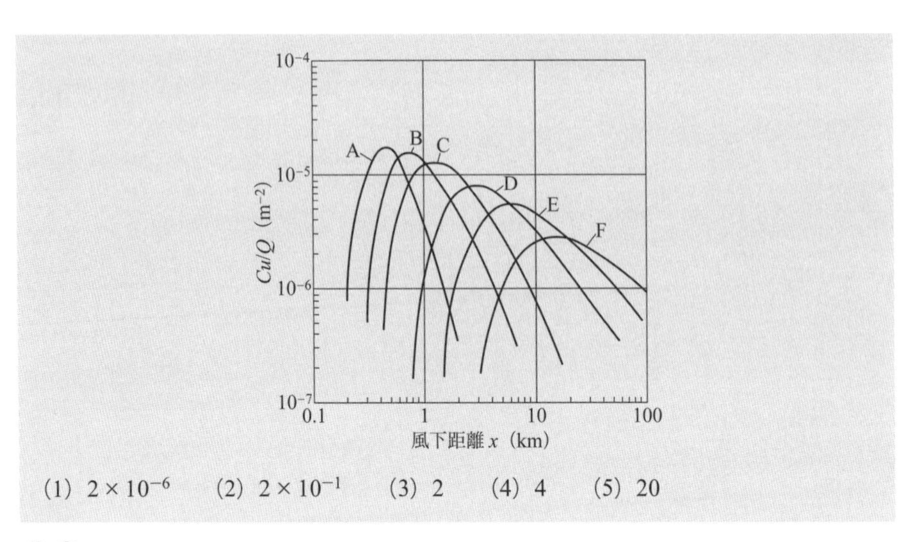

(1) 2×10^{-6}　(2) 2×10^{-1}　(3) 2　(4) 4　(5) 20

解説 安定度分類は，風速4mで本曇りの昼間であるからパスキルの安定度分類からDに該当する（表6.1参照）．安定度Dの最大値は，風下3kmで $Cu/Q = 8 \times 10^{-6}$ である．与えられた数値を代入して算出する．

$$Cu/Q = 8 \times 10^{-6}$$

変形し，Cを求める．

$$C = 8 \times 10^{-6} \times Q/u = 8 \times 10^{-6} \times 1/4 = 2 \times 10^{-6}\,m^3/m^3 \quad ①$$

式①の値をppmにするために10^6をかけると，

$$C = 2 \times 10^{-6} \times 10^6 = 2\,ppm$$

以上から（3）が正解．

▶答（3）

問題8 【令和元年 問5】

煙の上昇式と地表面完全反射を仮定した，基礎的な正規形プルームモデルによる大気汚染物質の拡散計算に関する記述として，誤っているものはどれか．

(1) 周辺建造物の影響を受ける低い煙突では，正しい計算ができない．
(2) 無風に近い条件では，正しい計算ができない．
(3) 数kmの範囲内に山や谷がある，地形の複雑な地域には適用できない．
(4) 分子量が空気の平均分子量（約29）の2倍以上ある重いガスには適用できない．
(5) NO_xとの反応や環境大気中二次生成のある，オゾンのような反応性物質には適用できない．

解説 (1) 正しい．周辺建造物の影響を受ける低い煙突では，正しい計算ができない．
(2) 正しい．基礎的な正規形プルームモデルは，一定の風速があり，図6.6のような形を前提としているため，無風に近い条件では，正しい計算ができない．

(3) 正しい．数kmの範囲内に山や谷がある，地形の複雑な地域には適用できない．

(4) 誤り．分子量が空気の平均分子量（約29）の2倍以上ある重いガスでも，例えばSO_2（分子量64）でも空気と同じように動く低濃度ならば適用できる．

(5) 正しい．NO_xとの反応や環境大気中二次生成のある，オゾンのような反応性物質には適用できない．

▶答 (4)

問題9 【平成30年 問2】

平坦地の場合，煙突の風下における最大着地濃度に関する記述として，誤っているものはどれか．

(1) 日射が強くなれば，大きくなる．

(2) 煙の鉛直拡散幅が増せば，小さくなる．

(3) 有効煙突高さが増せば，小さくなる．

(4) 下層大気の安定度が中立から不安定に変われば，大きくなる．

(5) 風速が増加した場合，小さくなることも大きくなることもある．

解説 (1) 正しい．パスキルの大気安定度はF，E，D，C，B，Aに従って日射が強くなるが，**図6.8**に示すように，日射が強くなれば，最大着地濃度は大きくなる．なお，F，E，D，C，B，Aに従って大気の不安定性が強くなる．

(2) 誤り．図6.7に示すように煙の鉛直拡散幅はF，E，D，C，B，Aに従って増すので，図6.8に示すように，煙の鉛直拡散幅が増せば，最大着地濃度は大きくなる．

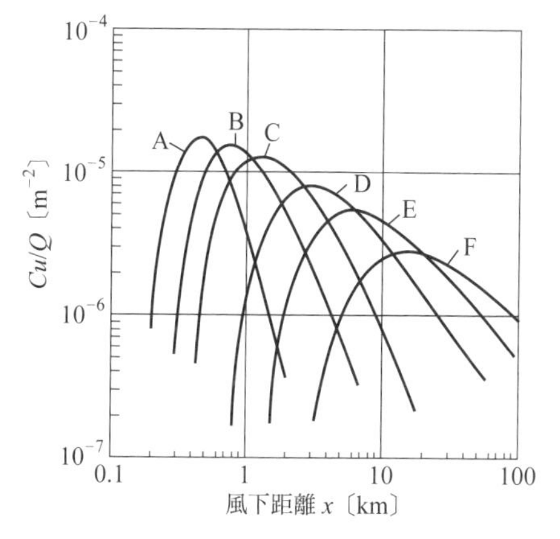

図6.8 プルーム主軸上の正規化着地濃度（Cu/Q）の安定度（A～F）による変化（H_e = 100 m の場合）[12]

(3) 正しい．**図6.9**に示すように，有効煙突高さが増せば，最大着地濃度は小さくなる．

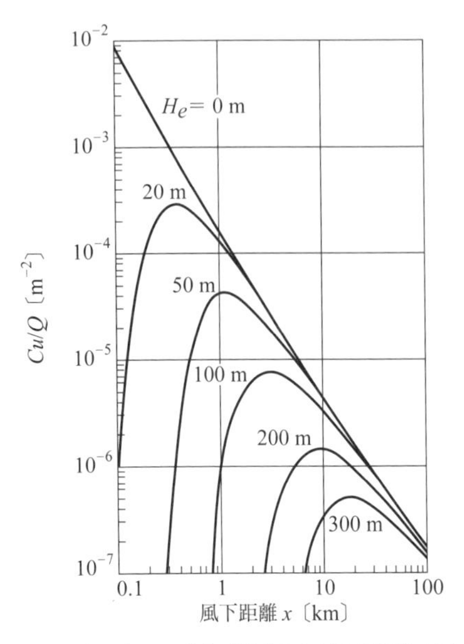

u：風速〔m/s〕 Q：単位時間当たり汚染物質排出量〔m^3/s〕

図 6.9　有効煙突高さ（線の上にある数値（m））が変化した場合の正規化着地濃度の変化（安定度 D）

(4) 正しい．下層大気の安定度が中立（D）から不安定（B や A）に変われば，前述したように，最大着地濃度は大きくなる．

(5) 正しい．風速が増加した場合，最大着地濃度は一般的には小さくなるが，煙突や建物の影響でダウンウォッシュが起これば，大きくなることもある．　▶答（2）

問題 10　【平成 30 年 問 4】

主要な煙突排ガス上昇式の一つであるモーゼスとカーソンの式に関する記述として，誤っているものはどれか．

(1) 浮力上昇高さを表す項と運動量上昇高さを表す項の和の形をとる．

(2) 同じ排ガスでも，大気の安定度により上昇高さは変わる．

(3) 同じ排ガスでも，外気温が高くなると上昇高さは大きくなる．

(4) 浮力の効果（浮力上昇高さ）は，排出熱量の 2 分の 1 乗に比例する．

(5) 上昇高さは，煙突高さにおける風速に反比例する．

解説　主要な煙突排ガス上昇式の一つであるモーゼスとカーソンの式は，次のように表される．

$$\Delta H = (C_1 v_g D + C_2 Q_H{}^{1/2})/u \quad ①$$

ここに，C_1, C_2：安定度によって決まる係数，v_g：吐出速度，D：煙突出口径，

Q_H：排出熱量，u：平均風速

運動量の項は，$C_1 v_g D$であり，浮力の項は$C_2 Q_H{}^{1/2}$である．

(1) 正しい．浮力上昇高さを表す項と運動量上昇高さを表す項の和の形をとる．

(2) 正しい．同じ排ガスでも，**表6.3**に示した大気の安定度（C_1およびC_2）により上昇高さは変わる．

表6.3　モーゼスとカーソンの排煙上昇式（式①）の係数

大気安定度	C_1	C_2
安定	−1.04	0.0707
中立	0.35	0.0834
不安定	3.47	0.16

(3) 誤り．同じ排ガスでも，外気温が高くなると，大気の安定度が大きくなるので，表6.3に示したC_1およびC_2が小さくなり，上昇高さは小さくなる．

(4) 正しい．浮力の効果（浮力上昇高さ）は，上の式から排出熱量の1/2乗に比例する．

(5) 正しい．上昇高さは，煙突高さにおける風速に，上の式から反比例する．　▶答 (3)

問題11　【平成30年 問5】

正規型プルーム式の水平拡散幅σ_y及び鉛直拡散幅σ_zに関する記述として，明らかに誤っているものはどれか．ただし，下図に示すパスキルの拡散幅に基づくものとする．

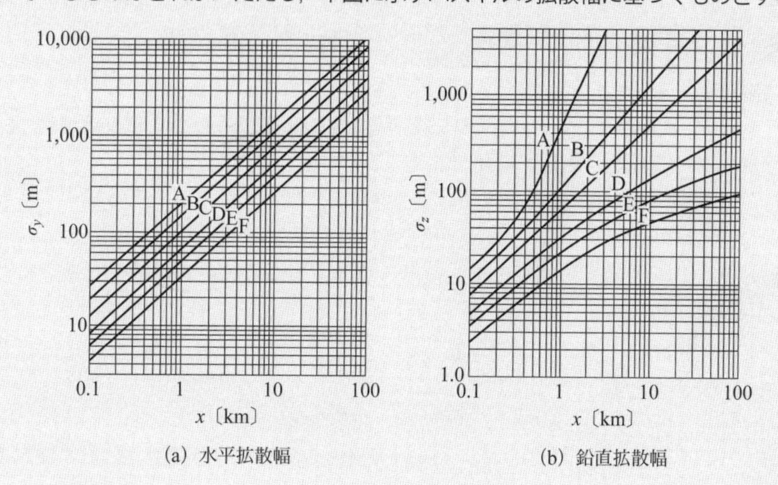

(a) 水平拡散幅　　(b) 鉛直拡散幅

(1) 中立成層のもとで，σ_zが100 mを超えるのは，風下5 km地点を超えてからである．

(2) 最も安定な成層のもとでは，適用される地域内でσ_zが100 mを超えることはほとんどない．

(3) 強不安定成層のもとで，風下0.5 km地点のσ_y及びσ_zは，ともに100 mほどになる．

(4) 強不安定成層のもとでは，風下1 km地点のσ_zは0.5 km地点の10倍以上の大きさになる．

(5) どのような成層のときも，風下距離が10倍になってもσ_yは10倍を超えない．

解説 (1) 正しい．中立成層（D）のもとで，σ_zが100 mを超えるのは，(b)の図において，風下5 km地点を超えてからである．

(2) 正しい．最も安定な成層（F）のもとでも，適用される100 km地点で，σ_zが94 m程度であるから100 mを超えることはない．

(3) 正しい．強不安定成層（A）のもとで，風下0.5 km地点のσ_yおよびσ_zは，ともに100 mをわずかに超えたところであるから，「100 mほど」は正しい．

(4) 誤り．強不安定成層（A）のもとでは，風下1 km地点のσ_zは約500 m，0.5 km地点約100 mであるから約5倍程度の大きさになる．

(5) 正しい．どのような成層のときも，風下距離が10倍になってもσ_yは10倍を超えない．

▶答 (4)

6.5 大気環境の予測手法

問題1 【令和5年 問5】 

大気環境予測のための拡散モデルに関する記述として，誤っているものはどれか．

(1) AERMODは，大気境界層内の乱流構造に基づく拡散の概念を組み込んだモデルであり，地表煙源と高煙源の両方に対応している．

(2) METI-LISは，地物の影響を受ける低煙源を対象としたモデルである．

(3) OCDは，海上及び沿岸地域に適用できる正規形プルームモデルである．

(4) CTDMPLUSは，複雑地形上における点発生源からの大気拡散を対象としたプルームモデルである．

(5) Lyons and Coleのモデルは，ヒュミゲーション時の拡散予測のための三次元数値解モデルである．

解説 (1) 正しい．AERMODは，大気境界層内の乱流構造に基づく拡散の概念を組み込んだモデルであり，地表煙源と高煙源の両方に対応している．

(2) 正しい．METI-LISは，地物の影響を受ける低煙源を対象としたモデルである．
(3) 正しい．OCDは，海上および沿岸地域に適用できる正規形プルームモデルである．
(4) 正しい．CTDMPLUSは，複雑地形上における点発生源からの大気拡散を対象としたプルームモデルである．
(5) 誤り．Lyons and Coleのモデルは，ヒュミゲーション時の拡散予測のための三次元解析解モデルである．「数値解」が誤り．なお，解析解モデルは，与えられた方程式の定数部分に一定の数値を代入して式を変形し未知数を数学的に解き出す方法である．数値解モデルは，方程式を解析的に解くことができない場合，方程式の未知数に数値を次々に変えて代入し，境界条件に適合する最適解を求める方法である． ▶答 (5)

問題2 【令和5年 問6】

大気汚染物質の排出と，環境濃度予測に関わる手法に関する記述として，誤っているものはどれか．

(1) 工業地区の主要煙突から排出されるSO_2の，周辺地域における年平均濃度分布予測は，一般に正規形プルーム・パフモデルによる．
(2) 郊外の平坦地域を通過する主要バイパス道路による粉じんの影響予測に，指数近似モデルを利用する．
(3) 工場建屋の高さに近い排気ダクトなどから排出される有害大気汚染物質の，敷地境界や近傍における濃度計算に，ダウンウォッシュ算定機能があるISCなどを利用する．
(4) 光化学大気汚染の，日々の気象条件により発生する最高濃度レベルの算定には，数値解モデルを用いる．
(5) ビルの多い市街地や複雑地形中に排出される煙の濃度分布予測では，風洞模型実験の実施が有効である．

解説 (1) 正しい．工業地区の主要煙突から排出されるSO_2の，周辺地域における年平均濃度分布予測は，一般に正規形プルーム・パフモデルによる．パフモデルとは，図6.6のように，正規形の拡散（無風状態における拡散）で，正規形プルームにおいてx軸方向のみに風速があり，y軸方向とz軸方向の方向は無風とした拡散に用いられている．
(2) 誤り．郊外の平坦地域を通過する主要バイパス道路による二酸化窒素（NO_2）の影響予測に，指数近似モデルが提案されている．「粉じん」が誤り．
(3) 正しい．工場建屋の高さに近い排気ダクトなどから排出される有害大気汚染物質の，敷地境界や近傍における濃度計算に，ダウンウォッシュ算定機能があるISCなどを利用する．
(4) 正しい．光化学大気汚染の，日々の気象条件により発生する最高濃度レベルの算定には，数値解モデルを用いる．

(5) 正しい．ビルの多い市街地や複雑地形中に排出される煙の濃度分布予測では，風洞模型実験の実施が有効である．

▶答 (2)

問題3 【令和4年 問6】

大気汚染の予測手法としての拡散モデルに関する記述として，誤っているものはどれか．

(1) 拡散は微分方程式で表され，その解法により解析解モデルと数値解モデルに分類できる．

(2) 解析解モデルは，拡散係数や風向・風速が一定などの条件のもとで数学的に得られる解を利用する．

(3) 解析解モデルの一種として流跡線モデルがある．

(4) 代表的な数値解モデルとして格子モデルがあるが，計算量は非常に大きくなる．

(5) 格子モデルでは，格子間隔より小さいスケールの濃度変化を表現できない．

解説 (1) 正しい．拡散は微分方程式で表され，その解法により解析解モデルと数値解モデルに分類できる．解析解モデルは，与えられた方程式の定数部分に一定の数値を代入して式を変形し，未知数を解き出す方法である．数値解モデルは，方程式の未知数に代入する数値を次々に変えて境界条件に適合する最適解を求める方法である．

(2) 正しい．解析解モデルは，拡散係数や風向・風速が一定などの条件のもとで数学的に得られる解を利用する．

(3) 誤り．流跡線モデルは，数値解モデルの一種である（**図6.10**参照）．

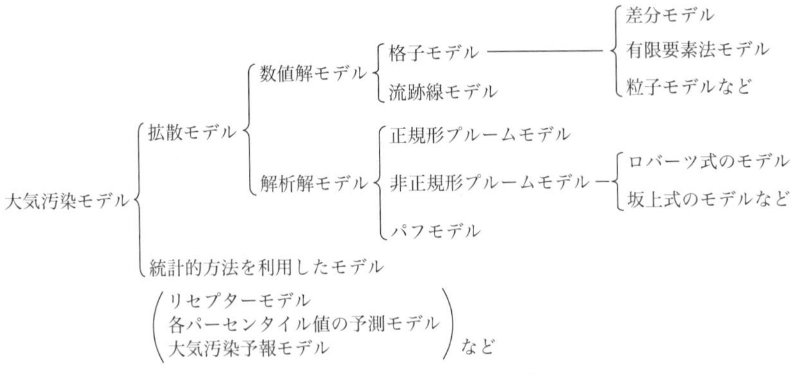

図6.10 大気汚染モデルの分類 [16]

(4) 正しい．格子モデルは，空間を三次元の格子点で表し反応に関与する汚染物質の数の連立偏微分方程式を解く方式であるが，計算量が非常に大きくなる．

(5) 正しい．格子モデルでは，格子間隔より小さいスケールの濃度変化を表現できない．

▶答 (3)

問題4 【令和3年 問6】

現地トレーサー実験に関する記述として，誤っているものはどれか．

(1) 対象とする発生源や模擬発生源からトレーサーを放出し，発生源周囲の多数の地点で濃度を計測する実験である．

(2) 新たな大気汚染予測モデルの構築や評価に必要となるデータ取得に利用される．

(3) 実際に排出されている大気汚染物質や，事故時に漏出する物質などの挙動を把握するために行われる．

(4) ガス状トレーサー物質として，現在は主に六ふっ化硫黄（SF_6）が使用されている．

(5) 日常的な大気汚染の予測に，実験結果をそのまま用いることは少ない．

解説 (1) 正しい．対象とする発生源や模擬発生源からトレーサーを放出し，発生源周囲の多数の地点で濃度を計測する実験である．

(2) 正しい．新たな大気汚染予測モデルの構築や評価に必要となるデータ取得に利用される．

(3) 正しい．実際に排出されている大気汚染物質や，事故時に漏出する物質などの挙動を把握するために行われる．

(4) 誤り．ガス状トレーサー物質として，現在は主に，粒子状トレーサーでは塩化ディスプロシウム，ガス状では過ふっ化シクロヘキサン系のものが使用されている．六ふっ化硫黄（SF_6）は地球温暖化係数が23,900と高いため使用されていない．

(5) 正しい．日常的な大気汚染の予測に，実験結果をそのまま用いることは少ない．

▶答 (4)

問題5 【令和2年 問6】

大気環境濃度の予測に用いられるシミュレーションモデルに関する記述として，誤っているものはどれか．

(1) 平坦な地域に立地している施設の高煙突からの煙の着地濃度は，一般的な正規形プルーム拡散式で計算できる．

(2) 地球規模のシミュレーションでは，気流や気温などの気象パラメータの推定が重要である．

(3) 光化学大気汚染のシミュレーションでは，汚染物質間の化学反応と移流拡散についての微分方程式を解析的に解く方法が用いられる．

(4) 高密度ガスが大量に放出されたときの濃度予測には，パスキルの拡散幅などを用いる通常の正規形プルームモデルを用いることはできない．
(5) 複雑地形上の大気拡散予測には，格子モデルなどの数値解モデルの応用例も見られる．

解説 (1) 正しい．平坦な地域に立地している施設の高煙突からの煙の着地濃度は，図6.6に示すような一般的な正規形プルーム拡散式（x軸方向のみの風速）で計算できる．なお，y軸方向には風速はなく正規分布モデル（パフモデルともいう）が適用されている．

(2) 正しい．地球規模のシミュレーションでは，気流や気温などの気象パラメータの推定が重要である．

(3) 誤り．光化学大気汚染のシミュレーションでは，汚染物質間の化学反応と移流拡散についての微分方程式を数値的に解く方法（数値を用いて近似的に解く方法）が用いられる．

(4) 正しい．高密度ガスが大量に放出されたときの濃度予測には，ガス密度が空気と同じことが前提となっているパスキルの拡散幅などを使用する通常の正規形プルームモデルは，用いることはできない．

(5) 正しい．複雑地形上の大気拡散予測には，格子モデル（空間を三次元の格子点で表し，この格子点で反応に関与する汚染物質の数の連立偏微分方程式を解く方式）などの数値解モデルの応用例が見られる．

▶答 (3)

問題6

【令和元年 問6】 

風洞実験に関する記述として，誤っているものはどれか．

(1) 地形や建屋の影響に関しては，実大気との相似則を満たしやすい．
(2) 中立な大気中での拡散の再現は容易である．
(3) 安定あるいは不安定な気層の再現には，高度な技術が必要である．
(4) 新設の設備では，大気境界層の特性など，風洞の基本的性能を事前に確認する必要がある．
(5) 一般的な風洞実験で得られる濃度は，数時間程度の平均化時間に対応している．

解説 (1) 正しい．地形や建屋の影響に関しては，実大気との相似則を満たしやすい．

(2) 正しい．中立な大気中での拡散の再現は容易である．

(3) 正しい．安定あるいは不安定な気層の再現には，高度な技術が必要である．

(4) 正しい．新設の設備では，大気境界層の特性など，風洞の基本的性能を事前に確認する必要がある．

(5) 誤り．一般的な風洞実験で得られる濃度は，数分程度の平均化時間に対応している．数時間程度の長い平均化時間に対応する濃度を求めるためには，特別な工夫が必要で

ある.　　▶答 (5)

問題7　【平成30年 問6】

平坦地域の煙源による長期平均濃度分布の計算に関する記述中,(ア)～(ウ)の□の中に挿入すべき語句の組合せとして,正しいものはどれか.

濃度の平均化時間を長くとると,一般に予測値と実測値の一致度は (ア) .期間平均濃度を求めるとき,我が国では風向データが (イ) で与えられるため,各風向のセクター内での風向のばらつきを (ウ) して計算した濃度に,出現確率を掛け合わせる.

	(ア)	(イ)	(ウ)
(1)	向上する	東西南北	乱数により決定
(2)	低下する	8方位	一様と仮定
(3)	向上する	8方位	乱数により決定
(4)	低下する	16方位	乱数により決定
(5)	向上する	16方位	一様と仮定

解説 (ア)「向上する」である.
(イ)「16方位」である.
(ウ)「一様と仮定」である.
以上から(5)が正解.　　▶答 (5)

6.6 大規模設備の大気汚染防止対策の事例

6.6.1 混合問題

問題1　【令和4年 問9】

大規模設備のSO_x対策に関する記述として,誤っているものはどれか.

(1) 重油焚き火力発電所においては,SO_3ガス対策として,アンモニア(NH_3)ガスを煙道内に注入する方法が用いられる.

(2) 石炭火力発電所の脱硫装置には,主に安価な炭酸カルシウム(石灰石)を使用する湿式石灰石こう法が一般的である.

(3) セメント製造プロセスでは,主に活性炭を用いる乾式吸着プロセスが用いられる.

(4) ゴミ焼却設備では,SO_xをアルカリ剤と反応させて除去する.

(5) 鉄鋼プロセスの焼結炉排ガスの脱硫方式として，近年は活性炭や活性コークスを用いた乾式脱硫法の導入例もある．

解説 (1) 正しい．重油焚き火力発電所においては，SO_3ガス対策として，アンモニア(NH_3) ガスを煙道内に注入する方法が用いられる．

$NH_3 + SO_3 + H_2O \rightarrow NH_4HSO_4$（硫酸水素アンモニウム）

(2) 正しい．石炭火力発電所の脱硫装置には，主に安価な炭酸カルシウム（石灰石）を使用する湿式石灰石こう法（図 3.24，図 3.25 参照）が一般的である．

吸収塔：$CaCO_3 + SO_2 + 1/2H_2O \rightarrow CaSO_3 \cdot 1/2H_2O + CO_2$

酸化塔：$CaSO_3 \cdot 1/2H_2O + 1/2O_2 + 3/2H_2O \rightarrow CaSO_4 \cdot 2H_2O$

(3) 誤り．セメント製造プロセスでは，キルンで次のように脱硫するので脱硫装置は不必要である．$SO_2 + CaCO_3 + 1/2O_2 \rightarrow CaSO_4 + CO_2$

(4) 正しい．ゴミ焼却設備では，SO_xをアルカリ剤と反応させて除去する．乾式法（生石灰等の使用）と湿式法（苛性ソーダ等を使用）がある．

(5) 正しい．鉄鋼プロセスの焼結炉排ガスの脱硫方式として，近年は活性炭や活性コークスを用いた乾式脱硫法の導入例もある．これは**図 6.11** に示すように，SO_xは吸着塔内で粒状の活性コークスにより吸着・除去され，次に再生塔に送られ，そこで加熱，脱離して再生利用される方式である．

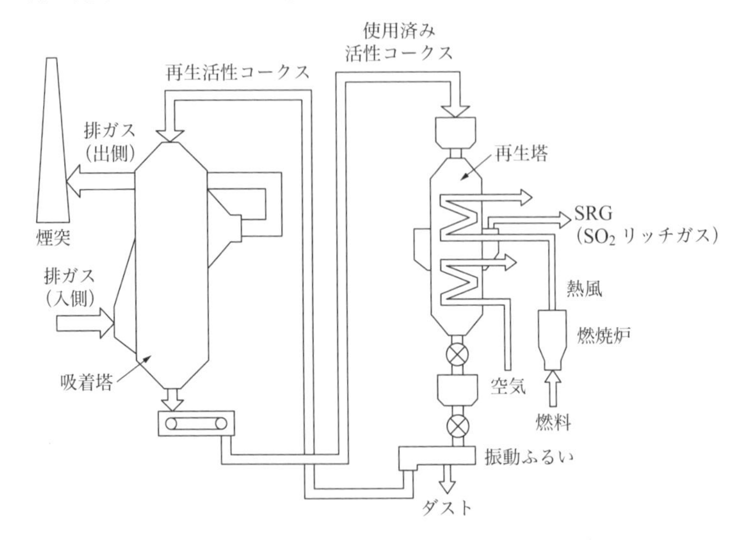

図 6.11　活性コークス吸着法のプロセスフロー例[16)]

▶答（3）

問題2 【令和3年 問10】

我が国の大規模設備における大気汚染物質の発生に関する記述として，誤っているものはどれか．

(1) 製鉄所の硫黄酸化物排出防止対策として，鉄鉱石の低硫黄化が図られてきた．

(2) 製鉄所の鉄鋼プロセスでは，焼結炉以外にも窒素酸化物の発生源がある．

(3) 石炭火力発電用ボイラーでは，窒素酸化物が発生する．

(4) 製油所の水素化精製装置で副生する酸性ガスに含まれる硫黄分は，主に二酸化硫黄である．

(5) 重油焚き火力発電設備では，三酸化硫黄ガスの発生が問題となる．

解説 (1) 正しい．製鉄所の硫黄酸化物排出防止対策として，鉄鉱石の低硫黄化が図られてきた．

(2) 正しい．製鉄所の鉄鋼プロセスでは，焼結炉以外にもコークス炉，熱風炉，加熱炉，ボイラー等の窒素酸化物の発生源がある．

(3) 正しい．石炭火力発電用ボイラーでは，窒素酸化物が発生する．

(4) 誤り．製油所の水素化精製装置で副生する酸性ガスに含まれる硫黄分は，主に硫化水素（H_2S）である．

(5) 正しい．重油焚き火力発電設備では，三酸化硫黄（SO_3：無水硫酸）ガスの発生が問題となる．

▶答 (4)

問題3 【令和元年 問10】

我が国の大規模設備における大気汚染物質排出防止対策に関する記述として，誤っているものはどれか．

(1) 製油所では，硫黄化合物の排出を抑制するため，浮屋根タンクが用いられる．

(2) 鉄鋼プロセスにおける SO_x の主な発生源は焼結炉である．

(3) 鉄鋼プロセスでは，NO_x の発生を抑制する技術と，発生した NO_x を除去する技術が用いられる．

(4) 石炭火力発電では，湿式石灰石こう法が脱硫に広く用いられる．

(5) 石炭火力発電では，選択的触媒還元法が脱硝に広く用いられる．

解説 (1) 誤り．製油所では，炭化水素の排出を抑制するため，浮屋根タンクが用いられる．

(2) 正しい．鉄鋼プロセスにおける SO_x の主な発生源は焼結炉である．焼結炉でコークスを使用し鉄鉱石を焼き固めるが，コークス中の硫黄が原因である．

(3) 正しい．鉄鋼プロセスでは，NO_x の発生を抑制する技術と，発生した NO_x を除去する技術が用いられる．

(4) 正しい．石炭火力発電では，湿式石灰石こう法が脱硫に広く用いられる．

(5) 正しい．石炭火力発電では，選択的触媒還元法（チタン・バナジウム触媒とアンモニアを用いた脱硝法）が脱硝に広く用いられる．

▶答 (1)

■ 6.6.2 石　油

題1　【令和4年 問7】

製油所の大気汚染対策に関する記述中，下線を付した箇所のうち，誤っているものはどれか．

水素化脱硫反応に伴い副生する酸性ガスに含まれる (1) 硫化水素は，化学吸収プロセスで (2) アルカリ性溶液に吸収され，(3) 再生塔で吸収液から分離される．分離された (1) 硫化水素は (4) クラウス法により (5) 硫酸として回収される．

解説 (1)～(3) 正しい．

(4) 正しい．硫化水素は，クラウス反応により硫黄として回収される．クラウス反応は，次のように硫化水素の一部を燃焼させて二酸化硫黄とし，硫化水素とその二酸化硫黄とを2：1で反応させて，元素硫黄を回収するものである．

$$H_2S + 3/2O_2 \rightarrow H_2O + SO_2$$

$$2H_2S + SO_2 \rightarrow 3S + 2H_2O$$

(5) 誤り．「硫黄」である．

▶答 (5)

題2　【令和2年 問7】

揮発油等の品質の確保等に関する法律（品確法）における，ガソリンに対する強制規格の一部を表に示す．(ア)，(イ) に入る規格値の組合せとして，正しいものはどれか．

規格項目	規格値
鉛	(ア)
硫黄分	(イ)
ベンゼン	1体積％以下
メタノール	検出されないこと

	(ア)	(イ)
(1)	0.001質量％以下	検出されないこと
(2)	0.001質量％以下	1質量％以下

(3) 検出されないこと　0.001 質量% 以下
(4) 検出されないこと　1 質量% 以下
(5) 検出されないこと　検出されないこと

解説 (ア)「検出されないこと」である（表 6.4 参照）.

表 6.4　ガソリン，軽油「品確法」での強制規格[14)]

種類	規格	規格値	
ガソリン	鉛	検出されない	
	硫黄分	10 質量 ppm 以下	
	MTBE（メチルターシャリーブチルエーテル）	7 体積% 以下	
	ベンゼン	1 体積% 以下	
	灯油混入	4 体積% 以下	
	メタノール	検出されない	
	実在ガム	5 mg/100 mL 以下	
	色	オレンジ色	
	酸素分	1.3 質量% 以下	
	エタノール	3.0 体積% 以下	
灯油	硫黄分	80 質量 ppm 以下	
	引火点	40°C 以下	
	色	+25 以上（セーボルト色）	
軽油		FAME が 0.1 質量% を超え 5 質量% 以下の場合	FAME が 0.1 質量% 以下の場合
	硫黄分	0.001 質量% 以下	0.001 質量% 以下
	セタン指数	45 以上	45 以上
	90% 留出温度	360°C 以下	360°C 以下
	脂肪酸メチルエステル（FAME）	5.0 質量% 以下	0.1 質量% 以下
	トリグリセリド	0.01 質量% 以下	0.01 質量% 以下
	メタノール	0.01 質量% 以下	—
	酸価	0.13 以下	—
	ぎ酸，酢酸およびプロピオン酸の合計	0.003 質量% 以下	—
	酸価の増加	0.12 以下	—

(イ)「0.001 質量% 以下」であること．0.001 質量% は，10 ppmw とも表示される．
以上から (3) が正解．　▶答 (3)

問題3 【平成30年 問7】

石油製品の品質改善による大気汚染防止対策に関する記述として，誤っているものはどれか．

(1) 昭和40年代後半から50年代前半に，ガソリンが無鉛化された．

(2) 平成14年から，ガソリン中のベンゼン含有率は10 ppm（0.001質量%）以下に低減された．

(3) 平成17年以降，サルファーフリー軽油（硫黄分10 ppm（0.001質量%）以下）の販売が開始された．

(4) 二酸化炭素削減対策として，バイオマス燃料の導入が検討され，平成19年に品確法（揮発油等の品質の確保等に関する法律）が改正された．

(5) 重質油脱硫装置で処理した低硫黄基材を用い，需要家から要求のある硫黄分濃度の重油を調合し，供給する．

解説 (1) 正しい．1970年代（昭和40年代後半から50年代前半）に，ガソリンが無鉛化された．排ガス触媒（一酸化炭素，炭化水素および窒素酸化物を同時に低減する触媒）を鉛毒から守るためである．

(2) 誤り．2002（平成14）年から，ガソリン中のベンゼン含有率は1体積%以下に低減された．

(3) 正しい．2005（平成17）年以降，サルファーフリー軽油（硫黄分10 ppm（0.001質量%）以下）の販売が開始された．

(4) 正しい．二酸化炭素削減対策として，バイオマス燃料の導入が検討され，2007（平成19）年に品確法（揮発油等の品質の確保等に関する法律）が改正された．

(5) 正しい．重油中の硫黄分について，重質油脱硫装置で処理した低硫黄基材を用い，需要家から要求のある硫黄分濃度の重油を調合し，供給されている．

▶ 答 (2)

■ 6.6.3 発電設備

問題1 【令和5年 問7】

石炭火力発電設備における排煙処理に関する記述中，(ア)～(ウ)の［　　］の中に入る数値・語句の組合せとして，正しいものはどれか．

ボイラーから出る排ガス中には一般に［(ア)］g/m^3_N 程度のばいじんが含まれる．国内において1990年代半ば以降主流になっている低低温形電気集じん装置方式の排煙処理システムでは，従来［(イ)］の前段にあったガス-ガスヒーター（GGH）の［(ウ)］を電気集じん装置の前に設置することで，ばいじん捕集性の向上を図り，

$10\,mg/m^3{}_N$ 以下の煙突出口濃度を達成している.

	(ア)	(イ)	(ウ)
(1)	10 ～ 20	脱硫装置	熱回収部
(2)	10 ～ 20	脱硫装置	再加熱部
(3)	1 ～ 2	脱硫装置	熱回収部
(4)	1 ～ 2	脱硝装置	再加熱部
(5)	1 ～ 2	脱硝装置	熱回収部

解説 高性能排煙処理システムと呼ばれる低低温形電気集じん装置（乾式）では，ボイラーを出た排ガスは高濃度ダストのまま排ガス350°Cの高温で脱硝装置に入る．次にエアヒーター（燃焼空気の加熱用）で135°C程度に低下させ，さらにGGH（ガス–ガスヒーター．排ガスから熱を回収し，脱硫装置後の排ガスを再加熱するための熱交換を行う）で排ガス温度を90°Cまで低下させ，排ガスは低低温形電気集じん装置に入る．この温度ではダストの電気抵抗率も正常領域にあり，またアルカリ性のダストのため硫酸ミストなどの酸性成分があっても低温腐食を避けられる．次に湿式脱流装置に入り，さらに微細粒子が除去され，GGHで昇温（再加熱）されて，煙突から排出される．なお，どのようなタイプでもばいじんを除去するため電気集じん装置の後に脱硫装置があり，排ガスは昇温のためGGH再加熱器を必ず最後に通過することとなっている（**図6.12**および**図6.13**参照）.

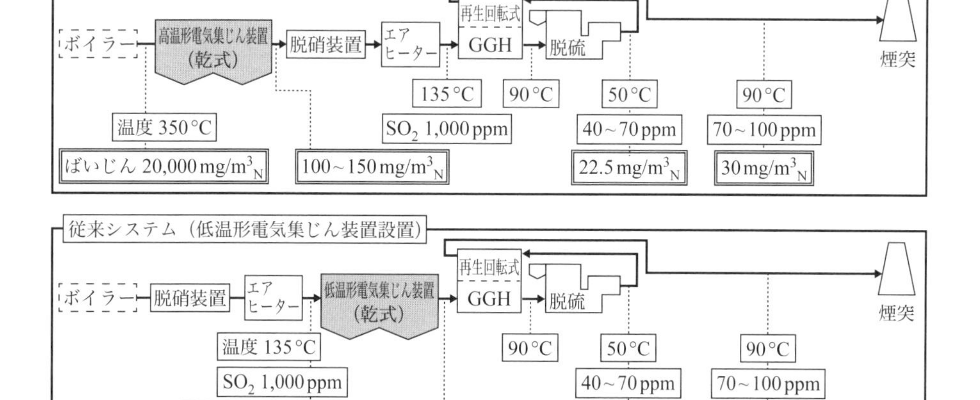

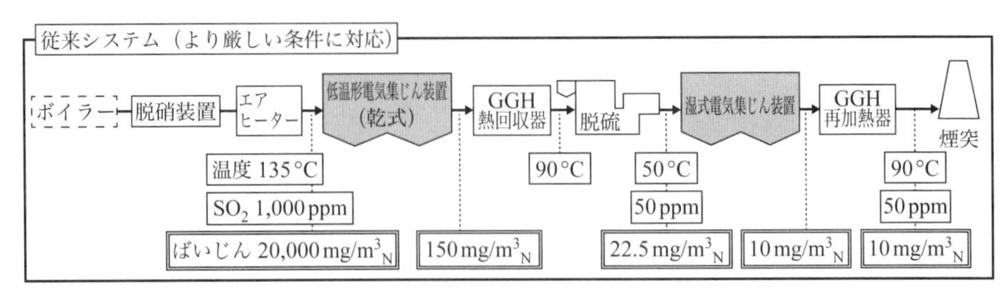

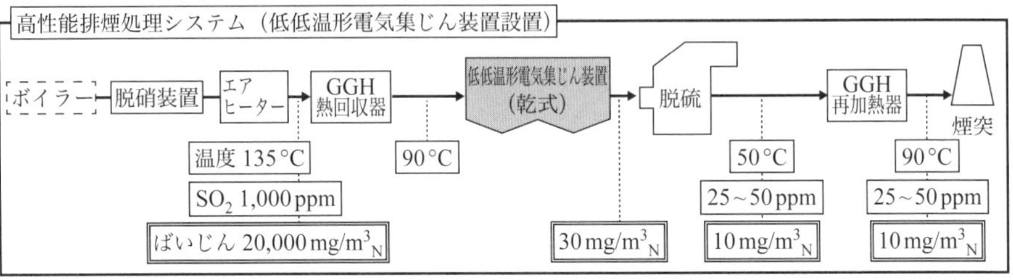

図 6.12　排煙処理システムの例[9)]

（ア）「10 ～ 20」である.
（イ）「脱硫装置」である.
（ウ）「熱回収部」である.

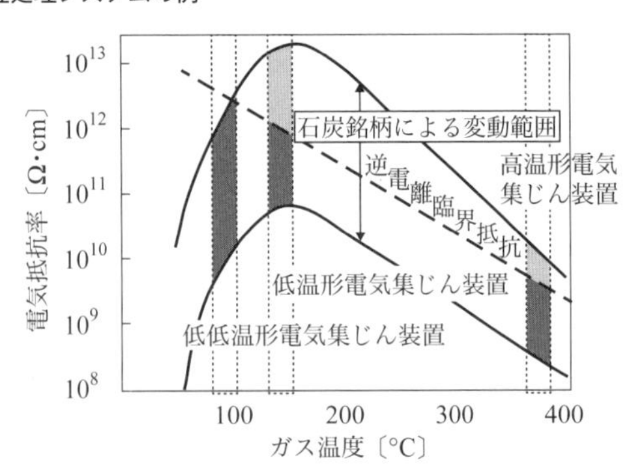

図 6.13　ガス温度と電気抵抗率[9)]

▶答（1）

問題 2

【令和 5 年 問 8】

重油及び重質油焚き火力発電設備の排煙処理システムの乾式処理に関する記述中，（ア）～（ウ）の [　　] の中に挿入すべき語句・数値の組合せとして，正しいものはどれか.

SO_3 ガス対策として，アンモニアガスを煙道内に注入して，[（ア）] として [（イ）] させ，電気集じん装置で捕集する方式が一般化している．この方式ではアンモニアの適正な注入が非常に重要であり，常に [（ア）] として反応が完結するように，SO_3 に対するアンモニアのモル比が [（ウ）] となるようアンモニアを注入する必要がある.

	(ア)	(イ)	(ウ)
(1)	酸性硫酸アンモニウム	固形化	2以上
(2)	酸性硫酸アンモニウム	液化	1
(3)	酸性硫酸アンモニウム	液化	2以上
(4)	硫酸アンモニウム	固形化	2以上
(5)	硫酸アンモニウム	液化	1

解説 (ア)「硫酸アンモニウム」である．化学式は$(NH_4)_2SO_4$で，硫安ともいう（図**6.14**参照）．

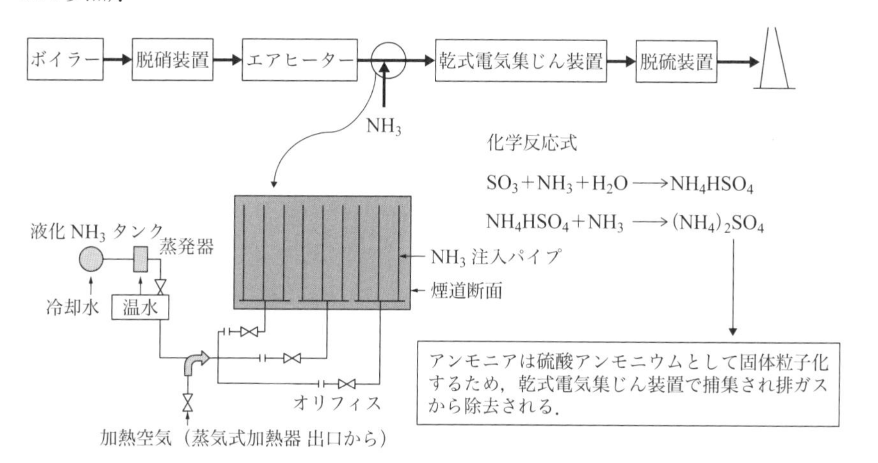

図6.14　乾式処理フロー（アンモニア注入システム）[18]

(イ)「固形化」である．

(ウ)「2以上」である．

$SO_3 + NH_3 + H_2O \rightarrow NH_4HSO_4$（硫酸水素アンモニウム）

$NH_4HSO_4 + NH_3 \rightarrow (NH_4)_2SO_4$（硫酸アンモニム（硫安））

▶答 (4)

問題3　【令和4年 問8】

石炭火力発電設備の排煙処理システムの記述として，誤っているものはどれか．

(1) 電気集じん装置は，圧力損失が小さく，動力費が小さいことにより，大規模な発電設備の集じん装置に用いられる．

(2) ばいじんの処理は，単に電気集じん装置だけで処理するのではなく，後段の脱硫装置の除じん機能との組合せによるシステムで処理するように配慮されている．

(3) 煙突からの白煙対策のため排ガスを再加熱する目的で，その熱源として排ガス自身の熱を利用すべく熱交換器が設置されている．

(4) 低低温形電気集じん装置方式を用いた高性能排煙処理システムでは，ガス–ガスヒーター（GGH）の熱回収部が電気集じん装置の後に設置される．

(5) 一部の流動層ボイラーや微粉炭焚きボイラーでは，活性炭による吸着を利用した脱硫脱硝法も実用化されている．

解説 (1) 正しい．電気集じん装置は，圧力損失が小さく，動力費が小さいことにより，大規模な発電設備の集じん装置に用いられる．

(2) 正しい．ばいじんの処理は，単に電気集じん装置だけで処理するのではなく，後段の脱硫装置の除じん機能との組合せによるシステムで処理するように配慮されている．

(3) 正しい．煙突からの白煙対策のため排ガスを再加熱する目的で，その熱源として排ガス自身の熱を利用すべく熱交換器が設置されている．

(4) 誤り．低低温形電気集じん装置は，次のような工程となっており，ガス–ガスヒーター（GGH）の熱回収部は，電気集じん装置の前に設置されている．

ボイラー → 脱硝装置 → GGH 熱回収器 → 電気集じん装置 → 脱硫装置 → 煙突

高性能排煙処理システムと呼ばれる低低温形電気集じん装置（乾式）では，ボイラーを出た排ガスは高濃度ダストのまま 350°C の高温で脱硝装置に入る．次にエアヒーター（燃焼空気の加熱用）で 135°C 程度に低下させ，さらに GGH（ガス–ガスヒーター．排ガスから熱を回収し，脱硫装置後の排ガスを再加熱するための熱交換を行う）で排ガス温度を 90°C まで低下させ，排ガスは低低温形電気集じん装置に入る．この温度ではダストの電気抵抗率も正常領域（図 6.13 参照）にあり，またアルカリ性のダストのため硫酸ミストなどの酸性成分があっても低温腐食を避けられる．次に湿式脱流装置に入り，さらに微細粒子が除去され，GGH で昇温（再加熱）されて，煙突から排出される．

(5) 正しい．一部の流動層ボイラーや微粉炭焚きボイラーでは，活性炭による吸着を利用した脱硫脱硝法も実用化されている．

▶ 答 (4)

問題 4 【令和 3 年 問 7】

微粉炭火力発電所に関する記述中，(ア) ～ (ウ) の [　　] の中に挿入すべき語句の組合せとして，正しいものはどれか．

微粉炭火力発電所で使用される石炭は，ほとんどが [(ア)] であり，燃焼排ガスの集じんには主に [(イ)] が用いられ，SO_x 対策としては，[(ウ)] 石灰石こう法が一般的に使用される．

	(ア)	(イ)	(ウ)
(1)	国内炭	電気集じん装置	乾式

(2) 国内炭　バグフィルター　乾式
(3) 輸入炭　電気集じん装置　湿式
(4) 輸入炭　バグフィルター　湿式
(5) 輸入炭　電気集じん装置　乾式

解説 (ア)「輸入炭」である.

(イ)「電気集じん装置」である. バグフィルターは圧力損失が大きいため, 使用されていない.

(ウ)「湿式」である.

以上から (3) が正解.

▶答 (3)

問題5 【令和2年 問8】

重油焚き火力発電におけるSO$_3$に関する記述として, 誤っているものはどれか.

(1) 温度が低い領域でSO$_3$が硫酸ミストと化し, 機器の低温腐食の原因となる.
(2) アシッドスマットの形成には影響しない.
(3) 煙突からの紫煙の原因となる.
(4) アンモニアガスを注入し, 硫酸アンモニウムとして固形化させ, 集じんする方法が対策として有効である.
(5) SO$_2$からSO$_3$への転化率は, 脱硝装置の設置に伴い (触媒酸化作用により) 高くなる傾向を持つ.

解説 (1) 正しい. 温度が低い領域でSO$_3$が硫酸ミストと化し, 機器の低温腐食の原因となる.

(2) 誤り. アシッドスマットの形成に影響し, 近隣への落下や煙突からの硫酸ミスト粒子による紫煙が発生する. なお, アシッドスマットとは, 排ガス中の未燃分, 主として未燃カーボンが硫酸 (SO$_3$と水分で生成 : $SO_3 + H_2O \rightarrow H_2SO_4$) を媒介として凝縮したもので, 煙突に付着したばいじんなどが硫酸分と混合して生成されたものである.

(3) 正しい. 煙突からの硫酸ミストが紫煙の原因となる.

(4) 正しい. アンモニアガスを注入し, 硫酸アンモニウムとして固形化させ, 集じんする方法が対策として有効である. $2NH_3 + H_2SO_4 \rightarrow (NH_4)_2SO_4$

(5) 正しい. SO$_2$からSO$_3$への転化率は, 脱硝装置の設置に伴い (触媒酸化作用により) 高くなる傾向を持つ. なお, 脱硝装置に使用する触媒は, 酸化チタン (TiO$_2$) でアナターゼ形 (正方晶系のⅣ価) を担体とし, 五酸化バナジウム (V$_2$O$_5$) を活性金属とするものである.

▶答 (2)

問題6 【令和元年 問7】

低低温形電気集じん装置を用いた微粉炭火力の高性能排煙処理システム構成順として，正しいものはどれか．

(1) ボイラー → 脱硝装置 → GGH熱回収器 → 脱硫装置 → 低低温形電気集じん装置 → GGH再加熱器

(2) ボイラー → 脱硝装置 → GGH熱回収器 → 低低温形電気集じん装置 → 脱硫装置 → GGH再加熱器

(3) ボイラー → GGH熱回収器 → 脱硝装置 → 脱硫装置 → 低低温形電気集じん装置 → GGH再加熱器

(4) ボイラー → 脱硝装置 → GGH熱回収器 → 低低温形電気集じん装置 → GGH再加熱器 → 脱硫装置

(5) ボイラー → GGH熱回収器 → 脱硝装置 → 低低温形電気集じん装置 → GGH再加熱器 → 脱硫装置

解説 高性能排煙処理システムと呼ばれる低低温形電気集じん装置（乾式）では，ボイラーを出た排ガスは高濃度ダストのまま350°Cの高温で脱硝装置に入る（図6.12参照）．次にエアヒーター（燃焼空気の加熱用）で135°C程度に低下させ，さらにGGH（ガス–ガスヒーター．排ガスから熱を回収し，脱硫装置後の排ガスを再加熱するための熱交換を行う）で排ガス温度を90°Cまで低下させ，排ガスは低低温形電気集じん装置に入る．この温度ではダストの電気抵抗率も正常領域（図6.13参照）にあり，またアルカリ性のダストのため硫酸ミストなどの酸性成分があっても低温腐食を避けられる．次に湿式脱流装置に入り，さらに微細粒子が除去され，GGHで昇温（再加熱）されて，煙突から排出される．なお，どのようなタイプでもばいじんを除去するため電気集じん装置の後に脱硫装置があり，排ガスは昇温のためGGH再加熱器を必ず最後に通過することとなっている．

以上から（2）が正解． ▶答（2）

問題7 【平成30年 問8】

我が国の石炭火力発電所の排煙処理システムに関する記述として，誤っているものはどれか．

(1) 集じん装置として，主に電気集じん装置が用いられる．

(2) 脱硝には，主に選択的触媒還元法（SCR法）が用いられる．

(3) 脱硫には，主に湿式石灰石こう法が用いられる．

(4) 排ガスを再加熱する熱交換器は，白煙対策に有効である．

(5) 高性能排煙処理システムとして，高温形電気集じん装置の採用が増加している．

解説 (1) 正しい．石炭火力発電所の集じん装置として，主に電気集じん装置が用いられる．

(2) 正しい．脱硝には，主に選択的触媒還元法（SCR 法：Selective Catalytic Reduction 法）が用いられる．

(3) 正しい．脱硫には，主に湿式石灰石こう法が用いられる．

(4) 正しい．排ガスを再加熱する熱交換器は，白煙対策に有効である．

(5) 誤り．高性能排煙処理システムとして，低低温形電気集じん装置の採用が増加している．高性能排煙処理システムと呼ばれる低低温形電気集じん装置（乾式）では，次のような工程となっている（図 6.12 参照）．

ボイラー → 脱硝装置 → エアモーター →GGH 熱回収器 → 電気集じん装置 → 脱硫装置 →GGH 再加熱器 → 煙突

ボイラーを出た排ガスは高濃度ダストのまま 350°C の高温で脱硝装置に入る．次にエアヒーター（燃焼空気の加熱用）で 135°C 程度に低下させ，さらに GGH（ガス–ガスヒーター．排ガスから熱を回収し，脱硫装置後の排ガスを再加熱するための熱交換を行う）で排ガス温度を 90°C まで低下させ，排ガスは低低温形電気集じん装置に入る．この温度ではダストの電気抵抗率も正常領域（図 6.13 参照）にあり，またアルカリ性のダストのため硫酸ミストなどの酸性成分があっても低温腐食を避けられる．次に湿式脱硫装置に入り，さらに微細粒子が除去され，GGH で昇温（再加熱）されて，煙突から排出される．

▶ 答 (5)

6.6.4 ごみ焼却設備

問題 1 【令和 5 年 問 9】

ごみ焼却設備の NO_x 対策に関する記述として，誤っているものはどれか．

(1) 無触媒脱硝法は，脱硝剤を焼却炉内の高温ゾーンに噴霧して NO_x を選択還元する方法である．

(2) 触媒脱硝法は，無触媒脱硝法と同じ NO_x 除去原理であるが，触媒を使用して低温領域で脱硝する方法である．

(3) 活性コークス法は，NO_x を活性コークスで吸着除去する方法である．

(4) 脱硝バグフィルター法は，ろ布に脱硝機能を持たせ，排ガス中に注入した NH_3 とフィルター中の触媒で NO_x を除去する方法である．

(5) 燃焼制御による NO_x の発生量の低減は，主として炉内における自己脱硝作用によるものである．

解説 (1) 正しい．無触媒脱硝法は，脱硝剤（アンモニア（NH_3）または尿素（$CO(NH_2)_2$））を焼却炉内の高温ゾーン（1,000°C付近）に噴霧してNO_xを選択還元する方法である（図3.28参照）．

(2) 正しい．触媒脱硝法は，無触媒脱硝法と同じNO_x除去原理であるが，触媒を使用して低温領域（250～450°C）で脱硝する方法である．触媒としては担体としてアナターゼ形（正方晶系）の酸化チタン(IV)および触媒活性金属として五酸化バナジウム（V_2O_5）が多く使用されている．

$$4NO + 4NH_3 + O_2 \rightarrow 4N_2 + 6H_2O$$

$$NO + NO_2 + 2NH_3 \rightarrow 2N_2 + 3H_2O$$

(3) 誤り．活性コークス法は，NO_xを活性コークスの触媒作用によりNH_3で窒素に還元させる方法である．なお，吸着するのはSO_xであるが，NH_3を供給するので同時に脱硫も可能である．

(4) 正しい．脱硝バグフィルター法は，ろ布に脱硝機能を持たせ，排ガス中に注入したNH_3とフィルター中の触媒でNO_xを除去する方法である．

(5) 正しい．フューエルNO_xが多いため，燃焼制御によるNO_xの発生量の低減は，主として炉内における低酸素制御による自己脱硝作用によるものである．

▶答 (3)

問題2 【令和3年 問9】

ごみ焼却設備におけるダイオキシン類に関する記述として，誤っているものはどれか．

(1) 排出されるダイオキシン類の多くを占めるものは，廃棄物中に元々含まれているダイオキシン類である．

(2) 塩素化された前駆体物質の焼却や熱分解中に生じるものもある．

(3) 化学的にはダイオキシン類と無関係な有機物と無機塩素（Cl^-や塩化水素）の焼却や熱分解で生じるものもある．

(4) バグフィルター操作条件の低温化は，有効な対策の一つである．

(5) 活性炭粉末や活性コークス粉末の煙道吹込みは，有効な対策の一つである．

解説 (1) 誤り．排出されるダイオキシン類の多くを占めるものは，①塩素化された前駆物質の焼却や熱分解中に生じたもの，②化学的にはダイオキシン類と無関係な有機物と無機塩素（Cl^-や塩化水素）の焼却や熱分解により生じたもの（デノボ合成という）である．なお，廃棄物中に元々含まれているダイオキシン類は焼却過程でほとんど消滅する．

(2) 正しい．塩素化された前駆体物質の焼却や熱分解中に生じるものもある．

(3) 正しい．化学的にはダイオキシン類と無関係な有機物と無機塩素（Cl^-や塩化水素）

の焼却や熱分解で生じるものもある．

(4) 正しい．バグフィルター操作条件の低温化（200°C以下）は，有効な対策の一つである．

(5) 正しい．活性炭粉末や活性コークス粉末の煙道吹込みは，ガス状のダイオキシン類の捕集に有効な対策の一つである．　▶答 (1)

問題3　【令和2年 問9】

ごみ焼却における水銀に関する記述として，誤っているものはどれか．

(1) 水銀は廃乾電池の他に，体温計や蛍光灯などに由来する．

(2) 焼却過程において，ほとんどが揮散し排ガスに含まれる．

(3) 乾電池の水銀不使用化や廃棄物の分別収集などにより，排ガス中の水銀濃度は減少傾向にある．

(4) 水や吸収液を噴霧する湿式法は，除去対策として用いられない．

(5) 活性炭による吸着除去は，有効な対策の一つである．

解説 (1) 正しい．水銀は廃乾電池の他に，体温計や蛍光灯などに由来する．

(2) 正しい．焼却過程において，ほとんどが揮散し排ガスに含まれる．

(3) 正しい．乾電池の水銀不使用化や廃棄物の分別収集などにより，排ガス中の水銀濃度（0.1～0.5 $mg/m^3{}_N$）は減少傾向にある．

(4) 誤り．水や吸収液を噴霧する湿式法は，除去対策として用いられる．

(5) 正しい．活性炭による吸着除去は，有効な対策の一つである．　▶答 (4)

問題4　【令和元年 問9】

ごみ焼却設備の排ガス処理と関係のないものはどれか．

(1) 減温塔　(2) バグフィルター　(3) 硫黄凝縮器

(4) 活性コーク　(5) 脱硝触媒

解説 (1) 関係あり．減温塔は，バグフィルターの入り口ガス温度を150～200°Cに低減するために設置する．

(2) 関係あり．バグフィルターは，ばいじんを集じんする装置である．

(3) 関係なし．硫黄凝縮器は，ごみ焼却炉には設置しない．硫黄凝縮器は，石油精油所で硫黄回収工程において設置されるものである．

(4) 関係あり．活性コークスは，排ガス中のNO_xや水銀の除去に使用される．

(5) 関係あり．脱硝触媒は，アンモニアを用いてNO_xの脱硝を行うもので，最も多く適用されている．触媒は，二酸化チタンを担体とした酸化バナジウムである．　▶答 (3)

問題5 【平成30年 問9】

ごみ焼却の際に発生する有害物質などに関する記述として，誤っているものはどれか.

(1) ばいじんの大部分は，完全に燃え切らずに残った未燃炭素である.

(2) 紙類やたんぱく質系厨芥(ちゅうかい)類を焼却すると，硫黄酸化物が発生する.

(3) 塩素系プラスチックを焼却すると，塩化水素が発生する.

(4) サーマルNO_xは，燃焼の際の高温雰囲気の中で窒素と酸素が反応して生成する.

(5) ごみに含まれる窒素分が燃焼して，フューエルNO_xが生成する.

解説 (1) 誤り．ばいじんの大部分は，完全に燃え切った無機質で，未燃炭素は数％以下である.

(2) 正しい．紙類やたんぱく質系厨芥類を焼却すると，硫黄酸化物が発生する.

(3) 正しい．塩素系プラスチックを焼却すると，塩化水素が発生する.

(4) 正しい．サーマルNO_xは，燃焼の際の高温雰囲気の中で空気中の窒素と酸素が反応して生成する.

(5) 正しい．ごみに含まれる窒素分が燃焼して，フューエルNO_xが生成する. ▶答 (1)

■ 6.6.5 鉄　鋼

問題1 【令和5年 問10】

鉄鋼業におけるNO_x防止技術のうち，NO_xの生成そのものの抑制に該当しない方法はどれか.

(1) 燃料転換

(2) 燃料脱窒

(3) 運転条件変更

(4) 燃焼装置の改造

(5) 接触還元法

解説 鉄鋼業における燃料は，コークス製造で副生するコークス炉ガスである．このガスにはアンモニア（NH_3）が約9 g/m^3（約11,900 ppm）含まれている.

(1) 該当する．燃料転換は，窒素をほとんど含まない燃料にすることだからNO_xの生成そのものの抑制（フューエルNO_x）に該当する．(図6.15参照).

(2) 該当する．燃料脱窒は，コークス炉ガス中のNH_3を除去するから，NO_xの生成そのものの抑制（フューエルNO_x）に該当する.

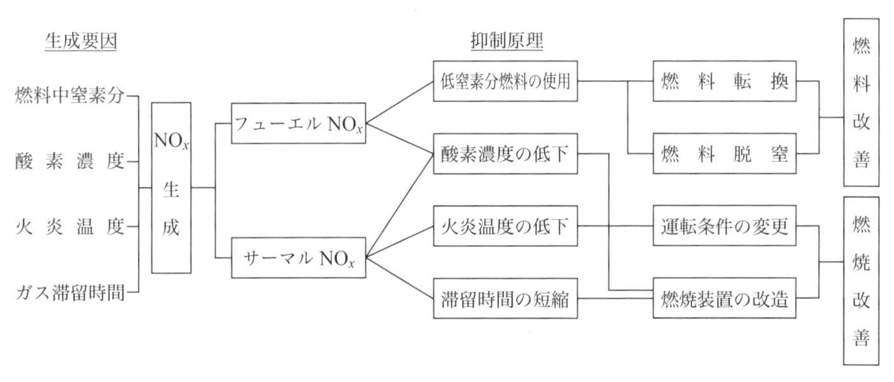

図 6.15　NO_x 抑制技術[18)]

(3) 該当する．運転条件変更は，火炎温度の低下を行うことになり，サーマル NO_x の低下となるから，NO_x の生成そのものの抑制に該当する．

(4) 該当する．燃焼装置の改造は，酸素濃度の低下や滞留時間の短縮を行うことになり，フューエル NO_x とサーマル NO_x の両方の低下となるから，NO_x の生成そのものの抑制に該当する．

(5) 該当しない．接触還元法は，発生した NO_x を触媒（担体として酸化チタン(IV)および触媒活性金属として五酸化バナジウム（V_2O_5））を使用して脱硝するから NO_x の生成そのものの抑制に該当しない．

▶答 (5)

問題 2　【令和 2 年 問 10】

我が国の鉄鋼プロセスにおける大気汚染防止対策に関する記述として，誤っているものはどれか．

(1) 使用する原料及び燃料の低硫黄化は困難であり，進んでいない．
(2) SO_x は焼結炉以外でも発生し，対策が必要である．
(3) 焼結炉排ガスの脱硫方式としては，湿式脱硫法が主流だったが，近年は乾式脱硫法も導入されている．
(4) 焼結炉排ガスの脱硝方式としては，一般に触媒を用いたアンモニア接触還元法が採用されている．
(5) 焼結炉の主排風集じんには，圧損の少ない電気集じん装置が使われている．

解説　(1) 誤り．使用する鉄鉱石の低硫黄分への転換，燃料の低硫黄化では重油の低硫黄化への転換，LPG や LNG 等の導入が図られている．

(2) 正しい．SO_x は焼結炉以外（加熱炉やボイラー）でも発生し，低硫黄化への対策が図られている．

(3) 正しい．焼結炉排ガスの脱硫方式としては，湿式脱硫法（石灰–石こう法，水酸化スラリー吸収法，アンモニア硫安法など）が主流だったが，近年は乾式脱硫法（活性炭（活性コークス）吸着法）も導入されている．

(4) 正しい．焼結炉排ガスの脱硝方式としては，一般に触媒を用いたアンモニア接触還元法が採用されている．「3.5.3　排煙脱硝技術（アンモニア接触還元法），他」参照．

(5) 正しい．焼結炉の主排風集じんには，圧損の少ない電気集じん装置が使われている．

▶答（1）

問題3 【平成30年 問10】

鉄鋼業における硫黄酸化物防止対策に関する記述として，誤っているものはどれか．

(1) 鉄鋼プロセスからの硫黄酸化物の発生においては，加熱炉からのものが7割前後を占めている．

(2) コークス炉ガスに対して，アルカリ吸収液による湿式脱硫法を利用する．

(3) 焼結炉排ガスに対して，活性炭などを用いての乾式脱硫法を利用する．

(4) 省エネルギー推進により燃料使用量を削減する．

(5) 高炉ガス，転炉ガスの有効利用を行う．

解説 (1) 誤り．鉄鋼プロセスからの硫黄酸化物の発生源（焼結炉，加熱炉およびボイラー）は，焼結炉が7割前後を占めている．

(2) 正しい．コークス炉ガスに対して，アルカリ吸収液による湿式脱硫法を利用する．

(3) 正しい．焼結炉排ガスに対して，活性炭などを用いての乾式脱硫法を利用する．

(4) 正しい．省エネルギー推進により燃料使用量を削減する．

(5) 正しい．高炉ガス（可燃性ガスはCO），転炉ガス（可燃性ガスはCO）の有効利用を行う．

▶答（1）

■ 6.6.6　セメント

問題1 【令和4年 問10】

セメント産業の大気汚染防止対策に関する記述として，正しいものはどれか．

(1) セメント製造工程内には発じん対策は不要である．

(2) 電気集じん装置における集じん効率は，セメント原料ダストの電気抵抗率とは無関係である．

(3) 排煙脱硝プロセスを導入している工場では，一般的に乾式の触媒還元法が用いられている．

(4) セメントキルン排ガス中のNO_xを抑制するため，燃焼管理が行われている．
(5) ダイオキシン発生の原因となる廃プラスチックを，セメントの熱エネルギー源として使用してはならない．

解説 (1) 誤り．セメント製造工程内には，粉砕機や輸送・貯蔵設備等が多数あり粉じんが発生するので，発じん対策は必要である．

(2) 誤り．電気集じん装置における集じん効率は，図4.8に示すようにセメント原料ダストの電気抵抗率とは大きく関係する．

(3) 誤り．排煙脱硝プロセスを導入している工場では，一般的に乾式の無触媒還元法が用いられている．この方法は，アンモニア（NH_3）や尿素（H_2NCONH_2）を還元剤として，脱硝率が最大となる950～1,050°Cの温度領域（**図6.16**参照）であるプレヒーター下部からキルン入口部に添加している．

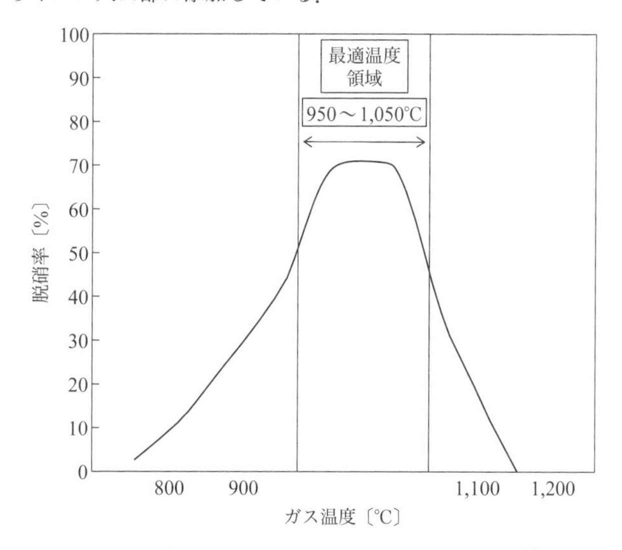

図6.16 ガス温度と脱硝率の関係（尿素水溶液の場合）[16]

(4) 正しい．セメントキルン排ガス中のNO_xを抑制するため，燃焼管理が行われている．燃焼管理法としては，低空気比燃焼，二段燃焼，低NO_xバーナーなどである．

(5) 誤り．ダイオキシン発生の原因となる廃プラスチックをキルンの中で最高1,450°Cまで加熱しているため，ダイオキシン類の発生を大幅に抑制することができるので，セメントの熱エネルギー源として使用することができる．

▶答 (4)

問題2 【令和3年 問8】

セメント製造設備における大気汚染対策に関する記述として，誤っているものはどれか．

(1) セメント工場内の粉じん対策に，バグフィルターが用いられている．

(2) セメントキルン排ガスのばいじん対策として，電気集じん装置が用いられている．

(3) セメントキルン排ガス中のNO_xの抑制のため，低空気比燃焼が採用されている．

(4) セメント製造工程で発生した二酸化硫黄（SO_2）は，原料中の石灰石やアルカリ成分により除去される．

(5) セメントキルン排ガスに含まれるダイオキシン類の対策に，活性炭が用いられている．

解説 (1) 正しい．セメント工場内の粉じん対策に，バグフィルターが用いられている．

(2) 正しい．セメントキルン排ガスのばいじん対策として，電気集じん装置が用いられている．

(3) 正しい．セメントキルン排ガス中のNO_xの抑制のため，低空気比燃焼が採用されている．低空気比燃焼は同時に熱の有効利用となる．

(4) 正しい．セメント製造工程で発生した二酸化硫黄（SO_2）は，原料中の石灰石やアルカリ成分により除去される．

$$CaCO_3 + SO_2 \rightarrow CaSO_3 + CO_2$$

空気酸化により，

$$CaSO_3 + 1/2O_2 + 2H_2O \rightarrow CaSO_4 \cdot 2H_2O$$

となる．

(5) 誤り．セメントキルン排ガスに含まれるダイオキシン類の対策について，焼成工程の回転窯中の温度が1,450°Cまで加温されダイオキシン類は分解され無害化されているので，活性炭は用いられていない．

▶答 (5)

問題3 【令和元年 問8】

セメント産業の大気汚染防止対策に関する記述として，正しいものはどれか．

(1) セメント工場内の粉じん対策としてバグフィルターは用いられない．

(2) 電気集じん装置における集じん効率は，セメント原料ダストの電気抵抗率によらず一定である．

(3) 二酸化硫黄はセメント原料と反応するため，セメント焼成炉には二酸化硫黄排出に関する規制がない．

(4) セメントキルン排ガス中のNO_xを抑制するため，燃焼管理が行われている．

(5) 廃プラスチックはダイオキシン発生の原因となるため，セメント製造の熱エネルギー源として使用されない．

解説 (1) 誤り．セメント工場内の粉じん対策としてバグフィルターを用いている．

(2) 誤り．電気集じん装置における集じん効率は，セメント原料ダストの電気抵抗率によって変化する．水分調整によって正常領域（$10^4 \sim 10^{11}\,\Omega\cdot\mathrm{cm}$）まで下げると，集じん効率を99.9％以上に維持することが可能である．

(3) 誤り．二酸化硫黄はセメント原料と反応するので，セメント焼成炉に対する二酸化硫黄排出に関する規制は存在する．

(4) 正しい．セメントキルン排ガス中のNO_xを抑制するため，燃焼管理が行われている．

(5) 誤り．廃プラスチックはダイオキシン発生の原因となるが，燃焼管理を十分に行っているため特に問題となっておらず，セメント製造の熱エネルギー源として有効活用されている．

▶答 (4)

■参考文献

1) 公害防止の技術と法規編集委員会編：五訂・公害防止の技術と法規〔大気編〕，産業環境管理協会（1998）
2) 公害防止の技術と法規編集委員会編：新・公害防止の技術と法規 2006　大気編，産業環境管理協会（2006）
3) 環境省：平成 15 年度大気汚染状況報告書
4) 大野長太郎：除じん・集じんの理論と実際，オーム社（1978）
5) 公害防止の技術と法規編集委員会編：新・公害防止の技術と法規 2012　大気編，産業環境管理協会（2012）
6) 安藤淳平：世界の排煙浄化技術，石炭エネルギーセンター（1990）
7) 公害防止の技術と法規編集委員会編：新・公害防止の技術と法規 2013　大気編，産業環境管理協会（2013）
8) 公害防止の技術と法規編集委員会編：新・公害防止の技術と法規 2014　大気編，産業環境管理協会（2014）
9) 公害防止の技術と法規編集委員会編：新・公害防止の技術と法規 2015　大気編，産業環境管理協会（2015）
10) 公害防止の技術と法規編集委員会編：新・公害防止の技術と法規 2016　大気編，産業環境管理協会（2016）
11) 公害防止の技術と法規編集委員会編：新・公害防止の技術と法規 2017　大気編，産業環境管理協会（2017）
12) 公害防止の技術と法規編集委員会編：新・公害防止の技術と法規 2018　大気編，産業環境管理協会（2018）
13) 公害防止の技術と法規編集委員会編：新・公害防止の技術と法規 2019　大気編，産業環境管理協会（2019）
14) 公害防止の技術と法規編集委員会編：新・公害防止の技術と法規 2020　大気編，産業環境管理協会（2020）
15) 公害防止の技術と法規編集委員会編：新・公害防止の技術と法規 2021　大気編，産業環境管理協会（2021）
16) 公害防止の技術と法規編集委員会編：新・公害防止の技術と法規 2022　大気編，産業環境管理協会（2022）
17) 公害防止の技術と法規編集委員会編：新・公害防止の技術と法規 2022　水質編，産業環境管理協会（2022）
18) 公害防止の技術と法規編集委員会編：新・公害防止の技術と法規 2023　大気編，産業環境管理協会（2023）

■索 引

シ

ス

セ

ソ

タ

■チ

■ツ

■テ

■ト

■ナ

英数字

〈著者略歴〉

三 好 康 彦 （みよし やすひこ）

1968 年 九州大学工学部合成化学科卒業
1971 年 東京大学大学院博士課程中退
東京都公害局（当時）入局
2002 年 博士（工学）
2005 年 4 月～ 2011 年 3 月 県立広島大学生命環境学部 教授
現 在 EIT 研究所 主宰

主な著書 小型焼却炉 改訂版 / 環境コミュニケーションズ（2004年）
汚水・排水処理 —基礎から現場まで— / オーム社（2009年）
公害防止管理者試験 水質関係 速習テキスト / オーム社（2013年）
公害防止管理者試験 大気関係 速習テキスト / オーム社（2013年）
公害防止管理者試験 ダイオキシン類 精選問題 / オーム社（2013年）
年度版 環境計量士試験［濃度・共通］攻略問題集 / オーム社
年度版 第 1 種放射線取扱主任者試験 完全対策問題集 / オーム社
年度版 高圧ガス製造保安責任者試験 乙種機械 攻略問題集 / オーム社
年度版 高圧ガス製造保安責任者試験 丙種化学（特別） 攻略問題集 / オーム社
その他，論文著書多数

2024-2025年版
公害防止管理者試験　大気関係　攻略問題集

2023 年 12 月 22 日　第 1 版第 1 刷発行

著　者 三 好 康 彦
発行者 村 上 和 夫
発行所 株式会社 オ ー ム 社
郵便番号 101-8460
東京都千代田区神田錦町 3-1
電 話 03(3233)0641(代表)
URL https://www.ohmsha.co.jp/

印刷・製本　小宮山印刷工業
ISBN978-4-274-23141-4　Printed in Japan